建筑安防技术

朱道明　蔡锐　谭子毅　冯玉岗　主编

东华大学出版社

内容简介

　　针对目前研究相对分散和系统性不强的现状，本书提出了建筑安防技术的四项特性理论。即：整体安防特性、全面安防特性、互动安防特性和人文安防特性理论。该理论既是对目前行业实践经验的总结，也是对实际应用目标需求的归纳。同时，也为进一步理论研究提供了一种探索性的思路，以期推动建筑安防技术的理论研究的深入开展。本书提出了一个建筑安防金字塔模型，将建筑安防系统分为：第一级（机械安防系统）、第二级（电子安防系统）、第三级（监控和生物识别系统）、第四级（安防集成系统）等四个子系统。这四个子系统分别对应着建筑安防系统的四个安防级别。从第一级别的机械安防系统到第四级别的安防集成系统，为整个建筑物提供全面有效的安防系统解决方案，最大限度地保证建筑物内的人身安全和财产安全，并满足方便残障人士、卫生抗菌等用户的便利性需求和心理安全需求，力争实现建筑安防技术的四项特性。据此，本书内容分为建筑安防技术概述、机械安防系统、电子门禁系统、生物特征识别技术和安防系统集成等五个章节。

　　本书适合从事建筑安防技术的研究人员、工程技术人员、大学本科高年级学生和研究生等阅读。

图书在版编目 (CIP) 数据

建筑安防技术 / 朱道明等主编 .—上海：东华大学出版社，2012.12
ISBN 978-7-5669-0194-1

Ⅰ.①建…　Ⅱ.①朱…　Ⅲ.①建筑物—安全防护—研究　Ⅳ.① TU89

中国版本图书馆 CIP 数据核字（2012）第 292583 号

建筑安防技术

主编 / 朱道明　蔡锐　谭子毅　冯玉岗
责任编辑 / 王克斌
封面设计 / 魏依东
出版发行 / 東華大学出版社
　　　　上海市延安西路 1882 号
　　　　邮政编码：200051
网址 /www.dhupress.net
淘宝旗舰店 / dhupress.taobao.com
经销 / 全国新華书店
印刷 / 苏州望电印刷有限公司
开本 / 787 mm × 1092 mm　1/16
印张 / 21　字数 / 524 千字
版次 / 2013 年 1 月第 1 版
印次 / 2013 年 1 月第 1 次印刷
书号 / ISBN 978-7-5669-0194-1/TU・015
定价 / 46.00 元

前　言

近年来,随着安防行业和建筑业在国内的蓬勃发展,建筑安防技术的研究和应用也越来越受到各方的关注。建筑安防技术作为一门新兴的边缘学科,是由机械学、电子学、光学、建筑学和信息技术学等相关学科知识和工程实践相结合发展而来的一项综合性应用技术。尽管这些相关学科在各自领域的研究早已十分完善,建筑安防技术本身的某些分项技术如门控五金技术、视频监控技术的研究也已经非常深入,但是将建筑安防技术作为一门独立的学科技术,完整地进行研究和探讨,目前在国内外都还比较少见。为了适应建筑安防行业迅猛发展的需求和快速培养行业后备人才的需要,我们编写组成员查阅了大量国内外文献资料、产品特性和应用案例,结合我们在本行业多年来的实践经验,对建筑安防技术的多个分项技术的起源、发展、现状和应用进行了系统的阐述,总结了它们的共同特性和相互关系,将建筑安防技术作为一个整体进行研究和分析,经过多次讨论修改撰写而成本书。

针对目前建筑安防技术研究相对分散和系统性不强的现状,本书提出了建筑安防技术的四项特性理论,即:结合多学科技术,综合运用人防、物防和技防手段,为建筑物构建整体安防系统的整体安防特性;人身安全和财产安防相结合的全面安防特性;主动安防和被动安防相结合的互动安防特性;物理环境的安全和人的心理安全相结合的人文安防特性。该理论既是我们对行业实践经验的总结,也是对实际应用目标需求的归纳,同时也为进一步的理论研究提供了一种探索性的思路,以期推动建筑安防技术的理论研究的深入开展,并快速提升到新的高度。同时,本书提出了一个建筑安防金字塔模型,将建筑安防系统分为第一级(机械安防系统)、第二级(电子安防系统)、第三级(监控和生物识别系统)和第四级(安防集成系统)四个子系统。这四个子系统分别对应着建筑安防系统的四个安防级别。从第一级别的机械安防系统到第四级别的安防集成系统,为整个建筑物提供了全面有效的安防系统解决方案,最大限度地保证建筑物内的人身安全和财产安全,并满足方便残障人士、卫生抗菌等用户的便利性需求和心理安全需求,力争实现建筑安防技术的四项特性。据此,本书内容分为建筑安防技术概述、机械安防系统、电子门禁系统、生物特征识别技术和安防系统集成等五个章节。其中,第一章主要阐述了建筑安防技术的定义和特性以及建筑安防系统的构成,提出了建筑安防技术的四项特性理论和建筑安防金字塔模型,明确了全书的理论依据和研究框架;第二章主要介绍了机械安防系统的基本概念,包括建筑、门和门五金、材料、建筑安防需求、国内外相关标准规范和技术发展情况等,分析了现代机械安防产品的主要功能、性能特点以及差异性,讨论了高保安锁芯和总钥匙系统的原理和应用,以及机械安防系统技术规范的内容和编制要求等;第三章主要讨论了电子门禁系统、门禁控制器和门禁软件的类型、构成和主要功能,介绍了授权卡及读取设备的发展过程和前沿技术、常用电控锁具的具体特征和应用,以及新型电控锁具的优势分析,并分别讨论了门禁系统在大型办公楼和地铁项目中的实际应用案例;第四章主要介绍了生物特征识别技术的起源、发展、应用和基本原理，重点讨论了指纹识别、掌形识别和人脸识别的图像采集、特征提取、比对算法的主流技术和产品应用，也分析了虹膜识别和静脉识别的技术特点，并通过技术比较提出了我们的看法；第五章主要介绍了安防系统集成平台的发展历程、系统架构、功能模块和集成技术，对除了电子门禁系统以外的另外三个子系统(视频监控系统、入侵报警系统和楼宇对讲系统)的功能和技术前沿分别进行了全面的讨论和分析，结合国内某大型机场项目的实际应用案例，详细论述了安防系统集成技术的原理和功能实现，并列举了与安防系统集成技术相关的国家和行业标准、规范。

本书由朱道明、蔡锐、谭子毅、冯玉岗主编，由朱道明统稿。编写组其他成员张海青、张皓、徐镇海、杜高丽、宋绍峰、李宏平、蔡朝晖、王轶、黄鹰也参加了本书的编写和讨论。其中，第一章由朱道明编写，第二章由蔡锐、朱道明编写，第三章由谭子毅、朱道明编写，第四章由朱道明、张海青编写，第五章由冯玉岗、张皓、徐镇海编写。

本书在编写过程中得到了英格索兰安防技术亚太区总裁、英格索兰安防技术研究院院长余锋先生的大力支持和悉心指导。作为国内著名的精益六西格玛专家和创新管理理论研究者，余总以他丰富的理论和实践经验为本书的创作方法和研究思路提出了很多建设性的指导建议。同时，本书的编写也得到了同济大学吴永明教授、上海理工大学曹渠江教授和上海大学陈一民教授的专业指导和鼓励。英格索兰安防技术事业部的陈晓蕾、陈轶和宋文静进行了精心策划，东华大学出版社的总编辑王克斌给予了鼎力协助，使得本书得以顺利出版。对此，我们一并敬致衷心的感谢！

尽管我们做了很多整理、分析和研究工作，但由于建筑安防技术的理论研究体系尚不十分完备，以及受作者水平所限，我们的一些观点也带有一定的学术探讨性，本书难免还存在一些不足甚至是认识上的片面性，恳请读者批评指正。

作　者

2012 年 11 月

FOREWORD

It is our pleasure to present Architecture Security Technologies—a textbook from the Ingersoll Rand Safety and Security Institute.

The accomplishments of the Ingersoll Rand companies are but a sliver compared to the long, rich history of Chinese innovation. China has brought many great inventions to the world—too many to mention here and certainly already well-known to you. But without, for example, the great Chinese inventions of paper and printing, our world certainly would not have evolved into what we know today, nor would we be able to present this book.

Ingersoll Rand is a world leader in safety and security products and methods, drawing upon our own, rich company history of mechanical and security inventions over the last 100+ years. The Ingersoll Rand Safety and Security Institute was formed to allow Ingersoll Rand to build a bridge with the innovators of China, with the hope that our collaboration would be beneficial to our company, Chinese design institutes, and ultimately the people of China, whose safety and security are our goal.

In the United States in 1908, the company Von Duprin—now a prominent brand of products from Ingersoll Rand—introduced the first "panic release bar" door opener in response to a need for protecting life safety while providing security. Indianapolis (Indiana, USA) hardware salesman Carl Prinzler missed a scheduled visit to Chicago's Iroquois Theatre in 1903, thus escaping a disaster in which 594 people died when the theatre burned. Obsessed with the needless loss of lives, Prinzler was determined to solve the problem of public buildings of that time that often turned into death traps when doors were locked to keep out those who had not paid admission. Prinzler teamed up with his neighbor, Henry DuPont, an architectural engineer, who invented the first working panic release bar. The initial model, introduced in 1908, was marketed under the name Von Duprin, and helped create a product category for safety and security in public buildings. It is this same desire to provide both safety and security that continues to drive our company today.

It need not be tragedy that inspires new methods of safety and security. The growth and change of society provides a great opportunity to innovate for the greater good of the people. The incredible growth in the construction of new homes and businesses in China provides these types of opportunities for innovation today, including the development of building codes and construction standards to help ensure the safety and security of all.

It is our hope that this book will provide not only sound principles to be implemented in your projects, but also information that will spark new ideas as the innovations of the Chinese people continue.

John W. Conover IV
President, Security Technologies
Ingersoll Rand

序

很高兴向大家介绍英格索兰安防技术研究院推出的新书——《建筑安防技术》。

英格索兰公司的成就在中华民族创新的历史长河只能算是沧海一粟。中国为全世界带来太多伟大的发明，这点相信不必我在此赘述您也能如数家珍。但是如果没有像造纸和活字印刷术这些伟大的中国发明的话，我们如今生活的世界也绝不会如此发达，我们也不会有机会在这里向您介绍这本新书。

英格索兰是全球领先的安防产品和解决方案的供应商，同时也是一家拥有众多机械及电子安防设备发明的百年老店。英格索兰安防技术研究院的建立为英格索兰和中国创新者们架立起沟通的桥梁，希望这样的合作能够为英格索兰公司、中国的建筑设计院以及对英格索兰来说最为重要的社会大众的人身与财产安全带来益处。

1908年，英格索兰旗下的知名品牌，Von Duprin 公司，在美国发明了第一个"紧急逃生推杠"以保障生命安全。1903年，美国印第安纳波利斯的一个建筑五金销售员 Carl Prinzler 错过了芝加哥易洛魁剧院的演出，却因此幸运地躲过了一场令594人丧生的剧场大火。Prinzler 决定解决这样一个问题：如何能减少不必要的死亡？公共建筑常常为了防止未经允许的人员进入而紧锁大门，然而一旦灾难发生，大门紧锁的公共建筑无异于死亡陷阱。他找到了他的邻居，建筑工程师 Henry DuPont，一起研制出了世界上第一套紧急逃生推杠。1908年，首款逃生装置以 Von Duprin 的名称投入市场，为公共建筑的安全与安防行业开创了一个新的产品种类。正是怀揣着致力于保障人身与财产安全的理念，英格索兰公司一路走到了今天。

并不一定只有悲剧才能催生出安全防范的新方法，社会的发展与演变同样为人类的创新带来许多新的机遇。中国民用与公用建筑的蓬勃发展为创新提供了许多机会。建筑标准的日益完善同样也是维护安全的基本保障。

我们希望这本书不仅能够为您提供所需的理论与方法，更能激发您产生更多新的想法，延续中国人民善于发明创造的优良传统。

约翰·康诺佛

英格索兰安防技术全球总裁

目　录

第一章　建筑安防技术概述

1.1　建筑安防技术的定义和特性

建筑安防技术是一门由机械学、电子学、光学、建筑学和信息技术学等相关技术相结合的综合性应用技术。它运用人力防范(简称人防)、实体防范(简称物防)和技术防范(简称技防)等手段对建筑物的环境(包括内部环境和周边环境)进行全面有效的全天候监测和控制;保障建筑物内全体人员的正常活动和人身安全,保障建筑物内的可移动物品、固定设备和信息资料的正常使用和财产安全;为建筑物内的人员和财物创造安全、舒适和高效的物理环境,同时通过科学有效的管理方法,保障建筑物的正常运营和保养,延长建筑物的生命周期。

人力防范(Personal Protection)。简称人防,是指由执行安全防范任务的具有相应素质的人员或人员群体实施的有组织的防范行为,包括个体行为、组织行为和管理行为等。

实体防范(Physical Protection)。简称物防,是指用于安全防范目的、能避免或延迟风险事件发生的各种实体防护手段,包括构建建筑物、防卫屏障、防卫器具、防卫设备和防卫实体系统等。

技术防范(Technical Protection)。简称物防,是指利用各种机械、电子和信息设备组成系统或网络以提高探测水平和应急反应能力,以及增加防护功能的各项安全防范手段。

结合多学科技术,综合运用人防、物防和技防手段,为建筑物构建整体安防系统,这就是建筑安防技术的第一项特性,即整体安防特性。

随着生活水平的日益提高,人们对于自身安全和财产安全的要求也越来越高。由此,对于生活环境和工作环境的安全性也相应地提出了更高的要求。衡量建筑物的安防能力,一般要从"安全"(safety)和"安防"(security)两个方面来考量。"安全"和"安防"这两个词含义不同。安全是从人的生命安全角度去研究安防的技术要求,而传统意义上的"安防",更多的是从财产安全的角度去研究安防的技术要求。"安全"和"安防"的概念的区别,也可以理解为"安防"主要考虑的是防范外部人,而"安全"的重心是服务于内部人。比如,在一个公共建筑内,一年里可能没有任何一天发生过安防方面的问题,也可能没有出现过一次安防报警的情况。但是,在这一年里,每天都会发生正常的人员活动,而一旦发现紧急情况,内部的人员该如何逃生? 如何紧急疏散? 这是比发生安防问题更需要及时、正确地采取应急反应措施的技术问题。因此,建筑安防技术,应充分考虑兼顾安全和安防的要求,力求做到既要确保人身安全,又要保证财产安全。安全和安防应该是统一的有机体。这是建筑安防技术的第二项特性,即安全和安防相结合的全面安防特性,或称为大安防特性。

建筑安防的威胁通常来自于两方面。一方面是人为因素,是指由人为破坏或实施犯罪过程的行为,如盗窃、抢劫、人身伤害等;另一方面是自然因素,是指因建筑物内的设施老化或设备故障而引起的危害,如漏水、漏气、漏电或火灾等。无论是人为因素的危害,还是自然因素的危害,对于建筑安防技术来讲,都要解决事前防范和事后处置两方面的问题。既要建立有效的防范、预警、报警和控制体系实现事前主动安防功能,又要建立安防事件快速应急处置体系将各种危害降低到最低限度,同时具备事件追溯能力,可以事后查明安防事件发生的原因和责任,实现事后被动安防功能。查明事件原因和责任,又可以用于改善事前主动安防功能,提高主动安防技术,从而避免或减少安防事件的再次发生。可见主动安防和被动安防是相互促进、相辅相成的。这是建筑安防技术的第三项特性,即主动安防和被动安防相结合的互动安防特性。

如上所述,建筑物内的人身安全问题和财产安全问题常常是并存的。当人身安全问题和财产安全问题同时发生且相互矛盾时,如何取舍?毫无疑问,在大多数情况下应优先解决人身安全问题。公共建筑物内遍布的视频监控摄像机,相信会让很多人感到不自在。那么,人们在建筑物内正常活动的隐私权如何保证?物理环境的安全和人的心理安全发生矛盾时,又该如何取舍?解决这些问题的基本原则是:在确保物理环境的安全的前提下,尽可能避免产生人的心理安全问题,营造既安全舒适又轻松愉快的建筑人文环境。这是建筑安防技术的第四项特性,即物理环境的安全和人的心理安全相结合的人文安防特性。

建筑安防技术的上述四项特性,也是建筑安防技术的四项基本目标,可以为实现建筑物改善环境、服务人类的最终目标奠定坚实的基础。

1.2 建筑安防系统的构成

将多元化的建筑安防技术应用在实际建筑工程项目上,就可以组成建筑安防系统。完整的建筑安防系统通过多级多层的整体安防设计和解决方案,系统全面地满足建筑物及使用者和管理者的实际安防需求,在提高建筑物的安防等级的同时,提升建筑安防管理水平。如图1-1所示,在建筑安防金字塔模型中,建筑安防系统由机械安防系统、电子安防系统、监控和生物识别系统及安防集成系统等四个子系统构成。这四个子系统也代表了建筑安防系统的四个安防级别。从第一级别的机械安防系统到第四级别的安防集成系统,为整个建筑物提供了全面有效的安防系统解决方案,最大限度地保证建筑物内的人身安全和财产安全,并根据使用情况的特殊性要求,为用户提供方便残障人士、卫生抗菌等便利性需求和人的心理安全需求,力争实现建筑安防技术的四项特性。

图1-1 建筑安防金字塔

下面就按安防级别顺序分别介绍构成建筑安防系统的四个子系统。

第一级:机械安防系统

安防金字塔中的各个安防级别都是在最底层级别的基础上建立起来的,也就是说,对于任何一个建筑安防系统而言,它的机械安防系统都是整个建筑安防系统的基础。如果没有这个基础,那么,其他的安防子系统也将不复存在,也就更没整个安防体系了。机械安防子系统是建筑安防系统的基础型安防单元,也是实现建筑物物理环境安全的第一级防御体系。

机械安防系统的主体是机械出入口控制系统。机械出入口控制系统将功能专业、品质优良的各类门扇和各种机械门控五金件,按照特定的技术原则进行科学组合,实现可靠而稳定的出入口控制功能。各类门扇包括钢质门、铝合金门、木门和玻璃门等。机械门控五金件则包括铰链、门轴、机械锁、逃生推杠装置、闭门器、辅助五金、锁芯和钥匙管理系统等。这些门扇和门控五金件共同组成机械出入口控制系统,限制非授权人员进入授权区域,构建第一道防御屏障,同时也可以让授权区域内的人员在任何时候都可以快速安全地撤离该区域。几种常见的门扇和门五金件如图1-2所示。

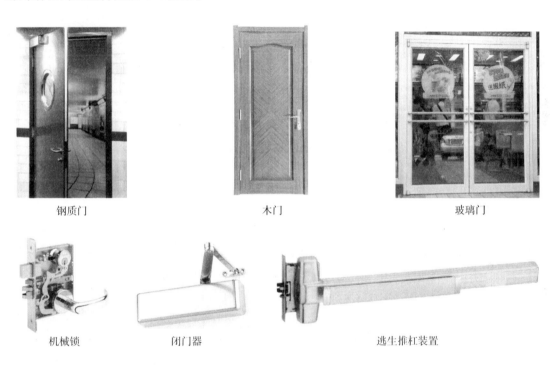

钢质门　　　　　　　　　　木门　　　　　　　　　　玻璃门

机械锁　　　　　闭门器　　　　　　　逃生推杠装置

图1-2　常见门扇和门五金

第二级:电子安防系统

电子安防系统是建立在机械安防系统基础上的安防子系统,通过增加的电子设备和通讯系统,与机械安防产品相结合来实现建筑物物理环境安全的第二级别的防御体系功能。电子安防系统以电子门禁系统为主体。电子门禁系统的三大要素为"何人"被授权在"何时"去"何地"。通过电子门禁系统可实现最基本的人员出入管理功能。

电子门禁系统有离线式系统和在线式系统两种。离线式门禁系统一般由单个或多个独立运行的门禁控制终端组成,没有实时通讯组件不能实时进行功能设置和数据管理,但可以通过便携式数据接驳器进行点对点的授权设置和数据通讯。提取到的使用记录可在离线式系统软件上进行事后的数据管理。没有数据接驳和软件管理功能的独立式电子锁,可视为一种简化的离线式门禁系统,如图1-3所示。

便携式数据接驳器

独立式电子锁

图 1-3　离线式门禁系统

在线式门禁系统由门禁管理软件、操作系统、数据库等相关软件和运行上述软件的门禁服务器、管理工作站等计算机硬件,以及门禁控制器、前端设备及通讯网络等组成。通过管理软件实现门禁控制器运行参数设置、卡片授权、实时监视门禁设备工作状态、记录查询等功能,由管理计算机负责数据存储。如图 1-4 所示,在线式门禁系统中,管理计算机之间、门禁控制器之间、管理计算机与门禁控制器之间、门禁控制器与前端执行设备之间,都通过线缆或无线通讯方式连接。安防系统中狭义的门禁系统,指的就是在线式门禁系统。除最基本的门禁控制外,拓展的在线式门禁系统还包括电梯控制、巡更管理、访客管理、人力资源管理、人员排班考勤管理、消费管理、停车管理以及与其他系统联动等功能。这种增强型门禁系统,通常也称为一卡通系统。

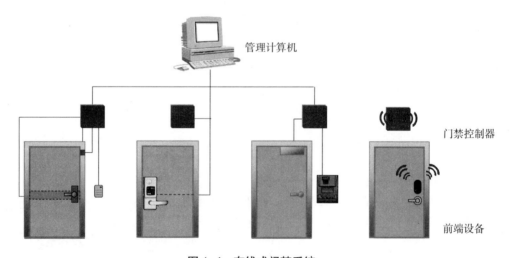
管理计算机

门禁控制器

前端设备

图 1-4　在线式门禁系统

第三级:监控及生物特征识别系统

更高级别的安防系统是由视频监控及生物特征识别系统来实现的。视频监控系统以实时监控为物理基础,通过采集到的有效图像、声音等数据信息,可以对突发性异常事件的过程进行及时的监视和记录。目前应用主流技术的视频监控系统可通过 IP 网络实现对高清、标清数字视频和模拟视频的无缝管理。系统可接入管理主流品牌高清、标清 IP 摄像机、DVR、编码器及外部报警设备,可控制主流品牌模拟矩阵系统切换。系统主要功能包括视频的实时监控、存储和回放、视频分析、报警管理、电子地图及系统管理等功能。其系统架构如图1-5所示。

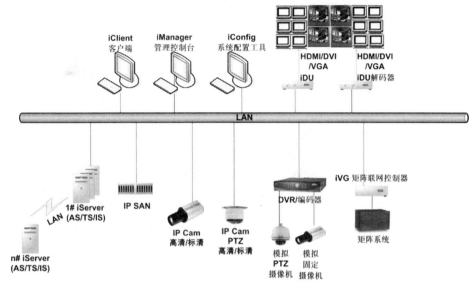

图1-5　视频监控系统架构图

视频监控系统一般由设备层、中间处理层和应用层三层结构组成。设备层主要包括综合信息采集设备和存储设备,如各类摄像机和存储器等。中间处理层主要负责信息的综合处理和集中管理,如服务器、数据库和管理软件等。应用层主要指客户端。客户端可以是设置在监控中心的监控大屏,也可以是某台个人电脑。通过这样的一种多层的系统结构组成一个完整的视频监控系统。

目前较先进的视频监控系统具有分布式多节点多级联网的特点。多个节点可组成一个统一的视频网络,实现资源的统一管理和全网统一用户权限管理。单个节点也可自成系统,实现所有的功能。既能满足小项目的需求,也能满足具有多建筑、多站点、多个地点等需多级联网管理的大项目需求,系统扩容灵活。同时系统也具有智能视频分析功能,如跌倒检测、人群突变、徘徊检测、人流计量、奔跑检测和物体消失检测功能等,如图1-6所示。

跌倒检测

人群突变检测

奔跑检测

徘徊检测

图1-6　智能视频分析功能

生物特征识别技术是利用人体生物特征进行身份认证的一种技术。人体可测量、可识别和验证的生物特征包括人的生理特征和行为特征两大类。人的生理特征指我们每个人所特有的指纹、掌形、脸形、虹膜、静脉等特征。行为特征则包括人的声音、签名的动作、行走的步态、击打键盘的力度等。生物识别系统对生物特征进行取样,提取其唯一的特征并且转化成数字代码,并进一步将这些代码组成特征模板,人们同识别系统交互进行身份认证时,识别系统获取其特征并与数据库中的特征模板进行比对,以确定是否匹配,从而决定接受或拒绝身份的确认。运用生物特征识别技术开发的安防系统产品主要有指纹仪、掌形仪、人脸识别仪和虹膜识别仪等,如图 1-7 所示。

掌形仪 人脸识别仪

图 1-7 生物特征识别设备

生物特征识别技术除了应用在门禁系统中外,还逐步实现了与图像采集和图像分析技术的结合,应用在视频监控系统中,从而将安防系统推向了一个更高的级别。尤其是基于人脸识别技术的智能视频监控系统,能够迅速捕捉到监控画面中的目标对象,并以最快和最佳的方式发出警报和提供可用信息,有效预警或协助安全人员处理危机。人脸识别技术与智能视频分析技术的结合大大提升了视频监控系统的主动安防特性。

第四级:安防集成系统

安防集成系统集成管理门禁控制、视频监控、紧急报警、周界报警、楼宇对讲、巡更和通讯等各个子系统,集统一界面管理、系统联动和运行状态监控等多功能于一体,全面应对安防一体化操作的业务需求。如图 1-8 所示,安防集成系统同时可与消防报警、智能楼宇系统、信息集成系统、广播、灯光、主时钟系统等实现联动。系统支持丰富灵活的报警联动预案管理和直观的电子地图界面,操作人员能根据报警信息和报警视频及时处置报警事件,能直观地了解各子系统的运行状况。

除了门禁系统和视频监控系统外,典型的安防集成系统通常还包括报警系统和楼宇对讲系统。报警系统是采用物理方法或电子技术自动探测发生在布防监测区域内的侵入行为,产生报警系统信号,并提示值班人员发生报警的区域部位,显示可能采取对策的系统。楼宇对讲系统是由各住宅单元口安装的防盗门、小区总控中心的管理员总机、楼宇出入口的对讲主机、电控锁、闭门器,以及用户家中的可视对讲分机和专用网络共同组成的安防系统,以实现访客与住户、住户与保安人员的双向沟通。

由上述几个子系统组成的安防集成系统,实行高度集成化管理,在用户界面、设备状态维护和电子地图等方面实行统一化管理。统一的用户界面可提高安保人员的效率、操作的准确性和安防管理水平,同时降低整体管理成本。统一的设备状态运维可以支持运维人员快速查

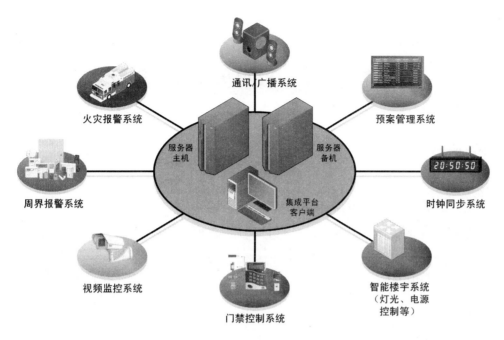

图 1-8 安防集成系统

找故障点并及时进行维护,降低因设备故障带来的安防风险。通过统一的可视化电子地图,可在电子地图上直接选择和控制设备,也可以测量报警位置与相关岗哨或保安室的距离,加快反应速度,最大限度地减小潜在的安防危害。

安防集成系统是数字监控和安防系统综合集成的标志,完成了从单独子系统应用到各子系统综合应用的转变,以及从模拟安防到数字安防系统的转变,实现了各子系统联调联动。因此成为整个建筑安防系统中最高级别的系统。

综上所述,安防金字塔全面总结了构成建筑安防系统的各个安防级别的子系统,也诠释了它们之间的相互关系,构建了建筑安防系统的一个模型。通过对建筑安防技术的实际应用载体——建筑安防系统的初步了解,我们也对建筑安防技术有了一个初步的认识。

第二章　机械安防系统

2.1　机械安防系统概述

2.1.1　机械安防系统的基本概念

机械安防系统的主体是机械出入口控制系统。机械出入口控制系统由门扇和门控五金件两大类组件构成,按照特定的功能要求和技术原则,将门扇、门框和多功能机械门锁、逃生推杠装置、液压式闭门器、机械总钥匙和工程钥匙系统等产品进行科学组合,实现各种出入口控制功能,满足建筑物的各项安防需求。

1. 建筑门扇类型

在各类工业和民用建筑中,常用的门类型,按工作方式可分为平开门、推拉门、折叠门、旋转门、提升门和卷帘门等;按材质可分为钢质门、不锈钢门、铝合金门、塑钢门、铁艺门、钢木门、木质门和玻璃门等;按特殊用途又有防火门、隔热门、阻烟门、密闭门、隔音门、紧急疏散门等分类方法。

与机械出入口控制要求关系更加紧密的门型分类是按照门扇在各类建筑物中所处的位置和功能来分类。首先我们了解一下建筑类型。根据我国的建筑分类原则,建筑物通常可分为生产性建筑和非生产性建筑两大类。

生产性建筑包括工业建筑和农业建筑。工业建筑指为生产服务的各类建筑,也称为厂房类建筑,如生产车间、辅助车间、动力用房、仓储建筑等。一般分为单层厂房和多层厂房两大类。农业建筑指用于农业、畜牧业生产和加工用的建筑,如温室、畜禽饲养场、粮食与饲料加工站、农机修理站等。

非生产性建筑也称为民用建筑,包括居住建筑和公共建筑。居住建筑主要是指提供家庭和集体生活起居用的建筑物,如住宅、公寓、别墅、宿舍。公共建筑主要是指提供人们进行各种社会活动的建筑物,其中包括:

① 商业建筑。商场、饭店、银行、电影院、剧院等;
② 交通建筑。机场、火车站、汽车站、地铁站、水路客运站等;
③ 旅馆建筑。旅馆、宾馆、招待所等;
④ 办公建筑。机关、企事业单位的办公楼;
⑤ 医疗建筑。医院、门诊部、疗养院等;
⑥ 文教建筑。学校、研究所、科学实验楼、图书馆、文化宫等;
⑦ 会展建筑。会议中心、展览馆、博物馆等;
⑧ 体育建筑。体育馆、体育场、健身房、游泳池等;
⑨ 通讯广播建筑。电信楼、广播电视台、邮电局等;

⑩ 园林建筑。公园、动物园、植物园、亭台楼榭等；

⑪ 纪念建筑。纪念堂、纪念碑、陵园等；

⑫ 其他建筑。如监狱、派出所、消防站等。

可见公共建筑在各类建筑物中种类最多，功能和建筑结构最复杂，同时建筑物内的人员类型最复杂、人流量最密集，建筑物既要保证日常营业活动的正常进行，又要确保公私财产安全和人身安全，安防和安全需求最突出。因此公共建筑也成为建筑安防技术最主要的研究对象。

根据在公共建筑中所处的位置和功能，我们来进行门型的分类。首先分为公共建筑外门和公共建筑内门两大类。外门包括：出入口门、疏散门和面向室外的设备房门等。内门包括：办公室门、会议室门、候车室门、教室门、病房门、酒店客房门、餐厅包房门、楼梯间门、通道门、卫生间门、储藏室门、机房门、控制室门、管井门等。因此要想比较完整清晰地定义一扇门的名称，就要包含建筑物类型、门扇位置、材质和用途等具体信息，例如，办公楼楼梯间钢质防火疏散门。

2. 门控五金件类型

除了建筑物和门类型的概念外，我们还需要了解门控五金件的一些基本知识。门控五金件按其功能用途分为支悬五金、锁闭五金、控制五金和保护五金四大类。如图2-1所示。

支悬五金件：支撑或悬挂门扇并可保证门框和门扇可以相对运动的五金件，主要产品类型包括普通铰链、暗装铰链、连续铰链等各种门铰链，中心轴、偏心轴、侧装轴、自动门轴等各种门轴，以及地弹簧、天弹簧和玻璃门夹等。

锁闭五金件：关门状态时可保证门扇始终处于锁闭状态的五金件，主要产品类型包括筒式锁、插芯锁、外装锁等各种门锁，平推式、压杆式、暗装式等各种逃生推杠装置，锁芯和钥匙管理系统，以及明装插销、暗装插销、手动插销、自动插销等各种门插销。

控制五金件：控制门扇启闭或门扇启闭顺序的五金件，主要产品类型包括明装式、暗藏式闭门器、自动开门机和双门顺序器等。

保护五金件：保护门扇、门框及提供相关辅助功能的五金件，主要产品类型包括各种门拉手、推拉手板、地装式、墙装式、顶装式等各种门止门吸，各种门保护板，以及门镜、防盗扣、门槛和门密封条等辅助五金件。

四类门五金件中任何一类都不能独立完成门控功能，它们必须相互配合、相辅相成，组成一个有机的整体来实现各种出入口控制功能。在实际工程项目的机械出入口控制系统设计时，通常也是从上述四类门控五金件的选型如何能满足整体门控功能要求的思路入手的。

3. 门五金件常用材料和表面处理工艺

门五金件常用材料包括碳素钢、不锈钢、铝合金、锌合金、铜合金和铸铁等金属材料，以及尼龙、工程塑料等非金属材料。门五金件材料的选用，除了考虑材料的抗拉强度、抗压强度、延展性能、耐磨性能和成型工艺等机械性能外，还要考虑防火性能和耐腐蚀性能这两个重要指标。防火性能与材料的熔点相关。耐腐蚀性能与五金件的表面处理工艺密不可分。防火门用五金件材料的熔点应满足相应等级的防火时间燃烧温度的要求。耐腐蚀性能则关系到五金件的外观质量和使用寿命。

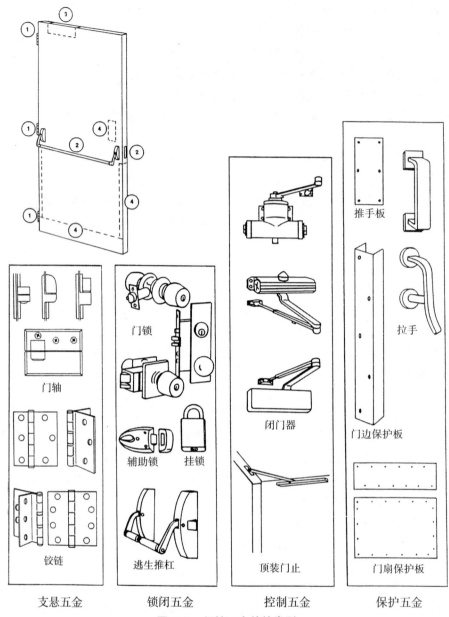

图 2-1　门控五金件的类型

（1）碳素钢

　　碳素钢按含碳量高低分为低碳钢、中碳钢和高碳钢。其优点是耐变形、强度高、耐磨性好、硬度高、价格低、使用寿命长、熔点高。其缺点为怕潮湿、易生锈、体积重。在门控五金件中，碳素钢材料常用于制造承重、受力部件，如门锁锁体、逃生推杠装置的机架、杠体和铰链等。

　　为提高碳素钢的耐腐蚀性能，常采用电镀、喷涂、发黑发蓝处理等表面处理工艺。电镀通常是镀锌、镀铜、镀镍、镀铬或多层电镀，耐腐蚀性能要求达到中性盐雾 (NSS) 试验 24 小时以上水平，多层电镀或要求达到铜加速乙酸盐雾 (CASS) 试验 16 小时以上水平。聚酯粉末喷涂处理的耐腐蚀性能，一般要求达到中性盐雾 (NSS) 试验 96 小时以上水平。

（2）不锈钢

不锈钢是在空气中或化学腐蚀介质中能够抵抗腐蚀的一种高合金钢,不必经过表面处理则可具有美观的表面和良好的耐腐蚀性能。不锈钢中含有一定量的铬元素,能使钢材表面形成一层不溶解于某些介质的坚固的氧化薄膜(钝化膜),使金属与外界质隔离而不发生化学作用。不锈钢中有些除含较多的铬(Cr)外,还匹配加入较多的其他合金元素,如镍(Ni)、钼(Mo)等,使之在空气、水和蒸汽中都具有很好的化学稳定性,而且在许多种酸、碱、盐的水溶液中也有足够的稳定性,甚至在高温或低温环境中,仍能保持其耐腐蚀的优点。但是,不锈钢只是相对普通钢材来说不容易生锈,并不是不生锈,依使用环境不同,其耐腐蚀性能也会不同。

在门控五金件中,不锈钢材料常用于制造对外观质量和耐腐蚀性要求较高的表面部件和受力部件,如门锁把手、锁体侧面板、锁扣板,逃生推杠装置的杠体、门拉手,推拉手板,门保护板,地弹簧面板、铰链和门轴等。门控五金件中常用的奥氏体不锈钢标号有304不锈钢(18Cr-8Ni)和316不锈钢(17Cr-12Ni-2Mo)。由于不锈钢本身就具有美观的表面和优良的耐腐蚀性能,故不必进行电镀等表面处理,而是发挥不锈钢所固有的表面性能。通常采用抛光或拉丝等物理表面处理工艺。耐腐蚀性能一般要求达到中性盐雾(NSS)试验96小时以上水平。

（3）铝合金

铝合金材料也是五金件的常用材料之一,由纯度高达92%以上的铝锭为主要原材料,同时添加增加强度、硬度、耐磨性等性能的金属元素,如碳、镁、硅、硫等,组成多种成分的合金材料。铝合金可分为挤压铝合金和压铸铝合金。铝合金密度小,约为2.7g/cm³,相当于钢的三分之一左右,属轻金属。不易生锈,在大气中有良好的抗氧性。具有很高的塑性,可进行各种塑性加工。此外还具有优良的导电、导热性和耐冲压性等优点。但铝合金熔点低,在660℃熔化,不能用于防火门五金件;表面氧化膜不耐酸、碱、盐的腐蚀,耐磨性也较电镀层差,容易刮花。

在门控五金件中,铝合金材料常用于制造对外观质量和耐腐蚀性要求较高的非受力部件,如门锁把手、锁体侧面板、闭门器缸体、门槛、门密封件和连续铰链等。其表面处理工艺采用阳极氧化处理、电泳涂漆和聚酯粉末喷涂处理等。

（4）锌合金

锌合金是以锌为基础加入其他元素组成的合金。常加的合金元素有铝、铜、镁、镉、铅、钛等。锌合金铸造性能好,可以压铸形状复杂、薄壁的精密件,铸件表面光滑,在常温下有很好的机械性能和耐磨性,在大气中耐腐蚀,残废料可以回收和重熔。但锌合金熔点低,在400℃熔化,不能用于防火门五金件;高温下的抗拉强度和低温下的冲击性能都会显著下降,不宜在高温和低温(0℃以下)的工作环境下使用。

在门控五金件中常采用压铸锌合金制造门锁把手、各种形状复杂的门拉手和门止门吸等辅助五金件。为提高耐腐蚀性能,常采用镀铜、镀镍、镀铬或多层电镀表面处理工艺。耐腐蚀性能要求达到中性盐雾(NSS)试验72小时以上水平。聚酯粉末喷涂处理的耐腐蚀性能,一般要求达到中性盐雾(NSS)试验96小时以上水平。

（5）铜合金

铜及铜合金是历史上应用最早的有色金属。铜合金是以纯铜(紫铜)为基础加入一定量的其他合金元素（锌、锡、铝、硅、镍等）而组成的合金。按化学组成分为黄铜、青铜、白铜;按加工方法分为形变铜合金和铸造铜合金。铜合金具有优良的导电、导热性能和优于不锈钢的耐腐蚀性能,具有优良的延展性、机械加工性能和铸造性能,同时具有优良的减摩性和耐磨性,且色泽美观。但铜合金价格昂贵、机械强度较钢材差,熔点也达不到防火门五金件的要求。

铜合金在门五金件中应用广泛,可用于制造门锁把手、锁芯、钥匙、锁舌、锁体面板、闭门器外壳、逃生推杠装置的杠体、装饰性门拉手、铰链和各种辅助五金件。铜合金一般采用电镀,或直接抛光或拉丝后喷涂有机树脂(俗称封漆)等表面处理工艺。耐腐蚀性能均要求达到中性盐雾(NSS)试验96小时以上水平,或达到铜加速乙酸盐雾(CASS)试验16小时以上水平。

（6）铸铁

铸铁是用生铁重新熔炼而成的含碳量在2%以上的铁碳合金。抗压强度和硬度接近碳素钢,减震性好,但脆性高,可铸不可锻。在机械工程上常使用球墨铸铁,简称球铁,它是通过在浇铸前往铁液中加入一定量的球化剂和墨化剂,以促进呈球状石墨结晶而获得的。它和钢相比,除塑性、韧性稍低外,其他性能均接近,且耐磨性、润滑性好,是兼有钢和铸铁优点的优良材料。在门五金件中使用球墨铸铁制造闭门器、地弹簧缸体和铁艺铸件等。铸铁件表面常采用油漆或聚酯粉末喷涂处理工艺来提高耐腐蚀性能。

（7）尼龙

聚酰胺纤维,俗称尼龙(Nylon),英文名称Polyamide（简称PA）,是分子主链上含有重复酰胺基团的热塑性树脂总称。尼龙是世界上出现的第一种合成纤维,具有良好的拉伸强度、耐冲击强度、刚性、耐磨性、耐化学性、表面硬度等性能。由于尼龙具有无毒、质轻、优良的机械强度、耐磨性及较好的耐腐蚀性和抗静电性,因此被广泛应用于代替铜等金属在机械、化工、仪表、汽车等工业中制造轴承、齿轮、泵叶及其他零件。在门五金件中尼龙常用来制造门锁把手、静音锁舌、锁体内部传动件、铰链轴承、门拉手和扶手栏杆等。

4. 建筑物的机械安防需求和解决方案

如上所述,公共建筑是建筑安防技术最主要的研究对象。大型公共建筑尤其是一些超高层建筑或地标性建筑,往往地处城市中心繁华地段,营业时间长、人员密集且类型复杂、安防和安全需求并重。针对这些近乎矛盾的建筑安防需求,通常采用以下分项解决方案。

消防疏散:合理设置安全疏散路线和设施,确保建筑内任何位置都有通往室外安全区域的连续通畅的疏散路线。处于疏散路线上的走道门、前室门、楼梯间门、安全出口门和人员密集房间的疏散门均设置逃生装置,同时保证防火分隔的有效和人员的快速疏散,并选用电控延时、报警等功能有效地解决平时财产安全和火警时人身安全的矛盾。

防火:采用合理规范的防火分隔设计方案和通过认证的防火门。常闭防火门采用通过认证的防火五金件,以达到与防火墙等长时间的防火性能。常开防火门使用与消防报警联动的电磁闭门器或电磁门吸,使平时保持常开的防火通道门遇警及时关闭。

无障碍使用:在无障碍通道和残疾人卫生间使用自动门,实现无障碍通行;在残疾人卫生间使用带呼叫系统的卫浴无障碍辅助设施,保障使用者的安全。卫生间门如不能设置为外开门,则采用安全型内开门,紧急时可以迅速向外侧打开。

人流区域控制:在建筑物前台区域和后台区域交界的门上采用高强度机械锁和高保安锁芯或电子门禁系统,限制人员的非正常流动。在重点保护区域采用生物识别技术配合视频监控和报警系统,确保区域安全。

内部管理:通过机械总钥匙系统或电子门禁系统的发卡权限设置等方式,实现内部人员出入控制及各种房间的分类分级管理。这两套系统可以独立并行,也可以交叉。

系统可靠性:在高管办公室、财务室、IT机房、中央控制室、高压配电房等重要场所,采用有专利保护的高保安锁芯,以及高强度机械锁和逃生装置,提高安防系统的可靠性。

系统耐久性:在主出入口、楼梯间、通道、大办公室、餐厅、卫生间等高使用频率的门上,采用高使用寿命和高耐腐蚀性能的门锁、闭门器等门五金产品。不仅能确保系统的耐久性,还能有效降低以后日常使用中的维护成本。

绿色建筑:在人手经常接触的门锁把手、扶手栏杆、卫浴设施等部位,采用抑菌材料,避免交叉感染,创造绿色健康的公共空间。使用可循环利用材料制成的安防系统产品,创造绿色环保的建筑环境,同时还能帮助建筑物获得绿色建筑认证。

2.1.2 国内外机械安防行业标准和设计规范

在进行标准规范介绍之前,需要让大家了解到标准和规范的区别及含义,这样更有助于大家对于标准和规范的理解和实际运用。

标准是针对特定系统、产品、方法、符号和概念等按照固定文本格式而编制的详细的设计和生产制造要求,主要包括国际标准、国家标准、行业标准、地方标准、企业标准等,其重点主要在性能方面。

规范是在工农业生产和工程建设中,对设计、施工、制造、检验等通用技术事项所做的一系列规定,是为在工程建设领域内获得最佳秩序,对建设活动或其结果规定共同的和重复使用的规则、导则或特性的文件,它主要包括建筑设计规范、生命安全规范、防火设计规范、设备设计规范、工程设计规范、工程施工规范等,其侧重点主要在功能要求方面。

作为建筑安防系统中的基石,机械出入口控制系统是由诸多建筑门控五金组成的系统。五金泛指金、银、铜、铁、锡,现在常用作金属或铜铁等制品的统称。门控五金产品在这里是指门的悬挂件(如铰链、天地轴、连续合页等)、门的锁闭件(如插芯锁、筒式锁、快装锁和逃生推杠等)、门的控制件(如闭门器、地弹簧等)和门的保护件(如踢脚板、暗插销、顺序器和门止等)。在后续章节中,将会详细讲解这四类五金件的发展历史及发展方向。

由于建筑门控五金的产品种类繁多且性能用途各异,因此世界各国均有各自的门控五金标准。目前,世界上现行建筑门控五金标准主要分为两大类,一类是建筑门控五金的系统设计或产品质量标准;另一类是建筑门控五金的防火或生命安全标准。

首先介绍两个最主要的国外建筑门控五金标准。从建筑五金行业的整体发展及标准来看,以美国国家标准(ANSI)对于建筑五金的系统设计和产品标准最为完善和严格。

1.国外建筑门控五金的系统设计及产品标准

(1)美国国家标准(ANSI)和美国建筑五金制造商协会标准(BHMA)

ANSI英文全称为American National Standards Institute,中文名称为美国国家标准协会。它成立于1918年,原名为美国工程标准委员会(American Engineering Standards Committee),1969年10月改为现名。它是非盈利性质的民间标准化组织,是美国国家标准化活动中心,许多美国标准化协会的标准制定和修订都同它进行联合,ANSI批准标准成为美国国家标准,但它本身不制定标准,标准是由相应的标准化团体和技术团体及行业协会和自愿将标准交给ANSI批准的组织来制定,同时ANSI起到了联邦政府和民间的标准系统之间的协调作用,指导全国标准化活动，ANSI 遵循自愿性、公开性、透明性和协商一致性的原则，采用 3 种方式制定、审批 ANSI 标准。其中 ANSI A156 章节着重介绍了门控五金的系统设计及产品标准，它主要分为 31 个小章节，规定了相应五金产品的结构设计、材料及检测等要求。下面摘选了建筑门控五金章节中的部分小章节：

ANSI A156　五金

ANSI A 156.1　铰链

ANSI A 156.2　成套筒式锁

ANSI A 156.3　逃生出口装置

ANSI A 156.4　闭门器

ANSI A 156.13　成套插芯锁

ANSI A 156.15　电磁停门闭门器和电磁门吸

ANSI A 156.16　辅助小五金

ANSI A 156.18　材料和表面处理标准

ANSI A 156.19　自动平开门机

ANSI A 156.21　门槛

ANSI A 156.22　门密封件

ANSI A 156.23　电磁锁

（2）欧洲标准（EN）

欧洲标准（EN）是按欧洲共同体 12 个成员国和欧洲自由贸易区（EFTA）7 个成员国所承担的共同义务，通过 EN 标准将赋予某成员国的有关国家标准以合法地位，或撤销与之相对立的某一国家的有关标准。也就是说成员国的国家标准必须与 EN 标准保持一致；它是由共同的欧洲标准化组织 CEN/CENELEC 编制的标准出版物划分为三类中的其中之一。

对于门控五金部分主要有以下几个内容：

EN 12209　门锁

EN 1906　门锁把手

EN 1154　闭门器

EN 1154　地弹簧

EN 1125　逃生出口装置

EN1935　合页

2. 建筑门控五金的防火或生命安全标准

（1）美国保险商试验室（UL10B / UL 10C）

UL 是英文 Underwriter Laboratories Inc. 的简写。UL 安全试验室是美国最有权威的，也是世界上从事安全试验和鉴定的较大的民间机构。它是一个独立的、非营利的、为公共安全做试验的专业机构。它采用科学的测试方法来研究确定各种材料、装置、产品、设备、建筑等对生命、财产有无危害和危害的程度；确定、编写、发行相应的标准和有助于减少及防止造成生命财产受到损失的资料，同时开展实情调研业务。

在美国，对消费者来说，UL 就是安全标志的象征；在全球，UL 是制造厂商最值得信赖的合格评估提供者之一。也就是说，对于门控五金而言，通过 UL 检测，意味着产品的高品质及安全可靠。其中 UL10C 就是针对建筑五金而制定的标准。

（2）美国国家防火保护协会标准（NFPA80 / NFPA 101）

NFPA 是英文 National Fire Protection Association 的简写。它是一个非赢利的国际民间组织，旨在促进防火科学的发展，改进消防技术，组织情报交流，建立防护设备，减少由于火灾造成的生命财产的损失，保护人类生命财产和环境安全，提高人们的生活质量。制订防火规范、标准、推荐操作规程、手册、指南及标准法规等。NFPA 防火规范与防火标准，得到国内外广泛承认，并有许多标准被纳入美国国家标准（ANSI）。

（3）欧洲安全认证和防火检测标准（CE/EN1634/BS476）

英国防火标准 BS476 要求严格、内容全面，长期以来在欧洲、非洲和东南亚受到广泛应用。欧洲防火标准 EN1634 继承了 BS476 的部分内容，并进行了修改和扩展，现成为欧洲最主要的防火检测标准之一。

CE 标志是一种安全认证标志，被视为制造商打开并进入欧洲市场的护照。CE 代表欧洲统一（CONFORMITE EUROPEENNE）。凡是贴有"CE"标志的产品都可在欧盟各成员国内销售，无须符合每个成员国的要求，从而实现了商品在欧盟成员国范围内的自由流通。CE 标志的意义在于：加贴 CE 标志的产品已通过相应的合格评定程序或制造商的合格声明，符合欧盟有关指令规定，并以此作为该产品被允许进入欧共体市场销售通行证。有关指令要求加贴CE 标志的工业产品，没有 CE 标志的，不得上市销售；已加贴 CE 标志进入市场的产品，发现不符合安全要求的，要责令从市场收回；持续违反指令有关 CE 标志规定的，将被限制或禁止进入欧盟市场或被迫退出市场。CE 标志不是一个质量标志，它是一个代表该产品已符合欧洲的安全、健康、环保、卫生等系列的标准及指令的标记。在欧盟销售的所有产品都要强制性打上 CE 标志。

在门控五金行业，申请 CE 标志的产品必须通过相关 EN 标准的质量认证和 EN1634 标准的防火检测等产品型式检验，以及工厂生产认证等各个环节的检验。

3. 我国建筑门控五金标准

通过对上述国外标准的介绍，大家可以看到，就建筑门控五金行业来说，自身是有着严格而完整的具体要求的。而对于中国相关标准和规范而言，鉴于之前国内对于建筑门控五金行业的重视程度较低，经过这几年与国外行业的对比，我国的相应标准规范正在不断地进行修改和完善。就建筑门控五金行业而言，国内标准主要有以下几个方面：

（1）建筑防火规范

GB 50016-2006《建筑设计防火规范》

GB 50045-95《高层民用建筑设计防火规范（2005 年版）》

（2）产品质量标准

GB 21556-2008《锁具安全通用技术条件》

QB/T 2698-2005《闭门器》

QB/T 2697-2005《地弹簧》

JG/T 290-2010《建筑疏散用门开门推杠装置》

（3）产品防火和验收标准

GB 12955-2008《防火门》

GA 93-2004《防火闭门器》

GA 588-2005《消防产品现场检查判定规则》

正是因为建筑五金有着产品多样性和用途各异的特点,因此,对于建筑五金领域而言,需要有严格的行业标准,才能保证其在使用过程中确保人们的财产安全、人身安全及使用的便利性。国内的建筑五金行业标准,由于起步较晚,还需要进一步向国外高标准看齐,以提高中国建筑五金行业在国际市场及国内市场的竞争力,更好地服务于人们。同时,也希望日后愿意投身于建筑五金行业的同学们来推动中国建筑五金行业的发展和其标准及规范的发展。

以上各标准制定组织或其标准的标志,如图 2-2 所示。

① 美国国家标准协会　　　　　　⑤ 欧洲共同体安全标志
② 美国建筑五金制造商协会　　　　⑥ 欧洲标准化委员会
③ 美国保险商试验室　　　　　　　⑦ 中国国家标准标志
④ 美国国家防火保护协会　　　　　⑧ 中国公安行业标准标志

图 2-2　标准制定组织及其标准的标志

2.1.3　机械安防系统的发展史

建筑门控五金系统作为机械安防系统的主要部分,系统设计遵循着三个基本原则,即生命安全 (Safety)、财产安全 (Security) 和使用方便 (Convenience) 的原则。通过这三个基本原则,提供并满足符合人们日常使用要求的门控五金产品。在进行建筑门控五金设计之时,必须遵循这三个基本原则进行设计选型。同时,也需要按照建筑门控五金的四要素(门的悬挂件、门的锁闭件、门的控制件、门的保护件)进行建筑门控五金的细化设计工作。对于这些要素的发展过程,在这里进行一下介绍,以便让大家对今后建筑五金的发展有所了解。实际上,伴随着人类的出现,建筑门控五金也就随之出现了,只不过建筑五金的最初雏形仅仅是简单且无任何标准要求的产品。

1. 门悬挂件的发展史

门的悬挂件通俗而讲就是把门悬挂起来的物件。当人类从猿猴进化到原始人之际,就已经出现了门的最早雏形,那就是放置在山洞口处的石头。虽然仅仅是一个石头,但如果把山洞看作是建筑物,而石头看作是门的话,那么,这个石头则是实现安防功能的具体产品。因为放置于洞口的石头不仅可以阻止野兽的进入,而且还可以起到保暖的作用。古人的穴居山洞,如图 2-3 所示。

随着人类的发展,曾经放置于洞口的石头逐渐演变为门(含门框和门扇),但在古时受生产力水平的制约,门的悬挂件主要还是由与门扇集成一体的门轴实现门的旋转并承担门的重量。图 2-4 所示的就是近代时期的木门及其悬挂件——门轴。

随着工业化革命的进程和科技的创新,门体也随之不断进行改革创新,门的悬挂件也就出现了相应的进步及产品标准的不断完善。形成了目前的自成一体的产品系列。

如图 2-3　古人的穴居山洞

上门轴

下门轴

门轴底座

图 2-4　木门及其门轴

图 2-5　宠物专用出入口

当然,人类在考虑到自身使用便利的同时,对于豢养的宠物也创造了极大的便利性。如图 2-5 所示的宠物专用出入口,专门用于宠物的进出,既可以让心爱的宠物随意进出,也可以避免因大门常开而出现窃贼进入,同时考虑到房间里节能保温的要求。而这也正是建筑安防系统设计的一个微缩体现。

2. 门锁闭件的发展史

伴随着人类私有意识的产生,人们对于物品的私有化有着强烈的要求。在较早时期,人们利用石头或绳子对物品的归属进行标识,防止物品被他人所占有。如图 2-6 所示,原始人通过石头覆盖住洞口,防止其他人或动物将内藏的物品偷走;或者利用绳索进行物品的绑定,来表示物品已有归属,并通过绳结体现出是否有人打开过。这些石头和绳索则为门的锁闭件的最初形式。

石头覆盖型

绳索绑缚型

图 2-6　锁闭件的起源

图2-7 古代门闩

当出现带有门框和门扇的门体时,其锁闭件就可通过插入或拔出门闩的形式实现门的锁闭和开启。从图2-7可以看出,原始的门锁形式仅为简单的门闩形式。这也是我国古代木门上最为常见的锁闭形式。

随着工业化革命及机械加工的日益成熟,出现了现代锁闭五金件的雏形,由手工作坊形式进行的小规模生产加工而成,但还没有形成大规模批量化的现代工业生产规模。图2-8则为国内外现代锁闭五金件的雏形。

木制锁具

金属锁具

图2-8 现代锁闭五金件的雏形

作为现代锁具的发明人之一,被誉为现代锁之父的美国人怀特·西勒奇(Walter Schlage)先生于1909年申请了全世界第一个门锁专利,并于1923年实现了推钮上锁的球形门锁的大规模工业化生产,奠定了现代锁具工业的基础。他将锁具由原来零散的手工作坊加工形式变革为批量工业化生产形式。其创立的锁具品牌西勒奇(Schlage)至今仍然是全球最富盛名的锁具品牌之一。沃尔特·西勒奇先生和他的第一款球形锁,如图2-9所示。

图2-9 怀特·西勒奇(Walter Schlage)和他的第一款球形锁

另外还有一种锁闭五金件,也就是前文提到的逃生推杠装置。逃生推杠装置的诞生源于一场大火。1903年美国芝加哥市易洛魁剧院发生的火灾,在仅仅十分钟的时间内,有近600人丧生在此次火灾中。事后经调查发现,除因歌剧院为木质结构外,最关键的问题是由于管理人员将剧院出入口的门锁死,人员无法随时逃生。受此事件影响,美国人 Carl Prinzler 和 Henry Dupont 于1908年共同发明了世界上第一款逃生推杠装置,以冯杜柏林(Von Duprin)

品牌命名。解决了既要保证建筑安防，又要实现室内人员快速紧急疏散的难题，同时也拉开了逃生推杠装置百年传奇的大幕。Von Duprin 牌第一款逃生装置如图 2-10 所示。

图 2-10　冯杜柏林（ Von Duprin ）牌第一款逃生装置

3. 门控制件的发展史

在日常使用过程中，人们发现门无法实现自闭功能。当人们开门进入后，需要人为手动关门来实现门扇的关闭。随着橡胶制品和弹簧的出现，人们开始使用带有弹性的橡胶或者弹簧安装在门框和门扇上来实现门扇的自闭功能。这种带有弹性的橡胶制品和弹簧可以看作是门控制件的最初形式。但这种原始的自闭装置，无法提供长久的使用寿命，也无法克服门重和风压等问题。科技的发展，使得人们创造了闭门器。

1880 年路易斯·诺顿 (Lewis C Norton) 先生在美国波士顿的三一教堂安装了世界上第一台闭门器，不仅可以有效地实现门扇自闭功能，还解决了控制门扇关闭速度的问题。以他的名字命名的 LCN 牌闭门器，从 1926 年开始批量生产，至今仍然是全球闭门器行业的领导者。路易斯·诺顿（ Lewis C Norton ）和他的第一台 LCN 牌闭门器，如图 2-11 所示。

图 2-11　路易斯·诺顿 (Lewis C Norton) 和他的第一台 LCN 牌闭门器

4. 门保护件的发展史

门的保护件，是指用于保护门体的五金件，保护门体表面，防止在门扇开启关闭过程中对门体的磕碰、腐蚀等破坏。古时人们就已有了这种意识，除了门体具有一定牢固度外，还要配有门闩；而对于门表面就采用当时可用手段来实现门体的保护作用。如使用铁板、门钉等形式,如图 2-12 所示。不仅可以起到保护作用,而且还可以实现美观性需求,并且在某些特定年代,还是身份的象征。

门保护板　　　　　　　　　　　　　门钉

图 2-12　古代的门保护件

除了门保护板以外,古代的人们还考虑到了门扇在开启时需要使用的拉手、拉环的形式。受文化背景及美观性影响,人们还对拉手、拉环进行了美化造型加工,如图 2-13 所示。

圆环型　　　　　　　　　　　　　八卦型

图 2-13　古代的门拉环

除了上述几种保护件以外,还有很多种古代和近代的门控五金件产品的形式及应用,不胜枚举。

建筑门控五金产品和机械安防系统现在已发展成为一套成熟而完整的系统。随着科技的进步和新材料、新生产工艺的革新,对于机械安防系统而言,有了更好的发展契机。

2.2　现代机械安防产品

通过以上内容,我们了解了机械安防系统的基本概念、相关标准和发展历史。作为系统中最重要组成部分的门控五金系统,经过近百年的发展和完善,已经形成了十分成熟的技术体系和产品体系。新材料的相继诞生和新工艺的不断出现,也为门控五金产品提供了发展的基础。人们对建筑安防理念的不断提升,也为门控五金产品的功能完善和使用需求提出了更高的要求。

门控五金产品的设计和应用需要遵从人身安全、财产安全和使用方便这三个基本原则，下面就按照这三个的原则和门控五金系统的四个组成要素来进行现代机械安防产品的介绍。

2.2.1　悬挂五金件

门的悬挂件，是指支撑或悬挂门扇并可实现门框和门扇相对运动的五金件。从最初的木质门轴演变为多元化的产品种类，主要分为普通铰链、连续铰链、隐藏铰链、升降铰链、天地轴、地弹簧等类别。

1. 普通铰链

普通铰链主要是由合页轴、合页片、轴承这三个主要部件组成。它的使用需要根据其应用场合及功能进行合理选择。错误的选用不仅会影响到其他门五金件的正常使用，还会影响到整个建筑安防系统的安全性，甚至有可能会造成人身伤害的事故。普通铰链是目前最为常见的一种悬挂件形式。

普通铰链的结构形式如图 2-14 所示。

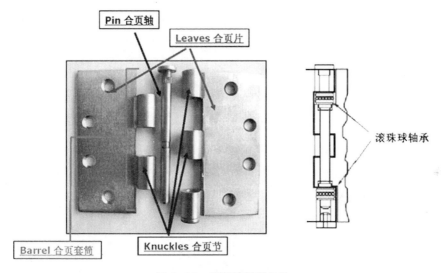

图 2-14　普通铰链的结构

普通铰链从其结构和外观上可分为两节式、三节式、五节式三种形式，如图 2-15 所示。应针对于不同使用场合、门扇重量及其特殊使用功能，选择对应形式的产品。

两节式　　　　三节式　　　　五节式

图 2-15　普通铰链的结构类型

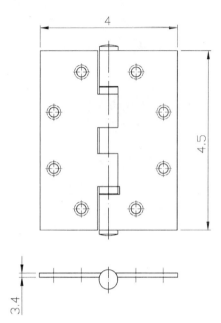

图 2-16　普通铰链的规格尺寸

除了结构类型和外观的不同之外,普通铰链的尺寸通常是以其外形尺寸进行规格定义的。例如五节双轴承铰链 4.5″ × 4″ × 3.4mm,就是指其高度为 4.5″（114mm）,展开宽度为 4″（102mm）,页片厚度为 3.4mm;对于某些特殊功能的重型普通铰链,其高度、宽度和厚度都会有所增加。其规格尺寸如图 2-16 所示。

普通铰链可以根据特殊使用场合提供不同的功能选项,以满足整体安防系统要求。常用的功能选项有安全扣钉铰链、过线铰链、医用铰链等功能类型,如图 2-17 所示。

（1）安全扣钉铰链

与普通铰链相比,在两个页片上分别带有一一对应的安全扣钉和安全扣钉孔。当门扇在关闭状态时,安全扣钉插入安全扣钉孔,可阻止因铰链被破坏后而导致门扇被拆卸,从而起到安全防盗作用。

（2）过线铰链

除了能满足普通铰链的功能外,还可实现弱电电流的传递功能。主要原理是弱电电线从铰链内部贯穿页片,以达到通电和传输电信号的功能。当门扇使用机电一体化电控锁、电控逃生推杠装置或电锁扣等电控锁具产品时,可实现电线通过门框连接到门扇上的电控锁具的接线端子上。

（3）医用铰链

在合页轴上下两端头处采用了斜面处理,这种斜面设计不易积灰,便于清洁;可防止刮蹭衣物和绷带,也可防止病患者自缢。

安全扣钉铰链

过线铰链

医用铰链

图 2-17　普通铰链的功能类型

2. 连续铰链

连续铰链是指总体长度略小于门扇高度,通过内部齿轮啮合或轴实现转动的五金件。主要分为齿轮式（多为铝合金材质）和销轴式（多为钢质）两种结构形式,如图 2-18 所示。可用于型材门、实心木门等门型,具有较好的承载力和美观性。也具有过电功能,可配合电控锁具使用。

3. 隐藏式铰链

隐藏式铰链相比于普通铰链,要求具有较大的安装进深空间。其铰链页片形式和转轴形式也有所不同,主要由两个页片固定板和叠片式连接件组成,通常在门扇关闭后,无任何外露的部件,如图 2-19 所示。

齿轮式　　　　销轴式

图 2-18　连续铰链的结构形式

图 2-19　隐藏式铰链

4. 升降铰链

升降铰链由上页片和下页片组成。上页片通过其一边的轴套与轴芯转动及上下滑动配合,下页片通过其一边的轴套固定在轴芯上,上页片轴套下端与下页片轴套上端以螺旋状对接配合。主要用于平开门,当门开启时,随着门的开启,门会上升一段距离,关门时利用门的自重,通过上下页片的转动从而实现门自动下降复位。

图 2-20　升降铰链

5. 玻璃门铰链

玻璃门铰链通常使用在无框玻璃门上。一侧可与墙、门框或固定玻璃联接,另一侧直接与玻璃门扇联接。常用于卫生间淋浴房玻璃门,故也称为卫浴铰链。按联接面的角度,分为 90 度、135 度和 180 度三种,如图 2-21 所示。

90 度　　　　　　135 度　　　　　　180 度

图 2-21　玻璃门铰链

6. 天地门轴

天地门轴通常用于较重的门体且普通铰链无法满足承载要求时使用,它主要分为偏心型和中心型两种形式。

偏心天地轴是指其上下转动中心点偏离门扇外表面一定距离,实现单向开启的门轴,可用于防火门,如图 2-22 所示。

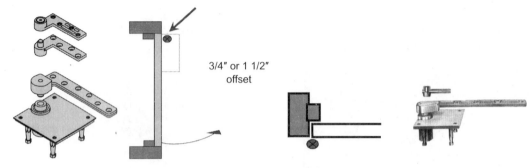

图 2-22　偏心天地轴

中心天地轴是指其上下转动中心点与门扇厚度中心线重合,可实现单向或双向开启的门轴,如图 2-23 所示。

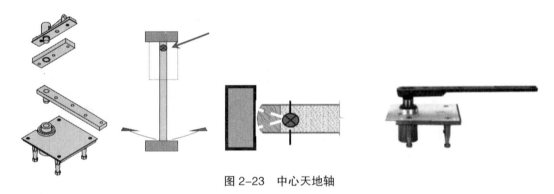

图 2-23　中心天地轴

和普通铰链一样,天地门轴也有着相应的特殊功能以满足现代安防系统的需求,如图 2-24 所示。

（1）过线轴

与过线铰链功能类似,过线轴除了能满足普通门轴的功能外,还具备"过线"功能,无外露电线。过线轴需配合其他门轴使用,不能单独使用,可以分为过线天轴和过线中间轴两种类型。中间轴仅能使用在单向开启的门上。

（2）隐藏式门轴

可实现门扇表面与走廊墙壁平齐,无凸出边缘。同时门扇后面也不会有灰尘或杂物堆积。

过线天轴　　　　　　　过线中间轴　　　　　　　隐藏式门轴

图 2-24　特殊功能门轴

7. 地弹簧

地弹簧是一种特殊形式的门体悬挂件,即可实现悬挂支撑门体,又可实现门体控制的作用,同时具有较大的承重功能。可分为单缸型和双缸型,需要根据需要承载的门体重量进行选择。地弹簧需要与其他五金件共同配合使用,如上下轴、玻璃门夹等。根据其上下轴的形式又分为偏心型地弹簧和中心型地弹簧。地弹簧的类型如图 2-25 所示。

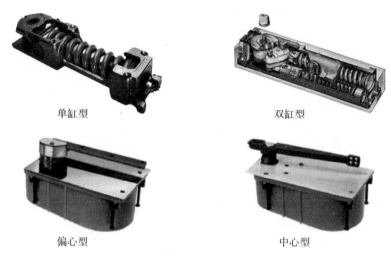

单缸型   双缸型

偏心型   中心型

图 2-25　地弹簧的类型

8. 玻璃门夹

玻璃门夹通常配合地弹簧使用在无框玻璃门。功能类似于天地门轴,为玻璃门扇提供与固定玻璃墙、地坪之间的联接悬挂方式。按照安装位置和结构上的区别,分别命名为曲夹、顶夹、上夹和下夹。曲夹同时具有连接和固定门扇顶部和侧面固定玻璃墙的作用。曲夹和上夹,或顶夹和上夹构成类似天轴的联接关系,下夹和地弹簧构成类似地轴的联接关系,天地两套部件组成完整的玻璃门悬挂件。玻璃门夹的类型和相互联接关系,如图 2-26 所示。

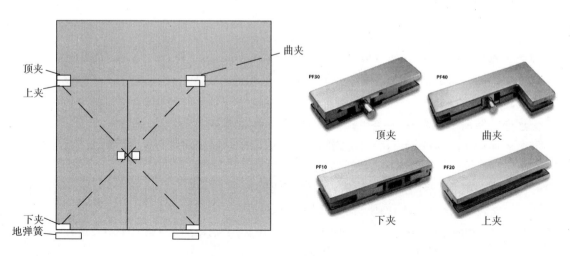

图 2-26　玻璃门夹

2.2.2 锁闭五金件

门锁闭五金件,是指可保证门扇始终处于关闭状态的五金件。它是保证建筑物内财产安全和人身安全的重要部件。从最初的绳索、石头演变成多种类型的产品,可以充分满足现代建筑安防的需求。按照工作原理可分为机械锁、智能锁、电控锁、机械逃生装置、电控逃生装置等多种类型。

1. 机械锁

根据其使用功能及场所,可以满足不同使用功能需求。常用功能类型包括通道功能锁、入户门功能锁、办公室功能锁、教室功能锁、连通功能锁、卫生间功能锁、储藏室功能锁、移门功能锁、辅助功能锁、防盗功能锁等。其结构类型常见插芯锁、筒式锁、外装锁三种。

(1)机械锁常用功能类型(如图 2-27 所示)

功能	通道功能锁	入户功能锁	办公室功能锁	教室功能锁	连通功能锁
图示					
功能	酒店连通功能锁	卫生间功能锁	储物室功能锁	移门功能锁	辅助功能锁	防盗功能锁
图示				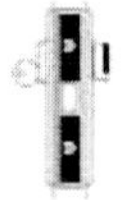		

图 2-27 机械锁常用功能类型

通道功能锁:从门的任何一侧转动执手使斜舌收回。两侧无锁芯,无钥匙。

入户功能锁:两侧执手控制斜舌收回。门外侧使用钥匙上锁或解锁,方舌伸出或收回。门内侧使用旋钮实现方舌伸出或收回,也可实现门外侧执手的可上锁或解锁,门内侧执手始终常开。

办公室功能锁:两侧执手控制斜舌收回。门外侧使用钥匙上锁或解锁。门内侧通过功能切换钮或旋钮,实现门外侧执手的上锁或解锁,门内侧执手始终常开。

教室功能锁:两侧执手控制斜舌收回。门外侧钥匙可实现外侧执手的上锁或解锁。门内侧执手始终常开。

连通功能锁:两侧执手始终可控制斜舌收回。钥匙控制方舌伸出或收回。

酒店连通功能锁:用于酒店套房之间联通功能门扇。仅房间侧有执手并可控制锁舌收回,钥匙可实现执手的上锁/解锁或锁舌收回。另一侧无执手和锁芯。

卫生间功能锁:两侧执手可使斜舌收回。门外侧带有应急开启钮或使用指示器,可使用简单工具实现应急开启。门内侧转动旋钮上锁或解锁。

储藏室功能锁:门外侧执手始终固定,只能使用钥匙开锁。门内侧执手始终常开。

移门功能锁:两侧带有扣手,一侧有锁芯或应急开启孔,另一侧有旋钮。门外侧用钥匙或应急开启孔开启。门内侧旋钮控制锁舌。

辅助功能锁：门外侧有锁芯，用钥匙控制方舌伸出或缩回。门内侧有锁芯或旋钮，用锁芯或旋钮控制方舌伸出或收回。

防盗功能锁：具有多点式锁舌。门外侧通过钥匙实现上锁或解锁。执手始终固定或控制斜舌，也可实现反向上锁功能。门内侧通过旋钮或钥匙上锁或解锁。

（2）结构类型分类

插芯锁：指锁体外形为矩形且嵌入门扇内部安装的门锁。锁舌安装在锁体内部，带有独立安装的执手、锁芯、锁扣板等附属配件。其锁体内部结构复杂且零部件较多。具有较好的产品性能、使用寿命、耐火性和安保性。

按照不同的产品标准，如美国标准、欧洲标准等，插芯锁常分为美标插芯锁和欧标插芯锁。插芯锁的把手类型有联体面板把手式、圆盖圈把手式和医用把手式等。插芯锁的不同类型如图 2-28 所示。

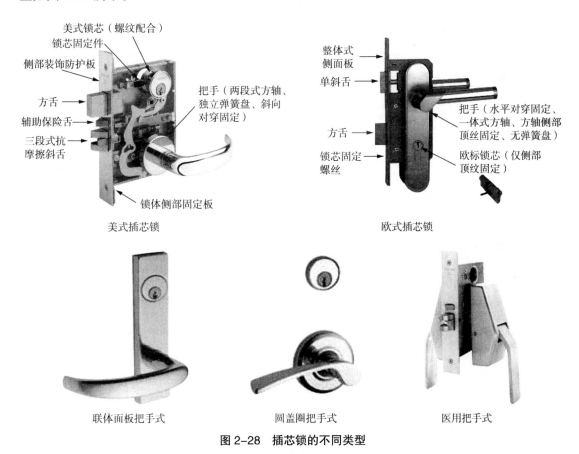

图 2-28　插芯锁的不同类型

筒式锁：指内部锁架外形为圆柱型结构，门扇两侧镗圆孔对穿安装的门锁。锁舌与内部锁架为插入式安装，锁芯固装于执手内部。门锁内部结构较简单且零部件较少。如图 2-29 所示，筒式锁的外部把手有水平执手式和球形执手式两种。

外装锁：指锁体外形为矩形，安装于门扇表面上的整体式锁。外部通过钥匙开启，内部仅有旋钮。结构简单且零部件少。常见外装锁结构类型如图 2-30 所示。

水平执手式　　　　　球形执手式

图 2-29　筒式锁

图 2-30　外装锁

2. 电子锁

电子锁是指利用电子控制电路和电子执行机构相结合构成的复合型锁具。可通过内置读卡器、密码键盘、生物识别等电子设备进行用户授权设置、存储、读解码、识别、显示等功能；从而驱动电子执行机构(如微型电控马达、螺线管等)实现锁具开启,也可通过门外侧机械锁芯实现应急开启。其常见类型包括卡片锁、密码锁、生物特征识别锁和酒店客房锁,如图 2-31 所示。

(1)电子卡片锁

电子卡片锁是利用门外侧集成读卡设备、执手和锁芯的外面板,使用门禁卡片(如磁条卡、IC 卡、电子钥匙扣、感应卡等)授权开启的锁具。具有单机式或联网式两种工作方式,可通过电池供电或门禁系统提供的持续弱电作为工作电源,也可通过门外侧机械钥匙实现应急开启。

(2)电子密码锁

电子密码锁是利用门外侧集成数字按钮键盘设备、执手和锁芯的面板,通过输入密码授权而开启的锁具,也可通过门外侧机械钥匙实现应急开启。具有单机式或联网式两种工作方式,可通过电池供电或门禁系统提供的持续弱电作为工作电源。

(3)生物特征识别锁

生物特征识别锁是利用门外侧集成人体生物特征(如指纹、掌型、面部等)识别设备、执手和锁芯的面板,通过人体生物特征而授权开启的锁具,也可通过门外侧机械钥匙实现应急开启。具有单机式或联网式两种工作方式,可通过电池供电或门禁系统提供的持续弱电作为工作电源。

(4)酒店客房电子锁

酒店客房电子锁是指安装在酒店客房入户门的专用电子锁。通过专用酒店锁管理系统软件来进行门锁的管理,实现特定区域、特定房间、特定时间段等管理需求。酒店锁系统由管理制卡机、手持控制器、门锁和房卡组成。制发卡系统既可以独立工作,又可以同酒店计算机管理系统包括 FIDELIO 在内的 PMS、POS 等系统联网运行。酒店锁硬件部分由锁体(含内部电子驱动件)、执手面板(含电子设备)、应急锁芯组成,通过电池或门禁系统提供的弱电作为电源。其读取方式可采用插卡式、刷卡式、非接触感应式。门外侧通过房卡解锁,也可通过钥匙应急解锁。门内侧无需钥匙即可上锁或解锁。酒店锁内部电子电路部分可带有房卡使用记录,以便于酒店管理方进行事后使用记录读取及追踪。

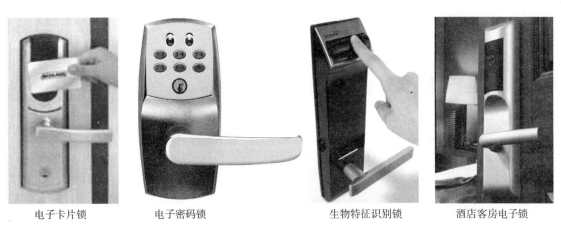

| 电子卡片锁 | 电子密码锁 | 生物特征识别锁 | 酒店客房电子锁 |

图 2-31 电子锁的常见类型

3. 电控锁

电控锁是指通过锁体内部的电控部件,实现上锁或解锁。须与门禁系统联网工作,无独立的电子控制电路及自身读取电子设备。其常见类型包括磁力锁、剪力锁、电插锁、电锁扣、机电一体锁等,如图 2-32 所示。电控锁通常需要持续而稳定的电压供电才能工作,输入电压为交直流 12V 或 24V,工作电流小于 1A。

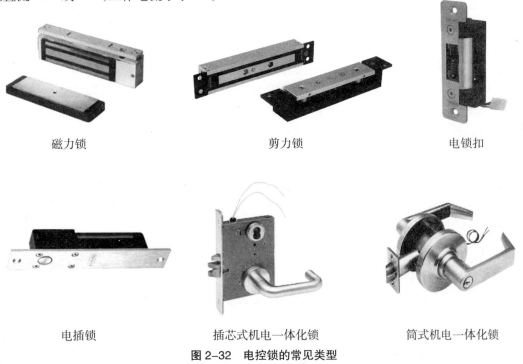

| 磁力锁 | 剪力锁 | 电锁扣 |

| 电插锁 | 插芯式机电一体化锁 | 筒式机电一体化锁 |

图 2-32 电控锁的常见类型

（1）磁力锁

磁力锁由电磁主锁体和衔铁两部分组成,有多种吸合力可供选择。通电产生电磁力吸合衔铁,从而实现上锁,上锁方向为前后吸合。可根据弱电门禁系统要求提供磁吸合信号、门态监控信号或工作状态指示灯等功能选项;为断电解锁。门开向只能为单向开启。

（2）剪力锁

由电磁主锁体和弹性吸附板两部分组成，有多种吸合力可供选择。通电产生电磁力吸合弹性吸附铁板，从而实现上锁，上锁方向为上下吸合。可提供磁吸合信号、门态监控信号；断电解锁。隐藏式安装在门框横梁内部及门扇顶部。门开向可单向或双向开启。

（3）电插锁

电插锁由锁体和锁扣板两部分组成。通电产生电磁力驱动机械构件带动锁舌上下运动实现上锁。可提供门态监控信号、工作状态指示灯、应急钥匙开启等功能选项。上锁状态开关有机械顶珠型和电磁型。断电解锁或上锁。隐藏式安装在门框横梁内部及门扇顶部。门开向可单向或双向开启。

（4）电锁扣

通过内置电磁螺线管通电产生电磁力驱动其机械限位装置，阻止或释放锁舌唇板，实现上锁和解锁状态。可提供门态监控信号、锁舌监控信号等功能选项。必须与插芯锁或镗孔锁配合使用，有断电解锁或上锁可选。门扇开启方向仅可单向开启。

（5）机电一体化锁

机电一体化锁作为一种新型电控锁具，它集成了机械锁具和电控锁具的优点。它是由嵌入安装在门扇内部的电控锁体、机械执手、锁芯和锁扣板等部件构成。通电产生电磁力带动机械限位装置，阻止或释放执手，从而实现上锁和解锁状态。锁芯具有应急开启功能，具备双向门禁功能。可提供执手监控信号、锁舌监控信号功能选项。可单向开启。

4. 逃生推杠装置

逃生推杠装置，是指在任何情况下无需借助钥匙或其他工具，用手或身体推动即可直接、迅速推开门扇的装置。通常由触发部件、锁闭部件等部件组成。常见功能类型包括单向逃生功能型、通道功能型、教室功能型、夜锁功能型。其结构类型分为平推式和下压式。

（1）机械逃生推杠装置常见使用功能类型，如图2-33所示。

功能	单向逃生功能型	通道功能型	教室功能型	夜锁功能型
图示	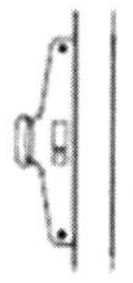	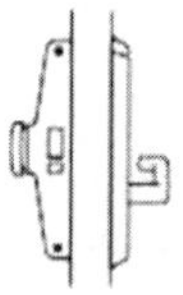	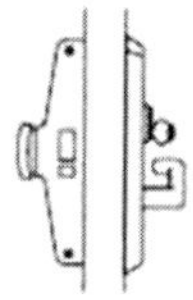	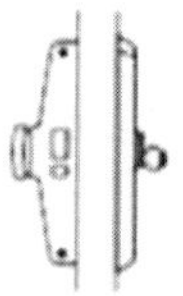

图2-33　机械逃生推杠装置常见使用功能类型

单向逃生功能型逃生推杠装置：在推门侧通过推动逃生推杠装置，一个动作即可开启疏散门；门锁闭后再拉门侧，只能出，不能进。

通道功能型逃生推杠装置：在推门侧通过推动逃生推杠装置，一个动作即可开启疏散门；拉门侧执手始终处于常开状态，可通过执手开启。

教室功能型逃生推杠装置：在推门侧通过推动逃生推杠装置，一个动作即可开启疏散门；拉门侧执手可通过钥匙上锁或解锁，只有当执手处于解锁状态时，执手才能够控制锁舌收回。

夜锁功能型逃生推杠装置：在推门侧通过推动逃生推杠装置，一个动作即可开启疏散门；在拉门侧需通过钥匙开启。

（2）逃生推杠装置结构类型见图2-34。

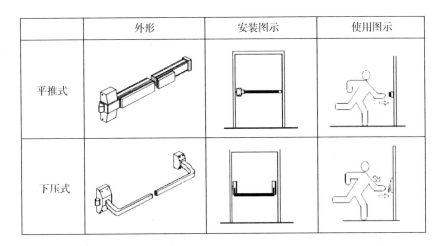

	外形	安装图示	使用图示
平推式			
下压式			

图2-34 逃生推杠装置结构类型

平推式：利用金属制型材、钢板挤压或折弯形成通长壳体，内部带有拉伸或压缩式弹簧以用于推动条的复位，平推方式触动推动条而控制锁舌收回，实现开启。其壳体内部具有一定空间以用于安装特殊机械功能或电控功能配件。具有多种附加功能。其部件名称描述如图2-35所示。

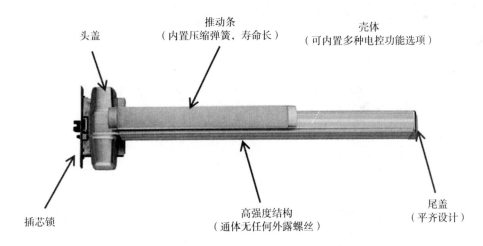

头盖
推动条
（内置压缩弹簧，寿命长）
壳体
（可内置多种电控功能选项）
插芯锁
高强度结构
（通体无任何外露螺丝）
尾盖
（平齐设计）

图2-35 平推式逃生推杠装置

下压式：使用管状金属材质作为推动条，两杠端用于固定推动条和锁。向下压推方式触动推动条而控制锁舌收回，实现开启。触动条和杠端内部空间小，附加功能可选项少。其部件名称描述如图2-36所示。

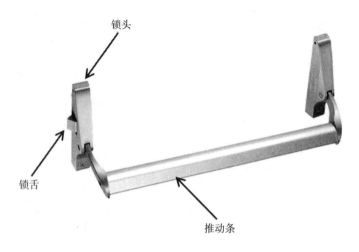

图 2-36 下压式逃生推杠装置

5. 电控逃生推杠装置

电控逃生推杠装置是指通过附加电子部件,实现安防需求并与门禁系统联动使用的逃生推杠装置。电控把手型逃生推杠装置通过门禁系统对室外侧把手进行控制,只有当室外侧把手解锁后,把手方可控制推杠锁锁舌;可提供断电开和断电关选择。除此以外,还可提供出门请求开关、锁舌监控功能、本地报警、延时出门等电控功能。常见电控使用功能类型包括报警型、延时型、门禁型,如图 2-37 所示。其结构类型也有平推式和下压式两种。

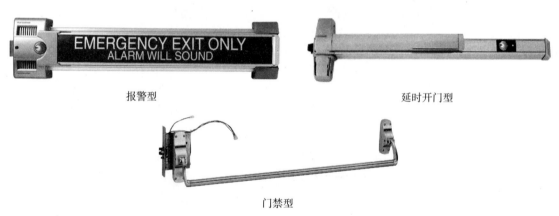

图 2-37 电控开门推杠装置的常见功能类型

报警型逃生推杠装置:在逃生推杠装置壳体内部加装电子报警部件(如:报警设备、LED指示灯及内置触发微动开关等),一旦按压逃生推杠装置开门时,内置电子部件发出报警音、灯光、反馈信号等警示。可与消防、门禁系统连接。

延时开门型逃生推杠装置:在逃生推杠装置壳体内部加装延时电子报警部件(如:报警设备、延时解锁设备、LED指示灯及内置触发微动开关等)。在正常情况下,推动条在受到规定外力作用下,触发内置报警装置发出报警音、灯光、反馈信号等提示;并延时到规定时间后方可推动推动条实现开门;也可通过本地或远程授权实现立即开门。在火灾情况或紧急情况下,接收消防系统控制设备所发出的火灾疏散执行信号,发出火灾警示音、灯光警示,并立即使内置控制装置解除延时开启功能及锁闭状态。报警状态可通过本地或远程控制实现报警功能的布防与解锁。

门禁型逃生推杠装置：在机械型逃生推杠装置上或门外侧执手上增加电控部件，与门禁系统连接使用，实现进门、授权开门。在火灾情况或紧急情况下，接收疏散执行信号立即使电控部件断电；门外侧执手实现上锁或解锁状态，断电开或断电关功能可选。具备单机式或联网式两种工作方式。

6. 插销

当双扇门为企口型或带有门中缝扣条时，主动门使用插芯锁时，从动门应具有锁闭功能，确保在主动扇关闭后，从动门始终处于锁闭状态。因此，需要使用插销来确保从动门的锁闭状态。插销按安装方式可分为表面插销和暗插销。暗插销按工作方式又分为手动暗插销或自动暗插销。插销的类型形式如图2-38所示。

明装插销：门体外表面安装固定。门扇关闭后，在室内侧可见。

暗插销：安装在从动门扇侧面，嵌入式安装固定，安装后插销面板和门扇侧面平齐。门关后插销不可见。

手动暗插销：插销的伸出和缩回都依靠手动动作实现。

自动暗插销：随着主动门的关闭和打开，插销自动伸出和缩回。

防尘筒：配合下部插销使用，嵌入安装在地面。带有挡尘盖，可有效防止底部插销孔落尘积灰。

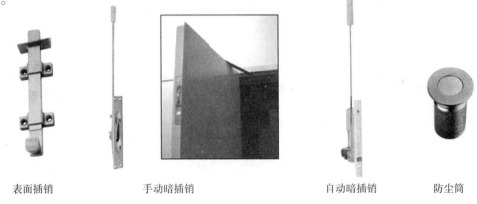

| 表面插销 | 手动暗插销 | 自动暗插销 | 防尘筒 |

图2-38 插销和防尘筒

2.2.3 控制五金件

门的控制五金件是指控制门扇开启或关闭的五金件，通常包括普通闭门器、天弹簧、地弹簧（控制功能）、电磁停门闭门器、电动平开门机、顺位器等。在这里将主要介绍一下闭门器。

1. 普通闭门器

闭门器用于控制门的关闭，确保门扇始终处于关闭状态。多为液压控制形式，通过内部齿轮齿条形式，实现力的转换；使其内部弹簧压缩后，提供关门时所需的动力源，并通过控制内部液压油流量大小实现速度调节。可根据门扇宽度调节力级；关门速度、上锁速度和开门缓冲速度可通过调节阀调节。闭门器由缸体、支臂及安装配件组成，其缸体内部则由金属弹簧、液压油、齿轮轴、齿轮轴活塞、调节阀等组成。如图2-39所示。

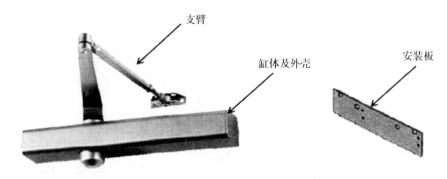

图 2-39 闭门器的组成部件

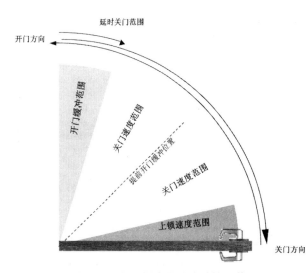

图 2-40 闭门器主要速度的控制范围

（1）闭门器的控制范围

闭门器的控制速度是由关门速度、上锁速度两种基本速度组成。关门速度通常是指门扇在关闭过程中，由 180°~10° 范围内的控制速度。上锁速度通常是指门扇在关闭过程中，10°~0° 范围内的控制速度。其附加功能为开门缓冲、延时关门、停门定位功能等选型。图 2-40 所示为闭门器主要速度的控制范围。

关门速度：在关门方向的 180°~10° 范围内，控制门扇关闭速度的快慢。

上锁速度：在关门方向的 10°~0° 范围内，控制门扇上锁速度的快慢，确保门扇有足够的力度上锁，从而保证锁闭件可使门扇始终处于锁闭状态。同时也尽可能地减轻门扇关闭的撞击声音，避免产生噪音。

开门缓冲：在开门方向的 60° 或 85°~180° 范围内，控制门扇开启的速度。其原理是当门扇开启至一定位置后，通过闭门器的开门缓冲阀门控制闭门器内部液压油的流速，来调节开门阻尼力的大小，从而实现可控的开门缓冲功能。主要为了防止用力开门时，门扇开启速度过快而碰撞到门扇背后的墙面、人或物，同时也可以起到对门扇、墙面、人和物品的保护作用。

延时关门：在关门方向的 180°~70° 范围内，让门扇保持在开启位置停留一定时间段后，再实现自行关闭，从而达到延时关门的功能。该功能可以方便残障人士、老人或小孩通过，避免因关门速度过快而对人身造成伤害。

停门定位：通过闭门器摇臂上的定位装置实现门扇在特定角度始终处于常开状态。如需关闭门扇，需人为拉动门扇使闭门器摇臂越过停门位置后，再自行关闭。其常见定位装置如图 2-41 所示。

凸点定位

卡点定位
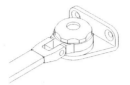
摩擦力定位

弹簧力定位

图 2-41 闭门器的定位装置

（2）明装式闭门器

明装式闭门器是指闭门器主体和支臂安装固定在门体表面。安装完毕后，其主体与支臂外露可见。常见安装固定方式为垂直臂（拉门侧）安装、平行臂（推门侧）安装、顶框安装等形式，如图 2-42 所示。

垂直臂安装

平行臂安装
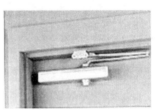
顶框安装

图 2-42 明装式闭门器的安装方式

（3）隐藏式闭门器

隐藏式闭门器是指闭门器主体以隐藏嵌入式安装在门体内部，其支臂为外露型或隐藏嵌入式安装的闭门器。如图 2-43 所示，有全隐藏式闭门器和半隐藏式闭门器两种。全隐藏式闭门器的主体隐藏嵌入安装在门扇顶部，滑轨隐藏嵌入安装在横梁内，门扇关闭后无任何外露部件。

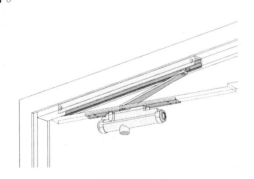
全隐藏式闭门器
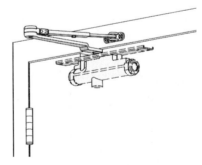
半隐藏式闭门器

图 2-43 隐藏式闭门器的类型

2. 电磁停门闭门器

电磁停门闭门器是指在闭门器的滑轨或机体上加装电磁停门装置，实现门扇在特定角度处于常开状态。并可与消防系统连接，如遇火警信号时，电磁停门装置自动断电，实现自行关闭功能。常见安装类型有明装式和隐藏式两种，如图 2-44 所示。

（1）明装式电磁停门闭门器

闭门器主体与滑轨安装在门体外表面，在拉门侧安装固定；主体和滑轨外露可见。与消防系统进行连接，其正常工作需要持续稳定的工作电源（DC24V）。滑轨内部带有电磁停门装置，可有效确保门体处于常开状态；同时带有检修测试阀，以提供日常检修维护。

（2）隐藏式电磁停门闭门器

闭门器主体与滑轨隐藏嵌入安装在门体内部；门扇关闭后，无任何外露部件，仅当门扇开启后，其支臂可见。与消防系统进行连接，其正常工作需要持续稳定的工作电源（DC24V）。滑轨内部带有电磁停门装置，可有效确保门体处于常开状态；同时带有检修测试阀，以提供日常检修维护。

明装式   隐藏式

图 2-44 　电磁停门闭门器的类型

2.2.4　保护五金件

门的保护件是指用于保护门扇、门框及提供相关辅助功能的五金件。可实现门体、人身保护作用，实现特殊使用需求（如防火、隔音、密封等）和辅助安全使用需求（如猫眼、防盗扣等）。

1.门扇保护板

门扇保护板用于保护门扇不受刮蹭或者表面着有污渍等问题。其材质通常为不锈钢或黄铜，厚度在 1.5mm 左右。可根据使用位置和功能要求，选择不同高度的保护板。常见形式如图 2-45 所示，有踢脚板、拖把板和装甲板等。踢脚板的高度在 200mm~300mm，拖把板的高度在 150mm 左右，装甲板的高度在 900mm 左右。

踢脚板   拖把板   装甲板

图 2-45 　门扇保护板的常见形式

2.推拉手板

带指示标志，方便识别门的开启方向。如图 2-46 所示。

3.拉手

起推、拉门作用。同时也可起到门体保护作用。如图 2-46 所示。

4. 门止

限制门扇最大开启位置,可起到保护墙体、门体及其他五金件的作用。有地装式和墙装式两种,如图 2-46 所示。

推拉手板　　　　　　　　　拉手　　　　　　地装式门止　　　墙装式门止

图 2-46　推拉手板、拉手和门止

5. 防盗扣

防盗扣能确保门扇在一定小角度范围内开启,可有效避免陌生人强行进入。常见形式有明装防盗扣、暗藏防盗扣和防盗链,如图 2-47 所示。

6. 门镜

门镜俗称猫眼,是安装在门扇上的一种小型光学装置,用于观察门外侧情况。从室内通过门镜向外看,能看清门外视场角不小于 100° 范围内的所有景象,而从门外通过门镜却无法看到室内的任何东西,如图 2-47 所示。

明装防盗扣　　　　　　暗藏防盗扣　　　　　　防盗链　　　　　　门镜

图 2-47　防盗扣和门镜

7. 门密封件

为确保门扇关闭后,能达到一定的密封性要求,同时也能消除或减少噪音,就需要在门扇和门框或地坪之间安装门密封件。门密封件有门框密封条、双门中缝盖封条、门槛和自动门底刷等不同品种,如图 2-48 所示。

门框密封条:在门框上安装具有密封作用的条状物。如果是防火门,则必须使用防火密封条或膨胀条。

双门中缝盖封条:安装在双门中缝位置,与门扇等高。用于密闭双门之间的缝隙。

门槛:是由铝合金或黄铜压制而成的,安装在门扇底部,可有效填补门扇下缝隙与地面之间的密封,也可使门两边的地面连接处美观精致。具有阻隔雨水、密封隔音、防尘防虫等功能。

自动门底刷：安装于门扇底部，当门关闭时，密封胶条会自动下降至地面，从而封堵住门底缝隙。当门开启时，密封胶条又会自动收起并缩回至门扇底部。

门框密封条

双门中缝盖封条

门槛

自动门底刷

图 2-48　门密封件的类型

8. 过线器

过线器是用于实现门框与门扇之间电流传递的设备，可确保穿过门扇和门框之间的电缆不被损坏。常见形式如图 2-49 所示，有隐藏式过线器和明装过线软管。

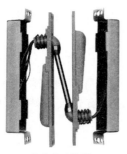
隐藏式过线器

明装过线软管

图 2-49　过线器

2.3　高保安锁芯和总钥匙系统

2.3.1　高保安锁芯

在介绍高保安锁芯之前，需要对锁芯的构造及工作原理进行简单介绍。这样，可以帮助大家了解钥匙是如何开启锁芯的；同时，也有助于大家区分高保安锁芯与非高保安锁芯。

1. 锁芯的外形和标准

我们知道锁体有着不同的结构形式、功能类型以及相应的标准要求，这就决定了锁芯也有着不同的外形结构，用以配合不同的锁体使用。如图 2-50 所示，截面形状为葫芦形的欧标锁芯，要求符合欧洲标准 EN1303；截面形状为椭圆形的澳标锁芯，要求符合澳大利亚标准 AS4145.2；而圆柱形的美标锁芯则需要求符合美国标准 ANSI/BHMA A156.5。

| 欧标锁芯 | 澳标锁芯 | 美标普通锁芯 | 美标可互换锁芯 |

图 2-50　锁芯的外形

2. 锁芯的构造和工作原理

锁芯是由锁芯外壳(简称锁芯壳)、锁胆、弹簧、上弹子、下弹子、总钥匙弹子及拨块(或尾条)等部件构成。对于某些高保安锁芯而言,其内部还会有侧部弹子、边齿等附加配件,以提供更高的安保要求。普通弹子锁芯的内部结构如图 2-51 所示。

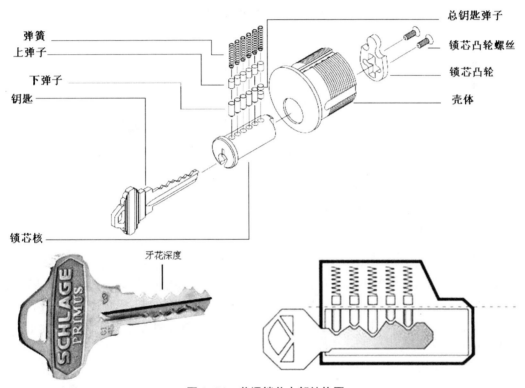

图 2-51　普通锁芯内部结构图

在开启锁芯时,通过钥匙的钥匙槽、牙花切齿深度、位置等差异,开启与之相匹配的锁芯,当这些参数相互匹配后,即可实现锁芯的转动及开启。钥匙开启前后,锁芯内部弹子位置状态的改变,如图 2-52 所示。

在对锁芯的内部结构及工作原理、外形有了认识后,可以了解到对于专业人员而言,在几秒钟内即可实现锁芯的开启。国内曾出现了锡纸开锁的事情,所开的锁芯就是这些低保安功能锁芯。这些锁芯,仅仅依靠的是弹子高度的不同来防止未授权人的开启,而这些锁芯是不具有任何高保安功能的。所谓高保安锁芯是指通过增加锁芯内部的弹子数量、钥匙槽或钥匙上的弹性弹子、电子芯片等附加功能且需要认证授权的锁芯。它可以通过增加弹子数量或增加特殊设计的弹子、改变钥匙槽的形状等方法实现。通常此类锁芯是通过国际相关认证（如UL437认证、EN1303认证）且拥有国际专利保护的锁芯。这样，可以避免钥匙丢失后可随意复制的现象发生；而且由于高保安锁芯使用的钥匙同样受到专利保护，因此在市面上就无法找到同样的空白钥匙坯，从而可满足用户的高保安要求。

钥匙插入锁芯前

钥匙插入锁芯后转动前　　　　　　　　　　钥匙转动后

图 2-52　钥匙开启锁芯前后的过程

　　杜绝钥匙的非法复制，提高保安系统的可靠性，一直是建筑五金安保行业追求的目标。这里我们主要对机械式高保安锁芯进行介绍。在之前介绍的标准中，目前国际上尤以美国标准要求最为严格。因此，对于高保安锁芯执行的相关认证而言，UL437标准代表着高保安锁芯的高水平标准，它对锁芯及其内部构件的性能、材质、防暴力开启等都做了详细的规定要求。而带边齿的高保安锁芯系统是目前世界上公认的安保可靠性最高的机械产品，也是受美国国家专利局保护的专利产品。

　　图 2-53 为美国 Schlage Everest Primus XP 系列高保安锁芯的内部结构图，该锁芯通过了UL437认证，并且获得了美国专利认证。

　　从图 2-53 中可以看出，它比非高保安锁芯在侧部多出了 5 个指形弹子，通过钥匙上的 5个侧部边齿的切齿深度并结合侧部指形弹子的旋转角度实现开启。实际上，关键点是侧部指形弹子与锁芯内的上下弹子的外形结构完全不同。指形弹子不仅仅是根据通过弹子高度与钥匙牙花来配合的，它还需通过其根部指状凸台位于弹子结构上的不同角度位置来决定。换句话说，也就是指形弹子是通过旋转角度来实现与钥匙上侧部边齿的切齿角度来实现的。这就意味着锁芯生产商需要具有高水平的研发能力及生产加工能力。指形弹子的工作原理如图2-54 所示。

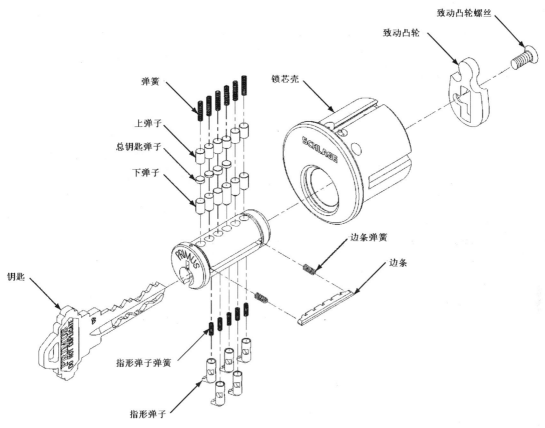

图 2-53　美标高保安锁芯内部结构图

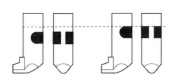

指形弹子外形示意

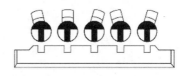

指形弹子配合示意

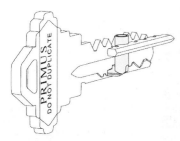

指形弹子与钥匙边齿配合

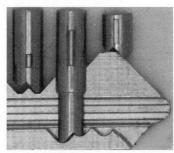

锁闭与开启状态

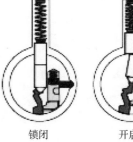

锁闭　　　　开启

图 2-54　指形弹子的工作原理

欧标高保安锁芯,其功能原理基本上与美标高保安锁芯一样,只不过不同之处取决于锁芯内部的弹子形式、钥匙上的结构处理。图 2-55 为意大利 Cisa RS3S 系列的高保安锁芯,通过 EN1303/EN1627 认证和专利保护。从其钥匙上可以看到,除了具备上下弹子外,其在钥匙上采用旋转弹子来实现高保安控制。

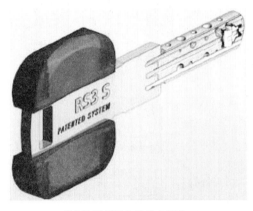 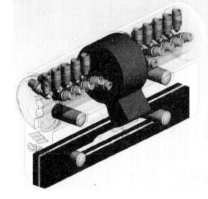

带有旋转弹子的高保安钥匙　　　　　　　　　旋转弹子高保安锁芯

图 2-55　欧标高保安锁芯内部结构图

使用高保安锁芯的用户,锁芯制造商为区别于普通用户,会单独建立用户文档并提供给用户带有唯一 ID 编号的用户卡,如图 2-56 所示。如需购买空白钥匙坯、复制钥匙或增补锁芯,需要提供 ID 卡号及亲笔签名授权书后,锁芯制造商才能够进行空白钥匙坯的销售、钥匙的复制和增补锁芯。

图 2-56　高保安锁芯用户卡

使用高保安锁芯及带有唯一编号的 ID 用户卡,可以充分满足客户的高保安需求,尤其是可避免因钥匙丢失或随意复制而造成的安全隐患。

2.3.2　总钥匙系统

1. 总钥匙系统的概念

所谓总钥匙系统,是指对建筑物内的各个功能房进行合并归类,使具有相同特征的功能房纳入同一系统,以达到对房间钥匙进行分类管理的目的。然后再根据管理者的级别权限,对所属房间钥匙进行分级管理。通常,部门经理的钥匙可以打开其部下所有房间,即总钥匙。最高管理者的总总钥匙可以打开整个建筑物里的所有房间,即所谓的万能钥匙。总钥匙系统的级别划分最高可以达到六级以上,而一般情况四级总钥匙系统便可满足管理者要求。

总钥匙系统示意图如图 2-57 所示。一栋十层的办公楼,每个房间的门锁都会配置自身独立的钥匙,即第一级钥匙。第一级钥匙及其对应的门锁有两种类型:不同匙(KD)和通匙(KA)。正如上面四级钥匙管理系统结构图中所示,办公室可制作成不同匙门锁,分别用各自单独钥匙开启;每层楼的清洁间共 10 把门锁可制作成通匙门锁,用同一把钥匙开启。所有办公室门锁纳入办公室总钥匙组,所有清洁间及卫生间纳入清洁总要是组,分别可被办公室总钥匙和清洁总钥匙开启,即第二级总钥匙(MK)。以此类推,行政部次总钥匙等为第三级总钥匙(GMK),大楼总总钥匙(GGMK)为第四级总钥匙。

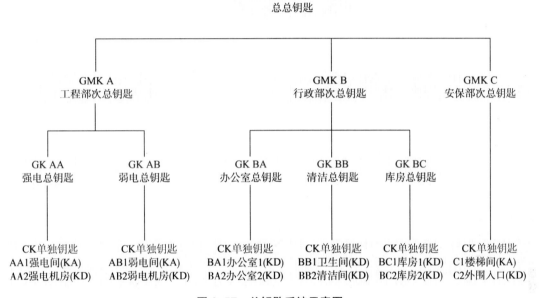

图 2-57　总钥匙系统示意图

2. 总钥匙系统钥匙槽型

总钥匙系统的编制级数及其系统内部占用的锁芯数量、系统号位数则取决于生产制造商的技术实力,因为随着总钥匙级数的增加、独立匙的增加、锁芯组别的划分都决定了整个总钥匙管理系统安保性及合理性。通过采用多种高保安锁芯、多种钥匙槽系统等,完全可以实现零互开率的现象,这正是生产制造商技术实力的体现。图 2-58 所示为 Schlage 的普通钥匙槽系统,这是一个 4 层结构的 11 种钥匙槽型的树状结构系统。通过这样的钥匙槽系统就可以实现锁芯内部弹子排列组合多达上万种形式。这是实现高级别总钥匙系统的保证。

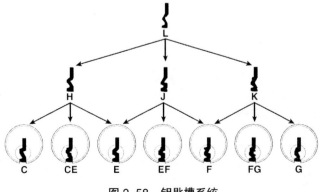

图 2-58　钥匙槽系统

3. 总钥匙系统图

图 2-59 是二至四级钥匙管理系统结构简图,可以让大家对钥匙管理系统结构图有个直观的了解与认识。

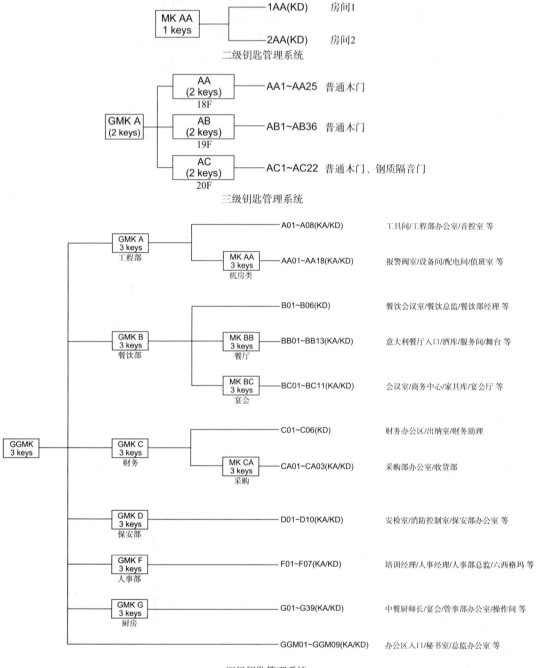

图 2-59　总钥匙管理系统结构简图

在这里需要强调的是,所谓的能开启任何锁具的万能钥匙是不存在的。因为钥匙管理系统是通过锁芯内部的弹子排列顺序和有关联关系的不同钥匙槽型来实现的,所以总钥匙系统必须建立在同一套钥匙管理系统基础上才能得以实现。没有关联关系的钥匙管理系统是不能兼容的。

全球较为流行的钥匙管理系统图表主要分为美式总钥匙系统图表和欧式总钥匙系统图表,而美式钥匙系统图表简单直观,欧式钥匙系统图表篇幅较大,但两者都是实现钥匙管理系统最基本的图表。图 2-58 为某一美式总钥匙系统图的实例。

总钥匙系统中需要了解其特定术语,以便大家更好地理解总钥匙管理系统。下面是总钥匙系统中常用的术语介绍。

不同匙(KD):在系统里处于最底层和基本的结构,每把钥匙只能开它所配给独立锁芯。

通匙(KA):允许很多的锁芯被同一把钥匙打开,锁芯的数量没有限制。

总总钥匙(GGMK):可开启其下辖控制的所有锁芯。

次总钥匙(GMK):可开启在次总钥匙系统内大部分且受其下辖控制的锁芯。

总钥匙(MK):可开启在总钥匙系统内且受其下辖控制的锁芯。

分离独立匙(SKD):在系统里完全独立不受任何总钥匙控制的锁芯。

临时建筑钥匙:在总钥匙系统交付之前且在建筑物施工之时,为便于业主或施工单位方便安全地管理所有门而提供的一个建筑期用的锁芯。所有的临时建筑锁芯可被施工总钥匙开启,当建筑移交业主正式使用之际,这些临时建筑钥匙和锁芯将被总钥匙系统锁芯和相配的钥匙所替代。

4. 总钥匙系统门表

在进行总钥匙系统设计时,需要与用户明确各房间的具体使用功能及所属的功能权限,只有在确认好最终使用功能及权限后,才能够开展总钥匙管理系统的设计。

只有在完成正确的系统功能划分后,才能根据各房间功能、锁具完成总钥匙系统的门表编制工作。在总钥匙系统门表中,需要体现出唯一门号、房间功能、系统组别、组别编号等详尽信息,只有这样,才能够确保钥匙系统准确无误地投入使用。否则会造成钥匙系统的混乱,甚至会出现不同功能类房间被同一总钥匙开启的现象。

总钥匙系统是一把双刃剑,在方便业主管理使用的同时,也需要对各级总钥匙的使用及管理建立完善而可靠的管理体制。需要建立有效的钥匙控制和管理系统、钥匙的总数量、钥匙存放的管理、何人已获得分发钥匙和数量、何人授权何时借用/归还钥匙、员工离职需归还等严格而完善的管理体制。如果没有一套严格完善的管理体制,那么对于任何一个总钥匙系统而言,将没有任何的意义及安全性。

表 2-1 是与图 2-60 所示的总钥匙系统图同一个实例的总钥匙系统门表,从中我们可以看到系统图和系统门表之间的关系。总钥匙系统图侧重反映整个系统的架构和层级关系,而总钥匙系统门表则侧重反映所有在某一特定房间或区域门上的锁芯的系统标号。

表2-1 实例：总钥匙系统门表

A-F2-001	A2.001-SD(C)	竖井 Pipes	EC901-45-SNP	MK AC	AC4	5	KA14
A-F2-002	A2.003-SD(B)	楼梯间 Stair	EC901-45-SNP	MK ED	ED4	0	KA99
A-F2-003	A2.004-SD	服务区 Service area	EC903-76-SNP	MK CC	CC1	3	KD
A-F2-004	A2.005-SD	员工卫生间 Staff toilet	EC903-76-SNP	MK CB	CB1	0	KA86
A-F2-005	A2.006-SD(A)1	后勤用房 BOH	EC903-76-SNP	MK BA	BA1	3	KA60
A-F2-006	A2.008-SD(A)	电信室 Telecom.Rm.	EC903-76-SNP	MK AE	AE1	0	KA46
A-F2-007	A2.010-SD(B)	楼梯间 Stair	EC901-45-SNP	MK ED	ED4	0	KA99
A-F2-008	A2.013-SD(C)	电气室 Electrical	EC903-76-SNP	MK AC	AC7	0	KA17
A-F2-009	A2.GM-ZS-07-1(A)	商铺 Shops（双扇）	EC902-71-SNP	MK CC	CC2	3	KD
A-F2-010	A2.GM-ZS-07-1(B)	商铺 Shops（双扇）	EC902-71-SNP	MK CC	CC3	3	KD
A-F2-011	A2.GM-ZS-07-2(A)	商铺 Shops（双扇）	EC902-71-SNP	MK CC	CC4	3	KD
A-F2-012	A2.GM-ZS-07-2(B)	商铺 Shops（双扇）	EC902-71-SNP	MK CC	CC5	3	KD
A-F2-013	A2.GM-ZS-07-3(A)	商铺 Shops（双扇）	EC902-71-SNP	MK CC	CC6	3	KD
A-F2-014	A2.GM-ZS-07-3(B)	商铺 Shops（双扇）	EC902-71-SNP	MK CC	CC7	3	KD
A-F2-015	A2.GM-ZS-07-4(A)	商铺 Shops（双扇）	EC902-71-SNP	MK CC	CC8	3	KD
A-F2-016	A2.GM-ZS-07-4(B)	商铺 Shops（双扇）	EC902-71-SNP	MK CC	CC9	3	KD
A-F2-017	A2.GM-ZS-07-5(A)	商铺 Shops（双扇）	EC902-71-SNP	MK CC	CC10	3	KD
A-F2-018	A2.GM-ZS-07-5(B)	商铺 Shops（双扇）	EC902-71-SNP	MK CC	CC11	3	KD
A-F2-019	A2.GM-ZS-07-6(A)	商铺 Shops（双扇）	EC902-71-SNP	MK CC	CC12	3	KD
A-F2-020	A2.GM-ZS-07-6(B)	商铺 Shops（双扇）	EC902-71-SNP	MK CC	CC13	3	KD
A-F2-021	A2.GM-ZS-07-7(A)	商铺 Shops（双扇）	EC902-71-SNP	MK CC	CC14	3	KD
A-F2-022	A2.GM-ZS-07-7(B)	商铺 Shops（双扇）	EC902-71-SNP	MK CC	CC15	3	KD
A-F2-023	A2.GM-ZS-07-8(A)	商铺 Shops（双扇）	EC902-71-SNP	MK CC	CC16	3	KD
A-F2-024	A2.GM-ZS-07-8(B)	商铺 Shops（双扇）	EC902-71-SNP	MK CC	CC17	3	KD
A-F2-025	A2.GM-ZS-07-9(A)	商铺 Shops（双扇）	EC902-71-SNP	MK CC	CC18	3	KD
A-F2-026	A2.GM-ZS-07-9(B)	商铺 Shops（双扇）	EC902-71-SNP	MK CC	CC19	3	KD
A-F2-027	A2.GM-ZS-07-10(A)	商铺 Shops（双扇）	EC902-71-SNP	MK CC	CC20	3	KD
A-F2-028	A2.GM-ZS-07-10(B)	商铺 Shops（双扇）	EC902-71-SNP	MK CC	CC21	3	KD

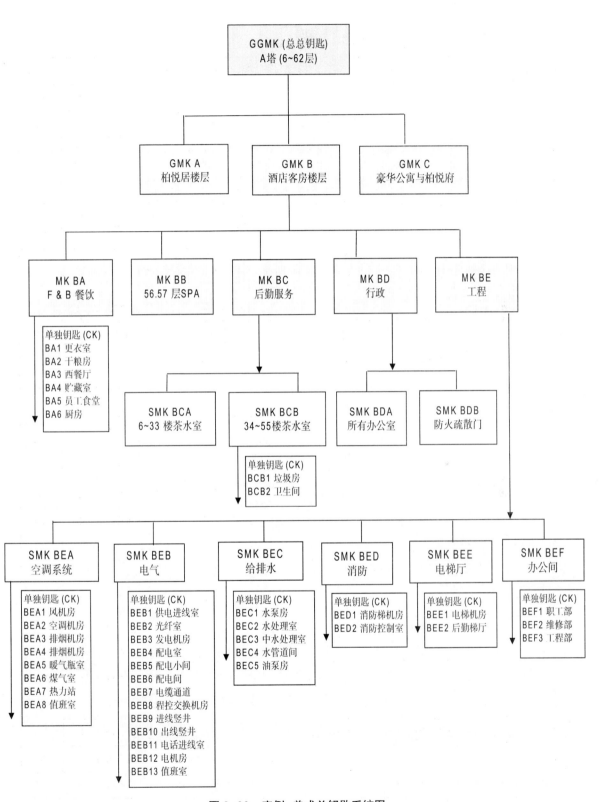

图 2-60　实例：美式总钥匙系统图

2.4 机械安防系统技术规范的编制

机械安防系统技术规范主要包含系统方案概述、系统设计技术规范、门表、总钥匙系统图、门控五金配置表(含立面示意图)、产品性能规格描述表、产品安装说明书、安装开孔图、产品认证证书和相关建筑图纸等。

作为安防金字塔中的基础,机械安防系统需要满足严格的产品标准、防火标准等相关标准规范。因此,在编制机械安防系统技术规范时,不仅需要考虑到建筑物的使用功能(如办公楼、酒店、医院、学校、工厂等),同时,还要结合用户的安防需求及投入使用后的系统维护等方方面面的因素。

机械安防系统的系统设计方案应遵循相关行业标准和技术规范。对于这些技术要求,专业的建筑门五金安防系统顾问或工程人员需严格按照国际行业标准(如 ANSI/BHMA A156、EN 等)和国内标准(如 GB、GA 等)来进行安防系统技术规范的编制工作,同时,也为业主、设计师和施工人员及招投标工作提供了一套完整的工作依据。

目前在国内对于机械安防五金存在着一定误区,通常认为安防五金仅是装饰品,忽视了其保安性、安全性等需求,同时,也忽视了其提供的便利性需求。在实际实施过程中,往往将机械五金与弱电系统控制分隔开,无法将机械安防系统的安保性功能发挥出来,无法实现和电子门禁系统的准备配合。因此,就需要有专业人士进行机械安防系统的技术规范编制工作。

目前欧美建筑安防五金已经成为由法规约束、规范引导的非常专业的行业,其中在建筑五金行业存在着建筑安防五金顾问,它主要分为美国建筑五金顾问(AHC)和英国注册建筑五金师(GAI),这些顾问都有着丰富的建筑五金从业经验,并且熟知建筑五金行业相关法规标准,对安防五金产品的材料、饰面、功能及与之相关的门体结构都有着丰富的经验和知识。而要获得此资格需要通过连续三年的不同阶段考核,达到规定的学分要求;同时在获得证书后每年需要再进行资格认证。图 2–61 为美国建筑五金顾问(AHC)证书。

正如前面章节介绍的,美国建筑安防五金行业标准尤以其系列化、完整性、高指标代表了当今世界行业的最高水平,其四大标准(如 BHMA/ANSI A156、UL、NFPA、ADA)从各个方面为机械安防系统制定了完善的标准体系。在这里以美国建筑安防系统作为代表研究机械安防系统技术规范的编制。

2.4.1 机械安防系统方案概述

机械安防系统方案概述是整个系统技术规范的总体说明。首先应对该技术规范针对的对象,即某一特定的建筑工程项目的概况进行说明,阐述其安防需求。然后表明系统方案遵循的行业标准和技术规范,再简述拟定的解决方案。最后对系统的总体内容及实施措施做简要的综述。

下面我们就以一个系统方案概述的范例来说明其具体内容和编制要求。

【范例】

1. 项目概述及系统要求

现代城市的交通、金融、商贸、文体等公共设施或商业建筑,尤其是一些地标性建筑,往往

图 2-61 美国建筑五金顾问（AHC）证书

浓缩着一座城市的工商、科技和文化的精华,是直接展示一座城市的综合实力和文化底蕴的窗口。建设方的期望值和社会公众的关注度都很高。这些大型综合性建筑设施通常集多项功能于一体,结构复杂、人流量大,建筑特点既有普遍性又有独特性。这就对其建筑门五金安防系统提出很高要求。这些要求集中体现在以下几个方面:

① 紧急逃生要求

② 防火要求

③ 人流区域控制要求

④ 内部管理功能要求

⑤ 系统可靠性要求

⑥ 系统耐久性要求

⑦ 方便残疾人士的无障碍要求

⑧ 公共场所的卫生抗菌和绿色建筑的要求

2. 系统方案遵循的行业标准和技术规范

对于这些要求,专业的建筑门五金安防系统承包商,将严格按照国际行业标准和技术规范制定系统方案、选择系统产品。目前欧美建筑门五金已经成为由法规约束、规范引导的非常专业的行业。美国建筑门五金行业标准尤以其系列化、完整性、高指标代表了当今世界行业的最高水平,其四大标准从各个方面为门五金业制定了完善的标准体系:

（1）美国国家标准 ANSI A156（America National Standard Institute）

将所有门五金予以分类编号定义,并依其等级制定各种测试标准。

（2）美国保险商实验室 UL 10C（Underwriter Laboratory）

为门五金制定相应的防火等级和测试标准。

（3）美国国家防火协会 NFPA 101（National Fire Protection Association）

制定门五金设计必须遵循的建筑物内人员生命安全法规。

（4）美国残障人保护法案规范 ADA（Americans with Disabilities Act）

制定门五金设计必须遵循的残疾人易操作使用的相应规范。

3. 系统的四级解决方案

按照上述标准,为了能全面而系统地满足工程项目对建筑门五金安防系统的要求,专业的承包商将按递进的 4 级解决方案制定系统模式。

第一级——机械式控制方案

第二级——电子式控制及钥匙管理方案

第三级——生物识别及网络控制方案

第四级——集成式综合解决方案

（1）机械式控制方案

该方案通过对高品质、多功能机械门锁,逃生装置,液压式闭门器,机械总钥匙和建筑钥匙系统等产品的组合运用,从而实现各种类型的门功能。这一级既是基础型的控制单元,也是防止非法进入的第一级防御措施。

（2）电子式控制及钥匙管理方案

方案包括电子类钥匙管理系统,单机型电子门禁控制系统等。主要解决何人在何时去何地的问题。

（3）生物识别及网络控制方案

该方案主要通过生物识别及联网电子门禁控制系统,实现对建筑物出入口及特定限制区域的实时管理。

（4）集成式综合解决方案

该方案通过对上述三套方案的综合运用,全面解决出入控制、时间管理和人员识别的问题,以形成一套完善的建筑门五金安防系统。

4. 系统内容及实施措施

按照上述标准和要求,本方案包含了以下几项内容。

（1）消防疏散

在人员逃生路线经过的门上,无论防火门或非防火门均设置逃生装置。包括垂直逃生通道上的楼梯前室门、楼梯间门和水平逃生通道上防火分区通道门、通向一楼室外、避难层或楼顶天台的出口门等。在容纳 100 人以上的人员密集场所,如大会议室、宴会厅、商场、剧院、室内体育馆、厂房车间等,均设置逃生疏散门,安装逃生装置。并选用合理的电控延时、报警等功能有效解决平时财产安全和火警时人身安全的矛盾。

（2）防火

采用高品质的美标防火锁具和逃生装置，既保证防火门有效关闭，又保证门内人员迅速撤离。使用高性能的防火闭门器，时刻保持门扇关闭，有效阻止火情从一个区域向另一区域蔓延。在特殊区域使用与本地烟感报警器或消防报警系统联动的电磁停门闭门器，或电磁门吸，使平时保持常开的防火通道门遇警立即关闭，隔断火源，保障人员安全撤离。同时使用其他必要的辅助产品，完善整套防火门系统。例如，自动暗插销、双门顺序器、防火铰链、自动门底刷、门边密封条等。

（3）人流区域控制和内部管理

在建筑物前台区域和后台区域交界的门上采用门禁电控锁的方式，限制人员的非正常流动。根据不同的管理要求采用电子密码锁、智能门锁等离线式单机门禁，或机电一体锁、电磁锁、电锁扣等配合读卡器使用的在线式联网门禁。在某些限制级别更高的特殊场所，采用生物识别门禁方式，如掌形仪、指纹仪等。

通过电子门禁系统的发卡权限设置和机械总钥匙及建筑钥匙系统两种方式，实现内部人员出入控制及对各种房间进行分类分级管理。这两套系统可以独立并行，也可以交叉。例如机电一体锁，既受门禁系统管理，又可纳入机械总钥匙系统。

（4）系统可靠性和耐久性

在高管办公室、财务室、IT机房、中央控制室、高压配电房等重要场所，采用获美国专利认证的带边齿结构的高保安锁芯，以及获ANSI一级认证的高强度插芯锁和逃生装置，以大大提高其安防系统的可靠性。在主出入口、楼梯间、通道、大办公室、餐厅、卫生间等高使用频率的门上，采用ANSI一级锁具和ANSI一级闭门器等高使用寿命和高耐腐蚀性能的产品，不仅能确保系统的耐久性，还能有效降低以后日常使用中的维护成本。

（5）方便残疾人士的无障碍措施

在残疾人通道、残疾人卫生间等场所采用自动平移门和自动平开门，或配置医用执手等特殊形式的锁把手，以实现无障碍通道和无障碍使用要求。采用ANSI一号力级并带延时功能的闭门器，为残疾人士的使用提供最大的方便。同时，为了让残疾人士在没有帮助的情况下独立完成清洗、如厕等活动，残疾人卫生间专用设施弥补了这一空白，承载着对残疾人士的无限关爱。

（6）卫生抗菌和绿色建筑

在通道门锁把手、逃生推杆装置、卫生间推拉手板以及楼梯扶手、栏杆等公众大量频繁接触的部位，采用有抗菌表面处理性能的相应产品，给大家一个绿色健康的公共空间。本系统将使用可循环利用材料制成的安防系统产品，创造绿色环保的建筑环境，同时还可以帮助建筑物获得绿色建筑认证。

需要说明的是，技术规范和系统方案的编制应根据建筑项目的实际需要来选择，不是一味地求高求大。例如根据建筑物的安防要求等级和各区域门的使用频率或开启次数，来选择使用符合何种标准的相应产品。达到不同标准要求的各产品使用寿命次数，如表2-2所示。

表 2-2 不同标准要求的产品使用寿命次数

内容	美标（ANSI）	欧标（EN）	中国标准
	寿命测试	寿命测试	寿命测试
合页	250 万次	20 万次	10 万次
插芯锁	100 万次	20 万次	10 万次
闭门器	150 万次	50 万次	30 万次
逃生装置	50 万次	20 万次	20 万次

2.4.2 机械安防系统设计技术规范

在编制机械安防系统技术规范时,应根据前面内容提到的相关标准法规作为产品选型依据,这样可以让用户选择符合要求的产品,确保建筑物安防系统的稳定性及减少日后系统维护的费用,同时,也可为设计人员、用户、安防系统供应商提供参考依据。应避免采用带有排他性内容的文字描述,这样可以在公正公平的原则基础上,为各生产商提供一个良性竞争的平台。

同样我们以一份范例来研究机械安防系统设计技术规范的编制。从该范例中可见系统设计技术规范需要对系统产品的使用范围、执行标准、生产厂商(或承包商)资质、资料提供、产品交付、产品性能要求、总钥匙系统、安装要求、门表及产品说明等各个方面做出具体详尽的要求。这样才能满足为系统设计初期、产品选型期、项目实施期及正式使用与维护保养期等各个阶段提供技术依据的要求。

某建筑物机械安防系统技术规范

第一部分：总则

[范例]
1.1 概述

按照设计图纸和技术规范,为建筑提供满足不同等级的安全、管理和控制功能要求的整体五金配置。本章所述"五金"包括本工程之所有室内外平开的木门、金属门和玻璃门以及推拉平移门等所需的五金件,不包括围栏、卷帘门和窗用五金。但如有必要,也可由五金供应商统一提供。

1.2 执行标准

（1）美国国家标准协会标准（ANSI）/ 美国建筑五金制造商协会标准（BHMA）

ANSI A156   五金

ANSI A 156.1 铰链

ANSI A 156.2 筒式锁

ANSI A 156.3 逃生推杠装置

ANSI A 156.4 闭门器和门轴

ANSI A 156.5 辅助锁

ANSI A 156.13 插芯锁

ANSI A 156.15 电磁停门闭门器和电磁门吸

ANSI A 156.16 辅助小五金

ANSI A 156.18 材料和表面处理标准

ANSI A 156.19 自动平开门机

ANSI A 156.21 门槛

ANSI A 156.22 门密封件

ANSI A 156.23 电磁锁

ANSI A 156.24 电控延时锁和逃生推杠装置

ANSI A 156.26 连续铰链

（2）防火性能标准

防火门上选用的主要五金件必须符合下列标准之一。

（A）美国保险商实验室防火标准（UL）。

（B）通过中国国家固定灭火系统及耐火构件质量监督检验中心防火测试。

（3）助残标准：执行美国残障人保护法案标准（ADA）和美国国家标准协会易操作标准（ANSI A117.1）。

1.3 厂商资质

（1）制造商：由一家制造商提供整体五金件（如：铰链、锁具、闭门器、逃生推杠装置等）。该制造商应为美国建筑五金制造商协会（BHMA）会员单位，其生产厂应通过 ISO9000 系列质量体系认证。

（2）供应商：建筑门五金供应商应具有五年以上的为工程配套的经验。供应商应聘请有经验的建筑五金顾问在整个工程期间为业主、设计师和承包商提供五金方面的技术咨询服务。供应商还应负责协调所有相关的其他五金件供应商以保证产品的相互匹配。

1.4 资料提供

（1）产品资料：按照要求供应商将提交每种五金件的制造厂家的产品技术资料，包括证明符合设计要求的必要资料、安装说明书、零部件组装图和开孔尺寸图等。

（2）配置资料：供应商在制造前准备和提交 a) 产品清单, b) 门表, c) 五金配置表, 报设计师和最终用户认可。配置资料应协调五金件与门、门框及其他相关部分数据以保证正确的尺寸、厚度、门向、功能及饰面。

（3）总钥匙系统资料：供应商应提交一套详细的总钥匙系统图和系统门表，以符合业主对钥匙系统管理的要求。

（4）样品：如有要求，在提交配置资料及订货前，供应商将提交一套配置资料中所列各项外露的五金件样品，配以协调的饰面供设计师和最终用户确认。

1.5 产品交付

（1）制造商应根据产品清单为各项五金件分别贴标签和包装并附上基本的安装说明书。

（2）供应商将原装包装的五金件运送到项目现场（或最终用户指定地点）以便安装。

第二部分：产品

各种类型的五金件的设计、等级、功能、尺寸和其他明确的质量要求均在本章和五金配置表中注明。

2.1 铰链

（1）铰链应符合美标 ANSI A156.1-2006 一级或二级标准并通过认证，开启次数一级：250 万次，二级：150 万次以上。产品型号列入最近 3 年美国认证产品名录（ANSI / BHMA Certified Products Directory）。防火门使用的铰链必须已通过中国国家灭火系统和耐火构件质量监督检验中心测试（检测有效时间为最近 3 年）。

（2）应能提供同型号的过线电铰链（TW），与普通铰链相匹配。过线电铰链应通过美国保险商实验室（UL）标准认证。

（3）普通内门采用 5 节结构钢质铰链，表面处理为锻纹镀铬色（652）。外门、地下室内门、卫生间门和清洁间门等湿度较大区域的门采用 5 节结构不锈钢铰链，表面处理为锻纹不锈钢色（630）。检修门或管井门采用 3 节结构钢质弹簧铰链，并通过美国保险商实验室（UL）防火标准认证。

（4）外开门上的铰链，应采用不可拆卸式轴（NRP）或带安全扣钉（SH）。

（5）铰链数量根据门高确定。通则为门高每 30"（762mm）使用 1 只铰链。具体为：

门高≤60"（1524mm）：2 只；

60"（1524mm）<门高≤90"（2286mm）：3 只；

90"（2286mm）<门高≤120"（3048mm）：4 只。

2.2 锁具

（1）按照技术要求，为不同功能不同区域的门，提供相应的筒式锁、插芯锁、固定方舌锁、弹簧锁或电控锁。

（2）插芯锁：

A. 符合 ANSI A156.13—2005 一级标准并通过认证，产品型号列入最近 3 年美国认证产品名录（ANSI / BHMA Certified Products Directory），开启次数 100 万次以上；通过美国保险商实验室 UL10C 3 小时防火认证；通过中国国家固定灭火系统和耐火构件质量监督检验中心防火测试（检测有效时间为最近 3 年）。

B. 锁舌应为 19mm 长三段式抗摩擦精铸不锈钢斜舌，以及 13mm 长精铸不锈钢保险舌。锁舌应为全金属材料，不含任何塑料等非金属成分。25mm 长精铸不锈钢固定方舌，带防锯淬火钢辊。

C. 标配高保安锁芯，并获得国际专利认证，标配镍银钥匙。

D. 标准安装中心距 70mm，标准门厚范围 35～64mm，提供最大门厚至 102mm 备选。

E. 锁芯、把手和锁体须由同一生产厂家生产，为整套原装产品。

F. 3 年整锁制造商直接质量担保。

（3）电控插芯锁：

A. 与上述机械插芯锁为同系列同款式产品。

B. 额定电压 24V 交直流通用，峰值电流 1.3A，持续电流 0.135A。具备内把手状态监控功能，提供状态输出信号。

C.配套使用符合 UL-GVUX 防火测试标准的隐藏式过线器或过线电铰链。

2.3　锁芯和钥匙管理系统

（1）锁芯应为多排弹子结构的高保安锁芯，并获得国际专利认证。标配镍银钥匙。锁芯形式为美式可互换锁芯（Interchangeable Core）。

（2）钥匙管理系统：所有使用钥匙的锁和锁芯，均须纳入统一的四级或四级以上的总钥匙管理系统（GGMK）。在工程施工期间使用临时的可互换锁芯和建筑钥匙。施工结束后换成正式的可互换锁芯。每把正式钥匙上永久压印总钥匙编码钢印。每个正式锁芯在隐蔽位置永久压印总钥匙编码钢印。供应商须提供制造商生产档案编号、总钥匙系统图以及系统门表供最终用户存档。

2.4　逃生推杠装置

（1）采用平推式逃生推杠装置，符合 ANSI A156.3—2001 一级标准并通过认证，产品型号列入最近 3 年美国认证产品名录（ANSI/BHMA Certified Products Directory）；开启次数 50万次以上。通过美国保险商实验室 UL10C 3 小时防火认证，通过中国国家灭火系统和耐火构件质量监督检验中心测试（检测有效时间为最近 3 年）。

（2）单门采用明装锁型或插芯锁型逃生推杠装置，双门采用插芯锁型加垂直插销型逃生推杠装置。

（3）同系列逃生推杠装置应具备电控把手、电控锁舌、状态监控、本地或远程报警、电控延时出门等电控功能。

（4）门外把手款式和表面处理应与其他锁具匹配，不分左右方向。采用高保安可互换锁芯，并纳入与其他锁具统一的总钥匙管理系统。

（5）机械装置 3 年、电控装置 1 年制造商直接质量担保。

2.5　闭门器

（1）符合 ANSI A156.4—2000 一级标准并通过认证，产品型号列入最近 3 年美国认证产品名录（ANSI/BHMA Certified Products Directory）；开启次数 150 万次以上。通过美国保险商实验室 UL10C 3 小时防火认证，通过中国国家固定灭火系统和耐火构件质量监督检验中心测试（检测有效时间为最近 3 年）。

（2）采用高强度铸铁缸体和非减压阀技术，具备独立的开门缓冲调节功能、关门速度和闭锁速度调节功能。闭门器力级为 1 至 6 级可调，适合最大门宽 1524mm。

（3）闭门器表面处理达到 100 小时以上耐腐蚀盐雾测试标准。银色静电喷涂（689）。

（4）10 年制造商直接质量担保。

第三部分：安装

3.1　安装

（1）按照产品安装说明书和制造商的推荐尺寸安装各五金件。无论是内部还是表面安装的五金件，须在门表面油漆或整饰完成以前进行开孔和预装，门表面油漆或整饰完成之后再重新安装。如果不能按上述程序安装，必须做好充分的保护工作，确保五金件各项性能及表面处理完好如新。

（2）按照安装说明书设置水平中心线和垂直中心线以确保正确的安装位置。金属门须设加强衬板。

（3）在外门和防火门上安装防风雨密封条、防烟防火密封条和门槛。

3.2 调试和维修

（1）安装人员应调试和检测每个操作部件和每扇门，确保其功能和正常的操作。安装人员在五金件安装完后，清洁相邻的表面。

（2）调试：如五金件安装好后，未移交或使用超过一个月以上，安装人员就必须在移交或使用前对所有的五金件做最终调试。为确保部件的功能和五金件及门的表面整饰完好，必须对操作部件进行清洁。

（3）在最终调试期间，五金供应商应指导最终用户对五金件进行正确的调试和日常维护保养。

2.4.3 门表和五金配置表

1. 门表

完成系统方案和设计技术规范后，我们就需要进行编制门表和五金配置表的工作。整个技术规范的门表和前文我们讲到的总钥匙系统的门表，是有区别的。这里的门表要更完整，不仅要包括使用了总钥匙锁芯的门的信息，还要包括其他没有使用总钥匙锁芯的门的信息。参阅表2-3整套系统门表。

门表的编制则需要根据建筑的整体平面图，对所有门进行一对一的设计编号，根据门体所处位置、房间功能、是否为防火门等信息。需要将门的具体信息（如：门宽、门高、门厚、单双扇、厚度、材质等）在门表中具体信息体现出来。通过具有唯一性的门表，可以为设计师、施工方、用户提供整个建筑物的具体门数、工程量以及根据不同区域、不同功能来进行机械五金安防方案和总钥匙系统的设计。

2. 五金配置表及立面示意图

在完成门表整理工作后，就可以进行五金组的配置工作，根据房间功能、门体尺寸、防火等级、手向、门禁、门型及节点要求等信息，结合技术规范要求来选择相应的产品。完成五金组配置和门扇的示意图。如有门禁要求，需要提供门禁接线示意图及线缆规格要求。典型的五金配置表（含立面示意图）如表2-4所示。

通过安装示意图和五金配置表可以直观地看到安防系统中各个门上的产品配置、规格、饰面、数量、品牌等信息。便于在安装过程中做到准确无误。

2.4.4 产品性能规格描述表

根据设计技术规范的要求，为五金配置表中使用到的每种产品编制详细的性能规格描述表，以便建设单位、施工单位、工程监理和投标单位的相关技术人员能够对规范要求的产品性能规格有更加完整和清晰的理解。典型的产品性能规格描述表如表2-5所示。

表 2-3 整套系统门表

DOOR No. 门号	LOCATION 位置	DOOR 门					FRAME 框		FIRE LABEL 防火等级	EAC 门禁点	HW SET 五金组	MK GROUP 系统组别	CK# (STAMPING) 系统编号(钢印号)	CK QTY 自身钥匙数量	KA GROUP 通匙组别
		门宽	门高	门厚	材质	门型	材质	框型							
A1001A	STAIRCASE 楼梯间	1000	2100	45	HM	F	HM	D	3HR		3	AA	AA1	2	
A1001B	ATRIA 前室	1500	2100	45	HM	N1/N1	HM	D	0.9HR	CR	6	AA	AA2	2	
A1002A	CORRIDOR 走道	1000	2100	45	HM	N1	HM	D	1.2HR	CR	2	AA	AA3	2	
A1002B	SHIPPING DOCK 装卸平台	1000	2100	45	HM	F	HM	D		CR	4	AA	AA4	2	KA1
A1002C	ROLLING DOOR 卷帘门	3000	3000	30	STL	OHC	STL	-			36	AA	AA5	2	
A1003A	OFFICE 办公室	1000	2100	45	HM	N1	HM	D			31	AB	AB1	2	
A1003AA	WAREHOUSE 仓库	1000	2100	45	HM	N1	HM	D	1.2HR	CR	16	AC	AC1	2	
A1004A	WC 卫生间	1000	2100	45	HM	N2	HM	D			37				
A1004B	WC 卫生间	1000	2100	45	HM	N2	HM	D			37				
A1005A	OFFICE 办公室	1000	2100	45	HM	N1	HM	D		CR	16	AB	AB2	2	
A1005B	OFFICE 办公室	1000	2100	45	HM	N1	HM	D		CR	16	AB	AB3	2	
A1006B	AUTO SLIDING DOOR 自动平移门	2600	2800	40	STL	SL/SL	-	-		CR	48	AA	AA6	2	
A1006C	SHIPPING WAREHOUSE 装卸仓库	1000	2100	45	HM	N1/N1	HM	D	1.2HR	CR	16	AA	AA4	0	KA1
A1007A	STAIRCASE 楼梯间	1500	2100	45	HM	N1/N1	HM	D	0.9HR		5	AA	AA7	2	
A1007AA	ALARM VALVE HOUSING 报警阀室	900	2100	45	HM	F	HM	D	0.9HR		19	AD	AD1	2	
A1008A	SNACK BAR 茶水间	1000	2100	45	HM	N2	HM	D			1				
A1009A	WAREHOUSE 仓库	1000	2100	45	HM	F	HM	D	1.2HR		3	AC	AC2	2	KA2
A1010A	WAREHOUSE 仓库	1800	2100	45	HM	N1/N1	HM	D	1.2HR	CR	22	AC	AC3	2	
A1011A	WAREHOUSE 仓库	1000	2100	45	HM	N1	HM	D	1.2HR		29	AC	AC2	0	KA2
A1012A	OFFICE 办公室	1000	2100	45	HM	N1/N1	HM	D			31	AB	AB4	2	
A1012B	OFFICE 办公室	1800	2100	45	HM	N1/N1	HM	D		CR	22	AB	AB5	2	
A1012C	OFFICE 办公室	1800	2100	45	HM	N1/N1	HM	D			32	AB	AB6	2	
A1012AA	OFFICE 办公室	1800	2100	45	HM	N1/N1	HM	D			32	AB	AB7	2	
A1012AB	OFFICE 办公室	1800	2100	45	HM	N3/N3	HM	D	1.2HR		6	AB	AB8	2	
A1013A	STAIRCASE 楼梯间	1500	2100	45	HM	N3/N3	HM	D	0.9HR		5	AA	AA8	2	
A1013B	STAIRCASE 楼梯间	1500	2100	45	HM	N3/N3	HM	D	0.9HR		5	AA	AA9	2	
A1014A	CORRIDOR 走道	2500	3000	45	HM	N3	HM	D	1.2HR	CR	12	AA	AA10	2	
A1014B	ASSEMBLY ROOM 培训室	1800	2100	45	HM	N1/N1	HM	D	1.2HR		32	AB	AB9	2	
A1015A	OFFICE 办公室	1800	2100	45	HM	N1/N1	HM	D			32	AB	AB10	2	
A1016A	STOREROOM 储藏室	1800	2100	45	HM	N1/N1	HM	D	1.2HR	CR	22	AC	AC4	2	
A1017B	INSPECTION 检测室	1800	2100	45	HM	N1/N1	HM	D	1.2HR		22	AC	AC5	2	
A1018C	OFFICE 办公室	1800	2100	45	HM	N1	HM	D		CR	22	AB	AB11	2	
A1019A	MODEL SHOP 模型室	1000	2100	45	HM	N1	HM	D			31	AC	AC6	2	
A1020A	OFFICE 办公室	1000	2100	45	HM	N1	HM	D			31	AB	AB12	2	
A1021A	STAIRCASE 楼梯间	2000	2100	45	HM	F/F	HM	T3	1.2HR	CR	9	AA	AA11	2	

表2-4 五金配置表(含立面示意图)

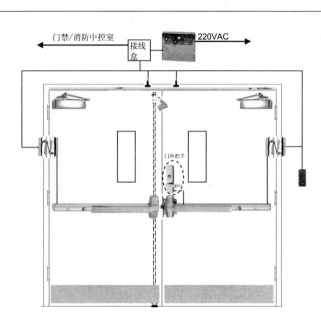

五金组 HW SET 9

AA11	1双门 A1021A		STAIRCASE 楼梯间		90°	LHRA
1000x2100x45mm HM门带视窗xHM门框 视窗150x600x锁框宽250 框厚140x框面宽50x止口16						1.2HR

Each Pair of Doors to Have: 每组包含：

Qty. 数量	Unit 单位	Description 产品名称	Code 代号	Model 规格型号	Finish 饰面	Brand 品牌
6	ea	Hinges 合页	【H3】	5BB1HW-4.5x4-NRP	652	IVE
2	ea	Power Transfer 过线器	【ED6】	EPT-10	689	VON
1	ea	Electrical Exit Device 电控逃生装置	【ED3】	RX2-9875L-F ALK-EI E996L-06 3'	630	VON
1	ea	Exit Device 逃生装置	【ED4】	RX2-9847EO-F ALK-EI 3'	630	VON
3	ea	Mortise Cylinder 插芯锁芯	【L10】	26-091 ICX	626	SCH
3	ea	Interchangeable Core 总钥匙锁芯核	【L12】	23-030	626	SCH
1	ea	Coordinator 双门顺序器	【CO2】	COR52 x FL32	628	IVE
1	ea	Carry Bar 助推器	【CO5】	CB1	626	IVE
3	ea	Mounting Bracket 安装托架	【CO6】	MB1F (Or By Door Manufacturer)	689	IVE
2	ea	Door Closer 闭门器	【C3】	4041 CUSH	689	LCN
2	ea	Kick Plate 踢脚板	【PP1】	8400 12x37.5	630	IVE
1	ea	Threshold 门槛	【TW1】	410S 78.5"	628	HAG
2	ea	Auto Door Bottom 自动门底刷	【TW2】	742S MIL V 39"	628	HAG
1	set	Door Seal 门边密封条		By Door Manufacturer		
1	ea	Astragal 中缝密封条		By Door Manufacturer		
1	ea	Power Supply 电源	【EH1】	PS873-240	BLK	VON
2	ea	Door Position Switch 门磁	【EH3】	679-05HM	BLK	SCH
1	ea	Card Reader 读卡器	【EH4】	SXF1060/SRINX-2	BLK	SCH

使用说明：

1) 门保持常闭，逃生装置锁舌全部上锁，门外把手上锁不能转动。门上有"紧急出口 推门报警"的警示标牌。
2) 从门内侧任何时刻推动任一门扇的逃生装置均可出门，但同时本地报警器会响，同时也会向中控室发出远程报警信号，
   此信号为无源干触点信号，也可用于出口状态监控信号。人员出门后双门自动关闭上锁，但本地报警器仍然在响。
   可通过本地机械钥匙复位，也可由中控室远程复位。门磁自动监测门扇开启和关闭状态。
3) 本地报警功能可通过本地机械钥匙关闭，也可由中控室远程集中关闭。
4) 从门外侧可通过门禁刷卡使门外把手解锁开门进入。门自动关闭数秒后门外把手自动上锁。门外把手也可用应急
   机械钥匙打开。门外进入时，本地报警和远程报警均无动作，门磁自动监测门扇开启和关闭状态。
5) 收到消防火警信号或系统断电后，本地报警器仍然工作，门外把手自动解锁，可随时开门进入。

表2-5　产品性能规格描述表

产品性能规格描述 **Product Cut Sheets**		序号 Item	27	
		代号 Code	【ED3】	
		品名 Name	电控逃生装置 Electrical Exit Device	
工程名称 Project	ABC工厂, 中国上海 ABC Factory, Shanghai China	品牌 Brand	VON DUPRIN	
		型号 Model	RX2-9875L-F ALK-EI E996L-06 3'	
制造商 Manufacturer	美国英格索兰公司安防技术部 Ingersoll-Rand Company Security and Safety Group	面饰 Finish	锻纹不锈钢色 Satin Stainless Steel (630)	
电话 Telephone	001-317-613-8944 001-877-840-3621	产地 Origin	美国 USA	
		备注 Notes	电压 24VDC 电流 0.22A	

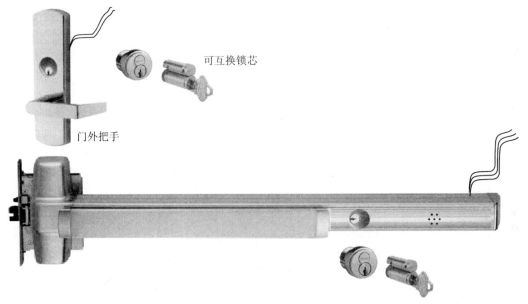

可互换锁芯

门外把手

产品性能:

1) 远超ANSI一级标准并通过认证，开启测试达1000万次，产品型号连年列入美国认证产品名录(CPD)。

2) 通过美国UL10C 3小时防火认证和中国国家灭火系统和耐火构件质量监督检验中心防火测试(2007年)。

3) 平推式插芯锁型逃生装置，具备门外电控把手、门内推杠状态监控、本地报警和远程报警等电控功能。

4) 门外电控把手，额定电压24VDC/电流0.22A，可由门禁刷卡解锁，也可用应急机械钥匙打开。

5) 压下推杠触发本地报警。内置报警器使用9V自备电池供电，可通过本地钥匙或远程打开、关闭和复位。

6) 压下推杠触发远程报警。报警信号为无源干触点信号(NO/NC可调)，也可用于门禁出门状态监控信号。

7) 整套装置为全金属材质，锁舌标配防拨插保险舌。

8) 装置内部含有"液压静音器"，可大大降低装置有动作时发出的噪音。

9) 耐腐蚀性能应达到200小时盐雾测试等级。表面处理为锻纹不锈钢色(630)。

10) 装置不分左右开门方向，门外把手方向现场快速可调，10种把手款式可选。

11) 门外把手和本地报警器均采用高保安可互换式插芯锁芯，可与其他锁具纳入统一的总钥匙管理系统。

12) 电控装置提供1年制造商品质担保。

2.4.5　产品安装文件和认证证书

除上述规范外,系统技术规范还应包括产品安装说明书与开孔尺寸图。这些文件需要提供给门体加工单位和五金件安装单位使用,并由门控五金系统供应商进行技术交底工作。

典型的安装说明书与开孔尺寸图如图 2-62 所示。

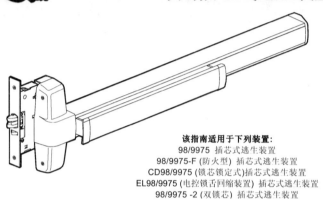

VON DUPRIN®
安装指南

98/9975 系列插芯式逃生装置

该指南适用于下列装置:
98/9975 插芯式逃生装置
98/9975-F (防火型) 插芯式逃生装置
CD98/9975 (锁芯锁定式)插芯式逃生装置
EL98/9975 (电控锁舌回缩装置) 插芯式逃生装置
98/9975 -2 (双锁芯) 插芯式逃生装置

在设备安装完毕后，请将本指南交给最终用户

所需专用工具:

丝锥: #10 -24
丝锥: #12 -24
钻头: #25, 1/8", 1/4",
　　　5/16", 13/32"

索引:	
螺钉图表	2
准备图表	3
装置的安装	4-5
可选设备	6 -7
切割装置	8

该产品受下列专利保护,专利号:

3,767,238　4,427,223
3,854,763　4,466,643
4,167,280　4,741,563

Security & Safety
Proven Source. Proven Solutions.™

FAX version 911374_00(2) Page 1 of 9

图 2-62　安装说明书与开孔尺寸图

只有通过国际或国家权威检测部门的检测并获得证书的产品,才能够称之为符合技术规范要求的产品。例如在美国 ANSI/BHMA 每年会出版一本更新的认证产品名录,该名录上列明了所有当年通过相关检测和认证的生产厂商、产品型号及相应检测等级等。机械安防系统典型的认证证书和检测报告,如图 2-63 所示。

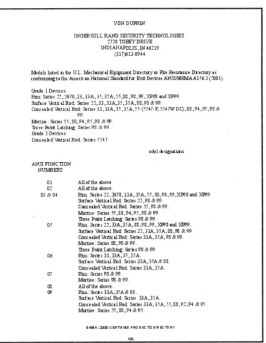

美国UL防火认证证书　　　　　　　　**中国防火检测报告**

图 2-63　认证证书和检测报告

2.4.6　相关建筑图纸

与机械安防系统技术规范编制相关的建筑图纸主要包括建筑平面图、精装修立面图、建筑门窗表、门型图和门窗施工节点图等,如图 2-64 所示。

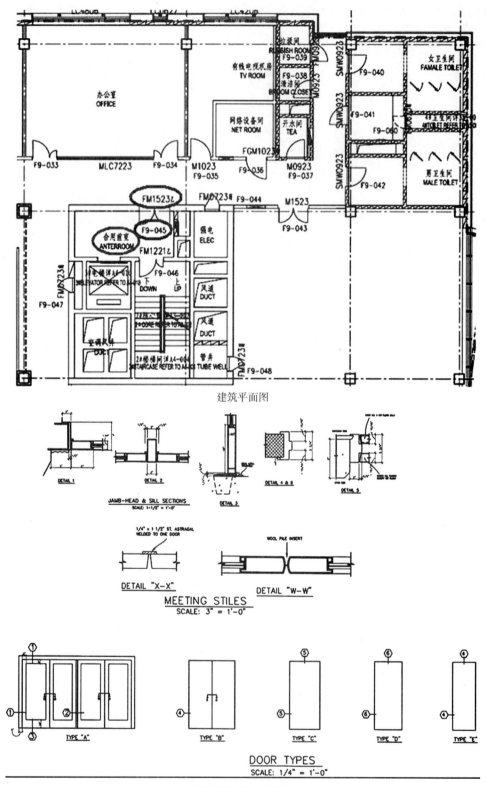

建筑平面图

门型图和施工节点图

图 2-64　相关建筑图纸

　　综上所述,完整的机械安防系统技术规范是整个建筑物机械安防系统合理设计和顺利实施的保证。如果没有一套严格和科学的技术规范进行制约,在进行安防系统设计过程中,就会出现选用无法满足使用要求、逃生要求、防火要求的产品,造成整个建筑物的安防功能降低,甚至会出现群死、群伤的严重事件。

　　如图 2–65 所示,就是在现实情况中前期未按照技术规范要求而实施的安防系统产品。其后果不言而喻。

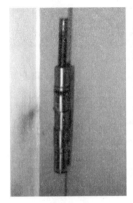

合页轴脱落　　　　　锁具失效　　　　　疏散门未安装逃生推杠装置　　逃生推杠装置被人为锁住

图 2–65　未遵循技术规范要求的情况

第三章 电子门禁系统

3.1 电子门禁系统概述与门禁控制器及软件

3.1.1 电子门禁系统概述

1. 电子门禁系统概念

电子门禁系统是采用电子与信息技术,识别、处理相关信息,并驱动前端执行机构动作和指示,从而对目标在出入口的出入行为实施放行、拒绝、记录和报警等操作的设备和网络系统。

电子门禁系统的功能是对人的出入行为进行管理。既保证授权人员的有效出入,又能限制未授权人员的非法进入。对使用非法卡片、强行闯入、开门时间过长等行为予以报警,并对出入人员、出入时间、出入区域等情况进行记录和存储,从而确保区域安全。除授权人员可出入的区域外,还可以限制授权人员出入区域的时间。简单来说,电子门禁系统就是为了实现控制何人 (WHO)、何时 (WHEN) 可以进入何地 (WHERE) 的功能。典型的门禁系统应用场景,如图 3–1 所示。

图 3–1 典型的门禁系统应用场景

作为传统常规安全技术防范的三个主要系统,电子门禁系统与视频监控系统、防盗报警系统相互补充。视频监控和防盗报警系统在防范措施上是被动的,而电子门禁系统是主动的。视频监控和防盗报警系统通常在非法事件或非法入侵进行时或发生后发挥作用,电子门禁系统可以将非法人员限制在安全保护区域外,从而阻止非法事件的发生。

随着计算机技术、计算机控制技术、通信和网络技术的发展,门禁系统扩展到众多应用领域,包括考勤、消费、停车场管理等等。除了与其他安防系统的联动外,门禁系统与消防报警、楼宇自动化控制等有紧密联系。

2. 电子门禁系统分类

电子门禁系统从 20 世纪 80 年代在我国开始使用,大致分为以下三类。

（1）脱机使用门禁系统

脱机使用门禁系统使用简单,不需要管理计算机参与。通过门禁机自身带有的拨码开关并配合管理卡片使用,或通过门禁机自身的键盘,实现卡片授权、门禁机参数设置等操作。一般应用在独立租赁小型办公室、住宅入户门等场合。

（2）离线式门禁系统

配备具有卡片识别、逻辑控制、数据存储、执行机构的门禁设备,安装管理软件的门禁管理计算机通过发卡机制实现卡片授权,门禁设备决定持卡人卡片是否有效通行。离线式系统中,门禁控制设备与管理计算机之间没有线缆连接,管理软件不具备实时监视门禁设备工作状态的功能,门禁设备具备数据存储能力,可通过手持机直接在门禁设备下载出入记录。最常见的应用场合为酒店电子门锁系统。

（3）在线式门禁系统

在线式门禁系统由管理软件实现门禁控制器运行参数设置、卡片授权、实时监视门禁设备工作状态、记录查询等功能,管理计算机负责数据存储。在线式系统中,管理计算机之间、门禁控制器之间、管理计算机与门禁控制器之间、门禁控制器与前端执行设备之间,都通过线缆连接。安防系统中狭义的门禁系统,指的就是在线式门禁系统。在线式门禁系统应用范围广泛,包括商业楼宇、智能小区、地铁、机场、公路等公共建筑。

在线式门禁系统作为技术内容最完整、系统结构最复杂和应用最广泛的门禁系统类型,将是我们重点研究的对象。下面我们所讲的门禁系统都是这一类系统。

3. 门禁系统构成

门禁系统由门禁管理软件、操作系统、数据库系统等相关软件及运行上述软件的门禁服务器、管理工作站,以及门禁控制器、前端设备及通讯网络组成。系统结构如图 3-2 所示。

前端设备包括读卡器、门磁开关、出门按钮、紧急开门按钮、电控锁,负责前端信号检测及根据系统指令执行相应动作。门禁控制器包括网络控制器和现场控制器,实现数据采集、逻辑对比、运算处理、数据存储、通讯管理等功能。门禁服务器是运行门禁软件服务器端,通常也作为数据库服务器。管理工作站是运行门禁软件客户端,实现日常操作。通讯网络及设备为在线式门禁系统提供通讯线缆、网络设备的支持,包括 RS485 总线、TCP/IP 网络等。

（1）前端设备

前端设备安装在每个门禁点处,负责获取数据输入,实现控制输出。主要前端设备包括:

① 读卡器。读卡器获取卡片信息,用以门禁系统人员身份识别,常用有普通读卡器和带键盘读卡器。

② 电控锁。由门禁系统控制器切换电源,通过锁具来实现操作控制,是门禁系统重要的执行机构。电控锁根据安装环境、使用要求,有多种形式。

③ 出门按钮。一般安装在室内,实现从门内释放电控锁电源的装置。出门按钮的正常工

作,要以门禁控制器正常工作为基础。

④ 紧急开门按钮。一般安装在室内,紧急情况下,强行切断电控锁电源,实现开门的功能。紧急开门按钮在门禁控制器不工作的状态下仍能正常使用。

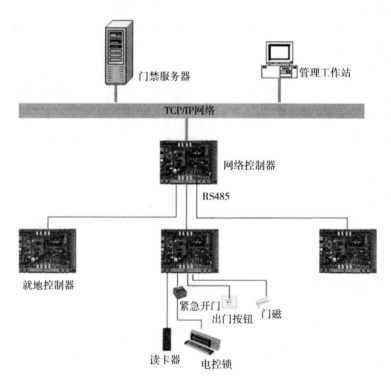

图3-2　门禁系统结构图

（2）门禁控制器

门禁控制器可以放置在门禁点附近、弱电井(间)、消防控制中心等处,是前端设备与门禁管理计算机的通讯桥梁。门禁控制器具备数据采集、存储,逻辑比对、通讯控制等功能,是门禁系统的核心设备。

门禁控制器与管理计算机采用 RS232 或 TCP/IP 等通讯方式,门禁控制器之间,门禁控制器与前端设备之间有多种的通讯连接方式,包括 IP 网络、RS485 现场总线等,乃至无线方式。

（3）门禁管理计算机

门禁管理计算机主要有门禁服务器和管理工作站。门禁服务器运行门禁管理软件,提供数据存储服务,管理工作站计算机运行门禁管理软件,为操作员提供操作界面。一个门禁系统一般只有一台门禁服务器,对个别数据安全或运行安全要求高的场合,可以配置主、备两台门禁服务器,实现冗余备份。根据管理计算机实现的操作功能,可以分别操作计算机和授权计算机,授权计算机用于卡片授权工作,操作计算机主要完成日常操作,如状态监视、报警处理、数据查询、报表打印等。授权功能和操作功能只是逻辑功能的划分,当然可以用一台管理计算机同时实现两者的功能,管理计算机的数据由使用需求、项目规模而定。

门禁服务器对于运算能力、存储容量的要求高于管理工作站。

（4）通讯设备及通讯线路

在门禁系统中通讯线路主要为工业控制总线,如 RS485 和 TCP/IP 通讯网络。通讯设备主要为信号中继和放大设备,如网络交换机、集成器,RS485 集成器等。

（5）供电系统

门禁系统中,门禁设备(门禁控制器、电控锁、各种有源报警探测器)常用的电源为 12DC 或 24VDC。门禁系统作为一个重要的安防系统,在系统设计、建设时,要求提供一级负荷用电回路,通过开关电源、变压器等电源转换装置,将 220VAC 交流电源转换为 12VDC 或 24VDC 直流电源,供门禁设备使用。在条件允许的情况下,建议尽量为门禁系统配备 UPS 供电装置。UPS 装置具有两大作用,一个是为门禁设备提供稳定的工作电源,消除、减少电压波动、浪涌等对设备的影响;另一个是当交流电中断时,提供备用电源,使系统能够正常使用。一般门禁系统 UPS 后备电源要求供电不少于 4 小时。

4.门禁系统功能

门禁系统除最基本的门禁控制外,还包括电梯控制、巡更管理、访客管理、与其他系统联动等功能模块。具体功能如下:

（1）权限管理。对持卡人通过卡片授权,实现不同门禁区域管理,控制何人何时可进入何处。

（2）实时监视。通过管理计算机实现设备状态监控、实时报警响应、持卡人权限管理等功能。

（3）数据存储。所有持卡人的进出记录均保存在管理计算机内,可供数据查询及报表打印。

（4）报警事件。完善的报警事件机制,包括强行开门、开门时间过长、非法刷卡、设备故障等报警事件。所有报警事件在数据库进行保存。

（5）远程控制。实现对电控锁的开启关闭控制。

（6）在线巡更。使用读卡器作为巡更点,卡片作为巡更人员身份识别,巡更情况实时上传到管理计算机。

（7）电梯控制。实现对持卡人可使用电梯、可到达楼层的控制。

（8）访客管理。通过持卡人信息录入,指定可到达区域,指定卡片有效使用时间,实现对外来访客人员的管理。

（9）硬线接口。通过触点硬线接口,实现与其他安防系统,如视频监控系统、报警系统及消防系统的联动。

（10）通讯接口。通过通讯接口和通讯协议,实现与其他系统的数据交互,实现系统集成。

5.门禁通行管理

对于一个门禁点,通常有以下两种通行管理控制方式:

（1）单向控制。只在门外侧进行门禁控制管理,通常通过读卡器实现;门内侧,即出门不作控制,通常通过出门按钮出门。

（2）双向控制。门外侧和门内侧都进行门禁控制管理,即在门外和门内均安装读卡器,进、出都有持卡人、通行时间、通行地点的记录。

常用的门禁系统通行模式主要有以下四种:

（1）锁定（不可通行）。即使持有有效权限的门禁卡，亦不能通行于锁定的门禁点。这一功能常用于重大事件发生时，如发生恐怖袭击事件或罢工事件，需要锁闭门禁点。

（2）读卡验证。持有有效权限门禁卡的持卡人在门禁点处的读卡器上刷卡，系统验证其身份及权限后，下达指令给现场控制器将电锁打开使其能通行。

（3）密码验证。使用者在门禁点处的密码键盘上输入有效密码，系统验证其有效性后，下达指令给现场控制器将电锁打开使其能通行。

（4）读卡加密码双重验证。使用者在读卡器上刷卡成功后，在规定时间段内再输入有效密码才可开门。

3.1.2　门禁控制器

门禁控制器是门禁系统的核心设备，起着接受管理计算机操作指令、控制前端设备、持卡人卡片信息存储、逻辑比对、出入记录存储、通讯控制等重要功能。

门禁系统最重要的技术要求就是可靠性和稳定性，而可靠性和稳定性就是由门禁控制器所决定的。

1.门禁控制器分类

门禁控制器按照其在系统中的作用，可分为三类：

（1）门禁一体机

门禁一体机集卡片识别、逻辑比对、数据存储、驱动前端执行机构功能于一身。较常见的形式有考勤机。

（2）门禁网络控制器

门禁网络控制器，又称作网络通讯控制器，简称网络控制器或主控制器，向上与管理计算机连接，向下连接就地门禁控制器，主要起网络通讯作用，是管理计算机与就地门禁控制器的通讯桥梁。

（3）门禁就地控制器

就地门禁控制器，又称作门禁现场控制器，简称就地控制器，向上与网络控制器连接，向下连接前端设备，主要起数据采集、逻辑比对、数据存储、控制前端设备的作用。

2.门禁控制器特点及规格

这里以西勒奇 SSRC-4 门禁控制器为例，了解门禁控制器特点及规格（技术参数）。

图 3-3　SSRC-4 控制器主板

SSRC-4 是新一代智能网络型门禁控制器，通过 TCP/IP 方式与门禁控制系统软件 SMS 进行通讯，集成双 IP 端口、支持双总线架构，支持主从结构，为系统安全提供了良好的冗余保障和灵活性；该控制器将控制单元和接口模块功能集成在同一块基板上，提高系统稳定性的同时也节约了布线成本。SSRC-4 可直接连接 4 个门禁点，具备大容量本地存储功能，具有 128MB 闪存和 64MB RAM，最大限度地保证了高负荷、大流量使用环境中对记录的存储要求。SSRC-4 控制器主板外形如图 3-3 所示。

门禁控制器的特点如下:

① ARM9 高速 CPU,内嵌式 Lunix 操作系统;

② 板载双 IP 端口与 SMS 服务器通讯;

③ 128 bit AES 加密传输;

④ 支持主 / 从通讯结构:1 个主控制器可连接 16 个从控制器;

⑤ 64MB 板载内存用于存储卡片和传输记录;

⑥ 主从之间提供 RS485 双总线通讯连接;

⑦ 4 个 Wiegand 端口直接连接前端设备;

⑧ 辅助 RS232 调试端口;

⑨ 板载 LED 指示灯,显示电源、通讯和继电器状态,方便判断;

⑩ 触点输入可监视 / 非可监视;

⑪ 外壳带锁定,提供防拆报警;

⑫ 支持多种 Wiegand 协议读卡技术,包括 CPU 卡、智能卡、非接触卡、磁条卡、生物识别、Bar Code 和键盘读卡器。

门禁控制器的规格可以用以下形式描述:

① 2 个 10/100M 以太网端口,集成 LED 指示灯;

② 17 个触点输入(含 1 个用于防拆报警的触点);

③ 8 个 C 型继电器输出(30VDC@2A);

④ 4 个 RS485 端口;

⑤ 1 个 RS232 端口;

⑥ 4 个 Wiegand 读卡器接口;

⑦ 128MB 闪存和 64MB 内存;

⑧ 电源:300mA@24VDC / 16VAC(不含其他设备供电);

⑨ 工作温度:0℃ 至 49℃(32°F 至 120°F);

⑩ 工作湿度:10% ~ 85% 无凝结;

⑪ 内置 7AH 后备电池;

⑫ 控制器尺寸:260mm×196mm×30mm ;

⑬ 通过 UL294 认证、GA394 认证和 CE 认证。

3. 门禁控制器选型要点

(1)运算能力

运算能力指 CPU 运算能力和操作系统,随着技术水平和对运算能力要求的提高,ARM9 的内嵌式 Lunix 操作系统逐渐成为主流应用。

(2)数据存储能力

数据存储能力指门禁控制器存储卡片数量和离线状态下事件记录数量。随着存储技术的不断发展,数据存储能力从原来的数千条,到数万条,到现在数十万条的卡片数量和事件记录。

(3)通讯端口

通讯端口主要指控制器与计算机的通讯端口和控制器之间连接的通讯端口。常见的包括 RS232、RS485、TCP/IP 以太网通讯端口。除通讯端口类型,还可以关注各种端口的数量,如多个 RS485 端口,可以使网络控制器支持与就地控制器的多总线连接和冗余通讯,如 2 个以太网端口,可以使控制器支持与计算机的冗余通讯。

（4）前端设备负载能力

前端设备负载能力指连接前端读卡器数量及驱动电控锁的能力。根据控制器连接读卡器数量,如 2、4、8、16 个读卡器,对应称之为 2 门、4 门、8 门、16 门控制器。

（5）工作电源

工作电源包括工作电压和工作电流。如要求可支持较宽的输入电压,如 12VDC-24VDC。一般而言,门禁控制器工作电流只有数百毫安 (不考虑负载的情况下)。

（6）状态指示灯

状态指示灯通常为 LED 指示灯,包括电源状态、后备电池状态、各级通讯状态。

3.1.3 门禁软件系统

1. 门禁软件系统组成

门禁软件系统由计算机操作系统、数据库软件、门禁应用软件和接口软件组成。

门禁应用软件决定了门禁系统的实现功能。狭义上,门禁软件就是指门禁应用软件。操作系统、数据库系统是应用软件的运行基础,接口软件为门禁系统与其他系统的联动、集成提供接口。

（1）操作系统

操作系统是门禁管理计算机的系统操作平台。绝大部分的门禁软件产品运行在 Windows 操作系统平台上,也有支持 Linux 操作系统平台的门禁软件产品。门禁系统采用何种操作平台,决定程序开发语言环境、数据库软件的应用,是应用软件和接口软件运行的基础环境。

（2）数据库系统

数据库系统决定门禁系统数据存储容量、查询速度、适用网络环境。大、中型门禁系统中通常采用 SQL SERVER、Oracle、Interbase 等数据库系统,可以支持海量数据存储,多用户并行操作,支持复杂的网络应用环境。对于一些小型的门禁系统,MS Access 文件型数据库是一个不错的选择。

（3）应用软件

应用软件即门禁管理软件,体现了系统可以实现的门禁管理及相关功能。应用软件在功能实现的同时,还应易学易用、提供多种语文版本。稳定性、可靠性、安全性、可扩展性是衡量门禁软件优劣的重要指标。

（4）接口软件

接口软件是门禁软件为实现与第三方软件联动、连接提供的接口程序,接口软件为第三方软件提供数据输出,接收第三方软件数据输入。接口软件以 DLL 动态库、SDK 开发包、ASCII 编码等形式提供,支持 OPC、MODBUS 等协议。

2. 门禁软件构架

目前主流的门禁软件构架为 C/S 构架 (Client/Server 客户端 / 服务器构架),而 B/S 构架 (Browser/Server 浏览器 / 服务器构架) 作为 C/S 构架的补充,提供远程数据查询功能。在一些小型门禁系统,采用 B/S 构架实现简单的软件管理功能。

如图 3-4 门禁软件架构图所示, C/S 构架的门禁软件系统, 一般由数据库服务层、服务应用层、客户应用层三部分组成。数据库服务层、服务应用层可以安装在同一台服务器上,也可以分别安装在数据库服务器和应用层服务器上,客户应用层安装在客户端管理计算机上。服务器与客户端计算机通过 TCP/IP 网络实现联网,服务应用层和客户应用层共享数据库服务,为整个系统提供统一的数据。

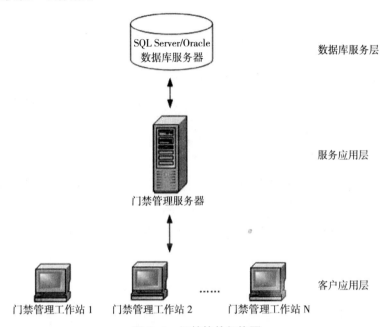

图 3-4　门禁软件架构图

通过应用软件或数据库软件的用户许可证,采用用户名加密码的验证方式,实现连接服务器的客户端数量管理,即常说的单用户、多用户(如 5 个、10 个或 15 用户)版本。

对于数据存储量大、数据安全要求高的应用,可以采用磁盘阵列、服务器双机冗余备份等技术手段加以保障。

3. 门禁应用软件的功能

门禁软件的功能十分强大,除基本的设备管理、人员授权、状态监视、报表处理外,还包括操作人员管理、数据库管理等功能模块。下面列出一些门禁软件的常用功能。

(1)门禁设备管理:实现门禁设备配置,设定运行参数是系统正确运行的基础,通常在系统初始化时进行。

(2)设备状态监视:实时监视管理计算机、门禁控制器、各个前端设备的通讯状态和工作状态。

(3)人员授权:指定某个或某类别持卡人可以进入的区域,并指定可以进入指定区域的时间。

(4)实时报警:当检测到设备的工作状态或参数超出设定报警阀值时,在管理计算机上产生声光报警,引起操作人员的注意。

（5）电子地图：以图形界面的方式，直观地显示设备在线／离线状态、门的开／关状态等信息。

（6）远程控制：通过管理软件，对一个或一组设备执行远程操作，如打开某一个通道门。

（7）数据查询：提供对系统数据库各类信息的查询，如持卡人信息、持卡人出入记录、设备故障记录等。

（8）报表处理：对查询数据以报表形式显示，可以将数据导出为 EXCEL、WORD、PDF 等文件格式。

（9）操作人员管理：为软件的操作人员分配操作权限，指定其可以操作的软件功能模块。

（10）数据库管理：包括数据库的备份与恢复，可以手工或定时自动对数据库进行备份，灾害发生时，通过数据恢复，将损失和影响降至最低。

4.门禁应用软件界面

门禁软件在满足使用功能的同时，要界面友好，方便使用，易于操作和维护。下面以西勒奇 SMS 门禁系统软件为例，对其中较常用的功能模块作一些简单介绍。

（1）系统登录

系统采用用户名加密码的认证方式，系统主界面采用 Windows 操作系统的风格，用户可以直观、方便地进行操作。软件登录界面如图 3-5 所示。

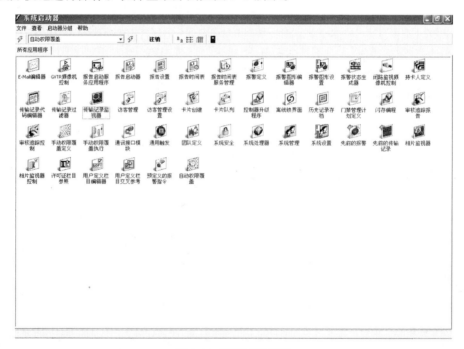

图 3-5　软件登录界面

（2）系统设置

系统管理员通过该模块对某些相关过程进行自动化，这些过程涉及设备、卡片创建、图像捕获和处理、到期指示、区域状态和门类型。它也为系统管理员提供额外的安全与控制。你可以根据实际工作需要作出选择。系统设置模块界面如图 3-6 所示。

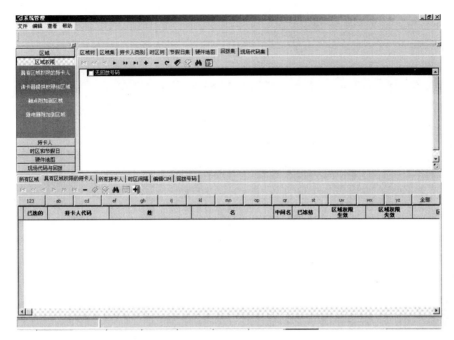

图 3-6 系统设置模块

（3）系统安全

界面如图 3-7 所示,系统安全模块为管理员提供了充分的灵活性来建立和制定不同的安全分组并将合适的优先权等级分配给各个分组。这些优先权等级决定了当操作员打开系统时可以查看或使用的所有程序和功能。此程序有利于显著加强对系统存储数据的保护。系统安全有五个主要文件夹:操作员、安全分组、启动器、启动、优先权。

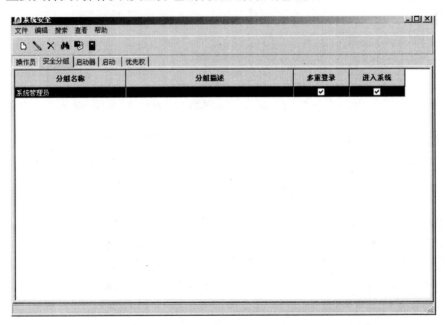

图 3-7 系统安全模块

操作员：进行增加、编辑、删除操作员操作，包括操作员姓名、用户代码、所属安全分组、密码使用等信息。

安全分组：根据需要创建若干分组，并随后将优先权分配给各个分组。所有操作员都必须被分配到其中一个分组，分配是基于不同操作员具有不同安全许可。

启动器：通过启动器打开的应用程序都必须添加到系统安全中的启动器文件夹中，你也可以添加任何 PC 机中的 Windows 应用程序到启动器。

启动：允许添加某些应用程序以便它们在系统启动器执行时可以自动启动。建议系统处理器（SP）、通信接口模块（CIM）、报警监视器等加入到启动标签中。

优先权：管理员可以将不同等级的权限授予操作员分组，分配只读、读写、管理和无许可。管理员可对系统操作员使用权限进行严格的管理。可设置分配操作员的使用权限。

（4）持卡人定义

如图 3-8 所示，持卡人定义模块的友好界面允许用户便捷地存储持卡人信息，通过本程序还能进行持卡人信息的复制以及打印报告。完备的快速搜索或高级搜索功能可以帮助用户获得准确的查询结果。

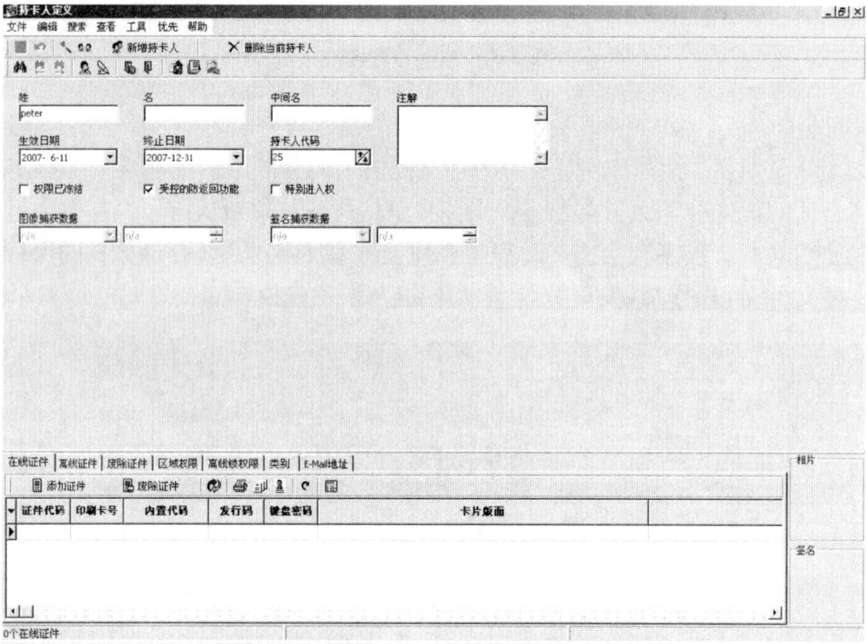

图 3-8　持卡人定义模块

添加新持卡人功能：使用新增持卡人向导，添加持卡人信息、用户定义栏、证件定义、添加区域和有权进入的其他区域、持卡人类别以及照片和签名的捕获。

此外，复制持卡人信息功能省去了为新持卡人输入重复信息的麻烦。当你需要输入多个具有相同区域权限和类别优先权的持卡人信息时，复制功能为你提供了很大的方便。

批量修改持卡人的进入控制功能：该功能能够批量修改的栏目包括权限冻结、生效和终止日期以及受控的防返回功能等。

删除持卡人功能：可以删除单个持卡人记录，也可以删除多个持卡人记录。

此外还有打印报告和持卡人搜索向导等功能。

（5）报警监视器

报警监视器的界面如图3-9所示。对于发生的任何报警，报警监视器都能为用户提供灵活的可编程的监控。该程序能帮助你查看、确认和还原系统中定义的所有报警。报警监视器有两种类型：第一种是工作站报警监视器；第二种是操作员报警监视器，只要指定的操作员登录，系统就会报警。

软件有默认的报警示意图模版供选择，可使用客户公司的规划设计图或其他图片作为报警示意图模版，可使用客户的声音文件 .WAV 来进行不同语言和口音的发声，可以通过事先设定的 E-mail 发送报警信息。该模块有以下功能。

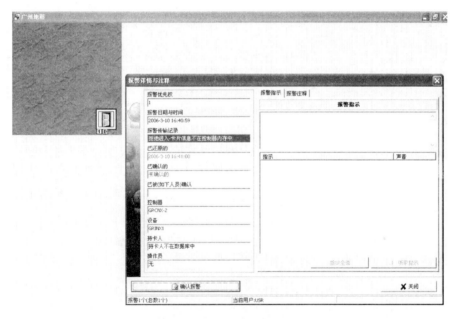

图3-9　报警监视器模块

报警信息：当警报被触发时，系统会发出声音报警，并在指定的工作站或者在报警操作员登录的位置显示报警监视器窗口。

确认的和未还原的报警：某些报警记录与设备的正常物理状态有关。当正常状态改变时，就会报警。而且报警必须被确认，否则警报将一直显示直到装置恢复到正常物理状态为止。

报警的确认：当警报发生时，系统会在屏幕上弹出报警监视器来通知操作员。在得到操作员确认前，该警报将一直显示在屏幕上。作为报警确认的基本标准的一部分，管理员可以设置参数强迫操作员输入注释。注释可以是由操作员自定义输入或从预定义的注释中选择。参数可以在报警定义程序中进行报警定义时设定。

预定义报警注释：系统为管理员提供了一个程序进行预定义注释，以便操作员确认报警时选择。

（6）先前的报警

先前报警模块能为你提供已经发生的报警以及与之相关的注释。你可以选择报警的类型、报警产生的日期和时间,运行生成特定的报表显示在屏幕上并可将其打印出米。

报警类型包括证件报警、触点报警、继电器报警、通讯报警、控制器报警、操作员报警、系统报警、访客报警、巡更系统报警。

每个报告中会列出日期与时间、传输记录、设备、确认已还原、区域、控制器、确认报警、已被如下人员确认、持卡人姓名、内嵌 ID。

（7）传输记录监视器

传输记录监视器能对持卡人和设备进行实时监控。实时显示每一个进出人员的资料,包括人员的照片、所属单位等个人信息。用户可以对特定传输记录设置过滤器,并分别保存每个传输记录监视器,这样可以屏蔽掉一些不想要的信息。该程序允许用户在一个工作站里同时打开多人监视器。程序界面如图 3-10 所示。

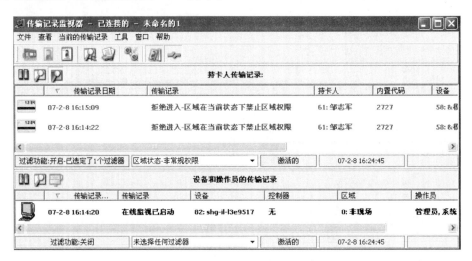

图 3-10　传输记录监视器模块

（8）先前的传输记录

查看以前的传输记录模块为用户提供了数据库中所有传输记录的账目清单。用户可以选择想要查看的传输记录的类型、日期和时间、排列顺序。包括设备状态、故障信息、进出记录等数据。可一次性查询或显示所有设备当前的状态信息。该模块界面如图 3-11 所示。

（9）报告生成

门禁系统内置了 198 种基本报告,涵盖了持卡人进出记录、访客记录、报警记录、巡更记录、传输记录、冗余备份操作记录以及数据库报告等内容。报告可以手动生成,也可以事先设置日程自动生成。报告生成的方式可以是直接输出到打印机,也可以按指定格式输出到文件进行存储,支持的文件格式包括 txt 文本格式、Excel、Word、PDF、XML、Lotus。

西勒奇 SMS 系统软件报告系统最重要的是能够监视数据库的修改、增减等操作,并且可以追踪并形成报告,这为调试、故障检查以及异常情况处理提供了极其有效的检查途径。报告启动器模块界面如图 3-12 所示。

（10）数据库备份、恢复及数据库维护实用程序

数据库备份、恢复是对于 MSSQL7、MSSQL2000 或者 MSDE 数据库引擎都提供完善的备份与恢复方案。

图 3-11　先前的传输记录模块

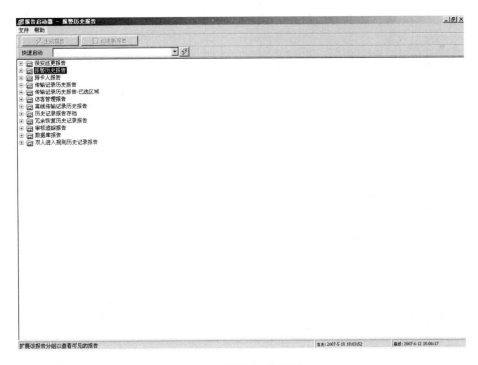

图 3-12　报告启动器模块

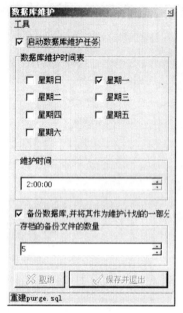

图 3-13 数据库维护模块

数据库维护实用程序是通过数据库维护实用程序实现对 GeoffreySQL 数据库中的文件进行降低系统文件大小、监控文件可用空间的功能。该程序界面如图 3-13 所示。

综上所述,电子门禁系统是安防中不可或缺的重要组成部分,网络化、集成化、智能化是门禁系统的发展方向。门禁控制器与管理软件紧密配合。门禁控制器是门禁系统的核心部分,决定了门禁系统功能的实现,是决定系统可靠性、稳定性的关键因素。管理软件决定了系统的功能,影响用户的接受程度和使用意愿。

3.2 授权卡及读取设备

授权卡是持卡人身份识别的依据,卡片作为信息存储的载体,卡片内存储的信息通过读取设备读出,传送到控制设备,由控制设备进行比对,以决定卡片是否具有合法权限。

按不同的数据存储介质和读写方式,卡片可以分为磁卡、ID 卡、接触式 IC 卡和非接触式 IC 卡四大类。卡片形式如图 3-14 所示。

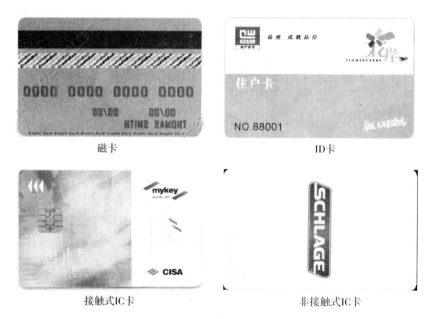

磁卡

ID卡

接触式IC卡

非接触式IC卡

图 3-14 授权卡类型

磁卡以液体磁性材料或磁条作为信息载体,将液体磁性材料涂覆在卡片上,或将宽约 12.7mm 的磁条压贴在卡片上,如常见的银联卡。磁卡以磁条方式进行编码,在磁敏感氧化物条上,磁化的条(代表数字 1)和非磁化的条(代表数字 0)共同组成二进制编码,通过读取设备识别。磁条上有三个磁道,根据 ISO7811 标准规定,第一磁道能存储 76 个字母数字型字符,并且在首次被写磁后是只读的；第二磁道能存储 37 个数字型字符，同时也是只读的；第三磁道能存储 104 个数字型字符，是可读可写的，用以记录账面余额等信息。磁条卡投入商业使用时间早，绝对成本低，应用广泛，尤其在银行业。但磁卡信息存储量小、磁条易读出和伪造、保密性差，目前正逐步被 IC 卡取代。

ID 卡全称为身份识别卡（ Identification Card ），是一种不可写入的感应卡，含固定的编号。ID 卡与很多磁卡一样，都仅仅使用了卡的号码，可以说 ID 卡是"感应式磁卡"。数据存储容量共 64 位，包括制造商、发行商和用户代码。卡号在封卡前写入后不可再更改，绝对确保卡号的唯一性和安全性。由于使用方便、磨损小、寿命长等特点，ID 卡常用于各种会员卡、员工卡等身份认证卡。由于 ID 卡无密钥安全认证机制，且不能写卡，故不适合做成一卡通，也不适合做消费系统卡。

IC 卡全称为集成电路卡（ Integrated Circuit Card ），也称智能卡 (Smart Card)。它是将一个微电子芯片嵌入符合 ISO 7816 标准的卡基中，做成卡片形式，可读写、容量大、有加密功能，数据记录可靠，使用更方便。磁卡和 ID 卡的存储容量大约在 200 个字符左右，IC 卡的存储容量可以到上百万个字符。IC 卡的安全保密性好且具有数据处理能力。在与读卡器进行数据交换时，可对数据进行加密、解密，以确保交换数据的准确可靠，磁卡和 ID 卡则无此功能。IC 卡存储区自身分为 16 个分区，每个分区有不同的密码，具有多个子系统独立管理功能。如第一分区实现门禁，第二分区实现消费，第三分区实现员工考勤等等，充分实现一卡通的目的，并且可以做到完全模块化设计，便于以后的随时升级扩展。IC 卡按读卡方式可分为接触式 IC 卡和非接触式 IC 卡两种。

接触式 IC 卡有集成微处理器和数据存储芯片，通过显露在卡外表面的金属接触点与读卡器上的触点接触后进行数据的读写。接触式 IC 卡应用在酒店客房卡、医疗卡、社会保障卡和新一代银联卡等领域。

非接触式 IC 卡与读卡设备无电路接触，而是通过非接触式的读写技术进行读写，例如光电或无线通讯技术。其内嵌芯片除了 CPU、逻辑单元、存储单元外，增加了射频收发电路。国际标准 ISO10536 系列阐述了对非接触式 IC 卡的规定。随着大规模应用，用卡成本降低，高安全性、大存储容量、使用寿命长等特点使其成为卡片应用的发展方向，如我国的第二代居民身份证和高端门禁系统都使用非接触式 IC 卡。下面我们将着重讨论非接触式 IC 卡。

3.2.1 非接触式 IC 卡

1. 非接触式 IC 卡和 RFID 系统的概念

非接触式 IC 卡是广义的概念，其包括：外形结构和尺寸遵循 ISO7810 国际标准、非接触通信协议符合 ISO/IEC10536 或 14443 或 15693 国际标准或者其他相关企业标准、接触式通信协议符合 ISO7810 国际标准的标准非接触 IC 卡（含单一接口的非接触 IC 卡，即单端口非接触卡和双界面卡），外形结构、尺寸及非接触通信协议中至少有一项不符合前述标准的"非标卡"——电子标签。狭义上的非接触式 IC 卡，就是指单一接口非接触 IC 卡。

射频识别技术即 RFID (Radio Frequency Identification)，又称电子标签、无线射频识别，是一种可通过无线电讯号识别特定目标并读写相关数据，且无需识别系统与特定目标之间建立机械或光学接触的通讯技术。常用的包括低频（ 125k~134.2K ）、高频（ 13.56Mhz ）、超高频、无源等技术。RFID读写器也分移动式的和固定式的。目前RFID技术应用很广，如图书馆、门禁系统、商品溯源和道路通行收费系统等。在电子门禁系统中，采用RFID技术的非接触式IC卡，也被称为射频卡。

2. 非接触式IC卡的分类

非接触式IC卡有多种分类方式，主要包括以下几种。

（1）按工作频率分类

低频卡：工作频率在100-500KHz，门禁系统中最常见为125KHz。

高频卡：工作频率在10-15 MHz，门禁系统中最常见为13.56MHz。

超高频卡：工作频率在850-950MHz或2-5GHz，最常见为900MHz或2.4GHz，安防应用常见于无线报警系统。

（2）按卡片内芯片供电方式分类

无源卡：卡片内无电池，由读卡器以无线感应方式供电，应用广泛。

有源卡：卡片内带电池，读卡距离较远，体积较大，在道路通行收费系统等场合有所应用。

（3）按卡片内集成电路结构形式分类

存储器卡：内含非易失存储器、不带或带很少可读写功能的。

逻辑加密卡：内含安全控制逻辑和E^2PROM，加密存储器卡内嵌芯片在存储区外增加了控制逻辑，在访问存储区之前需要核对密码，只有密码正确，才能进行存取操作，这类信息保密性较好，使用与普通存储器卡相类似。

CPU卡：CPU卡内嵌芯片相当于一个特殊类型的单片机，内部除了带有控制器、存储器、时序控制逻辑等外，还带有算法单元和操作系统。由于CPU卡有存储容量大、处理能力强、信息存储安全等特性，广泛用于信息安全性要求特别高的场合。

（4）按接口类型分类

单界面卡：只有非接触式接口的单一接口卡。

双界面卡：具有接触式和非接触式两种接口。

3. 卡片物理结构和形式

非接触式IC卡由芯片模块、天线和卡体三部分组成，其物理结构如图3-15所示。

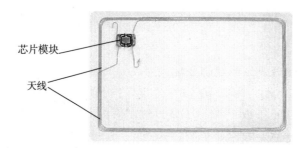

图3-15　非接触式IC卡的物理结构

芯片是信息存储、处理和通信工作的核心部件。芯片通常是专用芯片（Application Specific Integrated Circuit, ASIC）。

天线是卡片与读卡器的重要耦合部件，其性能和质量是影响整个卡片通信距离和可靠性的重要因素。

　　卡体尺寸在 ISO7810 国际标准中要求为 85.6mm×53.98mm×0.76mm 的塑料卡片。卡体所用材料通常为聚氯乙烯 PVC、丙烯腈·丁二烯·苯乙烯聚合物 ABS、聚乙烯对苯二甲酸酯 PET、聚碳酸酯 PC。除标准尺寸的卡片,也有其他尺寸或形式的卡片,称为电子标签或异形卡,如图 3-16 所示。

标准卡片　　　　　　电子标签

图 3-16　卡片的形式

4. 非接触式 IC 卡系统

　　非接触式 IC 卡系统由卡片、读写器、控制设备组成。下面以广泛使用的 Mifare1 逻辑加密卡为例,介绍卡片与读写器的工作过程、卡片数据存储和读取设备数据输出等基础知识。Mifare1 系统的结构框图,如图 3-17 所示。

　　（1）系统工作过程

　　卡片与读写器系统的操作过程如下:

　　① 读写器将操作指令进行编码并加载在 13.56MHz 载波信号上,经天线发送;

　　② 卡片进入读写器工作区域(射频能量场),获得工作所需能量;

　　③ 卡片与读写器通过卡片选择、机卡认证等机制建立通讯;

　　④ 卡片根据读写器操作指令,执行相关数据读、写操作,并把相关信息加密、编码、调制后,经天线发送给读写器;

　　⑤ 读写器对所接收信号解码后,将卡片信息传送到控制设备,如门禁系统的门禁控制器。

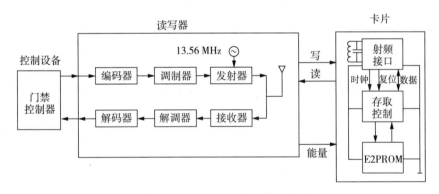

图 3-17　Mifare 1 系统的结构框图

　　（2）卡片数据存储

　　如图 3-18 所示,Mafare1 S50 卡片具备 1K 字节 EPROM 存储空间,分为 16 个扇区（Sector）,每区 4 块（Block）,每块 16 字节。各区的块 3（扇区 0 的块 3,扇区 1 的块 7,如此类推）包含 6 字节密钥 A（KEYA）、6 字节密钥 B（KEYB）和 4 字节访问条件（Access Conditions,AC）。除扇区 0 块 0 外的其余 3 块均用于数据存储。扇区 0 的块 0 固化存放不可改变的厂商代码,其中第 0-3 字节为序列号（Serial Number,SN）,序列号全球唯一,可以作为卡片的唯一标志。

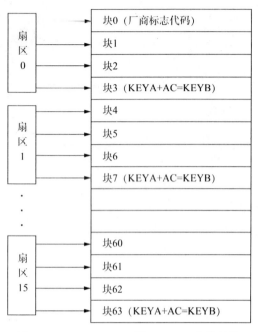

图 3-18　Mifare1 S50 的 EPROM 存储结构

不同扇区可以对应不同应用,一个应用可以使用几个扇区。每个扇区密钥和访问条件各自独立。

下面以卡片数据存储在扇区 1(块 4-7),设备代码 224,持卡人代码 2712345 为例加以说明。

设备代码(SITE CODE):224,设备代码可以作为项目标志、持卡人分类等用途。

持卡人代码(ID):2712345,持卡人身份识别号码。

SITE CODE 与 ID 结合可以提供一个完善的代码机制。当然,也可以只采用 ID 号。

将 SITE CODE 与 ID 组合并进行奇偶校验后的 34bit 二进制数据以十六进制形式存储在卡片中。组合代码如图 3-19 所示。

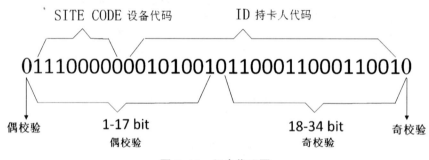

图 3-19　组合代码图

（3）读取设备数据输出

读取设备与控制设备通过数据接口进行数据传输,目前广泛使用的数据接口主要有两种,即 Weigand（韦根）和 RS485。接口类型决定数据输出格式。数据输出格式是指读取设备读取卡片信息后,以特定的数据格式将卡片信息传送给控制设备。

韦根接口是标准接口,通用性强,被大多数读取设备生产厂商所采用,与控制设备的通讯距离为 150 米。常用的韦根格式有 Wiegand26、Wiegand32、Wiegand34 等。RS485 接口与控制设备的通讯距离为 1200 米,RS485 数据格式一般为生产厂商自定义格式。普遍使用的 Wiegand 26 的数据格式如图 3-20 所示。

数据格式　8 Bit设备代码/16 Bit ID号
```
Bit 1        = 1-13bits 偶校验位
Bit 2-9      = 设备代码（0-255）
Bit 10-25    = ID号（0-65,536）
BIt 26       = 14-26bits 奇校验位
```
图 3-20　Wiegand 26 的数据格式

5. 卡片信息读取

读卡器的遵循标准、工作频率决定了可以读取的卡片。在门禁系统中,主要有 125KHz 和 13.56MHz 两种工作频率。单一频率读卡器只能支持某个频率的卡片读取,多技术读卡器可以同时支持两个或以上频率的卡片读取，如图 3-21 所示。

卡片信息主要有两种形式，一种是卡片生产时已经固化在卡片中的信息，另一种是卡片使用时，先通过写卡设备写入，再由读卡设备读出的信息。第一种形式通常叫做卡片序列号 CSN（Card Series Number）应用，第二种形式通常叫做卡片安全扇区或文件应用，文件格式、写入内容由设备生产商自定义。CSN 应用简单、快捷，通用性强，只要遵循同一标准的卡片，其 CSN 都能被读出。文件应用安全性

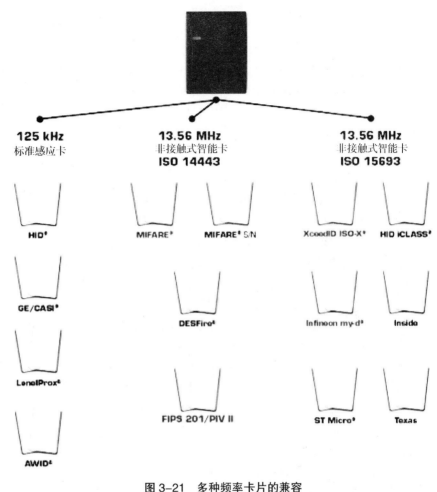

图 3-21　多种频率卡片的兼容

高，灵活性强，可以实现数据的加密，支持多种应用，支持大容量的数据存储，如生物识别数据存储。两种卡片信息的应用方式如图 3-22 所示。

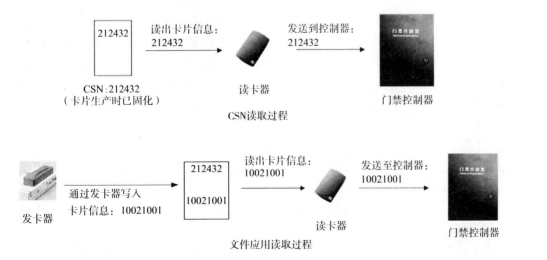

图 3-22　卡片信息应用方式

3.2.2 读卡器

1. 普通读卡器主要技术参数

以 Schlage SXG5001 读卡器为例,介绍读卡器技术参数。

Schlage SXG 5001 非接触式读卡器是一种高性能的、具有多种输出格式的通用型读卡器,提供韦根输出格式,可与多种门禁系统控制器产品配合使用,具有安装简便、性能稳定、实用美观等特点。外形如图 3-23 所示。其技术参数如下。

① 电源供应:直流。

② 电压范围:5V~16 VDC。

③ 工作电流:平均 70mA DC,峰值 150mA DC。

④ 温度范围:−31℃ ~ 67℃。

⑤ 读卡距离:可达 76.2mm,读卡距离取决于安装条件以及卡片类型。

⑥ 在韦根模式下,控制器与电缆之间的距离:最长 152 米 @22AWG, 12V 电源供电;或最长 60 米 @22AWG, 5V 电源供电。

⑦ 数据输出:韦根(Wiegand)格式。

⑧ 认证与标准:UL294, ISO15693, ISO14443A/B, CE。

⑨ 外形尺寸:10cm × 5.1cm × 1.9 cm。

2. 带键盘读卡器主要技术参数

以 Schlage SXG6701K 带键盘读卡器为例,介绍带键盘读卡器技术参数。

Schlage SXG 6701K 非接触式读卡器是一种高性能的、支持多读卡技术、具有多种输出格式的带键盘读卡器,提供韦根输出格式,可与多种门禁系统控制器产品配合使用,具有安装简便、性能稳定、实用美观等特点。外形如图 3–23 所示。其技术参数如下。

① 13.56MHz 和 125KHz 工作频率。

② 额定工作电压:8V~16VDC。

③ 工作电流:120mA。

④ 峰值电流:215mA。

⑤ 工作温度:−35℃ ~67℃。

⑥ 读卡距离:可达 15cm。

⑦ 在韦根模式下,控制器与电缆之间的距离:最长 152 米 @22 AWG, 12V 电源供电;或最长 60 米 @22 AWG, 5V 电源供电。

普通读卡器　　　　　　带键盘读卡器

图 3–23 非接触式 IC 卡读卡器

⑧ 数据输出:韦根(Wiegand)格式。

⑨ 具有反向电压保护功能。

⑩ 外形尺寸:14.9cm×11.4cm×3.7cm。

3. 读卡器选型要点

(1)遵循标准:主要包括国际标准化组织 ISO14443 TYPEA、ISO14443 TYPEB 和 ISO15693 等标准。

(2)工作频率:决定读卡器可以读取的卡片,在门禁系统中,主要有 125KHz 和 13.56MHz 两种。

（3）读卡距离：在门禁系统中，读卡距离一般在 20cm 内，读卡距离与工作频率、卡片类型、读卡器安装环境等因素有关。

（4）状态指示：通过内置 LED 指示灯、蜂鸣器，指示工作和读卡状态，如设备上电指示灯为红色、合法刷卡亮 3 秒绿灯、非法刷卡蜂鸣器响三下等。

（5）工作电压和电流：读卡器一般要求宽电压输入，如 5V~16VDC。工作电流一般为数十毫安。

（6）与控制设备的通讯距离：通讯距离由接口类型决定，如韦根接口为 150 米。

4. 提高卡片使用的安全性

随着破解手段的不断升级，银行卡信息被盗用、被复制等已经不是什么新闻，虽然非接触卡片在安全性方面已经有明显改善，但还有不少提升的空间。如何提高 RFID 系统的安全性，增强使用者信心，是必须正视的一个问题。增强系统安全，可以从卡片、读取设备、数据加密等方面进行提升。

（1）采用 CPU 卡系统

与逻辑加密卡相比，CPU 卡最大的特点在于具有 CPU 处理器和 COS（Chip of System）芯片操作系统，装有 COS 的 CPU 卡相当于一台微型计算机，不仅具有数据存储功能，同时具有命令处理和数据安全保护等功能。

下面以目前使用较广泛的 FM 系列 CPU 卡为例，简述其文件结构、密钥管理、SAM 安全模块，以示其高安全性。

①文件结构：如图 3-24 所示，CPU 卡的文件结构类似计算机操作系统的文件结构，MF 文件唯一存在，是整个文件系统的根目录，EF 文件用于存放用户数据和密钥。CPU 卡具有主密钥，每个应用具有自身密钥，需要有主密钥和相应的操作授权，才能在卡片内建立新的应用，每个应用相互独立，并受控于各自的密钥管理系统。密钥以文件形式存放。

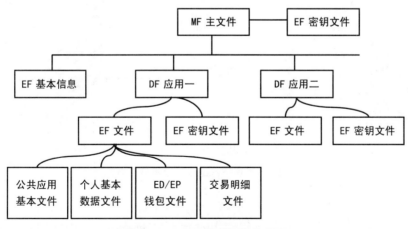

图 3-24　CPU 卡的文件结构图

②密钥管理和机卡认证：非接触逻辑加密卡的安全认证依赖于每个扇区独立的 KEYA 和 KEYB 的校验，可以通过扇区控制字对 KEYA 和 KEYB 的不同安全组合，实现扇区数据的读写安全控制。而且密钥是一个预先设定的固定密码。有别于逻辑加密卡固定钥匙的方式，CPU 卡为动态密钥系统，并且是一用一密，即同一张 CPU 卡，每次刷卡的认证密码都不相同。

此外,在机卡认证方面,非接触逻辑加密卡只能实现卡片对读取设备的认证,而无法进行读取设备对卡片的认证。CPU卡可以实现双向认证,包括卡片对读取设备的外部认证和读取设备对卡片的内部认证。

③ SAM卡安全模块:CPU卡读取设备具有独立的保密模块,使用相应的实体SAM卡安全模块,实现加密、解密以及交易处理,从而完成读取设备与卡片之间的安全认证。在读取设备中安装SAM卡座,所有的认证都由安装在SAM卡座中的SAM卡进行运算,必要时可以实现读取设备与SAM卡分离,如设备返修,以确保安全模块不受非法攻击。

(2)多种技术的组合

若只使用卡片认证,如果卡片丢失、被盗,他人持卡非法进入,所发生的全部非法事件都归到持卡人头上,因为卡片认证只认卡不认人。可以通过多种技术的组合来提高卡片使用的安全性,常用方法如下,相关产品如图3-25所示。

①带键盘读卡器。在卡片认证外,增加PIN码(Personal Identification Number),即个人身份识别码验证,刷卡后,需要输出PIN码,只有两者都正确,才表示使用者身份验证通过。可防止因卡片丢失、被盗后他人持卡非法进入。

②读卡器与生物特征识别结合。生物识别是指利用人体基本特征作为身份识别的依据。读卡器与生物识别结合最常见的组合方式为卡片加指纹验证。卡片技术还可以与掌形、面部识别、虹膜等多种生物识别结合使用。PIN码存在遗忘、泄露等风险,而生物识别具有更高的安全性。

③生物特征数据存储在卡片中。将掌形模板生物特征存储在卡片中,使用时,掌形仪内置读卡器读出卡片中存储的掌形模板,与掌形仪现场获取的掌形模板进行比对,以判断持卡人是否合法。持卡人生物特征随卡存储,就算卡片丢失,也不可能发生非法进入。

带键盘读卡器 读卡器与指纹识别结合 掌形识别数据存储在卡片中

图3-25 多种技术组合的授权认证方式

(3)提高数据加密技术

加密和解密是信息传输、机卡认证等操作的基础,其抗攻击性、反破解能力是决定卡片安全性能的关键要素。DES、3DES和RSA等算法被继续使用的同时,安全性更高的AES和ECC算法越来越多被应用。

值得一提的是,加密技术与破密手段总是在不断作斗争,加密技术就是要加大破解难度,增加破解所需时间、成本。在不断提升加密算法的同时,通过优化数据结构、完善存储控制权限等手段,也可以增加数据安全性。

综上所述,从校园一卡通、城市公共交通自动收费系统、物流跟踪与定位系统,乃至物联网应用,非接触式 IC 卡有着非常广阔的应用市场和发展前景。芯片加工工艺、大存储空间、加密技术、高速读写和低功耗、多技术融合、降低成本将是非接触式 IC 卡系统技术发展的趋势。

3.3　电控锁具

3.3.1　电控锁具概述

电控锁具是由门禁系统控制器切换电源通断的锁具,电控锁具通过机械或电磁吸合等方式实现锁闭或开启。电控锁具是门禁系统的重要组成部分,是门禁系统的执行机构和关键设备,关系着整个门禁系统的安全性。

1.电控锁具的种类

传统电控锁具包括电磁锁、电插锁、电锁扣和电动马达锁等,如图 3-26 所示。新型电控锁具包括机电一体化锁和机电一体化逃生装置等,如图 3-27 所示。

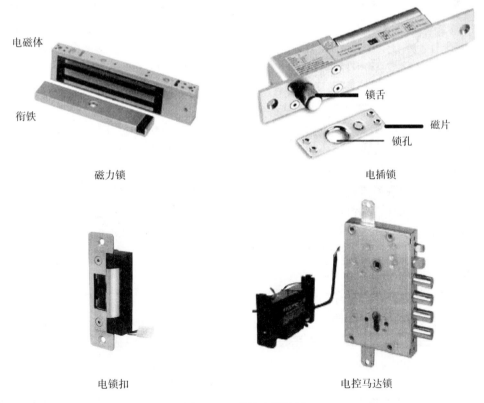

电磁体　　衔铁

锁舌　　磁片　　锁孔

磁力锁　　　　　　　电插锁

电锁扣　　　　　　　电控马达锁

图 3-26　传统电控锁具

（1）电磁锁（Electromagnetic Locks）

电磁锁,又称磁力锁,由电磁体和衔铁组成,电磁体为主体结构部分,通过对电磁体的通断电控制实现对门开关的控制。电磁锁安装在门框顶部,衔铁安装在门扇上,利用电磁工作原理,通电吸合,断电释放。

插芯式机电一体化锁　　　　　　　机电一体化逃生推杠装置

图 3-27　新型电控锁具

（2）电插锁（Power Bolt）

电插锁，又称阳极锁，通过通断电控制锁体内部连动机构，带动锁舌缩回或伸出实现开门或关门。电插锁由锁体和磁片组成，锁体锁舌插入磁片锁孔实现关门，锁舌缩回开门。

（3）电锁扣（Electric Strikes）

电锁扣，又称阴极锁，需要与机械锁具配合使用。电锁扣安装于门框内，承担普通机械锁锁扣的角色，当电锁扣上锁时，锁舌扣在锁扣内，门关闭；当电锁扣开锁时，锁舌无需缩回即可推开锁扣，门打开。

（4）电动马达锁（Powered Electronic locks）

通过驱动锁体内一个小马达控制锁舌的缩回和伸出，达到控制门开/关的目的。适合铁制门使用。可用钥匙开锁。可以做成多个锁点，以提高安保级别。

（5）机电一体化锁（Electrified Locks）

在机械锁锁体内，内置电控螺线管，通电螺线管带动连动机构，控制门外侧手把能否被按下，把手按下带动锁舌缩回开门。机电一体化锁的开、关门操作与机械锁相同，通过控制把手实现电控功能。

（6）机电一体化逃生推杠装置（Electrified Exit Devices）

通过在机械式逃生装置门外侧把手，或门内侧推杆内增加电控装置，在机械式逃生装置一个动作出门的基础上，实现门外电控把手开门，门内推杆报警、输出开门请求信号，或延时出门等功能。

2. 电控锁具的特点

① 需要外部电源供电，采用低压直流/交流电源，门禁系统常用 12VDC 或 24VDC；

② 配合门禁控制系统、消防报警系统使用，作为前端执行机构；

③ 具备各类状态输出接口，供门禁、消防报警系统实现对电锁状态和门状态的远程实时监视；

④ 需要线缆连接，包括基本的供电线缆和附加的信号线缆。

3. 电控锁具设计选用要点

（1）门类型和结构

门类型和结构，涉及门的材质，如钢质门、铝合金门、木门、玻璃门。门的结构，如是否有门框、双扇门、单扇门等。

（2）门的开启方向

门的开启方向，决定了可以使用在门上的电锁。开启方向分为两种情况，单向开启和双向开启,单向开启即只能推门(内开)或者拉门(外开),门只能往一个方向开启;双向开启即既可以推门也可以拉门,门可以往两个方向开启。开启方向和门的功能有关,如消防逃生门只能外开,也和使用方便、安装美观有关,如办公室入口门电锁要隐藏安装、门要双向开启。

（3）人身安全与财产安全

在发生火警、供电中断、门禁系统故障等情况时,需要考虑被保护区域内人身安全和财产安全。如火警发生时,保证室内人员紧急逃生,而财务室、重要设备间等在满足人身安全的前提下,紧急情况时,应该保证从门外侧不能随意进入。对电锁的使用,必须提供紧急操作手段,以保障人身安全。此外,要考虑供电中断时,电锁的工作状态,以保障财产安全。人身安全与财产安全反映到电锁上,即断电上锁或断电开锁的工作模式。

（4）使用频率

不同使用场合,如大型商场主出入口、商业大厦主出入口、住宅小区单元门、写字楼防火通道门,通行的人流量不同,门锁的使用频率不同。使用频率反映到电锁上,即开启次数,等级为数万次、数十万、数百万。

（5）电压等级及功率

电锁供电电源通常为12VDC和24VDC,在额定电压下,功率的大小由电流大小决定,电流越小,电锁耗电量越小。在倡导环保节能的今天,设备功耗也是一个需要注意的因素。

（6）触点信号

触点信号主要有两方面作用,一方面用于指示锁的工作状态,另一方面用于指示门的开/关状态。门、锁需要紧密配合,才能真正发挥防护作用。如果门关好了电锁没有上电,或者门关好电锁也上电了,但锁舌没有正确伸出,这就和没有关门一样,电锁便失去了其存在的价值。通过电锁内置的触点信号,将门的开关状态和锁的工作状态实时传送给门禁系统,使安保人员及时掌握门锁状态。

3.3.2 常用电控锁具的具体特征和应用

1. 电磁锁

（1）电磁锁类型

电磁锁,又叫磁力锁,是电控锁中广泛应用的一种产品。电磁锁在实际使用中有直吸式电磁锁和剪力电磁锁两种类型,其应用场景如图 3-28 所示。

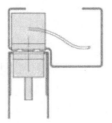

直吸式电磁锁　　　　　　　　　　剪力式电磁锁

图 3-28　电磁锁的应用

直吸式电磁锁：由一个电磁体(锁体)和衔铁组成，电磁体一般安装在门框顶部，衔铁被安装在门扇上，供电时，电磁体产生的电磁力使衔铁吸附在锁体上，从而实现关门，断电时，电磁力消失，衔铁与锁体分离，从而实现开门。通常所说的电磁锁，就是指直吸式电磁锁。

剪力式电磁锁：简称剪力锁，剪力锁电磁部分可通过一个弹簧的设计，自动弹出，与衔铁完全吸合。在电磁部分和衔铁的外表面上还采用了凹凸式结合的设计，让上锁更为安全可靠。

（2）主要技术参数的定义

静态抗拉力(磁吸合力)：将电磁锁安装在门上，通电电磁锁吸合使门处于关闭状态，在门上指定点处施加一个逐渐增加的拉力，直到把门拉开。电磁锁可以承受的最大拉力即是静态抗拉力。美国 ANSI A156.23 标准中规定的一级为 1,500 磅，二级为 1,000 磅，三级为 500 磅。静态抗拉力越大，安保等级越高。

动态抗冲击力：将电磁锁安装在门上，通电电磁锁吸合使门处于关闭状态，在门上指定点处施加一个瞬间冲击力，使门被撞开。电磁锁可以承受的最大冲击力即是动态抗冲击力。在美国 ANSI A156.23 标准中规定的一级为 95 焦耳，二级为 68 焦耳，三级为 45 焦耳。

残余磁力：是指磁铁质经磁化后，在外磁场消失的情况下仍保存的磁感应强度。在理想状态下，电磁锁断电后，磁吸力应完全消失，但实际上由于残余磁力的存在，即使断电后，开门时或者会感觉到阻力的存在，具体视乎残余磁力的大小。残余磁力越小越好，在美国 ANSI A156.23 标准中规定，断电一秒内残余磁力小于 4 磅。残余磁力是反映电磁锁材质、设计及工艺水平的一个技术参数。

开启次数：电磁锁完成断电、开门、关门、通电一个循环过程，视为一次完整的开启。在美国 ANSI A156.23 标准中规定的一级为 1,000,000 次，二级为 500,000 次，三级为 250,000 次。开启次数反映产品的使用寿命。

（3）电磁锁的特点

电磁锁只有断电开锁模式，在高保安要求场合，需要考虑后备电源及机械辅助锁定；直吸式电磁锁适用于单向开启的门，剪力锁适用于双向开启的门；需要考虑紧急逃生时，提供切断电磁锁供电的手段，如安装紧急开门按钮；剪力锁为隐藏式安装，美观大方；内置触点信号，DSM 门开关状态信号和 MBS 磁吸合状态信号，内置 LED 指示灯现场反映 MBS 状态。

（4）技术参数的表示方法

下面以 Schlage M450P 直吸式电磁锁为例，介绍电磁锁技术参数的表示方法。

- 通过 UL1034 和 ANSI A156.23 1 级认证
- 通过 UL（美国保险商实验室）注册，通过 UL10C 3 小时防火测试
- 磁吸力 1000 磅（452 千克）
- 无需区分手向，方便现场安装
- AVS 自动电压选择自动检测外接供电，12V 或 24V 之间自动进行切换
- DPS 门状态监测反映门的开关状态，可以远程监控
- MBS 磁吸合状态监测反映磁力锁吸合状态是否正确，可远程监控确保出入口安全
- MBS Indicator（LED）MBS 指示灯，在锁体上提供对 MBS 状态的可视化监测
- RTD 重上锁延时时间，0.5~30 秒可调
- ATS 自动防拆开关，反映磁力锁面板是否被打开，可以远程监控

- 工作电压：12/24VDC 直流电源
- 工作电流：0.75A @ 12VDC,0.38A @ 24VDC
- 锁体尺寸：2-1/8″×10-1/4″×1-3/4″(高 × 长 × 宽)
- 锁体重量：10 磅(4.52 千克)
- 工作温度：0~49℃（32~120°F）

2. 电插锁

电插锁多被应用于要求双向开启的场合,常用于木门、玻璃门、铝合金框金属门。其应用场景如图 3–29 所示。

（1）电插锁特点

电插锁隐藏式安装,美观大方；可实现门的双向开启；断电开锁 / 断电上锁可选,断电上锁时需要配钥匙或旋钮实现紧急开门；需要考虑紧急逃生时,提供切断电插锁供电的手段,如安装紧急开门按钮；在强调人身安全的场合不能使用,因为电插锁的锁舌会因为来自于门的压力而无法缩回开门；内置触点信号, DSM 门开关状态信号和 BPS 锁舌位置状态信号。

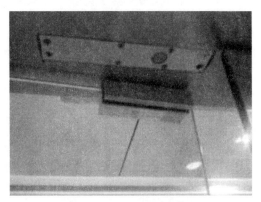

图 3–29　电插锁的应用

（2）技术参数的表示方法

下面以 Schlage 465 电插锁为例,介绍电插锁常用技术参数的表示方法。

- **断电开锁**
- 自动重上锁开关
- 出门请求开关
- 延时设置：0/3/6/10 秒可调
- 工作电压：12-24VDC 自动电压调节
- 工作电流：0.21A@12VDC 或 0.12A@24VDC
- 峰值电流：0.9A@12VDC 或 0.45A@24VDC
- 锁舌规格：直径 16mm × 锁舌行程 19mm
- 锁体尺寸：203mm×38mm×41mm
- BPS-DSM：表示选配 BPS 锁舌状态监控和 DSM 门状态监控功能
- L2-BZ LED：表示选配指示灯和蜂鸣器功能
- HDB465：表示选配玻璃门夹配件

3. 电锁扣

电锁扣与机械锁配合使用,与控制机械锁锁舌缩回实现开门的方式不同,通过控制电锁扣锁舌是否可以活动实现开门。电锁扣安装在门框上,过线方便。其应用场景如图 3–30 所示。

（1）电锁扣的特点

电锁扣隐藏式安装方式,美观大方；适用于单向开启；断电开锁 / 断电上锁可选；与机械锁配合使用,需保证机械锁锁舌完全进行电锁扣内；内置触点信号,门开关状态信号和电锁扣锁舌开关状态信号。

图 3-30 电锁扣的应用

（2）技术参数的表示方法

下面以 Schlage 5500 电锁扣为例，介绍电锁扣技术参数的表示方法。

- 通过 CE 认证
- 满足消防安全原则，通过国家固定灭火系统和耐火件质量监督检验中心防火测试。
- 使用的电气特性符合读卡控制器的接口规范
- 断电开或断电关现场可调，无需额外零部件
- 不分左右手向
- 工作电压：12VDC 或 24VDC，现场可调
- 工作电流：240mA@12VDC 或 120mA@24VDC
- 带门状态监控开关
- 防拆卸设计，减少外部侵入的可能
- 可持续工作，螺线管可连续通电，低工作电流
- 高强度结构设计，锁体外壳采用锌压铸材质，面板采用不锈钢材质
- 不锈钢锁扣，可承受 750kgf 拉力
- 外型尺寸：锁体 84mm×43mm×35mm，面板 123.8mm×31.8mm×3mm
- 锁舌行程：适合与 15mm 深的锁舌配合使用

4. 机电一体化锁

机电一体化锁是在机械锁的基础上增加了电控把手功能，通过控制把手被按动而带动锁舌缩回，实现开门。一把安装好的机电一体化锁，外观上看就是一把机械锁，实际上是一把具备电控功能的电控锁。其应用场景如图 3-31 所示。

机电一体化锁通过通/断电控制门外侧把手能否被按下，把手被按下时带动锁舌缩回，达到门外侧开门的目的。而门内侧把手任何时候都可以被按下，使锁舌缩回，达到门内侧开门的目的。根据相关的消防法规，在火灾发生时，需要保证门处于锁定状态，不能因为风压、气压等原因，使门被吹开，导致过火、窜烟，另一方面，火灾发生时，必须保证室内人员方便地紧

图 3-31 机电一体化锁的应用

急逃生,不依赖于门禁系统。机电一体化锁依靠锁舌锁定,只要锁舌正常伸出,就能保证门的关闭,而门内侧把手为纯机械控制方式,与电控无关,所以说,机电一体化锁是同时满足人身安全(门内把手一个动作出门)和消防要求(火灾时门保持闭合)的电控锁。

（1）机电一体化锁的特点

美标插芯式机械锁体,隐藏式安装,美观大方;适用于单向开启;提供钥匙开门方式,当门禁系统失效时,保证门外进入的有效途径;按动门内把手一次打开锁舌,实现一个动作紧急逃生的功能;同时满足人身安全(门内执手一个动作出门)和消防要求(火灾时门保持闭合)的电控锁具;断电开锁/断电上锁可选;内置触点信号,RX 出门请求信号,LM 锁舌状态信号。

（2）技术参数的表示方法

下面以 Schlage L9080PE 机电一体化锁为例,介绍机电一体化锁的技术参数的表示方法。

电气性能技术参数:

• 断电闭锁或开锁（EU 或 EL）两种功能供选择

• 门内按动执手机械方式控制开门,无需布线安装出门按钮。按动门内执手始终一次打开斜舌及方舌,实现一个动作紧急逃生功能

• 附有锁执手监控功能选择,门内执手的动作会触发内置微动开关,传送出门请求给门禁系统

• 紧急情况（如门禁系统失效）可使用门外的应急机械钥匙开门

• 与机械功能相结合实现总钥匙功能,方便后勤管理

• 配合门用导线管使用,方便从门框向门扇过线

• 使用电压：24VDC

• 启动电流：1.3A,持续电流：0.135A

• 环境温度：+66 º C~ −31ºC

机械性能技术参数:

• 符合 ANSI A156.13 一级锁标准并通过认证,开启测试达到 600 万次以上

• 通过 UL10C 3 小时防火测试并获得认证

• 通过中国国家标准 GB12955 甲级 90 分钟防火型式检验认证

• 采用精铸黄铜或不锈钢把手,并符合 ADA 和 ANSI A117.1 助残标准

• 锁舌为 19mm 长三段式抗摩擦精铸不锈钢斜舌,以及 13mm 长精铸不锈钢保险舌,锁舌为全金属材料,不含任何塑料等非金属成分

• 应急机械锁芯为多排弹子结构的高保安锁芯,并获得美国专利认证,标配方便轻松开锁的大号镍银钥匙

• 标准安装中心距 70mm,标准门厚范围 35mm~64mm,可提供最大门厚至 102mm 备选

5. 机电一体化逃生推杠装置

逃生推杠装置,根据其设计理念,用于人流量较大的通道出入口,最大的特点是无需使用经验,实现一个动作出门。在紧急逃生时,与机电一体化锁门内侧需要按动把手相比,逃生推杠装置可以用身体任意部位压下推杆,实现开门。

机电一体化逃生推杠装置,也称为电控逃生推杠装置,在机械式逃生推杠装置基础上,增加电控功能,实现方式与前述的机电一体化锁相似。除电控把手外,还有电控锁舌缩回、电控

推杆等电控方式。

如图 3-31 所示,普通电控逃生推杠装置,门外侧电控把手平常不能被按下,有效权限刷卡后,在规定时间(如 5 秒)内,可以按下把手带动锁舌缩回实现开门。门内侧只要压下推杆,带动锁舌缩回实现出门。

普通电控逃生推杠装置,在出门侧没有通行管理功能,为实现此目的,可以在纯机械压杆出门基础上,增加延时出门功能。对于非授权人员,触动推杆后产生本地报警,不能立即出门,待延时时间后,基于逃生推杠装置的使用原则,人员此时可以压杆出门。而对于授权人员,有效权限刷卡后,可以立即压杆出门。为保证紧急逃生要求,延时出门型逃生推杠装置配备消防接口,当检测到消防确认信号后,屏蔽延时控制功能,所有人员压杆出门。使用延时出门型逃生推杠装置,需要在门内侧安装读卡识别设备,如图 3-32 所示。

图 3-32　机电一体化逃生推杠装置的应用

(1)机电一体化逃生推杠装置的特点

① 机电一体化逃生推杠装置无需使用经验,实现一个动作出门;

② 适用于单向(外开)开启,人流量较大的通道出入口;

③ 提供钥匙开门方式,当门禁系统失效时,保证门外进入的有效途径;

④ 同时满足人身安全(门内一个动作出门)和消防要求(火灾时门保持闭合)的电控锁具;

⑤ 内置多种触点信号,常用的包括 REX 出门请求信号,ALK 内置报警信号,LX 推杠锁舌监控。

(2)常见的电控功能

FSA/FSE(断电开或断电关)电控把手功能:用于门禁控制室外侧配锁能随时出门的场所。断电开或断电关可以通过门禁系统、火灾信号系统,钥匙开关等控制。FSA(断电开功能)是指电源切断时解锁,可用于火灾、断电或紧急情况下开门,例如用于在楼梯间、宾馆、火警疏散门等位置。FSE(断电关功能)是指电源切断时上锁,用于考虑财产和信息安全原因,只能由授权人员开锁的场所,例如财务办公室、电脑机房等。在以上两种情况下,授权人员都可以用机械钥匙进入或通过门禁系统授权进入。

电控把手一般可以用于所有逃生推杠装置上。电控把手可以与 EL(电控锁舌缩回)、EA(出门报警)、HWEA(外接连续电源出门报警)、状态监控(DM、LM、AE、LK)等电控功能配合使用。

AE（授权出门）功能：监控推杆的下压。该监控一旦被触发表明有人推动装置或装置处于锁舌缩回状态。当锁舌完全收回时，将触发接点信号，用于指示出门请求功能。

EA（出门报警）功能：由电池供电的本地报警，是一种简单有效的可防止未授权人员出入的装置，而且不会阻止人员出门。一旦推杆被下压，装置立即持续报警。

（3）技术参数的表示方法

FALCON F-25-M 系列插芯锁式逃生推杠装置为防火型，配备高强度插芯锁体，安保性更高，更加安全耐用。我们以 Falcon FSA-F-25-M 插芯锁式电控逃生推杠装置为例，介绍逃生推杠装置技术参数的表示方法。

- 获得美国国家标准协会 ANSI156.3 一级标准证书
- 通过 UL -10C 3 小时防火认证
- 通过国标 GB12955 甲级 1.5 小时防火型式检验认证
- 具有完善的电控功能，可与建筑物安防系统接口
- 具有电控锁舌、电控把手、状态监控、延时出门和出门报警等电控功能
- 插芯锁体、精铸锁舌和不锈钢杠身
- 流线型外观设计
- 工作电源：0.4A@24VDC

综上所述，电控锁具的结构和控制方式各有特点，可以总结为两种控制方式，一种是直接控制锁舌（或类似装置）开锁，如电插锁、电动马达锁、电磁锁；另一种通过控制把手，由把手带动锁舌缩回实现开锁，如机电一体化锁、电控逃生推杠装置。在实际应用时，需要结合安装条件、应用场合、人身及财产安全等因素，选择合适的电控锁具。

3.3.3　新型电控锁具的优势分析

机电一体化锁与传统电控锁相比，其优势主要表现在功能、性能和外观等三个方面。

1. 功能优势

首先，机电一体化锁最显著的功能就是其内外锁定分离，即门外受控、门内常开，有效地解决了安保和逃生的矛盾。国家标准 GB50016-2006《建筑设计防火规范》第 7.4.12 条第 4 款明确规定"人员密集场所平时需要控制人员随意出入的疏散用门，或设有门禁系统的居住建筑外门，应保证火灾时不需使用钥匙或任何工具即能从内部易于打开。"美国 NFPA101《生命安全规范》中更是明确提出了"一个动作"出门的逃生要求。

采用机电一体化锁，由于门内人员始终可以随时一个动作开锁出门，解除了门内逃生的后顾之忧，用户就能根据需要放心选择门外采用断电开型或断电锁型。如会议室门或楼梯间门，可采用断电开型机电一体化锁或机电一体化逃生装置，有助于火警时断电后，人员的双向逃生，或营救人员的反向进入。而在库房、设备间、财务室、档案室、重点办公室等高保安场所，就可以采用断电锁型机电一体化锁。无论是火警时断电，还是平时意外断电，或人为破坏断电等情况下，既不影响室内人员逃生，又有效地防止了非授权进入。此时，合法的门外进入可以通过机械钥匙开启来实现。通常该钥匙会纳入整栋建筑物统一的机械总钥匙管理系统，由专人负责管理。

相比之下，电磁锁无论是直吸锁还是剪力锁，都只有断电开型，虽然可以满足逃生功能，

但显然不能使用在高保安场所。断电开型的电插锁同理。而断电锁型的电插锁，又不能满足逃生功能要求。同样断电开型的电锁扣不安保，断电锁型的电锁扣不能逃生。只有配备了门外把手永远固定不动、门内把手永远常开的美标储藏式功能机械锁的断电锁型电锁扣，方能基本达到既安保又能逃生的要求。传统电控锁不能解决安保和逃生矛盾的根本原因，就在于它们不是内外锁定分离的，它们要么内外同锁，要么内外同开。这是其无法克服的原理性缺陷。

此外，即使是断电开型的电插锁，理论上是满足逃生功能的，但在实际应用中，当多人挤压在门上时，常常由于插销与锁扣板孔之间有较大间隙而导致插销因受压后不呈竖直状态而不能缩回。由于电插锁的这一缺陷，近年来国内外的应用均大量减少。

其次，机电一体化锁的功能优势体现在其状态监控信号的准确性上。我们知道，除门开关状态信号外，门禁系统要求监控的信号，主要是有效锁定信号和出门动作信号。电磁锁的磁吸力监控开关大多在磁吸力达到额定磁吸力的 60% 时就会动作。而电锁扣的锁舌监控开关是设在电锁扣内的，是机械锁舌伸出后再压到电锁扣内的簧片开关上，经二次机械动作的传递产生的监控信号，可以说不是直接状态信号，而是间接状态信号，误报或不报的可能性大大增加。例如，当电锁扣内的簧片开关被异物卡住或人为粘住在压回状态，门禁系统收到的监控信号就一直是有效上锁状态，此时机械锁舌可能根本就没有伸出。至于出门动作信号，传统电控锁都是靠出门按钮来提供的。前文我们讲过，传统电控锁中能解决安保和逃生的矛盾的，只有配置门内把手常开型机械锁的断电锁型电锁扣。当使用此类产品时，没有人会先按出门按钮再开门，出门动作信号当然就无从采集。

而机电一体化锁的锁舌监控开关是直接连在锁舌上的，直接由锁舌伸出和缩回的动作而产生，完全反映锁舌的真实状态。机电一体化锁的出门监控开关是直接与门内把手或逃生装置的推杠相连的，转动门内把手或推动推杠的瞬间即同时发出出门动作信号，既符合一个动作出门的逃生规范要求，又准确提供了出门动作信号。

第三，机电一体化锁的功能优势还体现在其防火功能上。国标 GB50016-2006《建筑设计防火规范》第 7.5.2 条及其条文说明规定"防火门应具有自闭功能"，"防火门既是保持建筑防火分隔完整的主要物体之一，又常是人员疏散经过疏散出口或安全出口时需要开启的门"，"为尽量避免火灾时烟气或火势通过门洞窜入人员的疏散通道内，应使防火门在平时处于关闭状态或在火灾时以及人员疏散后能自行关闭"。可见防火门及其防火锁的功能主要有两点，一是防火分隔，二是人员逃生。其中人员逃生是短时动作，防火分隔是长期要求。应用于防火门的门禁电控锁，同样应遵守上述规范。规范中的"关闭状态"和"自行关闭"，应理解为有效关闭。所谓有效关闭，即不仅门扇要处于 0^0 关闭状态，门锁也要处于上锁状态。因为火灾时防火门向火面和背火面会有很大的正负压差，闭门器是不能抵挡这一压力的，如果门锁不在上锁状态或锁扣状态，门仍然会被压开一定角度，导致防火分隔失效。

火灾断电后，电磁锁完全失效，断电开的电插锁和电锁扣同样不能上锁，只有配常开门内把手的断电锁型电锁扣才能既满足人员逃生，又能在门重新关闭后达到锁扣状态。但电锁扣的耐火时间即这种锁扣状态又能保持多久呢？下面将会进一步探讨这一问题。而机电一体化锁，无论断电开型还是断电锁型，无论通电还是断电状态，一旦门扇关闭，锁舌和机械锁扣板立刻进入稳定的锁扣状态，同时防拨插保险舌工作，有效防止主锁舌的回缩，且门内把手常开。完全符合规范对防火锁的功能要求。

综上所述,在安保和逃生、防火以及信号反馈等三项功能上,机电一体化锁较之传统电控锁都有明显的优势。

2. 性能优势

首先是机电一体化锁的品质性能优势。众所周知,产品的品质性能和制造标准密切相关。对于电控锁的品质性能,最主要的应该是使用寿命和锁定力两方面。关于传统电控锁的制造标准,只有美国标准 ANSI/BHMA A156.23《电磁锁》和 ANSI/BHMA A156.31《电控锁扣板》比较完整。欧洲标准 EN61000《电磁兼容性》只涉及电学性能的要求。我国目前还没有相关标准。

在 ANSI/BHMA A156.23《电磁锁》中,一级锁的使用寿命要求是 100 万次,二级锁 50 万次,三级锁 25 万次。一级锁的静态抗拉力要求是 675kgf,二级锁 450kgf,三级锁 225kgf。各级别电磁锁的剩磁标准都要求达到断电后 1 秒钟内剩余磁吸力小于 1.8kgf。达到该标准要求的欧美产品已是寥寥无几,国产电磁锁更是几乎没有。目前国产电磁锁的质量问题,大部分都是由剩磁问题导致的。原因就是经过不断磁化后,留在磁铁上剩磁积累越来越大而不能消除,从而影响电磁锁的正常工作。

在 ANSI/BHMA A156.31《电控锁扣板》中,使用寿命和锁定力的测试方法是沿用 UL1034《防盗电锁装置》的,一、二、三级锁的使用寿命要求分别是 50 万次,30 万次和 10 万次。静态抗拉力要求也分别是 675kgf,450kgf 和 225kgf。UL1034 的寿命要求是 25 万次和 10 万次,静态抗拉力要求与 ANSI/BHMA A156.31 相同。达到这两个标准要求的产品也是凤毛麟角。

关于电插锁,目前国内都没有相关标准。个别高端产品,有锁定力的自测数据,范围大致在 500kgf~1000kgf;没有使用寿命的相关数据。

机电一体化锁的使用寿命和锁定力性能标准,主要有美国标准 ANSI/BHMA A156.13《插芯锁》和欧洲标准 EN12209《建筑五金 - 门锁 - 要求和测试方法》。EN12209 的要求相对较低,使用寿命是 30 万、20 万和 10 万次,侧向抗拉力是 300kgf、200kgf 和 100 kgf。而 ANSI/BHMA A156.13《插芯锁》标准要求高,一级锁的使用寿命是 100 万次,二级锁和三级锁都是 80 万次。各级别锁的侧向抗拉力都要求超过 608kgf。达到该标准要求的产品虽然不多,但高端产品的性能则远远高出标准要求,如美国 SCHLAGE(西勒奇)机电一体化锁的使用寿命达到 600 万次,侧向抗拉力达到 1350 kgf。表 3-1 中列出了各锁型高端代表产品的性能参数。不难看出,机电一体化锁的品质性能优势是明显的。

表 3-1　各锁型高端代表产品的性能参数对比表

电控锁型	使用寿命 (万次)	锁定力 (kgf)
SCHLAGE 390+ 电磁锁	100	743
effeff 843 电插锁	—	1000
ADAMS RITE 7400 电锁扣	50	675
SCHLAGE L9080PEU/EL 机电一体化锁	600	1350

其次,机电一体化锁的性能优势还体现在其优秀的耐火性能上。与防火功能不同,电控锁的耐火性能主要取决于锁的材料和结构特点。新版国家强制标准 GB12955-2008《防火门》

已于 2009 年 1 月 1 日起正式实施。这对在建和新建项目的消防验收提供了新的法规依据,也对防火门及其门锁的耐火性能提出了新的要求。为配合标准的有效贯彻和执行,国家主管单位——公安部消防产品合格评定中心,将认证有效期内的所有通过型式检验的防火锁生产单位、品牌、型号和检验报告全部公布在其官方网站上,供用户查询和市场监督。

标准中将防火门分为隔热防火门(A 类)、部分隔热防火门(B 类)和非隔热防火门(C 类)等三类。耐火隔热性依次递减,但耐火完整性要求相同,即在耐火等级规定的时间内(如甲级 1.5 小时、乙级 1.0 小时等),防火门及其门锁等五金件必须保证完整性。因此,标准第 5.3.1 明确规定:"防火门安装的门锁应是防火锁。在门扇的有锁芯机构处,防火锁均应有执手或推杠机构,不允许以圆形或球形旋钮代替执手 (特殊部位使用除外,如管道井门等)。防火锁应经国家认可授权检测机构检验合格,其耐火性能应符合附录 A 的规定。"同时附录 A 规定:"防火锁的耐火时间应不小于其安装使用的防火门耐火时间。耐火试验过程中,防火锁应无明显变形和熔融现象。耐火试验过程中,防火锁处应无窜火现象。耐火试验过程中,防火锁应能保证防火门门扇处于关闭状态。"可见,"带执手或推杠机构"和"由耐火材料制成"是确保符合标准并通过测试获得认证的关键。由于甲级 1.5 小时防火门的耐火试验炉温可达 980℃,常用制锁材料中只有钢和不锈钢的熔点高于该温度,黄铜、铝合金和锌合金等都达不到。

除了无执手或推杠机构等结构上的问题外,绝大多数电磁锁和电插锁都采用铝合金外壳、锁体底座、安装支架或锁孔扣板。而且耐火试验都是在断电状态下进行的,电磁锁和断电开型的电插锁和电锁扣根本无法保证防火门处于关闭状态。因此,只有配备机械把手锁的断电锁型电锁扣具备通过防火测试的条件。然而,大多数的电锁扣都采用锌合金或黄铜锁体底座,甚至包括锁扣活动板。目前仅有两三款电锁扣产品通过了防火型检认证,而它们都是使用了不锈钢材质的锁体底座、面板和活动板。

而机电一体化锁和机电一体化逃生装置,首先结构上完全符合标准要求,锁体锁舌、锁扣板和把手等部件又其同系列的机械锁和机械逃生装置一样,常用材料即为不锈钢,锁体内部确保锁定功能的零部件也是不锈钢或钢质材料。且断电开型或断电锁型,通电或断电状态下,锁的耐火性能相同。不过由于不同生产厂家其产品性能也有差异,或对标准的认知程度有所不同,目前通过防火型检认证的机电一体化锁只有 SCHLAGE(西勒奇) L9080PEU/EL 等一两款产品。

3. 外观优势

从图 3–31 中不难看出,机电一体化锁还具有相当的外观优势。我们知道,电控锁作为门禁系统最前端的人机界面,是用户日常接触和使用最频繁的系统组件。在有选择的情况下,用户一定会选择使用最舒适、外观效果最好的产品。这也是众多设计师和最终用户偏爱机电一体化锁的重要原因。

电磁锁完全外露在门扇门框外,形体突兀,尤其是采用内开门内装支架时,外观很难被客户接受。暗藏式剪力锁虽然比较美观,但上锁开锁时的声音较大,略显美中不足。当电锁扣安装在外开门上时,如图 3–30 电锁扣的应用所示,部分底座和活动板完全暴露在室外或走廊上,既不安全,又十分影响外观效果,常常不能被用户和设计师接受。电插锁须配套使用大拉手,如果安装在办公室、会议室等精装修门上,显然不如机电一体化锁简洁、美观。如果将同一系列的机电一体化锁和机械锁安装在一条走廊的门上,根本分辨不出,只有门边的读卡器或掌形仪会提示你,这是一把门禁电控锁。

4. 机电一体化锁的应用和发展趋势

基于机电一体化锁较之传统电控锁在功能、性能和外观上的三大优势,以及客户认知度的逐年提高,机电一体化锁在国内门禁市场上的应用也日益广泛,大量使用在交通、金融、能源、科教、文体和工商等众多领域。以 SCHLAGE(西勒奇)机电一体化锁为例,近两三年在国内的应用就已超过 10000 套。北京某石化企业总部大楼、上海地铁等项目的应用都在1000 套以上。

图 3–33 是上海某银行大楼的办公室门,采用的是断电锁型的机电一体化锁,在十几款把手中,设计师和用户最终选择了这款平直型长面板的锻纹不锈钢把手,使用六年来无任何质量问题报告。图 3–34 是该项目同时使用的机电一体化逃生推杠装置,安装在办公区域通向消防楼梯间的疏散门上,

图 3-33　办公室门应用机电一体化锁

采用的是断电开型。图 3–35 是北京某写字楼的办公室门,是双扇门应用案例。主动扇安装了分体圆面板型的机电一体化锁,从动扇安装了同系列的机械虚设把手。

图 3-34　消防楼梯间应用机电一体化逃生推杠装置　　　　图 3-35　双扇门应用机电一体化锁

虽然应用案例越来越多,但与传统电控锁相比,目前机电一体化锁占门禁电控锁的市场份额还是很小的。除市场认知度不高的客观原因外,主要还在于产品自身的一些不足有待改善。首先是产品的成本问题。目前市场上的主流机电一体化锁全部为进口产品。虽然与进口高端品牌的传统电控锁相比,机电一体化锁的成本与之相仿,甚至还略低一些,但与市场主流的国产传统电控锁相比,还是高出很多。对于目前为数不多的能制造国产美标机械插芯锁的企业来说,如何尽快研发出低成本高性能的国产机电一体化锁,并迅速抢占中高端和中端市场,应该是一项重大课题。其次是应用门型问题。由于暗藏锁体尺寸较大,机电一体化锁只能应用在实体木门、金属门上,以及有框玻璃门上,但框宽必须在 120mm 以上。占门禁系统门型相当比例的窄框玻璃门和无框玻璃门,机电一体化锁尚无法使用。因此,窄型的或小尺寸的锁型,甚至是由内置电池供电、用无线通讯方式反馈监控信号的无需任何布线的玻璃门中间

型机电一体化锁,将会是重要的发展方向之一。最后,不仅是机电一体化锁,也是其他所有门锁、拉手都会面临的一个问题,就是公共场所的卫生抗菌问题。目前个别高端厂家已经意识到这一潜在的庞大的市场需求,并已推出了相关产品。主要有采用了抗菌添加剂的尼龙锁把手和含表面抗菌涂层的金属锁把手两种,如图 3–36 所示,但其市场应用还相当少。随着市场需求的不断扩大,抗菌把手的发展趋势不容小觑。一旦克服了上述障碍,机电一体化锁也必将迎来更广阔的市场前景。

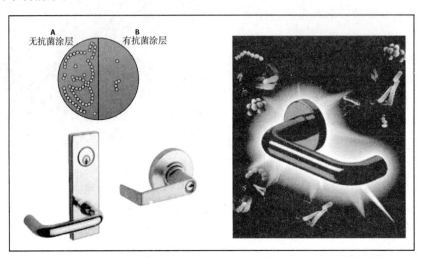

图 3–36 抗菌型锁把手

3.4 门禁系统实际应用案例

本节将通过两个 Schlage(西勒奇)门禁管理系统应用案例,帮助大家了解门禁系统结构组成、实现功能、集成应用等。

3.4.1 商业建筑办公楼门禁系统应用

1. 项目需求分析

某办公大楼由三幢低层办公楼组成,园林式建筑风格,环境优美。门禁系统作为安全防范的一个子系统,负责对公司内部员工和外来人员进行出入管理。除门禁管理外,实现员工考勤、饭堂消费、停车场管理等功能。

2. 系统设计要求

① 门禁系统采用 Mifare1 非接触式 IC 卡,实现门禁、停车场、饭堂消费等多种应用。

② 采用 C/S(Client/Server)架构,SQL Server 大型数据库,满足分布应用、数据存储要求。

③ 门禁点设置在办公室、消防控制中心、重要设备间、各楼层消防通道等位置。

④ 门禁点采用单向刷卡,即只在进门侧刷卡,出门侧采用出门按钮。

⑤ 根据门型及房间功能要求,配置磁力锁、机电一体化锁、电锁控等电控锁具。

⑥ 门禁系统要求技术先进、可靠性和稳定性高,并满足日后扩展需要。

3. 标准和规范

标准和规范是系统设计、工程实施、竣工验收的依据,本门禁系统案例中涉及的标准和规范主要有:

① ISO 国际标准化组织标准;

② EIA 电子工业协会标准;

③ IEC 国际电工学会标准;

④ IEEE 电气与电子工程师协会标准;

⑤ GB 50016-2006《建筑设计防火规范》;

⑥ GB50348-2004《安全防范工程技术规范》;

⑦ GA/T74-2000《安全防范系统通用图形符号》;

⑧ GA/T394-2002《出入口控制系统技术要求》;

⑨ GB 50016-2006《建筑设计防火规范》;

⑩ GB/T 50314-2006《智能建筑设计标准》;

⑪ 门禁产品制造商的设计、制造及施工安装规范。

4. 门禁点设置原则

设置门禁点的位置主要包括大楼主出入口、办公室、重要设备间、主要过道、消防逃生通道和每台电梯的电梯轿厢内。

5. 系统功能

(1)门禁出入管理:对持卡人通过卡片授权,实现不同门禁区域管理,控制何人何时可进入何处。如部分员工可以在上班时间进出指定办公室、部分管理人员可以任何时候进出所有办公室等。

(2)报警功能:对非法刷卡、强行开门、开门时间过长等事件产生报警,在监控中心进行图形显示,通过声光报警,提醒安保人员进行接警处理。

(3)设备状态监视:实时监视设备工作状态、通讯状态和门开关状态。

(4)数据存储:所有报警事情、操作记录都被保存在门禁数据库服务器。

(5)电梯控制:实现对持卡人可使用电梯,可到达楼层的控制。

(6)访客管理:通过持卡人信息录入,指定可到达区域,指定卡片有效使用时间,实现对外来访客人员的管理。

(7)与其他系统联动:通过触点硬线接口,实现与其他安防系统,如 CCTV 系统、报警系统及消防系统的联动。

(8)一卡通的实现:使用同一张员工卡,实现考勤、饭堂消费、停车场管理。

6. 系统实现

(1)系统结构和组成

系统由门禁控制器、读卡器、电控锁、出门按钮、紧急开门按钮(又叫破玻按钮)及门禁管理计算机、门禁管理软件等组成。其架构图如图 3-37 所示。

门禁系统主要由中央级设备、就地级设备和前端设备构成。

中央级设备主要是指门禁管理计算机,包含门禁服务器和门禁管理工作站,门禁服务器运行门禁管理服务器端软件,并作为数据库服务器,负责数据存储。门禁管理工作站运行门禁管理客户端软件,负责日常管理操作。

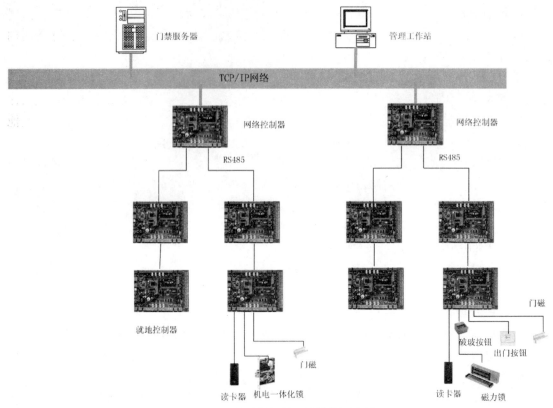

图 3-37　办公楼门禁系统结构图案例

就地级设备主要是指门禁控制器,包括网络控制器和就地控制器。网络控制器是就地控制器与管理计算机的通讯桥梁,就地控制器与前端设备连接,负责逻辑比对、数据采集、数据存储。网络控制器通过 TCP/IP 网络与门禁服务器连接,网络控制器与就地控制器通过 RS485 总线连接,就地控制器间通过 RS485 总线连接。

前端设备包括读卡器、电控锁、出门按钮、紧急开门按钮等设备,读卡器完成卡片信息读取;电控锁实现门的锁定;出门按钮提供门内出门请求信号,使释放电控锁电源实现开门;紧急开门按钮提供在紧急情况下切断电控锁电源,实现紧急逃生功能。

（2）系统配置

① 监控中心设备主要包括一台门禁管理计算机、网络交换机、一台网络打印机和相关软件。软件含一套 Windows SERVER 2003 或 Windows XP 操作系统软件,一套 SQL SERVER 2005 数据库软件和一套 E-SENT-SFT-1 门禁管理软件。

门禁管理中心设置在安防监控中心。管理中心设置门禁管理服务器,同时作为数据服务器,负责对门禁数据的统一管理。管理服务器与分控管理计算机通过网络连接。

② 门禁控制器设备包括主控制器和就地控制器。主控制器与就地控制器基于相同的硬件结构,只是芯片固件有所不同,这是 Schlage 门禁控制器的一大特点。主控制器连接就地控制器。一台主控制器最多连接 16 台就地控制器。 一台就地控制器最多管理 4 个单向刷卡门禁点,或 2 个双向刷卡门禁点。

主控制器放置在楼层弱电间或设备间。主控制器与管理计算机之间采用 TCP/IP 通讯。

主控制器与就地控制器之间采用 485 总线通讯。就地控制器放置在门禁点附近受保护区域内。就地控制器与读卡器之间采用韦根通讯。就地控制器连接电控锁、门磁、出门按钮等前端设备。

③ 现场级设备包括就地控制器、读卡器、电锁、出门按钮、门磁等。就地级设备中，就地控制器与读卡器之间通过韦根通讯格式来读取读卡器读来的信息。读到的数据与就地控制器存储的数据进行比对以判断是否合法。通过继电器输出信号来控制磁力锁的通电与断电。其他系统的报警输入可以通过就地控制器的输入触点接入门禁系统；同样，可以通过就地控制器的继电器输出触点实现门禁系统触发其他系统的联动功能。在本案例中每个门禁点的现场级设备包括就地控制器 SSRC-4、非接触式读卡器 SXG 5001、电控锁、紧急开门按钮和出门按钮。现场级设备接线图如图 3-38 所示。

出门按钮的技术参数为：
- 外形尺寸：86(L)*86(W)*20(H)mm
- 最大电流：3A@36VD
- 接点选择：NC\COM
- 选用材质：防火材料
- 产品重量：0.1kg

紧急破玻按钮的技术参数为：
- 外形尺寸：86(L)*86(W)*50(H)mm
- 适用场所：适用紧急出路、逃生门
- 工作原理：击破玻璃将已接通的电路切断

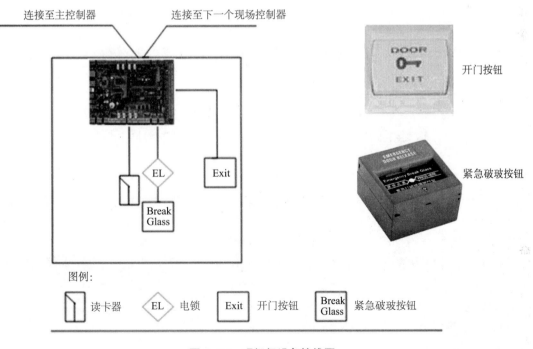

图 3-38 现场级设备接线图

- 接点选择：NC\NO
- 选用材质：防火材料
- 规格尺寸：86mm（长）*86mm（宽）*50（厚）mm
- 产品重量：0.2kg

（3）系统供电设计

中央级设备（工作站、服务器等）由控制中心集中 UPS 供电。

门禁控制器放置楼层弱电间或设备间内。门禁控制器由门禁开关电源供电，电源电压为 24VDC。门禁电源安装在门禁控制器设备箱内，或使用电源箱安装，放置在楼层弱电间或设备间内。

读卡器的供电由读卡器接口模块提供，由控制线引出即可，无需独立的电源线。

电锁的供电由电锁开关电源提供，电源电压为 24VDC，采用集中供电的方式供电。

（4）系统工作模式

门禁系统主要有在线模式、离线模式、灾害模式三种工作模式。

在线模式：指门禁控制器与门禁管理计算机通讯正常的状态。在线模式下，控制器负责卡片权限逻辑比对、数据采集，所有前端事件通过控制器上传到门禁服务器进行数据存储，门禁服务器、管理工作站实现系统配置、状态监视、报警处理、远程控制等功能。

离线模式：指门禁控制器与门禁管理计算机通讯中断的状态，离线模式下，控制器负责卡片权限逻辑比对、数据采集，所有前端事件存储在就地控制器，当通讯恢复后，数据自动上传到门禁服务器。离线模式是门禁系统一个重要工作模式，可以保证门禁系统的使用不受门禁管理计算机通讯状态影响。

灾害模式：当灾害（火灾）发生时，消防火警确认信号传送至门禁控制器，控制器按事先设定程序，释放电控锁，实现人员紧急逃生。

（5）软件功能

系统设置：主要包括硬件设置和门禁区域设置，硬件设置是以模化块、组态形式，根据系统设备实际配置，在管理软件上完成硬件配置，是系统正常运行的基础。门禁区域设置对门禁点进行区域划分，是门禁出入权限的基础。

持卡人信息：完成持卡人姓名、卡片生效/失效时间、部门、职位、卡片号码等信息录入。

持卡人授权：指定持卡人可以进入的区域，可以进入区域的时间。可以对一个持卡人进行授权，也可以对一类持卡人进行批量授权。

状态监视：设备运行状态监视，实时掌握设备工作情况。

报警显示及处理：通过电子地图、表格的方式，在管理软件上弹出报警画面，描述报警类型、报警地点、报警时间等报警详细信息，并产生声光提示，提醒操作员进行接警处理。报警事件包括非法卡片、强行开门、开门时间过长、设备通讯故障等。

数据查询和报表输出：对各种数据，如持卡人信息、持卡人出入记录、报警事件等进行查询，并生成各种报表。报表可以导出为指定文件格式，如 PDF、EXCEL、WORD 等。

操作权限：指定操作员对软件的使用权限，包括可见的功能模块、可用的功能模块、功能模块的读写权限。

远程操作：通过管理软件实现打开一个、或一组门禁点电控锁的功能。

数据库维护：对数据库进行备份和恢复操作，日常对数据库进行手动或自动备份。当灾害发生时，通过数据恢复将损失降至最低。

3.4.2 地铁轨道交通项目门禁系统应用

门禁系统在办公楼等商业建筑的应用，可以视为门禁系统较传统的一种应用，而门禁系统在轨道交通行业的应用案例，与其他系统联系紧密，是门禁系统网络化、集成化应用的典型案例。

1. 项目特点

地铁轨道交通是目前国内建设热点，在一线城市不断完善其轨道网络的同时，二线城市也开始投入建设。作为一个复杂、庞大的建设项目，地铁建设包含众多的安防、机电、智能化系统。其门禁系统 ACS（Access Control System）一般有两种实现方式，一种是作为相对独立的系统，另一种是作为综合监控系统 ISCS（Integrated Supervision and Control System）的一个子系统。前者类似前面办公楼案例的应用，门禁系统只是提供简单接口实现与其他系统的联动；后者集成度高、灵活性强，是应用趋势。在地铁车站内的应用场景之一如图 3-39 所示。

与商业建筑门禁系统相比，地铁门禁系统线网众多，分期建设、环境复杂，对门禁产品的组网方式、接入容量、数据存储、抗干扰能力要求更高。

图 3-39　地铁车站门禁系统应用案例

2. 工程概况

（1）工程范围

某城市地铁一号线工程门禁系统（以下简称 ACS）是实现员工进出管理的自动化系统。通过 ACS 可实现：自动识别员工身份；自动根据系统设定开启门锁；自动记录交易；自动采集数据，自动统计、产生报表；通过系统设定实现人员权限、区域管理和时间控制；并可实现员工考勤管理等功能。

（2）门禁点设置要求

车站门禁点包括车站的管理用房、设备用房和通道，具体如下。

管理用房：车站控制室、票务管理室；

设备用房：通信设备室、信号设备室、综合监控设备室、AFC 设备室、高压设备室（包括整流变压器室、33kv 开关柜室、控制室、直流开关柜室等）、低压开关柜室、通风空调机房、通风空调电控室、气瓶室、屏蔽门设备及控制室；

进入设备房区的通道门；

站厅公共区付费区与非付费区之间的应急疏散通道门，由票务处按钮远程控制。

车辆段及综合维修基地的门禁点包括综合楼设备用房、综合楼管理用房和入口大门，具体如下。

综合楼设备用房：消防控制室、供电运行室、通信电源室及通信联合设备室、信号设备室、信号行车控制室、信息网络设备室、AFC 维修系统室、AFC 培训系统室、中央备份磁带库存储室、综合监控设备室、门禁设备室；

综合楼管理用房：维修中心书记室、维修中心经理室、维修中心副经理总工室、维修中心财务室、车辆段书记室、车辆段经理室、车辆段副经理总工室、车辆段财务室；

综合楼大门、信号楼大门。

停车场门禁点包括停车场设备用房、管理用房和入口大门，具体如下。

停车场设备用房：通信设备室、信号设备室、行车控制室；

停车场管理用房：消防值班室、财务室；

停车场大门。

主变电站门禁点包括消防值班室等管理用房和主变电站出入口大门。

3. 标准及规范

在本案例中涉及的标准和规范主要有：

① ISO 国际标准化组织标准；

② EIA 电子工业协会标准；

③ IEC 国际电工学会标准；

④ ITU-T 国际电信联盟标准；

⑤ IEEE 电气与电子工程师协会标准；

⑥ GB50157-2003《地铁设计规范》；

⑦ GB 50174-2008《电子信息系统机房设计规范》；

⑧ GA/T75-1994《安全防范工程程序与要求》；

⑨ GA/T74-2000《安全防范系统通用图形符号》；

⑩ GB 50016-2006《建筑设计防火规范》；

⑪ JGJ 16-2008《民用建筑电气设计规范》；

⑫ GB 50169-2006《电气装置安装工程接地装置施工及验收规范》；

⑬ GB4943-2001《信息技术设备的安全》；

⑭ GB/T 50314-2006《智能建筑设计标准》；

⑮ YD/T926-2009《大楼通信综合布线系统》；

⑯ GB50058-1992《爆炸和火灾危险环境电力装置设计规范》；

⑰ 产品制造商的设计、制造及施工安装规范；

⑱ 其他相关的规范和标准。

4. 设计要点

① 中央级设置门禁服务器和授权、管理工作站,主要负责系统设置、持卡人授权等工作。所有门禁事件保存在中央门禁服务器。

② 车站级门禁管理功能由综合监控系统车站服务器(车站 ISCS 服务器)完成,不单独设置站级门禁管理工作站。

③ 门禁控制器提供 IP 通讯端口,实现与综合监控系统的通讯。

④ 门禁控制器提供两路通讯路由,一路与门禁服务器通讯,另一路与综合监控系统通讯,既保持门禁系统的相对独立,又满足车站管理的要求。

5. 系统结构和组成

门禁系统主要由中央级、车站级、就地级构成,在中央和车站进行管理,实现两级管理、三级控制的管理模式。中央级设备主要包括中央门禁服务器和授权、管理工作站。中央级设备设置在每条线路的 OCC 控制中心。车站级设备主要包括车站 ISCS 服务器(由综合监控专业提供), ISCS 服务器设置在车站控制室。就地级设备主要由门禁控制器和读卡器、电控锁、出门按钮、紧急开门按钮等前端设备组成。其门禁系统结构图如图 3-40 所示。

(1)中央级系统结构

中央级系统负责对全线门禁系统配置设备参数、数据存储,管理工作站到终端设备的控制指令,以及用户管理。中央级系统配置 1 台中央服务器、1 台中央授权工作站、4 台便携式 PC 管理工作站。

门禁服务器上安装 E-SENT-SFT-25 门禁管理服务器端软件、SQL Server2005 数据库软件。门禁服务器接收门禁工作站的控制信令并解析发送至指定车站的门禁网络控制器,再传递至门禁就地控制器及前端设备。

中央授权工作站通过 USB 接口直接与发卡器(台式读卡器)连接。在授权发卡时,发卡器将持卡人内置代码读入到授权工作站,授权工作站读取持卡人内置代码信息后为员工卡设置各类参数并记录持卡人个人资料通过网络存储至门禁应用服务器的数据库中。

管理工作站作为门禁系统的操作客户端,安装 E-SENT-SFT-25 门禁管理客户端软件,操作员根据不同的用户名和密码登录门禁系统工作站,根据不同的操作权限,可以对全线门禁系统或部分门禁系统设备进行控制管理以及查询,并能打印报表,可以监视全线或部分车站门的开闭状态和报警信息,实现本标书要求的中央级门禁系统功能和工作人员考勤功能。

中央级控制中心包括以下主要门禁设备:

• 门禁服务器(1 台)

• 操作工作站(3 台)

• 授权工作站(1 台)

• 台式读卡器(1 台)

• 中央级交换机(1 台)

中央级软件包括:

• E-SENT-SFT-25 门禁管理服务端软件 1 套,安装于门禁服务器

• SQL SERVER 数据库软件

• 门禁工作站客户端软件,安装于门禁授权工作站和门禁管理工作站

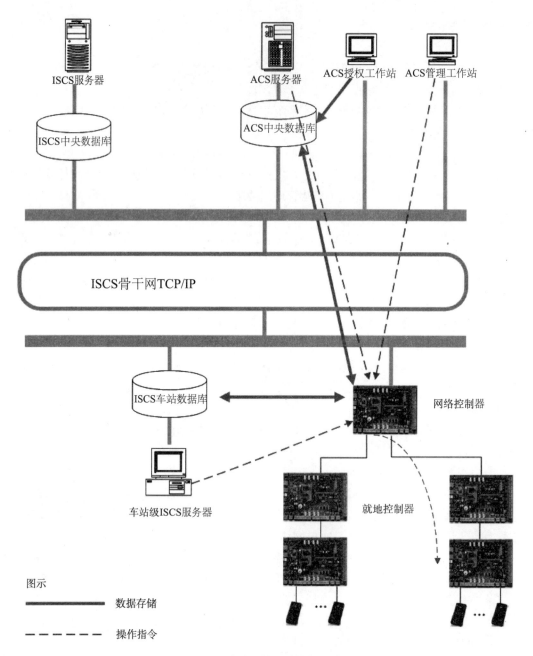

图 3-40　地铁门禁系统结构图案例

（2）车站级系统结构

车站级系统设置在各车站、车辆段、停车场和主变电站。车站级门禁系统主要由 ISCS 车站服务器以及网络交换机组成,该车站 ISCS 服务器上安装车站级 ISCS 综合监控应用软件。车站级不设置专用的管理工作站运行 ACS 管理工作站软件,门禁系统车站级功能,由 ISCS 综合监控应用软件实现。

车站级 ISCS 综合监控应用软件包含众多系统模块,包括 BAS、FAS、ACS 等, ACS 门禁系统作为其中一个应用模块,车站级 ISCS 工作站通过交换机以 TCP/IP 方式接入 ISCS 局域网,与中央级 ISCS 服务器连接。

每个车站配置一台门禁网络控制器。根据网络通讯距离放置网络交换机,控制器通过交换机接入 ISCS 车站局域网。就地控制器数量根据门禁点数量及分布情况而定。

（3）就地级设备

主要由门禁控制器和读卡器、电控锁、出门按钮、紧急开门按钮等前端设备组成。1 个网络控制器最多可管理 16 个就地控制器,1 个就地控制器最多可管理 4 个读卡器。就地控制器放置在现场,负责控制门禁点的前端设备功能执行。就地控制器管理门禁点数量取决于门禁点的管理方式和通讯距离,可以管理 4 个单向门禁点或 2 个双向刷卡门禁点。

所有的输入设备(门磁开关、出门按钮等)到控制器的线路具备防止旁路或断路等故障或破坏的监测能力。

门禁控制器能够互相联网,实现网内资源的共享及调用。控制器可以完全脱离管理计算机运行。

就地控制器通过 RS485 串行总线与相连的就地控制器进行通信。每个就地控制器的单点故障不会影响其他就地控制器的正常工作。就地控制器与读卡器之间以韦根(Wiegand)格式进行通讯;出门按钮、门磁等就地设备向就地控制器提供干接点信号。紧急破玻按钮直接接入电锁的供电回路,并同时向就地控制器提供一路干接点输出,当发生紧急状况并且无法正常通过门禁设备开启电锁时,可敲碎紧急破玻按钮表面玻璃切断供电回路开锁,同时向系统提供警示。

就地控制器通过 RS485 连接至车站网络控制器,通过网络控制器接收控制中心门禁服务器和管理工作站对门禁控制器的运行参数设置、授权管理、远程控制,上传门禁控制器事件信息。

6. 功能实现

（1）中央级功能

门禁系统中央级功能由门禁管理软件实现,主要功能包括:系统运行参数设置;持卡人信息录入;持卡人授权;报警事件显示;设备状态监视;报表生成、查询及打印,以及数据库维护。

中央级具备完整的门禁功能,在系统运营阶段主要实现持卡人信息录入、持卡人授权、数据库维护的功能。

（2）车站级功能

门禁系统车站级功能由综合监控专业车站级管理软件实现,在车站完成的功能包括:

① 设备运行状态监视。通过图形界面形式,直观地显示车站内各种门禁设备的工作状态,设备工作状态定时刷新。设备运行状态主要包括门禁控制器通讯状态;门的开启/关闭状态;电锁开启或关闭状态。

② 报警事件显示。报警事件由门禁控制器上传到车站 ISCS 服务器,ISCS 服务器提供声光报警功能,引起操作员注意。报警事件主要包括门禁控制器通讯中断;开门时间过长报警;强行开门报警。

③ 历史记录查询。门禁刷卡事件、各种设备状态信息通过历史记录查询方式,由车站 ISCS 服务器发出查询指令,从门禁数据库服务器返回相关数据信息到车站 ISCS 服务器进行显示。

7.门禁系统工作模式

系统的工作模式可以分为在线、离线和灾害等多种模式,其中在线和离线模式对用网络通讯正常与否,灾害等模式可以在系统内自定义,对应不同的紧急状况。

（1）在线运行模式

在线模式是指 ISCS 车站级服务器与网络控制器通信正常的状态。在线模式下,中央级系统将门禁控制参数和门禁授权信息下载到车站通信管理器及门禁控制器。

在线模式下,读卡器读取门禁卡的信息,经和就地控制器内存存储数据比对分析后执行响应操作(开门、报警等),并将信息上传中央级门禁服务器和 ISCS 车站级服务器。系统在线情况下,所有的进出记录和报警、非报警事件记录全部经由就场控制器发送到 ACS 中央级管理数据库存储。操作人员可以在其权限范围内对门禁系统设备进行设定、监控,任何设定都会即时在后台自动下载到控制器。

（2）离线运行模式

离线模式是指 ISCS 车级服务器与门禁控制器通信中断,或网络控制器与就地控制器通信中断的状态。

在离线模式下,当综合监控系统中央与车站的通信中断时,车站级工作站可以监视所有的出入记录以及各种事件记录,同时门禁控制器会存储所有的记录,待通信恢复正常后,再自动上传门禁系统中央数据库。在此期间,门禁系统所有的使用功能不会受到影响,监视功能在车站级也可以完全实现,而在中央则没有监视功能。由于系统的授权发卡工作站位于中央系统,此时系统的发卡授权信息将无法传达到门禁控制器,一旦通讯恢复,所有设置内容将下传至门禁控制器。

当网络控制器与就地控制器之间通信中断时,所有的进出记录由就地控制器记录,待通信恢复正常后,再自动上传给综合监控系统车站级数据库和 ACS 中央数据库。此刻门禁系统的监视功能就无法实现了,正常的出入控制可以照常使用。

（3）灾害运行模式

灾害运行模式是指火灾或其他灾害发生时,需要紧急逃生时要求设备响应的模式。

当火灾发生时,由综合监控系统软件或门禁通信控制器系统软件执行此种情况下的门禁控制,开启相应区域的门锁。

在灾害发生时,工作人员可以根据灾害情况判断灾害等级。在紧急情况下,可以手动启动 IBP 盘按钮,切断总电源,释放所有门禁,便于疏散。

在火灾及其他紧急情况下,车站级系统根据收到的火灾报警联动信息、管理员命令或按下车站控制室的门禁紧急按钮自动进入灾害模式。灾害模式下,车站级系统向指定区域或全站的门禁设备发出开门命令,满足消防疏散和紧急救灾要求。同时,综合监控系统也可根据设定的参数对门禁系统进行模式控制。灾害模式下,系统将自动存储事件至就地控制器、中央级门禁数据库和车站通信管理器,以备日后查询。

在灾害(火灾发生)情况下,系统设两种与消防报警系统联动的机制:一种是当火灾发生时,各车站由防灾报警系统通过硬接点方式将区域火灾报警信息传递给门禁控制器,门禁控制器接收信息,执行相应的区域开门动作将疏散通道门打开;另一种是 IBP 盘上门禁紧急按钮可释放所有电锁电源,实现整个车站的电锁解锁。IBP 盘上的按钮为常闭触电,当按钮按下后,触点断开。门禁系统的独立设置电锁电源,IBP 盘上门禁紧急按钮控制电锁电源 220VAC 电源输入侧,IBP 盘上的按钮接入电锁的供电回路中,当按钮按下后,电锁的供电回路被切断, 供电回路上所有的门锁断电开门,实现标书要求。同时 IBP 盘的紧急按钮的副触点同步将按 钮按下的操作信息传送给门禁系统,作为事件进行存储,以备查询。需要恢复到在线模式,只 要将紧急按钮复原即可。其运行模式如图 3–41 所示。

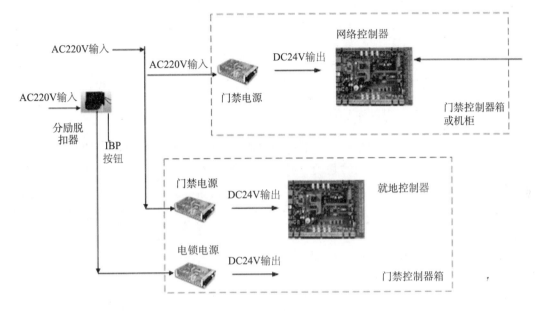

图 3–41　灾害运行模式图

在设置系统工作模式时,系统可以实现以下管理功能。

指定时段:系统可以指定多组进出管制时段,即是一星期中每天的允许通行时间,包含假 日时该时段是否允许进出。

使用等级:指定使用者对于不同区域或不同门(门组)的进出通行等级。可指定单个门禁 卡或一个或多个类别持卡人。

指定期限:可实现门禁卡在系统指定管制门的通行期限。如本门禁卡为临时员工所持有, 可指定允许通行的期限。

门组编辑:系统可指定多组的进出管制门组,每一个门组视为一个区域集,每一个门组内 可包含多个允许进出门,每个进出门视为一个区域。所谓"门组"即是将相同特性的进出门 归类分组并分级。

通行时段编辑:每一组通行时段皆可设定周日到周六各天的可进出时间。当遇上假日时 可以反映定本时段是否可以允许进出。

假日编辑:控制器存储中,可以存放假日对应表,天数没有限制。

8. 基本性能指标

① 车站门禁通信管理器接受就地级设备相关数据的响应时间小于 1 秒。读卡周期(从刷 卡到门锁响应)小于 1 秒;

② 在设备电源供应中断后,又恢复供电时,网络控制器、就地控制器、读卡器及网络通讯设备能自动启动,在 30 秒内可以进入正常运行状态;

③ 门禁系统的内部时钟以门禁服务的时钟为主时钟,所有的设备时钟都将与门禁服务器保持同步,门禁服务器开发时钟接口,与通信系统时钟保持同步,精度控制在秒级;

④ 门禁系统硬件设备具有先进性、开放性。门禁产品保证十年内不被淘汰,且具有很好的兼容性,产品的更新不影响现有的硬件和软件。系统提供足够数量的备品备件,保证系统的正常运行;

⑤ 刷卡记录数据上传中心数据库时间不超过 1 秒钟;

⑥ 工作站上所有被更新的图形和数据在显示器上的刷新时间少于 2 秒;

⑦ ACS 的硬件、软件具备故障诊断、在线修改、离线编辑功能。ACS 设备运行安全可靠,适应 7×24 小时不间断工作的要求。

9. 系统集成

门禁系统提供接口以实现与其他系统的集成,接口方式有硬线接口和软线接口(通讯接口)两种,硬线接口主要见于消防联动。通讯接口有数据库层面、计算机层面、门禁控制器层面三种方式,其中数据库和计算机层面较常见,门禁控制器层面是创新应用。

数据库接口是指数据库提供 ODBC 等标准接口,第三方集成平台可以直接从数据库获取数据。

计算机接口位置在管理计算机,如门禁服务器,通过提供 SDK、DLL 等 API 接口,采用 OPC、MODBUS 等标准协议,与第三方集成平台连接,第三方平台可以从门禁系统获取数据,或向门禁系统发出指令。

门禁控制器接口位置在门禁控制器,门禁控制器可以提供 IP 端口、RS232 端口等通讯接口,直接与第三方集成平台连接。与计算机接口相比,门禁控制器接口不依赖门禁服务器,灵活性、实时性、可靠性更高。

在本案例中,门禁系统功能在中央和车站两级各有所侧重,中央级门禁服务器与门禁控制器连接,保持门禁系统完整性、相对独立性,而在车站则很好地利用了门禁控制器硬件接口,实现了综合监控系统对门禁控制器的数据采集,保证车站级门禁功能的实现,且数据实时性更强。同时,车站 ISCS 服务器通过 ACS 服务器数据库接口实现与 ACS 服务器的数据交互,进行历史数据查询。这种集成系统架构如图 3-42 所示。

综上所述,门禁系统包含了门禁管理、电梯控制、访客管理、电子巡更、考勤管理、停车场管理、视频报警联动等多个功能模块,基于非接触式 IC 卡的一卡通应用,将不断拓展其应用范围。门禁系统从独立系统,作为一个安防子系统,到与综合监控系统等大平台的集成,从功能上、系统结构上、实现方式上不断提升。增强门禁系统稳定性、可靠性,提高集成能力,大容量、网络化,集成化,将会是门禁系统应用、发展的方向。

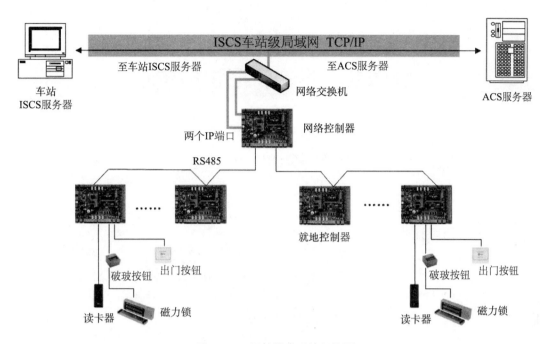

图 3-42　门禁集成系统架构图

第四章　生物特征识别技术

4.1　生物特征识别技术概述

4.1.1　什么是生物特征识别技术

1. 生物特征识别的含义

提起生物特征识别,人们或许感到陌生,但如果说到指纹识别或者是虹膜识别,就不免会想到侦探电影中破案人员依靠现场指纹进行罪犯确认,用指纹代替密码开启保险箱,依靠眼睛对着一个小摄像机来取代钥匙开门,等等。这就是被比尔·盖茨称之为 21 世纪最重要的应用技术之一的生物特征识别技术,它正在步入我们的生活。

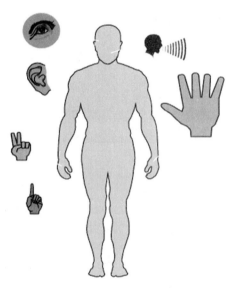

图 4-1　人体生物特征

生物特征识别(以下简称生物识别)技术,是指利用人体生物特征进行身份认证的一种技术。人体可测量、可识别和验证的生物特征包括人的生理特征或行为特征两大类。如图 4-1 所示,人的生理特征指我们每个人所特有的指纹、掌形、脸形、虹膜、静脉、耳廓、DNA、骨骼等特征。行为特征则包括人的声音、签名的动作、行走的步态、击打键盘的力度等。生物识别系统对生物特征进行取样,提取其唯一的特征并且转化成数字代码,并进一步将这些代码组成特征模板,人们同识别系统交互进行身份认证时,识别系统获取其特征并与数据库中的特征模板进行比对,以确定是否匹配,从而决定接受或拒绝身份的确认。生物识别的技术核心在于如何获取这些生物特征,并将其转换为数字信息,存储于计算机中,利用可靠的匹配算法来完成验证与识别个人身份的过程。

平时在生活中我们可能会因为忘了密码而无法在银行的自动柜员机上取钱,或者丢了钥匙而进不了门或开不了抽屉。在一些新闻中,我们也听到过有的人手机号被他人盗用,打了国际长途,或者电脑中的重要资料被他人非法复制了等等事件。这些都给我们造成了很大的麻烦,甚至巨大损失,以上这一切都与身份识别有关。目前,身份识别所采用的方法主要有:根据人们所持有的物品如钥匙、证件、卡等,或人们所知道的内容如密码和口令等来确定其身份。但两者都存在着一些缺陷,物品可能丢失和复制,内容容易遗忘和泄露,使其难以保证身份确认的方便性、结果的唯一性和可靠性。因此,我们急需一种更加方便、有效、安全的身份识别技术来保障我们的生活,这种技术就是生物识别技术。因为我们自己的人体就是最安全、最有效的密码和钥匙。

2. 生物识别技术的特性

由于人体特征具有人体所固有的不可复制的唯一性,且这一生物密钥无法复制、失窃或被遗忘,生物识别就比传统的身份鉴定方法更具安全、保密和方便性。生物特征识别技术具有不易遗忘、防伪性能好、不易伪造或被盗、随身"携带"和随时随地可用等优点。

生物识别具有普遍性、唯一性、稳定性和不可复制性等特性。

普遍性:生物识别所依赖的身体特征基本上是人人天生就有的,用不着向有关部门申请或制作。

唯一性和稳定性:经研究和经验表明,每个人的指纹、掌纹、面部、发音、虹膜、视网膜、骨骼等都与别人不同,且终生不变。

不可复制性:随着计算机技术的发展,复制钥匙、密码卡以及盗取密码、口令等都变得越发容易,然而要复制人的活体指纹、掌纹、面部、虹膜等生物特征就困难得多。

这些技术特性使得生物识别身份验证方法不依赖各种人造的和附加的物品来证明人的自身,而用来证明自身的恰恰是人本身,所以,它不会丢失、不会遗忘,很难伪造和假冒,是一种"认人不认物"的方便安全的安保手段。

此外,不同的人体生物特征也具有不同的自然属性。表4-1列出了五类主要的人体生物特征的自然属性,并进行了比较。从表中列出的特性可以看出,某一应用领域可能特别需要某种生物特征,如刑侦应用与静脉或指纹识别、亲子鉴定与 DNA 等。与其他生物特征相比,虹膜组织更适合于信息安全和通道控制领域。首先,虽然多种特征都具有因人而异的自然属性,但虹膜的重复率极低,远远低于其他特征。又如,指纹容易留痕迹,可以给刑侦带来很大方便,但痕迹易被他人利用来造假,反而不利于信息安全。再则,虹膜相对不易因伤受损,更加大大减少了因外伤而导致无法进行识别的可能性。而静脉识别似乎更完美,精确度可以和虹膜识别媲美,无需接触,操作方便,适应人群广泛。

表 4-1　人体生物特征的自然属性

自然属性	虹膜	指纹	面部	DNA	静脉
唯一性	因人而异	因人而异	因人而异	亲子相近 同卵双胞胎相同	唯一性
稳定性	终生不变	终生不变	随年龄段改变	终生不变	终生不变
抗磨损性	不易磨损	易磨损	较易磨损	不受影响	不受影响
痕迹残留	不留痕迹	接触时留有痕迹	不留痕迹	体液、细胞中含有	不留痕迹
遮蔽情况	可戴手套面罩	不能戴手套	不能戴面罩	—	不需接触

3. 生物识别技术的类型

下面介绍几种常见的生物识别技术的类型,它们都有各自的优点和缺点。在实际应用时应注意区分,扬长避短。

（1）指纹识别

指纹是指人的手指末端正面皮肤上凸凹不平产生的纹线。纹线有规律的排列形成不同的纹型。纹线的起点、终点、结合点和分叉点,称为指纹的细节特征点。指纹识别即指通过比较不同指纹的细节特征点来进行鉴别。由于每个人的指纹不同,就是同一人的十指之间,指纹也有明显区别,因此指纹可用于身份鉴定。指纹识别技术是目前最成熟且价格便宜的生物特征识别技术。目前来说,指纹识别的技术应用最为广泛,我们不仅在门禁、考勤系统中可以看到指纹识别技术的身影,市场上有了更多指纹识别的应用。如笔记本电脑、手机、汽车、银行支付都可应用指纹识别技术。

（2）掌形识别

掌形识别是上世纪 80 年代兴起的一种技术,对于掌形进行识别的设备是建立在对人手的几何外形进行三维测量的基础上的。因为每个人的手形都不一样,所以可以作为识别的条件。主要通过确定人手的几个外形上的特征,包括手掌的长度、宽度、厚度和表面积以及手指在不同部位的宽度、手指的长度、手指的厚度和手指弯曲部分的曲率等来实现识别功能。这些数据提供了一套独特的组合关系,保证了识别的快速、准确、可靠。通常情况下,掌形识别设备错误拒绝发生率约为 0.03%,而错误接受发生率为 0.1%,系统完成一次识别只需要 1 秒钟。作为一种已经确立的方法,手掌几何学识别不仅性能好,而且使用也比较方便。它特别适合在用户人数比较多的场合使用。如果需要,这种技术的准确性可以非常高,同时可以灵活地调整性能以适应更广泛的使用要求。掌形读取器使用的范围很广,且很容易集成到其他系统中,因此成为许多生物特征识别项目中的首选技术。

（3）人脸识别

人脸识别是根据人脸特征来进行身份识别的技术,包括标准视频识别和热成像技术两种。标准视频识别是通过普通摄像头记录下被拍摄者眼睛、鼻子、嘴的形状及相对位置等人脸特征,然后将其转换成数字信号,再利用计算机进行身份识别。视频人脸识别是一种常见的身份识别方式,现已被广泛用于公共安全领域。热成像技术主要通过分析人脸血液产生的热辐射来产生人脸图像。与视频识别不同的是,热成像技术不需要良好的光源,即使在黑暗情况下也能正常使用。

（4）静脉识别

静脉识别系统就是首先通过静脉识别仪取得个人静脉分布图,从静脉分布图依据专用比对算法提取特征值,通过红外线 CMOS 摄像头获取手指静脉、手掌静脉、手背静脉的图像,将静脉的数字图像存贮在计算机系统中,将特征值存储。静脉比对时,实时采取静脉图,提取特征值,运用先进的滤波、图像二值化、细化手段对数字图像提取特征,同存储在主机中静脉特征值比对,采用复杂的匹配算法对静脉特征进行匹配,从而对个人进行身份鉴定,确认身份。全过程采用非接触式。

（5）虹膜识别

虹膜是位于人眼表面黑色瞳孔和白色巩膜之间的圆环状区域,在红外光下呈现出丰富的纹理信息,如斑点、条纹、细丝、冠状、隐窝等细节特征。虹膜从婴儿胚胎期的第 3 个月起开始发育,到第 8 个月虹膜的主要纹理结构已经成形。除非经历危及眼睛的外科手术,此后几乎终生不变。虹膜识别通过对比虹膜图像特征之间的相似性来确定人们的身份,其核心是使用模式识别、图像处理等方法对人眼睛的虹膜特征进行描述和匹配,从而实现自动的个人身份认证。英国国家物理实验室的测试结果表明:虹膜识别是各种生物特征识别方法中错误率最低的。从普通家庭门禁、单位考勤到银行保险柜、金融交易确认,应用后都可有效简化通行验证手续、确保安全。如果手机加载"虹膜识别",即使丢失也不用担心信息泄露。机场通关安检中采用虹膜识别技术,将缩短通关时间,提高安全等级。

（6）视网膜识别

视网膜是眼睛底部的血液细胞层。视网膜扫描是采用低密度的红外线去捕捉视网膜的独特特征,血液细胞的唯一模式就因此被捕捉下来。视网膜识别的优点就在于它是一种极其固定的生物特征,因为它是"隐藏"的,故而不可能受到磨损、老化等影响;使用者也无需和设备进行直接的接触;同时它是一个最难欺骗的系统,因为视网膜是不可见的,故而不会被伪造。另一方面,视网膜识别也有一些不完善的地方,如视网膜技术可能会给使用者带来健康的损坏,这需要进一步的研究;设备投入较为昂贵,识别过程的要求也高,因此视网膜扫描识别在普遍推广应用上具有一定的难度。

（7）DNA识别

人体DNA在整个人类范围内具有唯一性(除了同卵双胞胎可能具有同样结构的DNA外)和永久性。因此,除了对同卵双胞胎个体的鉴别可能失去它应有的功能外,这种方法具有绝对的权威性和准确性。DNA鉴别方法主要根据人体细胞中DNA分子的结构因人而异的特点进行身份鉴别。这种方法的准确性优于其他任何身份鉴别方法,同时有较好的防伪性。然而,DNA的获取和鉴别方法(DNA鉴别必须在一定的化学环境下进行)限制了DNA鉴别技术的实时性;另外,某些特殊疾病可能改变人体DNA的结构组成,系统无法正确地对这类人群进行鉴别。由于人体约有30亿个核苷酸构成整个染色体系统,而且在生殖细胞形成前的互换和组合是随机的,所以世界上没有任何两个人具有完全相同的30亿个核苷酸的组成序列,这就是人的遗传多态性。尽管存在遗传多态性,但每一个人的染色体必然也只能来自其父母,这就是DNA亲子鉴定的理论基础。

（8）声音和签字识别

声音和签字识别属于行为识别的范畴。声音识别主要是利用人的声音特点进行身份识别。声音识别的优点在于它是一种非接触识别技术,容易为公众所接受。但声音会随音量、音速和音质的变化而影响。比如,一个人感冒时说话和平时说话就会有明显差异。再者,一个人也可有意识地对自己的声音进行伪装和控制,从而给鉴别带来一定困难。签字是一种传统身份认证手段。现代签字识别技术,主要是通过测量签字者的字形及不同笔划间的速度、顺序和压力特征,对签字者的身份进行鉴别。签字与声音识别一样,也是一种行为测定,因此,同样会受人为因素的影响。

（9）步态识别

步态识别,使用摄像头采集人体行走过程的图像序列,处理后同存储的数据进行比较,来达到身份识别的目的。中科院自动化所已经进行一定研究。但是制约其发展还存在很多问题,比如拍摄角度发生改变,被识别人的衣着不同,携带有不同的东西,所拍摄的图像进行轮廓提取的时候会发生改变影响识别效果。但是该识别技术却可以实现远距离的身份识别,在主动防御上有突出的性能。如果能突破现有的制约因素,在实际应用中必定有用武之地。

4.1.2 生物识别的起源和发展

1. 生物识别的起源

Biometric（生物识别技术）一词源于希腊字"Bio"（生命）和"Metrics"（测量）。但我们使用自动生物识别系统却只有几十年的历史,这得益于计算机技术的显著进步。虽然这些生物识别技术是新的,但却是基于几百年甚至上千年前的想法。

最古老的例子就是人脸识别。在人类文明产生之初,人类已经学会使用人脸识别已知的、熟悉的和未知的、不熟悉的人。随着人口的增加,以及更方便的旅行方法给原来相对封闭的小部落带来了更多陌生的面孔,这个简单的任务变得越来越具有挑战性。同样,声音和步态特征识别的使用也是在人类文明之初就渐渐开始了。

在一个估计有3万1千年历史的山洞里,人们发现在史前人的岩画周围还印着一些同样古老的手印,就像是那些"画家"的独一无二的签名。这也许是最古老的生物识别的应用了。如图4-2所示。

此外,生物识别的历史还可追溯到古埃及历史之初,那时古埃及人就已经在用测量人体尺寸的方法来鉴别和他们做交易的人,是以前有过成功交易的可以信任的人,还是一个新来的人。像这种基于测量人体某一部分或者举止的某一方面的识别技术一直延续了几个世纪。而在公元前7000年至6000年以前,古叙利亚和中国,指纹作为身份鉴别已经开始应用。考古发现,在这个时代,一些粘土陶器上留有陶艺匠人的指纹;在Jercho古城市的房屋中也发现留有砖匠一对大拇指指纹的印记;而中国的一些文件上也印有起草者的大拇指指纹。指纹在我国古代就被用来代替签字画押,证明身份。这也是我们所熟知的。

图4-2 史前岩画上的手印

2. 国外生物识别技术的发展

1858年在印度行政部门工作的威廉·赫歇尔爵士,通过比对当时留在合同背面的手印来确定领工资的每一位工人就是当初签合同的人。这是国外历史上第一次有记录的用于身份识别目的的、有系统的手掌和手指图像采集工作。

1870 年阿方斯·贝蒂荣发明了"贝蒂荣人体测量法"或叫"贝蒂荣画像法"。这是一种基于身体测量、体态特征描述和照片的个体识别方法。当被警方拘捕时,重复犯罪的罪犯常常提供不同的姓名。贝蒂荣注意到虽然他们可能会改变他们的名字,但他们无法改变自己的身体的某些元素。于是在世界各地的警察部门都使用他的系统。一直到后来人们发现有些人的测量数据是相同的,这才停止使用这一系统。

19 世纪初,科学研究发现了指纹的两个重要特征,一是两个不同手指的指纹纹脊的式样不同,另外一个是指纹纹脊的式样终生不改变。这个研究成果使得指纹在犯罪鉴别中得以正式应用,1896 年阿根廷首次应用,然后是 1901 年的苏格兰,20 世纪初其他国家也相继应用到犯罪鉴别中。20 世纪 60 年代,由于计算机可以有效地处理图形,人们开始着手研究利用计算机来处理指纹。从那时起,自动指纹识别系统 AFIS 在法律实施方面的研究和应用在世界许多国家展开,FBI 在 60 年代末期开始使用一种自动识别指纹的设备,到 70 年代末期,已经有一定数量的设备开始在美国大范围使用。用于商业的高级生物测定设备最早开始于 20 世纪 70 年代,一种叫做 Identimat 的设备出现了,它通过测量手的形状和手指的长度来用作识别的标志。

20 世纪 80 年代,个人电脑、光学扫描这两项技术的革新,使得它们作为指纹取像的工具成为现实,从而使指纹识别可以在其他领域中得以应用,比如代替 IC 卡。20 世纪 90 年代后期,低价位取像设备的引入及其飞速发展,可靠的比对算法的发现为个人身份识别应用的增长提供了舞台。

自动化的签字识别认证研究开始于 1965 年。1977 年,动态签字信息的采集技术获得专利认证。1985 年掌形识别技术获得专利认证,并在 1996 年的亚特兰大奥运会得到大规模的应用。 第一个介绍测定视网膜的系统出现于 20 世纪 80 年代。1994 年,剑桥大学 John Daugman 博士的虹膜识别技术的算法获得专利认证,并于 2011 年到期。

20 世纪 60 年代,美国开始研究半自动化的人脸识别技术,并在 20 世纪 70 年代和 80 年代得到快速发展。由美国多家政府部门联合主办的人脸识别技术大测试(FRVT)分别在 2000 年、2002 年和 2006 年举行了三次。FRVT 的一个重要目的就是评估大型数据库的性能。此外,美国政府还在 2004 年发起了一项人脸识别技术大挑战运动(FRGC),旨在推动人脸识别技术算法的深入研究。

3. 我国生物识别技术的发展

我国生物特征识别行业最早发展的是指纹识别技术,基本与国外同步,早在 20 世纪 80 年代初就开始了研究,并掌握了核心技术,产业发展相对比较成熟。而我国对于人脸识别、虹膜识别、掌形识别等生物认证技术研究的开展则在 1996 年之后。1996 年,现任中国科学院副秘书长、模式识别国家重点实验室主任谭铁牛入选中科院"百人计划",辞去英国雷丁大学的终身教授职务回国,开辟了基于人的生物特征的身份鉴别等国际前沿领域新的学科研究方向,开始了我国对人脸、虹膜、掌纹等生物特征识别领域的研究。目前,中科院自动化研究所是我国最具权威的生物特征识别认证科研机构,在人脸识别、虹膜识别、指纹识别、掌纹识别等领域均已取得了国内和国际领先的研究成果。以国内顶级科研单位、著名高校的生物特征识别科研成果为依托,北京中科虹霸、北京行者、中科奥森、北京数字指通、北大高科、杭州中正生物认证有限公司、上海银晨科技、上海道肯奇等一批生物特征识别领域的高新技术公司慢慢发展起来,带动着行业的发展。

自 2003 年后,生物特征识别行业步入成长期,主要特征有:产品体系已建立;技术标准逐渐完善;行业内企业数量激增(全球目前从业公司已上千家);产品成本已大幅度下降;技术已获得客户广泛认可;各领域应用渐趋普及;行业体系也已成型。在此阶段,中国生物特征识别行业诞生了一批在细分市场具有领先优势的企业,如北京艾迪沃德指纹科技(IDworld)、北大高科、中控电子在刑侦、社保、指纹门锁和指纹考勤等领域,都取得了一定优势。以中科院自动化所科研成果为依托的北京中科虹霸科技有限公司在虹膜识别产业化方面积极探索,于 2006 年 10 月研发出国内第一款嵌入式网络化虹膜识别仪,其性能达到国际领先。部分企业在技术研发等领域也取得突破,如亚略特、银晨科技在人脸识别等技术上都取得了领先水平。

我国《信息安全技术 虹膜识别系统技术要求》(GB/T 20979-2007)国家标准,经国家标准化管理委员会审查批准,于 2007 年 11 月 1 日正式实施。这是我国生物特征识别领域的第一个国家标准,这一标准的制定对我国生物特征识别产业的发展有着深远的影响,意义重大。这是我国生物识别行业的第一个标准。

4.1.3　生物识别技术的应用

1. 生物识别在各个领域的应用

在当今计算机网络和电子技术高度发展的社会,如何有效阻止以各种各样的方式来盗取他人的密码、身份号以及其他的起钥匙作用的物品或信息的行为,将是安防技术研究的重要课题。生物识别技术无疑提供了一个非常好的思路。最近 15 年来,生物识别在很多领域都得到了广泛应用。生物识别的应用主要可分为以下几个方面:电子门禁控制与考勤管理、计算机终端的进入控制、政府及司法部门(如指纹自动识别系统等)、消费者或商家用于买卖交易及其他多种应用。

（1）计算机网络安全

国外一项对 IT 行业的调查报告表明,在公司内非授权使用计算机系统的比例从 1996 年的 42% 增长到 1997 年的 49%,并且因此而造成的损失超过一亿美元。Windows 系统本身的安全也一直是让人困扰的问题,如密码容易为黑客所盗取等。将指纹技术集成于计算机外设,如键盘、鼠标等,通过指纹对 Windows 系统、文件、目录和屏幕保护等进行加密,有效地解决了这一问题。

（2）信用卡

假信用卡所造成的损失一年在 40 ~ 60 亿美元,而且在逐年增长。各大银行推出各种信用卡,但对人身份的识别还只是通过密码和身份证,无法精确地判断信用卡持有者的真实身份。利用指纹的唯一性,将指纹存储于信用卡中,可以使信用卡更加安全可靠。

（4）电子商务安全

所有通过 Internet 发送材料的公司都在寻找一种安全发送材料的方式。从 try-and-buy 软件站点到最终的软件提供者,从技术站点到零售站点等所有依靠信用卡的机构,有越来越多的人通过网络来购买商品和服务而不需要买主和卖主直接见面。Norwalk BCC Inc. 的调查显示,消费者网上购物总额在 2001 年就超过了一万亿美元。与此同时,其中潜在的不安全性也越来越明显,通过身份号和密码来取代传统的直接接触显而易见是过时了。CA 认证系统正在考虑使用将生物识别技术融合于其中,生物识别技术在电子商务时代的应用将不可估量。

（5）社会保障系统的安全

我国社会保障体系正在建立,养老金发放、医疗保险金支付、工伤保险金赔偿等社会保险金支付工作都面临着个人身份认证的问题。采用生物识别技术进行身份鉴别应该是解决这一难题的唯一出路。国内许多城市都在健全社会保障体系,指纹识别技术正可应用其中。伪造身份证一直是国家安全机关严厉打击的对象,但屡禁不止。使用电子身份证,将人的生理特征,如指纹特征值存储于其中,身份认证时需和人自身的指纹或其他生物识别特征进行一比一的比对,因此无法进行假造。香港已于2003年推广了这一身份证,这是一种发展趋势。

随着电子商务的广泛的应用和社会保障系统进一步完善的需要,必须有一个更好的系统来进行身份认证。在现有的系统出现大面积故障之前,原有的系统一个一个的失效,生物识别技术已逐渐成为一种公认的身份认证技术。生物识别技术将被证明是最安全的、易用的。

2. 生物识别在安防领域的应用

根据 Frost & Sullivan 全球生物识别市场2004年度的报告,电子门禁控制与考勤管理目前占据了约50%的全球生物识别应用市场,远高于生物识别技术在其他领域的应用。其中,在门禁控制方面,60%以上的生物识别产品采用指纹或掌形识别技术,人脸识别产品的比例上升趋势明显。生物识别在司法和民政部门的应用正在加强,到2010年已占据近30%的全球应用市场,超过其在门禁与考勤管理两方面的传统应用。

目前生物识别技术在安防领域的应用处在快速增长阶段。从技术上看,目前生物识别应用在门禁控制系统主要有两大发展趋势,一是智能卡技术与生物识别相结合,通过采用智能卡扩大了存储空间,同时提高了使用速度,为生物识别技术的应用带来更为广阔的前景;二是从出入口控制到对计算机终端的逻辑控制、系列化的综合应用已逐步发展成为基础建设中的重要组成部分。

从地区上看,北美市场的基础比较好,由于安装数量众多,北美市场仍然非常活跃,并将继续保持强势增长;亚太和欧洲地区成为潮流的引导者,预期增长迅速;尤其生物识别技术被亚太地区快速接受,将会对世界生物识别技术的发展产生影响。2009年全球生物识别市场的年销售额约为35亿多美元。

目前生物识别技术市场上占有率最高的是指纹仪和掌形仪,这两种识别方式也是目前技术发展中最成熟的。IBG (International Biometric Group) 在2000年生物识别技术市场的分析报告中得出1999年度各种生物识别技术产品利润的市场占有率如图4-3所示,指纹仪和掌形仪的市场占有率分别为34%和26%。

随着生物识别产品的不断问世,其在门禁安防系统的应用也必将会越来越多,生物识别产品的高安全性和非易

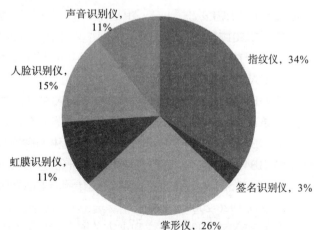

图4-3　1999年度生物识别产品的市场占有率分布图

失等特性正在被越来越多的用户所认同。在不久的将来,生物识别产品必将会成为门禁安防系统前端识别设备的强大力量,在安防领域也必将会发挥越来越大的作用。

对实际项目来说,选择合适的生物识别设备取决于项目对识别设备的硬性需求以及一些隐性因素,比如最终使用者的情况、设备的应用环境、设备提供商的资质以及设备实施的案例等。

(1)应用场合:每种技术都有自己的优缺点,分别适用于不同的应用场合。例如,对于小型办公场所,瞬时人流量不高,如用户数量在100人以下、指纹不受磨损、手指没污渍的场合,建议使用指纹识别。对于工厂矿山、建筑工地或者数量大于100人的场合,建议使用掌形仪。在出入人员非常多的情况下,高级的脸型识别系统则可以大展身手。而在金融领域,或者一些高级实验室,静脉和虹膜识别的应用则较广泛。

(2)安全要求:门禁是用来保障安全的,安全的级别有高有低,一个顶级的安全要求可能会用到最先进的生物识别产品,如虹膜、静脉等;也可以采用多种识别方式配合来提升其安全性,如用门禁卡加生物识别设备。如果是一般的安全级别,则可以根据不同的生物识别设备的性能来选择。

(3)性能:对于生物识别设备的性能,向来都没有一个可以准确衡量的标准,所以,实际的实施案例以及设备的品牌对于最终的选择起到很大的影响力。在要求较高的情况下,选用经过实际项目考验的设备会是一个比较好的选择,在这种情况下,国外品牌会有一些优势,因为他们的生物识别产品一般都有很长的应用历史以及大量的实际案例。

(4)系统集成:由于各种生物识别产品采用的生物识别算法不同,生物识别产品针对于识别个体的生物识别模板也不尽相同,因此对于生物识别产品厂商而言,他们不能采用统一的标准进行生物识别产品的模板管理,这就导致了不同的生物识别产品的输出方式和协议不统一,有 RS232、RS485、TCP/IP 等等接口方式。因此在为门禁系统集成生物识别设备时,应充分考虑系统的集成可行性问题,要从系统设计、硬件接口、软件接口、管理流程、系统操作等多方面进行综合的考虑,要充分考虑最终用户的实际需求。

当前韦根协议已经为绝大多数的门禁系统产商所接受,实际上已经成为门禁系统集成不同前端识别设备的一个通用的标准,采用能够输出韦根协议的生物识别产品,对集成商有很大方便。但是,需要注意的是,由于韦根协议采用单方向的数字传输方式,其传输距离和传输信息内容都受到影响,因此采用韦根协议的集成方式只适用于在门禁系统中加入生物识别读头。如果涉及生物识别模板管理等高级功能则需要采用 RS485 或者 TCP/IP 等方式,对进行生物识别设备进行集中管理。

此外,生物识别产品的厂商多种多样,大部分厂家产品的通讯协议都不同,门禁安防系统的厂商通常会找一些生物识别产品厂商进行合作,将其通讯协议集成到门禁系统的管理平台中,尤其是一些既提供生物识别设备,也提供门禁系统的厂商,通常,这类门禁系统能够很好地整合生物识别产品。门禁系统的管理平台具有能对生物识别产品进行生物特征模板的管理、分配等功能,门禁安防系统控制器也能够和生物识别产品进行实时通讯。

4.1.4　生物识别技术的基本原理

生物识别既然早已为人所知,但为什么各种各样生物识别技术在近年来才得以迅速发展呢？其关键在于现代信息技术为其提供了非常雄厚的技术支持。当今信息技术已超越了摩尔定律，成几何级数发展，各种先进的图像处理技术、计算机技术、网络技术得到了广泛的应用，从而使得基于数字信息技术的现代生物识别系统迅速发展起来。所有的生物识别系统都包括如下处理过程：采集、解码、比对和匹配。生物图像采集包括了高精度的扫描仪、摄像机等光学设备，以及基于电容、电场技术的晶体传感芯片，超声波扫描设备、红外线扫描设备等。在数字信息处理方面，高性能、低价格的数字信号处理器（DSP）已开始大量地应用于民用领域，其对于系统所采集的信息进行数字化处理的功能也越来越强。在比对和匹配技术方面，各种先进的算法技术不断地开发成功，大型数据库和分布式网络技术的发展，使得生物识别系统的应用得以顺利实现。

一个优秀的生物识别系统要求能实时迅速有效地完成其识别过程。但不同的生物识别系统的采集方式和计算机处理算法等都不一样。

"摄像机和扫描器好比眼睛，但识别算法却是生物识别系统的大脑"，多种生物识别技术核心算法供应商、神网科技公司（Neurotechnology Ltd）的 CEO 奥吉曼塔斯（Algimantas Malickas）如是说，"没有高质量的算法，一个生物识别系统就谈不上可靠性。而对于生物识别应用而言，系统可靠性无疑是客户最重要的考虑因素。"

由此可见，生物识别技术的两个核心内容就是生物特征信息的采集技术和识别系统的算法。在采集信息和计算机算法处理之间有时会有信息传输的过程，例如人脸和步态等生物识别技术运用到视频监控系统时，前端采集到的视频信息就需要传输到后端机房进行算法处理，这里就会运用到另一个技术，就是加密技术。在算法中衡量准确性的重要标志是识别率，识别率由拒真率（FRR）和认假率（FAR）组成。

1. 采集技术

下面以较为成熟的指纹识别系统为例来介绍一下生物识别系统的采集技术。指纹识别的采集通常有光学采集、半导体传感器采集和超声波采集三种。

（1）光学采集技术：最成熟也是最古老的指纹录入技术，可以追溯到 20 世纪 70 年代。只要将手指放在一个台板（通常是用加膜的玻璃制成）上，就能完成手指图像的录入。光学扫描技术依据的是光的全反射原理（FTIR）。光线照到压有指纹的玻璃表面，反射光线由 CCD 图像传感器去获得，反射光的数量依赖于压在玻璃表面指纹的脊和谷的深度，以及皮肤与玻璃间的油脂和水分。光线经玻璃射到谷后反射到 CCD，而射到脊后则不反射到 CCD（确切的说是脊上的液体反光）。

（2）半导体传感器采集技术：基于芯片的传感器，面积只有一枚邮票那么大，使用者直接将手指放在硅芯片的表面来完成指纹图像的录入。以电容传感器为例，它通过电子度量法来捕捉指纹。在半导体金属阵列上能结合大约 100,000 个电容传感器，其外表是绝缘的表面。当用户的手指放在上面时，皮肤组成了电容阵列的另一面。电容器的电容值由金属间的距离而变化，这里指的是指纹的脊（近的）和谷（远的）之间的距离。

（3）超声波采集技术：把手指放在玻璃台板上，超声波扫描开始时会听到蜂鸣声并感觉到震动。由于使用了声波，因此在录入图像时，手指不必直接接触台板。超声波扫描被认为是指纹取像技术中非常好的一类。很像光学扫描的激光，超声波扫描指纹的表面。然后接收设备获取了其反射信号，测量他的范围，得到脊的深度。不像光学扫描，积累在皮肤上的脏物和油脂对超声波获得的图像影响不大,所以这样的图像是实际指纹(凹凸)的真实反映。

2. 算法

算法是计算机软件术语,主要指完成一个任务所需要的具体步骤和方法。也就是说给定初始状态或输入数据,经过计算机程序的有限次运算,能够得出所需要的结果。算法常常含有重复的步骤和一些比较或逻辑判断。

生物识别领域所说的算法本质上是软件算法在本领域内的应用,以指纹识别算法为例,其核心算法就包括指纹匹配算法,模糊指纹图像处理算法,指纹特征分类、定位、提取算法,以及指纹拼接算法等。广义的算法包括解码、比对和匹配。

(1)解码

还是以指纹识别为例。当通过上述三种方式得到一幅指纹图像后,接下来就是对图像的解码,这就需要对图像特征进行提取、分析,指纹基本特征就是如脊、谷和终点、分叉点或分歧点。平均每个指纹都有几个独一无二可测量的特征点,每个特征点都有大约七个特征,我们的每个手指产生最少490个独立可测量的特征点,足以确认指纹识别的可靠性。

(2)比对和匹配

当指纹图像的特征值被提取后,就可依照特征值与数据库中原来存储的指纹图像特征进行比对和匹配。当然在这过程中,快速可靠的算法是一个关键,如何对于残缺图像进行匹配以及伤疤等处理都要依赖于算法技术。尽管指纹只是人体皮肤的一小部分,但用于识别的数据量相当大,对这些数据进行比对也不是简单的相等与不相等的问题,而是使用需要进行大量运算的模糊匹配算法。现代电子集成制造技术使得我们可以制造相当小的指纹图像读取设备,同时飞速发展的个人计算机运算速度提供了在微机甚至单片机上可以进行两个指纹比对运算的可能。另外,匹配算法可靠性也不断提高,指纹识别技术已经非常实用。

其他生物识别的过程与上述指纹识别系统的过程基本是一致的,区别在于:

① 采集设备不同。每种生物识别技术所需的采集设备是不同的,如视网膜识别需要红外线扫描仪,面部识别需要高精度的摄像机,声音识别需要高分辨率的麦克风等等。因此,采集设备的精度、分辨率及可靠性等各种性能指标都是直接影响识别效果的重要因素。

② 提取的特征点不同。每种生物识别技术都会根据不同的识别对象而确定不同的特征类型,如静脉识别和视网膜识别都是提取不同部位的血管分布等特征,声音识别提取的不同频率等。所以特征类型的选取也是决定该生物识别系统识别效率高低的一个方面。

③ 在计算机处理方面。各种生物识别系统的算法都不同,就是指纹识别中,不同的扫描方式所采用的算法也不同。另一方面,对于大型的生物识别系统,都牵涉到数据库技术和网络技术,成千上万的采集样本存储不可能在同一个服务中,甚至同一个地方,怎样快速的在异地网络上检索、比对、匹配所采集的样本特征是一个重要的技术关键。

3. 加密技术

加密技术主要是指为了达到保护数据不泄漏的目的而采用的一种技术手段,主要是把重要的数据变为乱码(加密)传送,到达目的地后再用相同或不同的手段还原(解密)。加密技术包括两个元素:算法和密钥。算法是将普通的文本(或者可以理解的信息)与一串数字(密钥)的结合,产生不可理解的密文的步骤,密钥是用来对数据进行编码和解码的一种算法。加密技术是网络安全技术的基石。

（1）数据加密技术

数据加密技术要求只有在指定的用户或网络下，才能解除密码而获得原来的数据，这就需要给数据发送方和接收方以一些特殊的信息用于加解密，这就是所谓的密钥。密钥的值是从大量的随机数中选取的，按加密算法分为专用密钥和公开密钥两种。

专用密钥，又称为对称密钥或单密钥，加密和解密时使用同一个密钥，即同一个算法。如DES和MIT的Kerberos算法。单密钥是最简单的方式，通信双方必须交换彼此密钥，当需给对方发信息时，用自己的加密密钥进行加密，而在接收方收到数据后，用对方所给的密钥进行解密。当一个文本要加密传送时，该文本用密钥加密构成密文，密文在信道上传送，收到密文后用同一个密钥将密文解出来，形成普通文体供阅读。在对称密钥中，密钥的管理极为重要，一旦密钥丢失，密文将无密可保。这种方式在与多方通信时因为需要保存很多密钥而变得很复杂，而且密钥本身的安全就是一个问题。

对称密钥是最古老的，一般说"密电码"采用的就是对称密钥。由于对称密钥运算量小、速度快、安全强度高，因而目前仍广泛被采用。DES是一种数据分组的加密算法，它将数据分成长度为64位的数据块，其中8位用作奇偶校验，剩余的56位作为密码的长度。第一步将原文进行置换，得到64位的杂乱无章的数据组；第二步将其分成均等两段；第三步用加密函数进行变换，并在给定的密钥参数条件下，进行多次迭代而得到加密密文。

公开密钥，又称非对称密钥，加密和解密时使用不同的密钥，即不同的算法，虽然两者之间存在一定的关系，但不可能轻易地从一个推导出另一个。有一把公用的加密密钥，有多把解密密钥，如RSA算法。非对称密钥由于两个密钥（加密密钥和解密密钥）各不相同，因而可以将一个密钥公开，而将另一个密钥保密，同样可以起到加密的作用。

（2）网络数据加密技术

在常规密码中，收信方和发信方使用相同的密钥，即加密密钥和解密密钥是相同或等价的。在众多的常规密码中，影响最大的是DES密码。常规密码的优点是有很强的保密强度，且经受住时间的检验和攻击，但其密钥必须通过安全的途径传送。因此，其密钥管理成为系统安全的重要因素。

在公钥密码中，收信方和发信方使用的密钥互不相同，而且几乎不可能从加密密钥推导解密密钥。最有影响的公钥密码算法是RSA，它能抵抗到目前为止已知的所有密码攻击。公钥密码的优点是可以适应网络的开放性要求，且密钥管理问题也较为简单，尤其可方便的实现数字签名和验证。但其算法复杂，加密数据的速率较低。尽管如此，随着现代电子技术和密码技术的发展，公钥密码算法将是一种很有前途的网络安全加密体制。

当然在实际应用中人们通常将常规密码和公钥密码结合在一起使用，比如利用DES或者IDEA来加密信息，而采用RSA来传递会话密钥。如果按照每次加密所处理的比特来分类，可以将加密算法分为序列密码和分组密码。前者每次只加密一个比特，而后者则先将信息序列分组，每次处理一个组。

密码技术是网络安全最有效的技术之一。一个加密网络，不但可以防止非授权用户的搭线窃听和入网，而且也是对付恶意软件的有效方法之一。一般的数据加密可以在通信的三个层次来实现：链路加密、节点加密和端到端加密。

4. 拒真率和认假率

生物识别系统在对生物特征进行处理时,只涉及有限的信息,而且比对算法并不是精确匹配,因此其识别结果不能保证 100% 准确。生物识别系统准确性的衡量标志是识别率,识别率主要由拒真率和认假率两部分描述。

拒真率 (False Reject Rate,简称 FRR),其含义是对于真实用户的拒绝率。

认假率 (False Accept Rate,简称 FAR),其含义是对于假冒用户的认证率。

用户注册的特征模板是判断是否该用户的一个标准,当某用户输入其个人代码并要求比对时,识别系统读取其特征并与该特征模板进行匹配比较,根据它们之间的差异,得出一个得分 (Score),得分越小,说明用户的实际特征与其特征模板越接近,可以认定是该用户;而如果得分较大时,说明这一用户不一定是其宣称的用户,将被拒绝。识别系统接受或者拒绝该用户的临界分值即拒绝分。所以拒绝分实质上是一个拒绝阈值 (Threshold),是用户特征比对时,识别系统将实际读取到的特征与识别系统存储器中对应的该用户的特征模板相比较,判定一致性误差程度的一个临界值。

在某一拒绝分下,识别系统将合法用户判定为假冒者而拒绝的概率称为拒真率;将假冒者判定为其声明的合法用户而接受的概率即认假率。

拒绝分较小时,识别系统错误接受假冒用户的概率小, FAR 降低,系统的安全性提高;拒绝分较大时,系统错误拒绝合法用户的概率较小,FRR 降低,用户使用起来比较方便,对身体部位摆放要求不是非常严格。

由于 FRR 和 FAR 是相互矛盾的,这就要求在应用系统的设计中,根据实际需要调整拒绝分的大小,以权衡方便性和安全性。一个有效的办法是比对两个或更多的特征,从而在不损失易用性的同时,极大地提高系统的安全性。如图 4-4 所示为 FAR 和 FRR 与拒绝分的关系。图上 FAR 与 FRR 两条曲线相交点的错误率称为相同错误率,它表征了生物识别系统识别总体误判率的大小。权威机构认为,生物识别系统在应用中 1% 的误判率就可以满足需要。

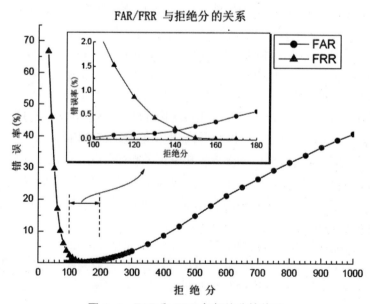

图 4-4　FAR 和 FRR 与拒绝分的关系

4.2 指纹识别技术

我们的手掌、手指和脚掌、脚趾内侧表面的皮肤凹凸不平产生的纹路会形成各种各样的图案。这些纹路的存在增加了皮肤表面的摩擦力,使得我们能够用手来抓起重物。人们也注意到,包括指纹在内的这些皮肤的纹路在图案、断点和交叉点上各不相同,也就是说是唯一的。依靠这种唯一性,我们就可以把一个人同他的指纹对应起来,通过对他的指纹和预先保存的指纹进行比较,验证他的真实身份。这就是指纹识别技术。

指纹识别主要根据人体指纹的纹路、细节特征等信息对操作或被操作者进行身份鉴定,得益于现代电子集成制造技术和快速而可靠的算法研究,已经开始走入我们的日常生活,成为目前生物检测学中研究最深入、应用最广泛、发展最成熟的技术。

指纹识别技术主要包含三个部分:采集指纹图像、提取特征数据(解码)、数据模板的验证和辨识(比对和匹配)。一开始,通过指纹读取设备采集到人体指纹的图像,取到指纹图像之后,要对原始图像进行初步的处理,使之更清晰。接下来,指纹辨识软件建立指纹的数字表示,即提取特征数据。最后,通过计算机软件计算出它们的相似程度,最终得到两个指纹的匹配结果。指纹识别系统的工作流程如图 4-5 所示。

图 4-5 指纹识别系统工作流程图

4.2.1 指纹采集技术

指纹采集器采集到指纹图像后,才能被计算机进行识别、处理。指纹图像的质量直接影响识别的精度以及指纹识别系统的处理速度。因此,指纹采集技术是指纹识别系统的关键技术之一。本节着重分析、比较不同的指纹采集技术及其性能。指纹的表面积相对较小,日常生活中手指常常会受到磨损,所以获得优质的指纹细节图像是一项十分复杂的工作。当今所使用的主要指纹采集技术有光学采集技术、半导体传感器采集技术和超声波采集技术。

1. 光学采集技术

光学指纹采集技术是最古老、也是目前应用最广泛的指纹采集技术。光学指纹采集设备始于 1971 年,其原理是光的全反射 (FTIR)。光线照到压有指纹的玻璃表面,反射光线由电荷耦合器件 CCD(也称为图像传感器)去获得,反射光的量依赖于压在玻璃表面指纹的脊和谷的深度以及皮肤与玻璃间的油脂和水分。光线经玻璃照射到谷的地方后在玻璃与空气的界面发生全反射,光线被反射到 CCD;而射向脊的光线不发生全反射,而是被脊与玻璃的接触面吸收或者漫反射到别的地方,这样就在 CCD 上形成了指纹的图像。如图 4-6 所示,其工作过程就是将手指放在光学镜片上,手指在内置光源照射下,用棱镜将其投射在 CCD 上,进而形成脊线(指纹图像中具有一定宽度和走向的纹线)呈黑色、谷线(纹线之间的凹陷部分)呈白色的、数字化的、可被指纹设备算法处理的多灰度指纹图像。

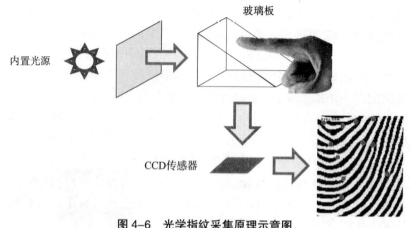

图 4-6　光学指纹采集原理示意图

光学采集设备有着许多优势。它经历了长时间实际应用的考验,能承受一定程度的温度变化,稳定性很好,成本相对较低,并能提供分辨率为 500dpi 的图像。

光学采集设备也有不足之处。主要表现在图像尺寸和潜在指印两个方面。台板必须足够大才能获得质量较好的图像。潜在指印是手指在台板上按完后留下的,这种潜在指印降低了指纹图像的质量。严重的潜在指印会导致两个指印的重叠。另外,台板上的涂层(膜)和 CCD 阵列随着时间的推移会有损耗,精确度会降低。

随着光学设备技术的革新,光学指纹采集设备的体积也不断减小。现在传感器可以装在 $2in \times 1in \times 1in$ 的盒子里,不久的将来会出现更小的设备。这些进展得益于多种光学技术的发展,例如可以利用纤维光束来获取指纹图像。纤维光束垂直照射到指纹的表面,它照亮指纹并探测反射光。另一个方案是把含有一微型三棱镜矩阵的表面安装在弹性的平面上,当手指压在此表面上时,由于指纹脊和谷的压力不同而改变了微型三棱镜的表面,这些变化通过三棱镜光的反射而反映出来。

美国 Digital Persona 公司推出的 U.are.U 系列光学指纹采集器是目前应用比较广泛的光学指纹采集器。主要用于用户登录计算机 windows 系统时确认身份。它集成了精密光学系统、LED 光源和 CMOS 摄像头协同工作,具有三维活体特点,能够接受各个方向输入的指纹,即使旋转 180 度亦可接受,是目前市场上最安全的光学指纹识别系统之一。U.are.U 光学指纹采集器按照人体工学设计,带有 USB 接口,是用户桌面上紧邻键盘的新型智能化外围设备。

2. 半导体传感器采集技术

半导体传感器是 1998 年在市场上才出现的,这些含有微型晶体的平面通过多种技术来绘制指纹图像。

(1)硅电容指纹图像传感器

这是最常见的半导体指纹传感器,它通过电子度量来捕捉指纹。在半导体金属阵列上能结合大约 100,000 个电容传感器,其外面是绝缘的表面。传感器阵列的每一点是一个金属电极,充当电容器的一极,按在感应面上的手指头的对应点则作为另一极,感应面形成两极之间的介电层。由于指纹的脊和谷相对于另一极之间的距离不同(纹路深浅的存在),导致硅表面电容阵列的各个电容值不同,测量并记录各点的电容值,就可以获得具有灰度级的 8bit 的指纹图像。

（2）半导体压感式传感器

其表面的顶层是具有弹性的压感介质材料,它们依照指纹的外表地形(凹凸)转化为相应的电子信号,并进一步产生具有灰度级的指纹图像。

（3）半导体温度感应传感器

它通过感应压在设备上的脊和远离设备的谷的温度的不同就可以获得指纹图像。半导体指纹传感器采用了自动控制技术(AGC技术),能够自动调节指纹图像像素行以及指纹局部范围的敏感程度,在不同的环境下结合反馈的信息便可产生高质量的图像。例如,一个不清晰(对比度差)的图像,如干燥的指纹,都能够被感觉到,从而可以增强其灵敏度,在捕捉的瞬间产生清晰的图像(对比度好);由于提供了局部调整的能力,图像不清晰(对比度差)的区域也能够被检测到(如手指压得较轻的地方),并在捕捉的瞬间为这些像素提高灵敏度。

半导体指纹采集技术的优点是可以获得相当精确的指纹图像,可以在 10mm×15mm 的表面上获得 600dpi 的分辨率,并且指纹采集时不需要像光学采集设备那样,要求有较大面积的采集头。由于半导体芯片的体积小巧,功耗很低,可以集成到许多现有设备中,这是光学采集设备所无法比拟的,现在许多指纹识别系统研发工作都采用半导体采集设备来进行。早期半导体传感器最主要的弱点在于容易受到静电的影响,可靠性相对差,使得传感器有时会取不到图像,甚至会被损坏,手指的汗液中的盐分或者其他的污物,以及手指磨损都会使半导体传感器的取像很困难。另外,它们并不像玻璃一样耐磨损,从而影响使用寿命。随着各种工艺技术的不断发展,芯片的防静电性能和耐用度得到了很大的改善。

Veridicom 公司的 FPS200 系列 CMOS 指纹传感器产品,无论手指是干燥、潮湿、粗糙都可以从同一手指采集的多幅指纹图像中选择一幅最佳图像保存在内存中,指纹分辨率可达 500dpi,大大降低了传感器芯片识别过程中误接受和误拒绝情况的发生。并被一些商品化的指纹识别系统所采用。其核心技术是就基于高可靠性硅传感器芯片设计。外形封装尺寸(24mm × 24mm × 1.4mm),只有普通邮票大小。

3. 超声波采集技术

超声波指纹图像采集技术被认为是指纹采集技术中最好的一种,但在指纹识别系统中还不多见,成本很高。超声波指纹取像的原理是利用超声波具有穿透材料的能力,且随材料的不同产生大小不同的回波(超声波到达不同材质表面时,被吸收、穿透与反射的程度不同),当超声波扫描指纹的表面,紧接着接收设备获取的其反射信号,由于指纹的脊和谷的声阻抗的不同,导致反射回接收器的超声波的能量不同,测量超声波能量大小,利用皮肤与空气对于声波阻抗的差异,就可以区分指纹脊与谷所在的位置,进而获得指纹灰度图像。积累在皮肤上的脏物和油脂对超声波取像影响不大。所以这样获取的图像是实际指纹纹路凹凸的真实反映。

超声波技术所使用的超声波频率为 $1×104Hz~1×109Hz$,能量被控制在对人体无损的程度(与医学诊断的强度相同)。超声波技术产品能够达到最好的精度,它对手指和平面的清洁程度要求较低,但其采集时间会明显地长于前述两类产品。

总之,这几种指纹采集技术都具有它们各自的优势,也有各自的缺点。超声波指纹图像采集技术由于其成本过高,很少应用到指纹识别系统中。通常半导体传感器的指纹采集区域小于 1 平方英寸,光学扫描的指纹采集区域等于或大于 1 平方英寸,可以根据实际需要来选择采用哪种技术的指纹采集设备。表 4-2 给出三种指纹采集技术的比较。

表 4-2　三种指纹采集技术的比较

	光学扫描技术	半导体传感技术	超声波扫描技术
成像能力	干手指差,汗多的和稍胀的手指成像模糊。易受皮肤上的脏物和油脂的影响。	干手指好,潮湿、粗糙手指亦可成像。易受皮肤上的脏物和油脂的影响。	非常好
成像区域	大	小	中
分辨率	低于 500dpi	可高达 600dpi	可高达 1000dpi
设备体积	大	小	中
耐用性	非常耐用	较耐用	一般
功耗	较大	小	较大
成本	较高	低	很高

4.2.2 指纹识别的算法

了解了指纹采集技术以后,我们来研究指纹识别的算法。算法包括提取特征数据(解码)和数据模板的验证与辨识(比对和匹配)两个部分。其基本过程大致如下。

当获得经过预处理的指纹图像后,指纹辨识软件建立指纹的数字表示形式,即特征数据,一种单方向的转换,可以从指纹转换成特征数据但不能从特征数据转换成为指纹。两枚不同的指纹不会产生相同的特征数据。软件从指纹上找到被称为"节点"(minutiae)的数据点,也就是那些指纹纹路的分叉、终止或打圈处的坐标位置,这些点同时具有 7 种以上的唯一性特征。因为通常每个手指上平均具有 70 个节点,所以这种方法会产生大约 490 个数据。有的算法把节点和方向信息组合产生了更多的数据,这些方向信息表明了各个节点之间的关系,也有的算法还处理整幅指纹图像。总之,这些数据,通常称为模板,保存为 1K 大小的记录。无论它们是怎样组成的,至今仍然没有一种模板的标准,也没有一种统一的抽象算法,而是各个厂商自行其是。 然后,通过软件模糊比较的方法,把两个指纹的模板进行比较,计算出它们的相似程度,最后得到两个指纹的匹配结果。下面我们就具体了解一下算法的这两个部分。

1.　特征数据提取

图 4-7　环形指纹图像

交叉
核
分叉
脊断点
岛型区域
三角形区域

人类的指纹是由多种脊状图形构成,传统上对这些脊状图形的分类是根据有数十年历史的亨利系统(Henry System)来划分的。亨利系统将一个指纹的图形划分为左环、右环、拱、涡和棚状拱。环形占了将近 2/3 的指纹图像,涡占 1/3,可能存在 5~10% 的拱。这种指纹图形分类方法在大规模刑侦上有着广泛运用,但在生物识别认证方面很少有运用。图 4-7 是一个环形指纹图像,包含交叉(crossover)、核(core)、分叉(bifurcation)、脊断点(ridge ending)、岛型区域(island)和三角形区域(delta)等特征。

指纹其实是比较复杂的。与人工处理不同,许多生物识别技术公司并不直接存储指纹的图像。多年来在各个公司及其研究机构产生了许多数字化的算法(国外有关法律认为指纹图像属于个人隐私,因此不能直接存储指纹图像)。但指纹识别算法最终都归结为在指纹图像上找到并比对指纹的特征。我们可以定义指纹的两类特征来进行指纹的验证,一是总体特征,二是局部特征。

（1）总体特征

总体特征是指那些用人眼直接就可以观察到的特征。包括纹形、模式区、核心点、三角点、式样线和纹数等,如图4-8所示。

纹形（Ridge Type）：指纹专家在长期实践的基础上,根据脊线的走向与分布情况将指纹分为三大类：环形（loop,又称斗形）、弓形（arch）、螺旋形（whorl）。其他的指纹纹形都基于这三种基本纹形。仅仅依靠纹形类型来分辨指纹是远远不够的,这只是一个粗略的分类,但通过分类使得在大数据库中搜寻指纹更为方便。

模式区（Pattern Area）：即指纹上包括了总体特征的区域,从此区域就能够分辨出指纹是属于哪一种类型的。有的指纹识别算法只使用模式区的数据,有的则使用所取得的完整指纹。

核心点（Core Point）：位于指纹纹路的渐进中心,它在读取指纹和比对指纹时作为参考点。许多算法是基于核心点的,即只能处理和识别具有核心点的指纹。

三角点（Delta）：位于从核心点开始的第一个分叉点或者断点,或者两条纹路会聚处、孤立点、折转处,或者指向这些奇异点。三角点提供了指纹纹路的计数和跟踪的开始之处。

式样线（Type Lines）：是在指包围模式区的纹路线开始平行的地方所出现的交叉纹路,式样线通常很短就中断了,但它的外侧线开始连续延伸。

纹数（Ridge Count）：即模式区内指纹纹路的数量。在计算指纹的纹路时,一般先连接核心点和三角点,这条连线与指纹纹路相交的数量即可认为是指纹的纹数。

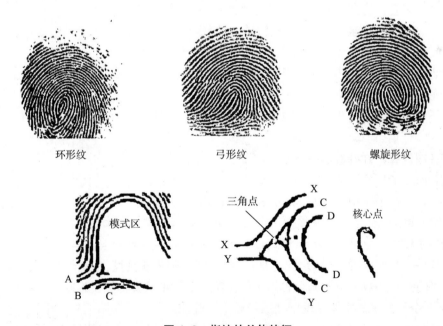

环形纹　　　　　弓形纹　　　　　螺旋形纹

模式区　　三角点　　核心点

图4-8　指纹的总体特征

（2）局部特征

局部特征是指指纹上节点（Minutia Points）的特征,这些具有某种特征的节点称为细节特征或特征点。两枚指纹经常会具有相同的总体特征,但它们的细节特征,却不可能完全相同。

指纹纹路并不是连续的、平滑笔直的,而是经常出现中断、分叉或转折。这些断点、分叉点和转折点就称为"节点",就是这些特征点提供了指纹唯一性的确认信息,其中最典型的是终结点和分叉点,其他还包括分歧点、孤立点、环点、短纹等。

终结点(Ending):一条纹路在此终结。

分叉点(Bifurcation):一条纹路在此分开成为两条或更多的纹路。

分歧点(Ridge Divergence):一两条平行的纹路在此分开。

孤立点(Dot or Island):一条特别短的纹路,以至于成为一点。

环点(Enclosure):一条纹路分开成为两条之后,立即又合并成为一条,这样形成的一个小环称为环点。

短纹(Short Ridge):一端较短但不至于成为一点的纹路。

节点的参数包括:

① 方向(Orientation):节点可以朝着一定的方向。

② 曲率(Curvature):描述纹路方向改变的速度。

③ 位置(Position):节点的位置通过坐标 (x, y) 来描述,可以是绝对的,也可以是相对于三角点或特征点的。

(3)特征提取

一个高质量的图像被采集后,需要许多步骤将它的特征转换到一个复合的模板中,这个过程,被称为特征提取过程,它是指纹识别技术的核心。当一个高质量的图像被拾取后,它必须被转换成一个有用的格式。如果图像是灰度图像,相对较浅的部分会被删除,而相对较深的部分被变成了黑色。脊的像素有 5~8 个被缩细到一个像素,这样就能精确定位脊断点和分岔了。微小细节的图像便来自于这个经过处理的图像。在这一点上,即便是十分精细的图像也存在着变形细节和错误细节,这些变形和错误细节都要被滤除。

除细节的定位和夹角方法的应用以外,也可通过细节的类型和质量来划分细节。这种方法的好处在于检索的速度有了较大的提高,一个显著的、特定的细节,它的唯一性更容易使匹配成功。还有一些生产商采用的方法是模式匹配方法,即通过推断一组特定脊的数据来处理指纹图像。

2. 指纹数据模板的验证和辨识

(1)验证和辨识

就指纹识别技术应用方法而言,可分为验证和辨识两种。

验证(Verification):就是通过把一个现场采集到的指纹与一个已经登记的指纹进行"一对一"的比对来确定身份的过程。指纹以一定的压缩格式存储为数据模板,并与其姓名或其标志(ID 号码或 PIN 码等)关联起来。随后在对比现场,先验证其标志,然后利用系统的指纹与现场采集的指纹比对来证明其标志是否是合法的。验证其实回答了这样一个问题:"他是他自称的这个人吗?"这是应用系统中使用得较多的方法。

辨识(Identification):即把现场采集到的指纹同指纹数据库中的指纹逐一对比,从中找出与现场指纹相匹配的指纹。这也叫"一对多"匹配。辨识其实回答了这样一个问题:"他是谁?"辨识主要应用于犯罪指纹匹配的传统领域中。一个不明身份的人的指纹与指纹库中有犯罪记录的人的指纹进行比对,来确定此人是否曾经有过犯罪记录。

　　验证和辨识在比对算法和系统设计上各具技术特点。例如验证系统一般只考虑对完整的指纹进行比对，而辨识系统要考虑残纹的比对；验证系统对比对算法的速度要求不如辨识系统高，但更强调易用性；另外，在辨识系统中，一般要使用分类技术来加快查询的速度。

　　除了验证的一对一和辨识的一对多比对方法外，在实际应用中还有"一对几个"匹配。一对几个匹配主要应用于只有几个用户的系统中，比如一个家庭的成员要进入他们的房子。"几个"所包含的数目一般为 5~100 人。一对几个匹配一般使用与一对多匹配相同的方法。

　　（2）指纹验证的可靠性问题

　　由于计算机处理指纹时，只是涉及了指纹的一些有限的信息，而且比对算法并不是精确匹配，其结果也不能保证 100% 准确。指纹识别系统的特定应用的重要衡量标志是识别率主要由拒真率（FRR）和认假率（FAR）两部分组成。我们可以根据不同的用途来调整这两个值。FRR 和 FAR 是成反比的。

　　尽管指纹识别系统存在着可靠性问题，但其安全性也比相同可靠性级别的"用户 ID 加密码"方案的安全性高得多。例如采用四位数字密码的系统，不安全概率为 0.01%，如果同采用误判率为 0.01% 指纹识别系统相比，由于不诚实的人可以在一段时间内试用所有可能的密码，因此四位密码并不安全，但是他绝对不可能找到 1000 个人去为他把所有的手指（十个手指）都试一遍。正因为如此，权威机构认为，在应用中 1% 的误判率就可以接受。FRR 实际上也是系统易用性的重要指标。由于 FRR 和 FAR 是相互矛盾的，这就要求在应用系统的设计中，要权衡易用性和安全性。一个有效的办法是比对两个或更多的指纹，从而在不损失易用性的同时极大地提高了系统安全性。

4.2.3　指纹识别技术的应用

1. 指纹模块

　　指纹模块是指纹识别技术的典型应用，集指纹采集技术和算法于一体。指纹模块是指纹识别装置的核心部件，安装在如指纹锁、指纹门禁、指纹考勤仪、手机或者电脑硬盘上等，用来完成指纹的采集和指纹的识别。指纹模块主要由指纹采集模块、指纹识别模块和扩展功能模块（如锁具驱动模块）组成。常见的指纹模块有光学指纹模块和半导体电容式指纹模块两种。

　　在实际应用中，对所选择的指纹模块一般有如下的基本要求：

　　① 指纹模块具有活体指纹鉴别的功能。也就是指纹模块具有识别指模、指印、橡胶手指等假手指的能力。

　　② 具有对不同类型手指良好的适应性。如对干手指、湿手指、脏手指、女性指纹较浅等的适用性，要求指纹模块具有较高的采集分辨率。

　　③ 模块的抗静电指标。由于一般只有半导体指纹模块具有活体指纹鉴别功能，而半导体指纹模块受其制作工艺的影响，易受静电冲击。因此，一般要求半导体指纹模块具有较强的抗静电能力。目前主流的半导体指纹模块抗静电指标一般都达到 15KV。

　　④ 使用寿命要求。模块的使用寿命的要求一般要达到可使用 100 万次。

　　光学指纹模块已经有近 30 年的历史，其原理主要是光学照相和反射的原理，其优点是抗静电能力强，产品成本低，使用寿命长，但是具有无法进行活体指纹鉴别、对干湿手指的适用性差等缺点。半导体指纹模块主要是利用电容、温度、压力的原理实现指纹图像的采集。半导体的指纹模块又分为面状指纹模块和条状指纹模块（即：刮擦式指纹模块）。下面介绍几款有代表性的指纹模块及其性能特点。

（1）光学指纹模块

杭州中正的 SM625 暗背景光学指纹模块，是中正第二代暗背景光学指纹模块，与早期的 SM6 系列亮背景光学指纹模块相比，最大的特点就是干手指适应性更强，采用一体式结构设计，外形小巧。该模块采用暗背景光路成像技术及指纹残留抑制算法，解决干手指难以采集的问题。同时，采用一体式结构，在安装尺寸、模具配套、通信协议等实际兼容性应用问题上最大限度地保护了老客户的现有资源。光学指纹采集模块外形小巧，便于集成于各种便携式终端、个人智能终端、锁、柜等应用设备中。

图 4-9　新型光学指纹模块

结构特点：一体式模块，光学采集头、处理板一体集成。

外观尺寸：光学模块 24mm × 21mm × 54mm（长 × 宽 × 高）。

通信接口：完全兼容中正 SM621 等光学模块。

适应范围：适合任意范围人群使用。

外形如图 4-9 所示，其性能参数见表 4-3。

表 4-3　新型光学指纹模块性能参数表

项目	描述
有效采集面积	17mm × 22mm
传感器	VGA CMOS
图像灰度	8 位 256 级灰度
图像分辨率	500dpi
图像畸变	<1%
背景灯	蓝色暗背景
算法版本	中正指纹 Justouch
算法性能	缺省安全等级下：FAR ≤ 0.001%、FRR ≤ 0.5%
安全等级	5 级可调
单枚指纹模板大小	256 字节
比对方式	1∶1 和 1∶N
采集图像速度	20 帧 / 秒
验证时间	1∶256 搜索时间 ≤ 0.8 秒
存储空间	缺省存储 256 枚指纹(可扩充)
兼容性	通信协议完全兼容中正 SM621 等指纹模块
通信接口	TTL 电平 UART 串行通信，波特率 57600bps
工作温度	−20℃ ~80℃
工作湿度	0~80%（无凝露）
电源	4.5V~6.5V
电流	平均：50mA，峰值：80mA

（2）电容面状指纹模块

瑞典 Finger Print Card 公司的 FPC1011C 电容式面状指纹模块利用了反射式探测技术（多数电容式指纹模块采用的一般是直接式探测技术），使指纹模块的表面保护层厚度可以达到普通电容式指纹模块的 100 倍左右，因此使指纹模块具有更高的对干湿手指的适用性和更长的使用寿命。抗静电指标达到 15KV。

此外，该款指纹模块的另一个特点是由于其独特的探测技术，可以探测到真皮层，这就是通常所说的活体指纹识别技术。

所谓活体指纹识别是利用人体真皮组织的电特性，获取真人手指的持续有效的指纹特征值数据的一门新兴技术。活体指纹识别能够深入人体皮肤组织真皮层进行指纹鉴别，并在截取指纹图像时，同步感应手指的温度、湿度等指标，进一步提高了指纹识别的有效性和安全性。

我们知道指纹识别的鉴识依据是指纹，而真正的指纹形成于真皮，真皮的指纹信息比表皮更清晰、更准确，且不随年龄的变化而变化，而第一代光学指纹识别技术下采集的仅是指纹表皮的纹理信息，这种表皮指纹会随着年龄的增长变得模糊。另外，光学机制决定了指纹很容易被复制，只要获取了指纹的纹理结构图就可以复制出一个指模，相比之下，活体识别技术决定了识别对象必须是活人的手指，即使是相同的纹理结构图或者脱离人体的手指，因为不具备真皮指纹的电特性，所以依然无法通过识别。因此，活体指纹识别产品更能保护用户的指纹隐私，能够自动适应干湿、粗糙及划伤手指的指纹，使用更安全，对于想通过非法手段如"指纹套"、仿真手指、橡胶手指、指纹残留印截取等盗取指纹，试图逃避设备身份认证的行为能拒之门外，完全失去作用。

FPC1011C 指纹模块的外形如图 4-10 所示，其主要性能指标如下。

① 采集原理：电容式，反射式探测法。

② 探测位置：真皮层。

③ 技术参数：分辨率 363dpi。

④ 点阵数：152×200。

⑤ 单幅图像大小：30K 字节数。

⑥ 采集窗口大小：15mm×12mm。

⑦ 抗静电指标：±15 KV。

⑧ 操作温度：-20℃ ~ 85℃。

⑨ 使用寿命：100 万次。

⑩ 环境湿度：95%。

⑪ 干手指适应性：良好。

⑫ 湿手指适应性：良好。

图 4-10　电容式面状指纹模块

（3）电容刮擦式指纹模块介绍

近年来，由于指纹技术在 PDA、便携机等手持式设备上的应用需求以及指纹模块生产厂家为降低指纹模块的生产成本的要求，刮擦式指纹模块逐渐得到了一些应用，几乎所有的指纹模块厂家均推出了刮擦式指纹模块，比较有代表性包括：美国 Atmel 公司生产的 Finger Chip 刮擦式指纹模块、日本富士通公司的 MBF310 刮擦式指纹模块、瑞典 Finger Print Card 公司的 FPC103B 和美国 AuthenTec 公司的 AES2500 等。和面式指纹模块类似,不同厂家的刮擦式指纹模块采用的技术存在较大差异,如 AuthenTec 采用电感式的 TurePrint 技术,富士通采用电容式的直接探测技术,FingerPrint Card 采用电容式的反射式探测技术,Atmel 采用热敏式技术等。

图 4-11　电容刮擦式指纹模块

如图 4-11 所示,刮擦式指纹模块成像方法是当手指在指纹模块上刮过时,采集多幅图像,然后对采集的图像进行拼接,最终形成整个手指的指纹图像。所以刮擦式指纹模块可以采集到手指较大区域的指纹图像,但是采集图像的效果会受到使用人员移动手指速度的影响。因此,刮擦式指纹模块只有面向以下应用时,效果较好。

① 体积比较小的手持式设备,如手机、PDA 等。在这些设备上,面式指纹模块由于体积的原因无法使用。

② 面向固定的个体用户。刮擦式指纹模块由于要求操作者每次验证指纹时刮擦手指,手指刮擦的速度和力度对指纹识别有较大的影响,刮擦太快或太慢,都会导致采集到的指纹图像差,影响指纹比对的成功率。因此,在使用刮擦式指纹模块前一般需要对使用人员进行一段时间的培训。对于银行应用,使用刮擦式指纹模块需要对柜员进行细致的培训;另外,如果将指纹应用扩展到面向银行用户的应用时(如目前,部分银行已经使用的部分储蓄的柜面业务,如挂失等,使用指纹验证等),一般难以使用。

③ 适用在对操作时间要求不太高的场合。一般面式指纹模块只要放置手指即可,操作人员易于掌握。对于刮擦式指纹模块,由于刮擦的操作特点,一般在对时间要求比较高的场合不宜使用。在 PDA 或便携机上使用时,如果一次验证失败,操作人员可以重复验证,因为这些应用对操作时间没有严格的限制。而刮擦式则要求操作者比较认真地刮擦手指,且刮擦的速度有较严格的要求,对于像银行这样对柜员临柜操作速度要求较高的场合,难以保证柜员每次都认真地刮擦手指。

一般来说,选用刮擦式指纹模块主要应考虑以下几个指标。

① 抗静电性能:一般要求大于 15KV,否则易被击穿。

② 分辨率:一般至少要求 256dpi,否则对细指纹不易分辨,比如银行、医院、超市等不宜应用。

③ 对干湿手指的适应性:尤其是涂有护手霜的手指的适应性,AuthenTec、富士通 MBF200 等就在这方面存在不同程度的缺陷。

④ 使用寿命要求:模块的使用寿命的要求一般要达到可使用 100 万次。

⑤ 产品一致性和适应性:由于我国幅员辽阔,不同地区人的指纹有不同的特征,所以一般选用时应该选择在各地均有应用验证的产品。

2. 指纹仪

采用指纹模块为核心的功能性生物识别产品,我们称为指纹仪。在建筑安防行业的常见类型有门禁指纹仪和指纹考勤仪。下面以德国 Interflex IF-711FP 门禁指纹仪为例,介绍指纹仪的性能特点。其外形如图 4-12 所示。

图 4-12　Interflex IF-711FP 门禁指纹仪

（1）产品特点

LED 灯显示:多种色彩的 LED 灯被设置在一个发光条上并显示用户信息。

非接触式 IC 卡片读取:读取范围取决于使用的卡片凭证种类,大约 4~8cm。

两种通信模式:联网型和独立型。

兼容标准: Mifare 4K, Proxif, LEGIC, Hitag, HID。

电源:外接电源,自带备用电源。

内存: 2 MB,可扩展到 6 MB。

数据容量:用 5 个账号存储 1 万个人的数据以及 6.5 万次的登记数量。

扩展容量:用 10 个账号存储 1 万个人的数据,大约 30 万次的登记数量。

脱机操作时间:最高 300 天。

数据保留:大于 6 年(使用锂电池)。

通讯接口: RS485。

工作电压: 15~27VAC 或 20~29VDC。

耗电量: 16VA。

尺寸: 150mm × 104mm × 42mm（高 × 宽 × 深）。

设计框架: 157mm × 144mm × 42mm。

环境温度: -25℃ ~ 55℃。

防护等级: IP54。

（2）应用模式

Interflex IF-711FP 门禁指纹仪同时支持联机模式和脱机模式。在联机模式下,通过终端控制器或者主终端在指纹识别终端与主系统间建立一个永久连接的网络。在登记发生时,终端检测生物数据。然后,终端将登记数据以及事件信息发送到主系统,此后主系统再将最终匹配结果发送给终端。在脱机模式下,终端与终端控制器或主终端连接,自主的在被允许的人群记录、访问权限以及生物识别数据基础上做出决定。一个联机终端会在主系统没有响应时自动转换到脱机模式。

（3）指纹信息存储方式

Interflex IF-711FP 门禁指纹仪的指纹信息可存储在非接触式卡上。指纹信息以模板的方式存在可读写的卡片中，通常的卡片类型有 Mifare、HID ilass、CPU 卡等等。每次使用时，指纹仪读取卡片中存储的指纹信息，与当前的指纹比对，确认是否验证通过。这种方式使指纹仪能够识别无限量的指纹数量，因为每个人只把自己的信息存在卡片上。

Interflex IF-711FP 门禁指纹仪的指纹信息也可存储在指纹仪上。指纹信息全部保存在一台指纹仪上，通过指纹仪间的联网，所有指纹信息被分发到网络中的每一台指纹仪上。每次使用，都是将指纹仪内存中的指纹信息与当前使用者的指纹信息比对，确定是否验证通过。

综上所述，指纹是人体独一无二的特征，其复杂度足以提供用于鉴别的特征。随着相关支持技术的逐步成熟，指纹识别技术经过多年的发展已成为目前最方便、可靠、非侵害和价格便宜的生物识别技术解决方案，对于市场的应用有着广大的发展潜力。

4.3 掌形识别技术

4.3.1 掌形识别技术概述

1. 掌形识别的基本原理

掌形识别技术是美国 Garrett 博士，经过多年的生物特征识别技术实验后首创的。他发现人类手掌的立体形状，就如同指纹一样，是每个人都互不相同的、可以作为身份确认的识别特征，依靠这种唯一性，我们就可以把一个人同他的掌形对应起来，通过对他的掌形和预先保存的掌形进行比较，可以验证他的真实身份。优秀的生物识别系统要求能实时、迅速、有效地完成其识别过程。所有的生物识别系统都包括以下几个处理过程：采集、解码、比对和匹配。掌形识别处理也一样，它包括掌形图像采集、掌形图像处理特征提取、特征值的比对与匹配等过程。使用掌形识别的优点在于可靠、方便与易于接受。

掌形特征是手指的大小和形状。它包括长度、宽度、厚度以及手掌和除大拇指之外的其余四根手指的表面特征。首先，掌形识别系统必须获取手掌的三维图像，系统采用红外线加CCD 成像技术。这与普通的摄像机类似，红外线照在手掌上，由 CCD 图像传感器获取手掌的三维图像。然后，经过图像分析确定每个手指的长度、手指不同部位的宽度以及靠近指节的表面和手指的厚度等，分析 31000 个测量点后得到 90 多个掌形的测量数据。接着，这些数据被进一步分析得出手掌独一无二的特征，从而转换成 9 字节的模板保存起来。这些独一无二的特征主要指一些非常特殊的特征，例如，一般来说中指是最长的手指，但如果图像表明中指比其他的手指短，那么掌形识别系统就会将此当做手掌一个非常特殊的特征。这个特征很少见，因此系统就将此作为该人比较模板的一个重点对比因素。掌形图像采集和特征数据提取示意，如图 4-13 所示。

当系统新设置一个用户的信息时，将建立一个模板，连同其身份号码一起存入内存。这个模板就作为将来确认用户身份的参考模板。当用户使用该系统时，先要输入其身份号码。系统新获得的模板连同身份号码一起传输到掌形识别系统的比较内存。这个新模板再与原来

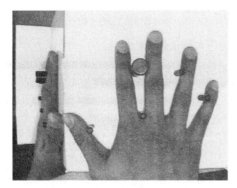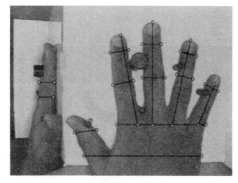

CCD 获得的手掌三维图像　　　　　掌形数据测量

图 4-13　掌形图像采集和特征数据提取示意图

的参考模板进行比较确定两者的吻合度。比较结果称为"得分"。两者之间的差别越大,"得分"越高。差别越小,"得分"越低。如果最终"得分"比设定的拒绝分数极限低,那么使用者身份被确认。反之,使用者被拒绝进入。

2. 掌形识别的技术优势

（1）用户接受度高

指纹的发现至今已有 200 余年,其技术发展亦最久,故指纹识别设备是目前大家最耳熟能详的产品;指纹识别设备体积小,不占空间,但就技术而言,因为采用平面取像,过干、过湿、较脏的手指都不易被识别出来,也存在有些人指纹无法采集的问题。且指纹取像时必须按压适度,否则易被拒绝,这对很多人造成使用不便。此外,由于多年来指纹一直被当成辨识罪犯的工具,有人会因为指纹被采集而在心理上产生抵触情绪。

掌形识别技术是最早引入商业应用的生物识别技术,掌形识别系统采集手掌的三维图像,特征稳定性高,不易随外在环境或生理变化而改变,使用方便,所以目前被广泛应用于门禁、考勤和身份认证领域。1991 年美国著名的安全权威 Sandia 国际实验室对几种优秀生物识别产品应用程度的接受水平(接受人数 / 拒绝人数)进行了一次用户调查,证明所测试的设备中,掌形识别技术具有较高安全级别和易使用的特点,且无危险,也因而具有最高的接受率,如图 4-14 所示。

（2）技术参数优势

受美国政府部门的委托,Sandia 国际实验室还对美国六大公司的生物识别产品进行了长期的检测,于 1990 年公布了检测结果。如图 4-15 所示,掌形识别技术的拒真率、认假率和识别时间都明显低于其他生物识别技术。

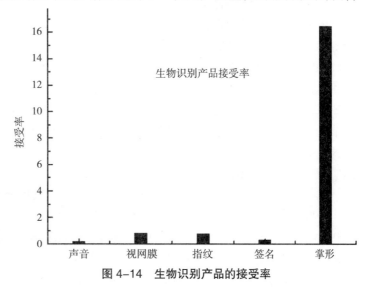

图 4-14　生物识别产品的接受率

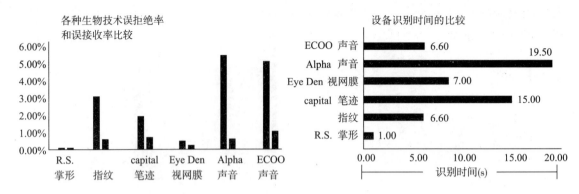

图 4-15 生物识别产品的技术参数

（3）使用方便

掌形永不遗失，且无法复制，避免了目前常用的门禁或考勤方式（如打卡钟、磁卡、ID 卡、IC 卡等）所存在的卡易忘带、遗失、被盗、制作新卡等问题。常用方法在验证员工的身份时并不是验证员工本身，而是验证物的有效性，因此存在无法避免的代打卡的可能，是管理上先天性的漏洞。

与指纹技术相比，掌形更适合在各种复杂环境下的使用。由于人的手指表皮复杂，容易受到各种条件（干燥、湿润、脱皮、油污等）的影响进而影响识别，使得指纹仅停留在办公室门禁或考勤的使用。而掌形门禁或考勤系统不存在人群盲点问题，可以保障 100% 的通过，尤其适合在大人群、复杂的室外环境，甚至恶劣天气环境下使用。掌形识别系统比指纹识别系统具有非常明显的优势。另外，小于 1 秒的识别时间可以大大提高大人群通过的速度，使大人群在短时间内通过同一认证点成为可能。

掌形识别技术是目前最为方便与安全的生物识别技术之一。掌形识别系统提供多种接口，可与刷卡机、打印机、调制解调器、网络设备等相连接，极易扩充，还可以作为前端设备和各种应用系统集成综合的网络管理系统。

3. 掌形识别技术的发展现状

各种生物特征都有其优点和缺点，也正是因为这个原因，各种生物特征识别都有其特殊的应用范围。掌形识别技术在中高安全级的识别系统中有其优势，首先掌形易于采集，不像指纹、虹膜等生物特征，需要特殊的高分辨率的录入设备进行采集工作，掌形只需要一般的数码相机，低分辨率的光学镜头或者普通的扫描仪就可以采集录入，同时，指纹、人脸等的采集对光照条件极为敏感。另外，对于实用中的生物识别系统，用户的接受程度十分重要。在移民、门禁、机场等场合，身份验证虽然必要，但是却又不能侵犯个人的隐私权利。在这种情况下，掌形的优势就大大超过了指纹、虹膜等高隐私的个人特征，容易被用户接受，因此掌形识别技术的应用空间和前景很大。

在美国 Garrett 博士研究的基础上，美国的 David Sidlauskas 进一步发展了掌形识别技术，并于 1985 年获得美国专利认证。第二年他成立了美国 RSI 公司，并且把该技术的全部算法固化在掌形仪产品硬件中。掌形识别系统经过 20 多年的不断改良及技术研发，掌形仪的精确度、稳定度和实用性均已获得用户的肯定并得到较为广泛的应用。由于掌形识别设备及技术上还是都存在较多难点，因而这项技术的发展并不像指纹等其他生物特征识别技术那样顺利,多年以来,只有 RSI 公司和之后收购了 RSI 公司的美国英格索兰(Ingersoll Rand)公司生产的 ID3D 和 Handkey 掌形仪得到广泛应用。在美国的军事机关、全球的很多机场、银行、核电站等均有大量成熟的项目案例和应用。1996 年亚特兰大奥运会和 2000 年悉尼奥运会都应用了这些掌形仪,接受了 6 万 5 千多人注册,处理了 100 多万次进出记录。

与指纹浩瀚的文献相比,国内掌形识别的研究才刚起步,尤其是中文期刊上关于掌形的文章也比较少,国内市场上自主研发的掌形识别产品还很少,但是在美国却已经有一套完整的掌形识别的商业系统。国内对掌形识别的研究还不够成熟,大部分的厂家还停留在核心算法的研发上,真正投入应用技术研究和整体解决方案研究的厂家还很少,我国的掌形识别技术在这方面的研究还需要不断加强。在数据采集、数据的预处理、特征识别、特征匹配等重要环节还存在着很多问题有待研究和提高。

4. 掌形识别系统的结构

掌形识别系统结构可分为数据获取、特征提取、模式匹配、决策判断四部分。其一般过程如图 4-16 所示。

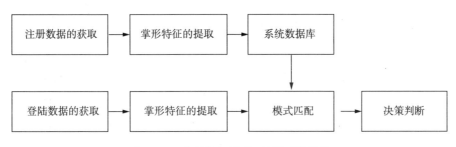

图 4-16　掌形特征识别 / 认证系统结构

在注册数据获取中首先登记用户的姓名,通过掌形特征识别传感器获得用户的掌形特征信息,然后从获取的数据中提取出用户的特征模式也就是特征提取,创建用户模板,存储在数据库中。在识别模块中,同注册过程一样获取用户的掌形特征信息,提取出特征模式,接着与事先注册在数据库中的模式进行匹配,最后是决策判断,一般分为识别和认证。对于识别来说,则是要寻找符合要求的解或者几个解;对于认证来说,只需要判定认证的模式和事先已知的特定注册的模式是不是符合,在多大程度上符合,而掌形识别技术严格来讲目前只能达到认证的需要。其中特征提取部分和模式匹配部分是系统的重要部分,这两个部分设计的好坏依赖于掌形特征提取算法的设计。

4.3.2　掌形识别的采集技术

掌形识别的采集技术负责采集被用来进一步分析的掌形特征信息,分为数据采集和预处理两个部分。系统对采集最关键的要求是在采集过程中设备参数要保持尽量不变,以保证原始数据的准确性和稳定性。其次,由于原始数据可能受到噪声污染,因而需要去除噪声与信息恢复的处理。另外,数据预处理(如手掌形状的提取,灰度归一化等)的目的也是提供尽量多的、准确而稳定的数据,因而也是数据获取的一部分。当采集设备参数有所改变,或采集数据在不可抗拒因素下改变时,预处理子模块应对其进行恢复或者给出提示。在实用化生物特征识别系统设计中,数据获取模块要考虑到用户接受度、成本、数据管理、应用环境、检修方式等多方面因素,是系统设计的重要环节。下面对掌形识别的数据获取部分进行具体分析。

1. 采集设备分析

为了进行掌形生物特征识别技术的研究,首先要建立掌形图像数据库。可以选择的采集设备主要有摄像头、扫描仪、数码相机。采集效果如下图 4-17 所示。

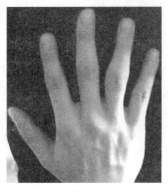 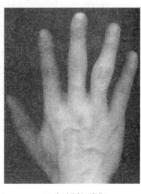 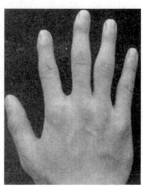

(a) 摄像头采集　　　　　　　(b) 扫描仪采集　　　　　　　(c) 数码相机采集

图 4-17　各种采集设备获得的掌形图像

(1)摄像头采集:用联想 T350 进行掌形采集,如图 4-17(a) 所示。在自然光下,图像整体比较模糊,掌形图像与背景间的边界不明显,所以图像提取较困难。虽然近距离下能够有较好的效果,但图像还是含噪声点很多,效果不理想,另外由于摄像头不能随意移动,采集过程也就不灵活,用户接受度低。

(2)扫描仪采集:用 EPSON V200 型扫描仪在自然光的条件下进行掌形扫描。由图 4-17(b) 可见,比起摄像头采集的图像它显然清晰的多,且含噪声点少,但扫描仪在采集过程中要掌形与仪器之间接触,这样就会使得掌形的形变较大,另外扫描仪采集图像耗时较长,用户的接受度低,也不利于系统的构建,说明扫描仪并非最佳的采集设备。

(3)数码相机采集:用 SONY 数码相机采集的掌形图像,如图 4-17(c) 所示。显然它的采集效果是最好的,用户的接受度高,适用于手部特征的研究。其缺点在于成本较高,且成像距离大。但随着电子产品的加速发展,CCD 数码相机的成本越来越低,成像距离可采取微距拍摄、广角镜等方法克服,相信不久的将来成本这一问题就可以得到很好的解决。

2. 采集方式分析

相对于指纹图像的采集,掌形图像的采集非常简单,按照是否有规范手掌姿势的柱子,可以把掌形图像的采集方式分为两类。

(1)固定栓式掌形采集

该采集方式也是现有掌形仪采用的方法,它规定用户将手掌平放在一个玻璃板上,灯光从手掌下方射来,上方用数码相机或者光学成像设备对手掌背部拍摄,同时在手掌的侧面也有镜子可以将手掌的侧面成像,4 个规范手掌姿势的固定栓,保证了用户录入手掌时的姿势,即 5 根手指分开摆放,同时,每根手指的描述可以增加一定的特征量。这种方式的缺点是:虽然加入固定栓,但不能完全规范手掌的放置姿势,同一个手掌仍有可能有不同的摆放方式,这也就失去其规范的目的。其次,由于固定栓的影响,手掌会产生一定的形变,因此模糊了手掌原来的特点。

（2）自由放置的掌形采集方式

该方式去掉了固定栓,自由度大大提高,也是现在研究改进手掌仪的一个方向,此类图像由采集设备直接对手掌的掌心拍摄或者通过文件扫描仪得到彩色的 RGB 图像。用户可以自由选择放置其手掌的方式,但也必须要 5 根手指分开,这样才能保证正确提取出手指的轮廓。该方式对用户更为友好。同时,这种方式可以方便地拍取手掌的正面,避免拍摄手掌背面时受到指甲反光等问题的影响。而且,在处理的时候,也不必在提取特征前去掉固定栓,减少了运算步骤。此方式更适合于掌形技术的研究,但由于缺少侧面信息,需要我们对提取精度和匹配算法有更高的要求。

固定栓的目的就是为了减少掌形采集过程中由于平移、旋转等带来的掌形不匹配的麻烦,使计算量降低,但固定栓也不能完全解决这些问题,还会在不同程度上引发上述问题,因此去掉固定栓让采集方式更加友好方便,可能是掌形识别系统发展的趋势。去掉固定栓就需要在后续的特征提取算法以及匹配算法上考虑这些位置移动的问题。后续算法应该更加完善,并要维持相对少的计算量。

3. 掌形图像的预处理

掌形图像预处理的目的是将手掌从采集的图像中正确的分割出来,分割的准确与否直接影响到后面掌形图像特征的提取和匹配结果,这也是数据获取模块的重要环节。掌形图像的预处理过程包括图像的增强和图像的分割两部分。

（1）掌形图像的增强

相对于其他生物特征的采集,掌形的提取过程相对简单,但由于实验的采集是在没有特定光源的条件下进行的,采集大量掌形图像的时候,其光照效果不会相同,甚至相同人的手,采集的图像也不相同,所以不能不考虑光照产生的问题,另外采集设备还会引入大量的噪声。针对这两个问题,采集过程一般采用灰度调整技术,减小光照不均匀或成像系统非线形的影响;同时,采用图像平滑技术,以消减噪声的影响。通过图像的增强,可以改善图像的质量,为图像分割做好准备。图像增强的目的,就是有选择的强调图像中的某些信息,改善图像的视觉效果或者使之更适合于机器识别、分析和处理。掌形图像只需要把掌形轮廓完整的提取出来就可以达到效果,利用边缘检测技术来增强边缘轮廓信息。图像边缘检测的常见技术有:

① 微分边缘检测算子。边缘是图像灰度突变的像素集合,传统的边缘表示方法是用灰度变化曲线的一阶导数来描述阶跃状边缘(即该边缘两边的像素的灰度值有显著不同),而用曲线的二阶导数来描述屋顶状边缘(即该边缘位于灰度值从增加到减少的变化转折点)。

② 二阶微分算子。克服了一阶微分算子边缘定位精度低,抗噪能力不强的缺点,用二阶差分代替二阶导数的二阶方向导数算子、用差分运算近似代替微分运算的 Laplacian 算子、对灰度图像进行卷积运算后提取的零交点为边缘点的 LOG 算子等都给出了单尺度下性能较优的边缘检测算法。

③ 多尺度边缘检测。综合利用多个不同尺度的边缘检测算子进行检测,再综合他们的输出结果,以获得理想的边缘。

（2）掌形图像的分割

掌形图像的提取过程,实际上就是图像分割的问题,即一个分类问题,图像分割有很多方法,现有的图像分割算法有:阈值分割、边缘检测和区域提取法。其中最为简单和有效的是阈值分割。掌形图像分割没有指纹图像分割要求精度那么高,所以选择阈值分割技术就能很好地完成任务。阈值分割法是一种基于区域的图像分割技术,其基本原理是通过设定不同的特征阈值,把图像像素点分为若干类。常用的特征包括:直接来自原始图像的灰度或彩色特征,由原始灰度或彩色值变换得到的特征。

阈值法可分为全局阈值法和局部阈值法两大类,其他方法都是这两类方法的改进和综合。全局阈值法是指利用全局信息对整幅图像求出最优分割阈值,可以是单阈值,也可以是多阈值。局部阈值法是把原始的整幅图像分为几个小的子图像,再对每个子图像应用全局阈值法分别求出最优分割阈值。其中全局阈值法又可分为基于点的阈值法和基于区域的阈值法。阈值分割法的结果很大程度上依赖于阈值的选择,因此该方法的关键是如何选择合适的阈值。

基于点的全局阈值方法:基于点的全局阈值算法与其他几大类方法相比,算法时间复杂度较低,易于实现,适合应用于在线实时图像处理系统。

基于区域的全局阈值方法:对一幅图像而言,不同的区域,比如说目标区域或背景区域,同一区域内的像素,在位置和灰度级上同时具有较强的一致性和相关性。而在基于点的全局阈值选取方法中,只考虑了直方图提供的灰度级信息,而忽略了图像的空间位置细节,其结果就是它们对于最佳阈值并不是反映在直方图的谷点的情况会束手无策。因此局域区域的全局阈值选取方法,是基于点的方法,再加上考虑点领域内像素相关性质组合而成。由于考虑了像素领域的相关性质,因此对噪声有一定抑止作用。

局部阈值法和多阈值法:当图像中有阴影、照度不均匀、各处的对比度不同、突发噪声、背景灰度变化等情况时,如果只用一个固定的全局阈值对整幅图像进行分割,则由于不能兼顾图像各处的情况而使分割效果受到影响。有一种解决办法就是用与像素位置相关的一组阈值(即阈值坐标的函数)来对图像各部分分别进行分割。这种与坐标相关的阈值称为局部阈值,也叫动态阈值。这类算法的时间复杂性和空间复杂性比较大,但是抗噪能力强,对一些用全局阈值不易分割的图像有较好的效果。多阈值法就是,如果图像中含有占据不同灰度级区域的几个目标,则需要使用多个阈值才能将他们分开。其实多域值分割,可以看作单阈值分割的推广。

4.3.3 掌形识别技术的算法

1. 掌形的特征提取

掌形特征提取主要是将原始数据转换为特征信息,同时增强类间差异,减少类内差异。而所谓特征,就是用尽可能少的信息描述原始数据不同于其他数据的差异。在生物特征识别样本量较少的情况下,高维问题非常严重,因而如何获取有效的特征,减少维数灾难是特征提取的核心问题,也是系统构建最关键的部分。

掌形特征的提取算法是该部分研究的重点,算法决定了我们从掌形图像中提取哪些数据,我们则希望用最少的数据来完成有效的识别。Jain 在掌形识别系统中用指掌不同部位的16 个宽度值形成特征;Reillo 用了更多的尺寸,并通过特征选择和特征提取方法降维得到更有效的特征。如果将轮廓看做一个有序点集,可以得到更稳定的统计几何特征。根据这两类几何特征,掌形生物识别技术中,传统的掌形认证匹配算法有两种:基于特征矢量匹配算法和基于点模式匹配算法。

2. 特征矢量匹配算法

掌形图像由手指、手掌以及手的表皮纹路组成。我们能够用它来识别一个人，正是由于手指、手掌的尺寸和形状存在差异，以及表皮纹路的走向各不相同。这些直观的特征统称为几何特征。

掌形特征主要是掌形几何形状特征，如手掌的轮廓形状，手指各个位置的长度、宽度、长宽比，手指连接模式等等。该方法的基本思想是从提取掌形的几何形状，如手掌或手指长度、宽度、厚度、长宽比等掌形特征矢量入手，然后将这些特征矢量作为掌形的特征信息进行掌形的匹配判决。这种算法的优点是特征数少，有利于传输和储存，匹配算法简单，运算量小。其缺点是需要在采集平台上设置手指固定栓，并需要用户很好的配合，不能解决手指的平移、旋转和收缩带来的问题，拒真率和认假率比较高。

特征矢量匹配算法目前大致可分为两类，即基于手掌长宽高的特征矢量的匹配和基于手指的长宽高比例的特征矢量匹配。

基于手掌长宽高比例的特征矢量匹配算法是：首先将带有固定栓的掌形图像经过预处理提取出掌形，然后提取出手掌的高度、长度和宽度的数据，将手掌的高度进行归一化处理，得到手掌的长度和宽度相对手掌高度的比例，以及手掌的长宽比等参数，这些处理后的数据就构成了一个特定人的掌形生理的特征矢量，用于匹配认证。

基于手指长宽高比例的特征矢量匹配算法是：首先将带有固定栓的掌形图像经过预处理提取出掌形，然后得到指定手指的长度、宽度和高度等参数，其相互之间的比例构成特征矢量，然后利用这些特征矢量进行匹配。

特征矢量匹配法的计算速度快，但 FRR 和 FAR 都比较高，直接使用这种方法显然不能达到高安全度的要求，且采集的时候需要固定栓。

3. 点匹配算法

基于点匹配的认证算法是使用手指的轮廓点作为特征，相对于特征矢量法具有准确率高、FAR 小等优点。但特征数多，不利于传输和储存，匹配算法计算量大，而且掌形点匹配算法是对掌形轮廓上的点进行点模式匹配，而人的掌形是由 5 根手指图形组成的，手指之间的活动是非线形的，因此 FRR 高。

点匹配认证的算法可以大体分两类，即利用掌形的三维特征点进行匹配认证和利用掌形的二维特征点进行匹配认证。

掌形的三维特征点的认证算法：首先采集掌形的三维图像，提取出用户数个手指关节点作为掌形的三维特征点，然后和掌形库中图像相应三维点进行三维几何相似变换比对，比对方法是找一个三维变换矩阵，使得经过变换后的矩阵和掌形库中的三维点矩阵的差最小。采集手指关节作为特征点，采集数据相对较少，但这个算法计算复杂，三维数据对采集设备要求高。目前的掌形仪系统采取的都是利用三维特征点的掌形认证算法。

基于二维掌形图像的点模式匹配算法：首先提取掌形轮廓图像，将掌形轮廓的像素点作为特征点，然后把用这些特征点与掌形库中的掌形特征点进行点模式匹配运算。由于二维图像没有高度值，手指关节点往往容易定位不准，从而造成偏差过大。因此，基于二维图像的点匹配只能对其所有的点作匹配，这样就造成了计算量过大。所以，要采用基于二维图像的点模式匹配算法,就必须对其加以改进。二维点模式的掌形认证是国内目前研究的方向。

4. 掌形识别的模式匹配和决策判断

掌形的模式匹配的主要内容为分类器设计,这也是模式识别与机器学习领域的核心问题。在充分学习已有训练样本、构造分类模型的情况下,分类器的主要作用为验证未知样本与既定模型的一致性。在实际应用中,将采样的特征集与数据库中的注册模板按照某种匹配准则进行相似性度量,并根据某种得分规则将这种度量数字化,即产生一个"匹配分数",以发送到决策部分,给出最终的比对结果。

掌形的决策部分对匹配结果进行决策,判断一个身份声明的真实性。判决过程可简单的认为将匹配分数与一个阈值比较,阈值一般通过大量统计学习,并通过风险权衡得到的。数学中,两个向量 X、G 之间的距离 $D(X, G)$ 应该具有以下性质:

$D(X, G) \geqslant 0$

$D(X, G) = 0$,当且仅当 $X = G$

$D(X, G) = D(G, X)$

$D(X, K) + D(K, G) \geqslant D(X, G)$

模式识别中借用的距离概念不用满足以上的性质,设 X 表示输入的未知的掌形的特征向量,$X = (x_1, x_2, \cdots, x_m)$;$G$ 为样本库中某一人的特征向量,$G = (g_1, g_2, \cdots, g_m)$,则在模式识别中常用的距离公式有:

① Mahalanbis 距离公式:

当 X, G 两个 m 维向量是正态分布的,且具有相同的协方差矩阵时,Mahalanbis 距离公式为:

$$D(X, G) = \left[(X - G) \sum{}^{-1} (X - G^\tau) \right]^{\frac{1}{2}} \tag{4-1}$$

② 明考夫斯基距离公式:

$$D(X, G) = \left[\sum_{i=1}^{m} (x_i - g_i)^q \right]^{\frac{1}{q}} \tag{4-2}$$

当 $q=1$ 时,为常用的绝对值距离,公式如下:

$$D(X, G) = \sum_{i=1}^{m} | x_i - g_i | \tag{4-3}$$

当 $q=2$ 时,为欧氏距离,公式如下:

$$D(X, G) = \sqrt{ \sum_{i=1}^{m} | x_i - g_i |^2 } \tag{4-4}$$

其他还有最近邻决策规则和 K 近邻法等。通过距离的计算得到的数值再与设定的阈值进行比较,最终判断是否是出自同一个人的掌形。粗略计算可以直接取两组特征值进行绝对距离的计算,然后再与设定阈值比较得出结论。

4.3.4　掌形识别技术的应用

如上文所述,20 多年以来,唯一技术成熟并得到广泛应用的掌形识别技术产品,只有 RSI 公司和之后收购了 RSI 公司的美国英格索兰(Ingersoll Rand)公司生产的 ID3D 和 HandKey 系列掌形仪,在全球的很多机场、政府、银行、核电站、军事设施、体育场馆、学校、工厂甚至建筑工地等均有大量成熟的项目案例和应用。应用形式主要集中在门禁控制、考勤和身份验证。下面就以 HandKey II 型掌形仪为例,介绍其技术特点和典型应用。其外形和各部件名称如图 4–18 所示。

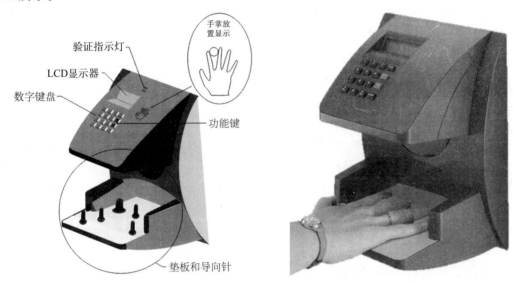

图 4–18　英格索兰 HandKey II 掌形仪

1. 掌形仪的技术特点

（1）产品功能和技术参数

Handkey II 掌形仪的设计为系统提供了最终的可靠性。每一个 Handkey II 掌形仪都是一个完整的能提供电锁控制、出门请求和报警监控的门禁系统。所有的信息,包括生物数据、识别辨认都能就地储存,即使所有与主控计算机的联络都中断,系统仍能够正常运行。它具有以下的功能:

- 门操作和监控系统
- 胁迫设置
- 单机或联网操作
- 读卡机输入
- 读卡机仿真模式
- 出门请求
- 整体式墙安装设计
- 防拆开关
- 多种辅助输入和输出设备
- 内存可从 512 名(标准)使用者扩展到 32512 名

- 62 个用户可设定的时区
- RS-232 打印机输出
- 可供户外机型
- 可选择 Modem 或以太网模块

Handkey II 的技术参数如下：

- 尺寸：223mm × 296mm × 217mm（宽 × 高 × 深）
- 重量：6 磅（2.7kg）
- 识别时间：小于 1 秒
- 模板大小：9 字节
- 拒真率（FRR）：0.01%
- 拒真率（FRR）：0.0001%
- 内存保存时间：5 年(使用标准内置锂电池)
- 电源：输入电压 12V~24VDC 或 12V~24VAC（50~60Hz）
- 输入电流：0.45A 最小 ~0.5A 最大
- 输入功率：最大 7W
- 电线：双绞线，包覆，22AWG 或更大（如 Belden82732）
- 非工作状态运行温度范围：–10℃ ~ 60℃
- 工作状态运行温度范围：0℃ ~ 45℃
- 的非工作状态相对湿度范围：5% ~ 85% 非冷凝状态下
- 工作状态相对湿度范围：20% ~ 80% 非冷凝状态下
- 识别记录缓冲：5187 条识别记录
- 身份号长度：1 ~ 10 位数，支持读卡器或键板输入
- 波特率：300 ~ 28.8K bps
- 通讯接口：RS-485 (4 线和 2 线)，RS-232，支持串口打印机或网络通讯
- 用户容量：标准记忆容量 512 名用户，可选择扩容内存至 9728 名或 32512 名用户
- 身份号输入装置：内置身份号输入键盘，也可供韦根和磁条卡读卡器输入
- 读卡器输入：感应卡，韦根，磁条或条形码
- 读卡器输出：韦根，磁条或条形码
- 门控：门锁输出(打开接收器，接地，最高 100mA)，出门请求输入，门开关输入
- 出门请求输出：出门请求开关或键盘可被连接
- 报警监控：擅动掌形仪，强行开门，胁迫进门
- 情况监控：有多种情况监控可供选择，如身份号码无效 / 拒绝 / 重试，停电，违反时区
- 时区：总共 62 个时区，2 个固定时区，其余 60 个时区可设置
- 辅助输出：3 种辅助输出可定义(打开接收器，接地，最高 100mA)
- 胁迫代码：一个打头的数字，用户可定义
- 识别门槛：用户可设置系统识别门槛或个人识别门槛
- 辅助报警条件：用户可设置

（2）性能特点

① 成熟产品。据 2005 年中国市场生物识别技术市场份额数据显示,掌形识别在非指纹识别技术中占有绝对的优势。从 1986 年投放市场以来,至今已有超过 10 万台设备在全球范围使用。作为一项不断发展的高新科学技术,生物识别市场有赖于各种技术的共同推动。在项目应用时,掌形仪是被优先考虑的,是已被广泛应用、成熟可靠的产品。

② 用户数量高。根据不同的应用规模,本机存储的用户数量可以提供多个级别供选择。掌形仪凭借先进的采样及算法技术,一个用户数据仅 16 个字节,其中掌形模板只有 9 个字节,另外 5 个字节的用户 ID 号,1 个字节的时区,1 个字节的拒绝阈值和用户权限。HandKey II 的单机存储用户数量从标准配置的 512 个,可扩充至 9728 个,最多能达到 32512 个。当项目需求超出单机最大存储容量时,可以将用户数据存储到卡片,实现一种没有存储容量限制的存储方式。

③ 丰富的外部接口可实现多功能应用。除与门禁设备配合使用外,理想的生物识别设备应该能够提供丰富的外部接口,以满足各种应用。掌形仪可以被视为一台功能完善的门禁控制一体机,单机脱机可实现包括电锁控制、出门按钮、报警接入、现场报警输出及用户管理、时区控制、胁迫报警等功能。

④ 友好的人机操作界面。生物识别设备应该能够提供清晰的文字及声音提示,操作过程指引。掌形仪支持包括中文在内的多种语言文字、配备蜂鸣器、手掌定位柱、手掌放置位置指示灯、认证通过或失败指示灯等人性化设计,在方便使用的前提下提高用户的接受度。

⑤ 在使用方便与系统安全之间建立一个平衡点。随着技术的不断进步,现时生物识别产品的识别时间、拒真率、认假率等技术参数都比较接近。根据统计数据显示,考勤是现今生物识别应用最大的一个领域。使用方便,对于一个考勤系统来说,尤为重要。试想一下,在一个上班的高峰期,因为个别员工无法顺利通过而在反复尝试,以致影响后面员工的正常考勤,这必然会导致使用者、系统管理者对整个系统的不满。掌形仪可以通过调整阈值,实现使用方便性与系统安全的动态平衡。阈值包括机器阈值和个人阈值,就是说可以对这台设备的所有使用者进行设置,也可以单独对某个使用者进行设置,个人阈值优先于机器阈值。

⑥ 网络通讯完善。掌形仪能够提供 RS232、RS422/RS485、TCP/IP、MODEM 通讯接口,满足不同网络环境要求。利用掌形仪主从连接模式下的自动模板管理功能,只要将掌形仪网络内一台设备设置为主机,无需管理计算机参与,即可实现对网络内其他掌形仪的用户数据管理。在分散控制、集中管理的应用环境,TCP/IP 通讯方式是一个理想的选择。如在各个银行网点安装数台掌形仪设备,设备间通过 RS422 或 RS485 方式组网,每个网点只需有一台掌形仪配置 IP 通讯模块,即可实现总行或数据中心端对各网点内所有设备的管理。这比起网点内每台设备都要配置 IP 模块的解决方案,既节约了设备成本,又节省了 IP 资源。

⑦ 与门禁系统的多重结合。除了能提供 WIEGAND 输出接口外,掌形仪还提供外置读卡器接口,方便第三方读卡器的连接。掌形仪还提供内置 HID 读卡器的产品,包括 125K 的 prox 读卡器、Mifare1 读卡器和 iClass 读卡器,满足多种应用要求。

2. 掌形仪的典型应用

（1）单机系统应用

Handkey II 掌形仪可以很简单地进行单机应用,作为单独的生物识别终端装置,手掌被验证后,打开门锁。很多生物识别产品都有这种配置。这种设备不仅仅是一个生物识别产品,同

样也是一个单个门禁控制系统。使用者在该设备上注册并将其生物特征模板存贮于内存中以

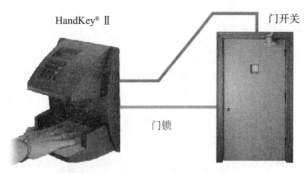

图4-19 掌形仪的单机系统应用

便日后比对认证。认证过程是由设备自己完成并且连接电子门锁。输入端子可以监控诸如"门开的时间太长"和"门被强制打开"等信号。输出端子连接报警门铃。如果需要,输出端子也可以连接打印机。通过键盘可以定义每个用户的时间限制。用户数量取决于产品的内存。应用形式如图4-19所示。

（2）联网系统应用

Handkey可以只有一个安装在计算机门房上的单元,也可以由几百个单元通过网络集成到一起。Handkey掌形仪读卡机仿真模式能够迅速方便地插入现有的门禁系统。诸多的联络方式,包括拨号模式和以太网,使用户能方便地设计出与现有装置匹配的系统。

如图4-20所示,在网络系统中应用于Windows操作系统的HandNet软件可将无数个Handkey掌形仪单元连接成一个整体的门禁系统。所有的报警和信号都实时报告给中央计算机,使门和报警监控能够有效便捷的工作。所有的操作动作和使用者的系统报告能实时的生成。中心计算机能自动处理所有的掌形模版的管理,可以允许在任何一台掌形仪进行系统监视下的掌形登录以及系统范围内的掌形删除。选配的内置调制解调器,或者以太网的通讯方式,也可以让用户实现远程门禁操作。

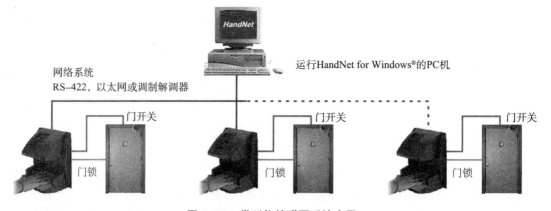

图4-20 掌形仪的联网系统应用

（3）系统集成应用

生物识别产品可以提供多种方式将其连接至传统的门禁系统中。通常的做法是采用读卡器方式。在这种方式下,生物识别产品就像读卡器一样和门禁控制界面连接,其输出端子连接控制界面的读卡器端子。如图4-21所示,掌形仪就是以这种方式集成到门禁系统中的。

这种方式可以有效地将掌形仪整合至现有的读卡器系统中,连接方式也完全一样。当用户使用掌形仪时,只有得到认证,设备才会输出个人识别码。输出格式和门禁控制系统中应用的读卡器完全一致。一旦控制界面收到识别码,它会像收到读卡器的信息一样进行处理,并且发出门禁控制指令。所有的门控和监视都是由门禁控制系统来执行而不是通过掌形仪来发出

指令。作为一种备选的指令键盘,掌形仪具备读卡器输入端子。用户出示存储个人认证信息的智能卡,如果通过认证,智能卡上的数字会上传至控制界面等待指令。掌形仪支持多种智能卡技术,诸如 SMART 卡、维根格式、磁条卡和条码卡。最常用的两种格式是带有 8 位编码的 26 位维根格式和 ANSI Track 2 标准的磁条格式。感应卡由于具有维根格式的输出方式也经常用于输入控制。

　　在具有读卡功能的系统中,模板不是由门禁控制界面来管理。如果有多台掌形仪连接在整个系统中,根据用户数量的多少,模板管理的问题就必须要考虑进去。人数越多,模板管理的问题就越大。掌形仪可以将多个设备连接并且可以自行管理模板。这种网络连接方式是和门控系统分开的,但是允许用户在一台设备上注册,然后将其模板分发至其他终端。

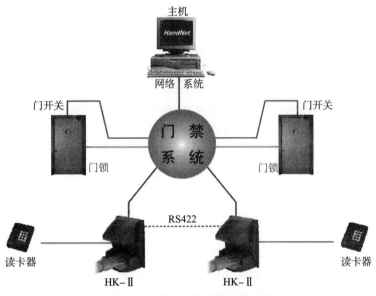

图 4-21　掌形仪的系统集成应用

4.4　人脸识别技术

4.4.1　人脸识别技术概述

1. 人脸识别的基本原理

　　人脸识别技术是利用分析比较人脸视觉特征信息进行身份鉴别的计算机技术。该技术基于人的脸部特征,对输入的人脸图像或者视频流,首先判断其是否存在人脸,如果存在人脸,则进一步给出每个脸的位置、大小和各个主要面部器官的位置信息,并依据这些信息,进一步提取每个脸中所蕴涵的身份特征,并将其与已知的人脸进行对比,从而识别每个人脸的身份。广义的人脸识别实际包括构建人脸识别系统的一系列相关技术,包括人脸图像采集、人脸定位、人脸识别预处理、身份确认以及身份查找等;而狭义的人脸识别特指通过人脸进行身份确认或者身份查找的技术或系统。

人脸识别技术的种类很多,主要的人脸识别技术有以下几种。

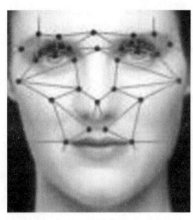

图 4-22　几何特征的人脸识别

（1）几何特征的人脸识别技术:如图 4-22 所示,几何特征可以是眼、鼻、嘴等的形状和它们之间的几何关系(如相互之间的距离)。这些算法识别速度快,需要的内存小,但识别率较低。

（2）特征脸(PCA)的人脸识别技术:特征脸方法是基于 KL 变换的人脸识别方法, KL 变换是图像压缩的一种最优正交变换。高维的图像空间经过 KL 变换后得到一组新的正交基,保留其中重要的正交基,由这些正交基可以组成低维线性空间。如果假设人脸在这些低维线性空间的投影具有可分性,就可以将这些投影用作识别的特征矢量,这就是特征脸方法的基本思想。这些方法需要较多的训练样本,而且完全是基于图像灰度的统计特性的。目前有一些改进型的特征脸方法。

（3）神经网络的人脸识别技术:神经网络的输入可以是降低分辨率的人脸图像、局部区域的自相关函数、局部纹理的二阶矩等。这类方法同样需要较多的样本进行训练,而在许多应用中,样本数量是很有限的。

（4）弹性图匹配的人脸识别技术:弹性图匹配法在二维空间中定义了一种对于通常的人脸变形具有一定的不变性的距离,并采用属性拓扑图来代表人脸,拓扑图的任一顶点均包含一特征向量,用来记录人脸在该顶点位置附近的信息。该方法结合了灰度特性和几何因素,在比对时可以允许图像存在弹性形变,在克服表情变化对识别的影响方面收到了较好的效果,同时对于单个人也不再需要多个样本进行训练。

（5）线段 Hausdorff 距离 (LHD) 的人脸识别技术:心理学研究表明,人类在识别轮廓图(比如漫画)的速度和准确度上丝毫不比识别灰度图差。LHD 是基于从人脸灰度图像中提取出来的线段图的,它定义的是两个线段集之间的距离,与众不同的是,LHD 并不建立不同线段集之间线段的一一对应关系,因此它更能适应线段图之间的微小变化。实验结果表明,LHD 在不同光照条件下和不同姿态情况下都有非常出色的表现,但是它在大表情的情况下识别效果不好。

（6）支持向量机 (SVM) 的人脸识别技术:近年来,支持向量机是统计模式识别领域的一个新的热点,它试图使得学习机在经验风险和泛化能力上达到一种妥协,从而提高学习机的性能。支持向量机主要解决的是一个二分类问题,它的基本思想是试图把一个低维的线性不可分的问题转化成一个高维的线性可分的问题。通常的实验结果表明,SVM 有较好的识别率,但是它需要大量的训练样本(每类 300 个),这在实际应用中往往是不现实的。而且支持向量机训练时间长,方法实现复杂,该函数的取法没有统一的理论。

此外,传统的人脸识别技术主要是基于可见光图像的视频人脸识别技术,这也是人们最熟悉的识别方式,已有 30 多年的研发历史。但这种方式有着难以克服的缺陷,尤其在环境光照发生变化时,识别效果会急剧下降,无法满足实际系统的需要。解决光照问题的方案有三维图像人脸识别和热成像人脸识别。但目前这两种技术还远不成熟,识别效果不尽人意。目前迅速发展起来的一种解决方案是基于主动近红外图像的多光源人脸识别技术。它可以克服光线变化的影响,已经取得了卓越的识别性能,在精度、稳定性和速度方面的整体系统性能超过三维图像人脸识别。这项技术在近两三年发展迅速。

2. 人脸识别技术的特点

（1）人脸识别的优势

自然性:人脸识别的优势在于其自然性和不被被测个体察觉的特点。

所谓自然性,是指该识别方式同人类(甚至其他生物)进行个体识别时所利用的生物特征相同。例如人脸识别,人类是通过观察比较人脸来区分和确认身份的,另外具有自然性的识别还有语音识别、体形识别等,而指纹识别、虹膜识别等都不具有自然性,因为人类或者其他生物并不通过此类生物特征区别个体。

不被察觉的特点对于一种识别方法也很重要,这会使该识别方法不令人反感,并且因为不容易引起人的注意而不容易被欺骗。人脸识别具有这方面的特点,它完全利用可见光获取人脸图像信息,而不同于指纹识别或者虹膜识别,需要利用电子压力传感器采集指纹,或者利用红外线采集虹膜图像,这些特殊的采集方式很容易被人察觉,从而更有可能被伪装欺骗。

非接触性:相比较其他生物识别技术而言是人脸识别非接触性的,用户不需要和设备直接接触。

非强制性:被识别的人脸图像信息可以主动获取。

并发性:即实际应用场景下可以进行多个人脸的分拣、判断及识别。

（2）人脸识别的困难

人脸识别被认为是生物特征识别领域,甚至人工智能领域最困难的研究课题之一。人脸识别的困难主要是人脸作为生物特征的特点所决定的。

相似性:不同个体之间的区别不大,所有的人脸的结构都相似,甚至人脸器官的结构外形都很相似。

类似性:对于利用人脸进行定位是有利的,但是对于利用人脸区分人类个体是不利的。

易变性:人脸的外形很不稳定,人可以通过脸部的变化产生很多表情,而在不同观察角度,人脸的视觉图像也相差很大,另外,人脸识别还受光照条件(例如白天和夜晚,室内和室外等)、遮盖物(例如口罩、墨镜、头发、胡须等)、年龄等多方面因素的影响。在人脸识别中,第一类的变化是应该放大而作为区分个体的标准的,而第二类的变化应该消除,因为它们可以代表同一个个体。通常称第一类变化为类间变化(inter-class difference),而称第二类变化为类内变化(intra-class difference)。对于人脸,类内变化往往大于类间变化,从而使在受类内变化干扰的情况下利用类间变化区分个体变得异常困难。

3. 人脸识别在安防系统中的用途

（1）门禁系统

受安全保护的区域可以通过人脸识别辨识试图进入者的身份。人脸识别系统可用于企业、住宅安全和管理。如人脸识别门禁考勤系统、人脸识别防盗门等。2012 年无锡采用物联网人脸识别技术规范建筑市场,无锡的建筑工地将从当年 6 月 1 日起每天通过物联网技术进行人脸识别,通过门禁和考勤管理,确保项目负责人到位,挂靠、层层转包等现象将受到某种程度上的限制。

（2）视频监控

由于视频监控正在快速普及，众多的视频监控应用迫切需要一种远距离、用户非配合状态下的快速身份识别技术，以实现远距离快速确认人员身份，实现智能预警。人脸识别技术无疑是最佳的选择，可在机场、体育场、超级市场等公共场所对人群进行监视，例如在机场安装监视系统以防止恐怖分子登机。

（3）公安刑侦破案

采用快速人脸检测技术可以从监控视频图像中实时查找人脸，并与人脸数据库进行实时比对，从而实现快速身份识别。通过查询目标人像数据能够寻找数据库中是否存在重点人口等基本信息。例如利用人脸识别系统和网络，在全国范围内搜捕逃犯，或在机场或车站安装系统以抓捕在逃案犯。2012年4月13日京沪高铁安检区域人脸识别系统工程开始招标，上海虹桥站、天津西站和济南西站三个车站安检区域将安装用于身份识别的高科技安检系统——人脸识别系统，以协助公安部门抓捕在逃案犯。

（4）自助银行

银行的自动提款机，如果用户卡片和密码被盗，就会被他人冒取现金。如果同时应用人脸识别，就会避免这种情况的发生。利用人脸识别辅助信用卡网络支付，以防止非信用卡的拥有者使用信用卡等。

（5）电子证件

如电子护照及电子身份证。这或许是未来规模最大的应用。国际民航组织已确定，从2010年4月1日起，其118个成员国家和地区，必须使用机读护照，人脸识别技术是首推识别模式，该规定已经成为国际标准。美国已经要求和它有出入免签证协议的国家在2006年10月26日之前必须使用结合了人脸指纹等生物特征的电子护照系统，到2006年底已经有50多个国家实现了这样的系统。今年年初，美国运输安全署（Transportation Security Administration）计划在全美推广一项基于生物特征的国内通用旅行证件。欧洲很多国家也在计划或者正在实施类似的计划，用包含生物特征的证件对旅客进行识别和管理。自2012年5月15日起，中国公安部门统一开始向普通公民签发普通电子护照。此外，2008年北京奥运会门票实名制验证也采用了人脸识别技术。

（6）信息安全

如计算机登录、电子政务和电子商务。在电子商务中交易全部在网上完成，电子政务中的很多审批流程也都搬到了网上。而当前，交易或者审批的授权都是靠密码来实现。如果密码被盗，就无法保证安全。如果使用生物特征，就可以做到当事人在网上的数字身份和真实身份统一，从而大大增加电子商务和电子政务系统的可靠性。

4．人脸识别系统的流程

人脸识别系统的研究涉及模式识别、图像处理、生理学、心理学、认知科学等多种学科，与基于其他生物特征的身份鉴别方法以及计算机人机感知交互领域都有密切联系。一个完整的人脸识别系统应依次完成下列任务。如图4-23所示，这就是人脸识别系统的流程。

人脸检测：在输入图像中找到人脸及人脸存在的位置，并将人脸从背景中分割出来。

人脸定位：校正人脸在尺度、光照和旋转等方面的变化。

特征提取：从人脸图像中映射提取一组能反映人脸特征的数值表示样本。

对比匹配：将待识别人脸与数据库中的已知人脸比较，得出相关信息。

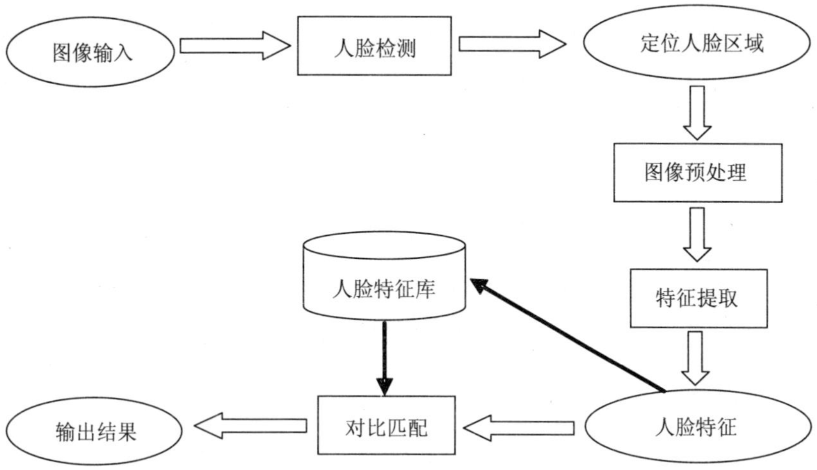

图 4-23 人脸识别系统的流程图

4.4.2 人脸检测定位和图像预处理技术

1. 人脸检测与定位

人脸检测与定位是指检测图像中是否有人脸，若有，将其从背景中分割出来，并确定其在图像中的位置。

在某些可以控制拍摄条件的场合，如警察拍罪犯照片时将人脸限定在标尺内，此时人脸的定位很简单。证件照背景简单，定位也比较容易。在另一些情况下，人脸在图像中的位置预先是未知的，比如在复杂背景下拍摄的照片，这时人脸的检测与定位将受到以下因素的影响：

① 人脸在图像中的位置、角度及人物的姿势；

② 图像中人脸区域的不固定尺度；

③ 光照的影响。

轮廓和肤色是人脸的重要信息，具有相对的稳定性，并且和大多数背景物体的颜色相区别。因此可以针对彩色图片利用肤色特征进行快速的人脸检测。基于特征检测方法的基本思想是：首先建立并利用肤色模型检测出肤色像素，然后根据肤色像素在色度上的相似性和空间上的相关性分割出可能的人脸区域，最后利用其他特征进行验证。

由于眼睛在人脸中相对位置固定，而且与周围面部区域灰度差别较大，所以在各个人脸候选区域中，指定眼睛可能存在的位置范围，并在该范围内用一系列阈值进行二值化处理，看能否搜索到代表瞳孔所在位置的两个黑色区域。如找到，则判为人脸。进一步的确定可再进行唇部检测，因为唇部一般位于人脸的下三分之一处，所以人脸位置初步确定后，可在下三分之一位置搜索唇形，使用方法是排除红色法。此技术也称基于眼唇定位技术。

2. 图像预处理

图像预处理就是在图像分析中，对输入图像进行特征抽取、分割和匹配前所进行的处理。输入图像由于图像采集环境的不同，如光照明暗程度以及设备性能的优劣等，往往存在有噪声、对比度不够等缺点。另外，距离远近、焦距大小等又使得人脸在整幅图像中间的大小和位置不确定。为了保证人脸图像中人脸大小、位置,以及人脸图像质量的一致性,必须对图像进行预处理。图像预处理的主要目的是消除图像中无关的信息,滤除干扰、噪声,恢复有用的真实信息,增强有关信息的可检测性和最大限度地简化数据,从而改进特征抽取、图像分割、匹配和识别的可靠性。

在预处理阶段,对图像进行优化,尽可能去除或者减小光照、成像系统、外部环境等对处理图像的干扰,为后续处理提高质量。以便使不同的人脸图像尽可能在同一条件下完成特征提取、训练和识别。人脸图像的预处理,主要包括人脸扶正、人脸图像的增强,以及归一化等工作。人脸扶正是为了得到人脸位置端正的人脸图像。图像增强是为了改善人脸图像的质量,不仅在视觉上更加清晰图像,而且使图像更利于计算机的处理与识别。归一化工作的目标是取得尺寸一致、灰度取值范围相同的标准化人脸图像。下面简单介绍一些预处理的方法。

（1）直方图均衡化

直方图均衡化又称直方图平坦化,是将一已知灰度概率密度分布的图像,经过某种变换,变成一幅具有均匀灰度概率分布的新图像,其结果是扩展了像元取值的动态范围,从而达到了增强图像整体对比度的效果。

直方图是一种点操作,它逐点改变图像的灰度值,尽量使各个灰度级别都具有相同数量的像素点,使直方图趋于平衡。直方图均衡可以使输入图像转换为在每一个灰度级上都有相同像素点数的输出图像（即输出的直方图是平的）。这对于图像比较或分割是十分有用的。均衡化处理的步骤如下:

首先,对给定的待处理图像统计其直方图,求出 $P_r(r)$;

然后,根据统计出的直方图采用累积分布函数做变换 $S_k = T(r_k) = \sum P_r(r)$,求变换后的新灰度;

最后,用新灰度代替就灰度,求出 $P_s(s)$,这一步是近似过程,应根据处理的目的尽量做到合理,同时把灰度值相等或近似的合并到一起。

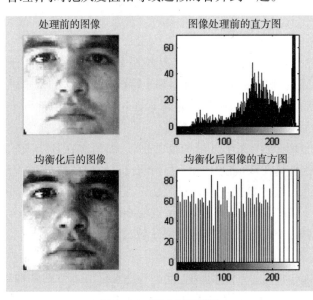

图 4-24　直方图均衡化

如图 4-24 所示,由两幅图像对比可以看出,原图像的灰度值非常集中,导致其对比度效果差,进行直方图均衡化处理之后,灰度值重新分配,直方图的范围加大了,原来分布较密的部分被拉伸,分布稀疏的部分被压缩,从而使一幅图像的对比度在总体上得到很大的增强,处理之后的图像变得更加清楚,图像中的一些细节也突出了。

直方图均衡化的优点是能自动地增强整个图像的对比度,但它的具体增强效果却不易控制,处理的结果总是得到全局均衡化的直方图。实际中有时需要变换直方图使之成为某个需要的形状,从而有选择地增强某个灰度值范围内的对比度或使图像灰度值的分布满足特定的要求。这时可以采用比较灵活的直方图规定化方法。直方图规定化是另外一种比较常用的直方图修正技术。按照给定的直方图来修正原始图像的直方图,使它具有与给定直方图相似的形状,这种方法可以突出我们感兴趣的灰度范围。

（2）灰度拉伸

灰度拉伸又叫对比度拉伸,它是最基本的一种灰度变换,使用的是最简单的分段线性变换函数,它是将原图像亮度值动态范围按线性关系扩展到指定的范围或整个动态范围。它的主要思想是提高图像处理时灰度级的动态范围,适用于低对比度图像的处理,一般由两个基本操作步骤组成:

直方图统计:确定对图像进行灰度拉伸的两个拐点;

灰度变换:根据上一步骤确定的分段线性变换函数进行像素灰度值的映射。

如图4-25,由两幅图像处理前后的效果变化,可以看出灰度拉伸后增强了图像的对比度,使得图像细节更加突出。

原始图像　　　　　　灰度拉伸后的图像

图4-25　原始图像以及灰度拉伸处理后的效果

（3）中值滤波

中值滤波是一种非线性处理技术,能抑制图像中的噪声。它是基于图像的这样一种特性:噪声往往以孤立的点的形式出现,这些点对应的像素数很少,而图像则是由像素较多、面积较大的小块构成。

在一维的情况下,中值滤波器是一个含有奇数个像素的窗口。处理之后,位于窗口正中的像素的灰度值,用窗口内各像素灰度值的中值代替。例如若窗口长度为5,窗口中像素的灰度值为80、90、200、110、120,则中值为110,因为按小到大(或大到小)排序后,第三位的值是110。于是原来窗口正中的灰度值200就由110取代。如果200是一个噪声的尖峰,则将被滤除。然而,如果它是一个信号,则滤波后就被消除,降低了分辨率。因此中值滤波在某些情况下抑制噪声,而在另一些情况下却会抑制信号。

无论是直接获取的灰度图像,还是由彩色图像转换得到的灰度图像,里面都有噪声的存在,噪声对图像质量有很大的影响。进行中值滤波不仅可以去除孤点噪声,而且可以保持图像的边缘特性,不会使图像产生显著的模糊,比较适合于实验中的人脸图像。

中值滤波是一种非线性的信号处理方法,因此中值滤波器也就是一种非线性的滤波器。中值滤波器最先被应用于一维信号的处理中,后来被人们引用到二维图像的处理中来。中值滤波可以在一定程度上克服线性滤波所带来的图像细节模糊,而且它对滤除脉冲干扰和图像扫描噪声非常有效。中值滤波的步骤如下:

① 将模板在图中漫游,并将模板中心与图中某个像素位置重合;

② 读取模板下各对应像素的灰度值;

③ 将这些灰度值从小到大排成一列;

④ 找出这些值里排在中间的一个;

⑤ 将这个中间值赋给对应模板中心位置的像素。

由以上步骤可以看出,中值滤波的主要功能就是让与周围像素灰度值的差比较大的像素改取与周围像素值接近的值,所以它对孤立的噪声像素的消除能力是很强的。由于它不是简单的取均值,所以产生的模糊比较少。换句话说,中值滤波既能消除噪声,又能保持图像的细节。

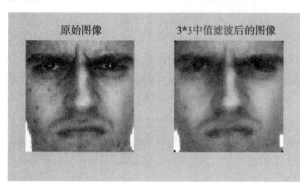

图 4-26　原始图像与 3*3 中值滤波后的效果图

如图 4-26 所示,由原始图像和中值滤波后的图像对比可以看出,处理之后,人脸图像中的斑得到了去除。

（4）同态滤波

同态滤波增强是把频率过滤和灰度变换结合起来的一种处理方法。它是把图像的照明反射为频域处理的基础,利用压缩灰度范围和增强对比度来改善图像的一种处理技术。它在密度域中运用相当成功。

人脸识别已经成为模式识别领域中一个非常活跃的研究方向,在信息安全、商业、法律、电子商务等领域有着非常广泛的应用前景。但是,人脸识别技术依然存在着许多难点问题,不同光照条件下的人脸图像识别,即为其中最具挑战性的问题之一。

针对该问题,我们提出使用同态滤波的方法进行研究,以便进行人脸识别。一幅图像 $f(x, y)$ 可以用它的照射分量 $i(x, y)$ 及反射分量 $r(x, y)$ 的乘积来表示,即 $f(x, y)=i(x, y) \cdot r(x, y)$。

经过同态滤波后其结果会改变图像光强度和反射光强度的特性,因此我们可以做到同时降低图像动态范围,又增加对比度的结果。所用方法的具体步骤如下:

① 先对上式的两边同时取对数,即

$$\ln[f(x, y)] = \ln[i(x, y)] + \ln[r(x, y)]$$

② 将上式两边进行傅立叶变换,得

$$F(u, v) = I(u, v) + R(u, v)$$

③ 用一个频域函数 $H(u, v)$ 处理 $F(u, v)$,可得到

$$H(u, v) F(u, v) = H(u, v) I(u, v) + H(u, v) R(u, v)$$

④ 逆傅立叶变换到空间域得

$$hf(x, y) = hi(x, y) + hr(x, y)$$

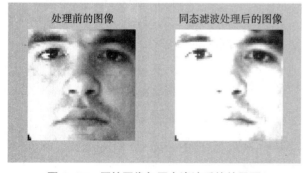

图 4-27　原始图像与同态滤波后的效果图

可见增强后的图像是由对应照度分量与反射分量两部分叠加而成,

⑤ 再将上式两边取指数,得

$$g(x, y) = \exp(|hf(x, y)|)$$
$$= \exp(|hi(x, y)|) + \exp(|hr(x, y)|)$$

这里称作同态滤波函数,它可以分别作用于照度分量和反射分量上。

如图 4-27 所示,由两幅图像对比可以看出,进行同态滤波处理之后,图像对比度

得到增强,像元灰度的动态范围也得到增强。处理之后图像较暗的地方变得更清楚了,图像中的一些细节也更加突出了。

4.4.3 人脸特征提取和识别算法

1. 人脸特征提取

特征提取之前一般需要做几何归一化和灰度归一化的工作。前者是指根据人脸定位的结果将图像中的人脸区域调整到同一位置和大小;后者是指对图像进行光照补偿等处理,以克服光照变化的影响。

提取出待识别的人脸特征之后,即可进行特征匹配。这个过程是一对多或一对一的匹配过程,前者是确定输入图像为图像库中的哪一个人,后者是验证输入图像的人的身份是否属实。

以上两个环节的独立性很强。在许多特定场合下,人脸的检测与定位相对比较容易,因此,特征提取与人脸识别环节得到了更广泛和深入的研究。

人脸特征提取是人脸识别中的核心步骤,直接影响识别精度。由于人脸是多维弹性体,易受表情、光照等因素影响,提取特征的困难较大。特征提取的任务就是针对这些干扰因素,提取出具有稳定性、有效性的信息用于识别。

人脸特征是识别的重要依据之一。检测定位过程中也会用到人脸特征。其中统计特征和灰度特征是在人脸定位和特征提取过程中常用到的两类特征。

统计特征:即用统计的方法对目标对象的肤色、光照变化等因素建模。基于肤色特征的识别方法简单且能够快速定位人脸。人脸肤色不依赖于细节特征且和大多背景色相区别。但肤色的确定对光照和图像采集设备特性较敏感。不同光照下脸部色彩复杂程度不同。这给统一建模造成了一定难度。该方法通常作为其他统计模型的辅助方法使用,适于粗定位或对运行时间有较高要求的应用。

灰度特征:包括轮廓特征、灰度分布特征(直方图特征、镶嵌图特征等)、结构特征、模板特征等。由于人脸五官位置相对固定,灰度分布呈一定规律性,因此,可利用灰度特征来进行人脸识别。通常采用统计的方法或特征空间变换的方法进行灰度特征的提取,如利用 K-L 变换得到的特征脸,利用小波变换得到的小波特征等。

脸特征提取常用方法有几何特征点的提取、变换域中的特征提取和利用变形模板进行的特征提取。特征提取方法归纳起来分为两类,即基于局部特征的提取方法和基于整体特征的提取方法。

基于局部特征的人脸面部表情识别是利用每个人的面部特征(眉毛、眼睛、鼻子、嘴巴和面部轮廓等)的位置、大小及其相互位置的不同进行特征提取,达到人脸面部表情识别的目的。基于人脸整体特征的提取是从整个人脸图像出发,通过加强反映整体特征来实现人脸面部表情识别。

对比两种方法,基于局部特征的方法很大程度上减少了输入的数据,但是用有限的特征点来代表人脸图像,一些重要的表情识别和分类信息就会丢失。基于人脸整体特征提取在计算量和计算时间上都多于局部特征提取,而且系统设计也相对复杂。

此外,还可以通过多种方法综合利用来进行特征提取。

2. 人脸识别算法

下面介绍几种常见的人脸识别算法。

（1）几何特征法

人脸的几何特征包括各个面部器官的形状、灰度以及各个器官之间的结构关系。基于几何特征的人脸正面图像识别方法，是通过人脸面部拓扑结构几何关系的先验知识，利用基于结构的方法在知识的层次上提取人脸面部主要器官特征，将人脸用一组几何特征矢量表示，识别归结为特征矢量之间的匹配。基于欧氏距离的判决是最常用的识别方法。正面识别所采用的几何特征，是以人脸器官的形状和几何关系为基础的特征矢量，基分量通常包括人脸指定两点间的欧氏距离、曲率、角度等。

基于几何特征的人脸识别方法将人脸用一个几何特征矢量表示，用模式识别中的层次聚类思想设计分类器来对人脸进行识别。流程大体如下：首先检测出面部特征点，通过测量这些关键点之间的相对距离，得到描述每个脸的特征矢量，比如眼睛、鼻子和嘴的位置和宽度，眉毛的厚度和弯曲程度等，以及这些特征之间的关系。比较未知脸和库中已知脸中的这些特征矢量，来决定最佳匹配。

基于几何特征的识别方法具有如下优点：①符合人类识别人脸的机理，易于理解；②对每幅图像只需存储一个特征矢量，存储量小；③对光照变化不太敏感。

该方法同样也有其缺点：①从图像中抽取稳定的特征比较困难，特别是在特征受到遮挡时；②对强烈的表情变化和姿态变化的鲁棒性较差；③一般几何特征只描述了部件的基本形状与结构关系，忽略了局部细微特征，造成部分信息丢失，更适合于粗分类。

总体来讲，基于几何特征的人脸识别方法，特征提取不精确，而且由于忽略了整个图像的很多细节信息，识别率较低，所以近年来已经很少有新的发展。

如图 4-28 所示，使用人脸部下巴的轮廓曲线来辅助检测人脸特征，然后使用 Gabor 小波变换 (GWT) 进行人脸识别，获得了较理想的实验结果。

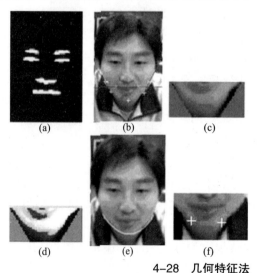

(a) 人脸特征图像

(b) 定位下巴区域

(c) 从定位区域切割得梯形区域

(d) 直方图均衡化后的梯形区域

(e) 插入的下巴轮廓线

(f) 检测到的下巴宽度

4-28 几何特征法

（2）特征脸法

特征脸法 (Eigenface) 是 Turk 和 Pentland 在 1991 年发明的一种人脸识别的方法。所谓特征脸就是对应于人脸协方差矩阵的那些较大特征值的特征向量,特征脸法是从主成分分析(PCA)导出的一种人脸识别和描述技术。其主要思想是,一副由 N 个像素组成的图像,可以看作 N 维矢量,或是 N 维空间中的一点。假设人脸图像只占据这个高维图像空间的一个很小的子区域,因此可以利用 PCA 来得到一个人脸图像的优化坐标系统。即是对这个人脸子区域的坐标进行降维,使得每个人脸图像可以用很少几个参数来表示,这就降低了计算复杂度。

这种方法将包含人脸图像区域看做一种随机向量,因此可以采用 KL 交换得到正交变换基,对应其中较大的特征值的基底具有与人脸相似的形状,即特征脸。算法利用这些基底的线性组合可以描述、表达人脸和逼近人脸,因此可以进行人脸的识别和重建。识别过程就是把待识别人脸映射到由特征脸生成的子空间中。特征脸所生成的子空间在维数上比原模式空间大大减少,人脸检测和识别工作就在该子空间上进行。

识别时可采用主分量作正交基的主成分分析法 (PCA),也可采用次分量作正交基的次成分分析法。与较大特征值对应的正交基 (也称主分量) 可用来表达人脸的大体形状,与小特征值对应的特征分量 (也称次分量) 可用来描述具体细节。用次分量作为正交基的原因是所有人脸的大体形状和结构相似,真正用来区别不同人脸的信息是那些用次分量表达的高频成分。

后来 Pentland 等人进一步扩展了特征脸方法,将类似的思想运用到面部特征上,分别得到了本征眼、本征鼻、本征嘴,并且将它们结合起来进行人脸识别。实验结果表明,这样比单独使用特征脸效果更好。特征脸方法从能量压缩和重建误差最小化的角度来讲, PCA 是最优的方法。但它对于外界因素所带来的图像差异和人脸自身所造成的差异是不加区分的,因此外界因素 (例如光照、姿态) 变化会引起识别率的降低。

（3）弹性图匹配法

弹性图匹配法 (Elastic Graph Matching) 是一种基于动态链接结构 (Dynamic Link Architecture, DLA) 的方法。该方法在二维空间中为人脸建立属性拓扑图,把拓扑图放置在人脸上,每一节点包含一特征向量,它记录了人脸在该顶点附近的分布信息,节点间的拓扑连接关系用几何距离来标记,从而构成基于二维拓扑图的人脸描述。

利用该方法进行人脸识别时,可同时考虑节点特征向量匹配和相对几何位置匹配。在待识别人脸图像上扫描拓扑图结构并提取相应节点特征向量,把不同位置的拓扑图和库中人脸模式的拓扑图之间的距离作为相似性度量。此外,可用一个能量函数来评价待识别人脸图像向量场和库中已知人脸向量场间的匹配度,即最小能量函数时的匹配。该方法对光照、姿态变化等具有较好的适应性。该方法的主要缺点是计算量较大,必须对每个存储的人脸计算其模型图,占用很大存储空间。

如图 4-29 所示,使用了广义弹性

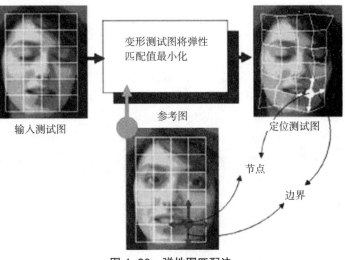

图 4-29　弹性图匹配法

图匹配的人脸识别方法,在适应人脸的姿态及表情变化方面获得了较好的实验效果。

（4）神经网络法

神经网络法是利用大量简单处理单元(神经元)互联构成的复杂系统来解决识别问题。它在正面人脸识别中取得了较好的效果。常用的神经网络有 BP(反向传播)网络、自组织网络、卷积网络、径向基函数网络和模糊神经网络。BP 网络运算量相对较小,耗时较短。其自适应功能有助于增强系统的鲁棒性(Robustness)。

人工神经网络方法基于神经网络的方法是最近几年比较活跃的一个研究方向。神经网络进行人脸的特征提取和分类器的设计,有比较成熟的人脸特征提取方法,如多主元分量提取算法、自适应主分量神经网络提取算法等。

Valentin 的方法是首先提取人脸的 50 个主元,然后用自相关神经网络将它映射到 5 维空间中,再用一个普通的多层感知器进行判别,对一些简单的测试图像效果较好。Intrator 等提出了一种混合型神经网络来进行人脸识别,其中非监督神经网络用于特征提取,而监督神经网络用于特征分类。Lee 等将人脸的特点用六条规则描述,然后根据这六条规则进行五官的定位,将五官之间的几何距离输入模糊神经网络进行识别,效果较一般的基于欧氏距离的方法有较大改善。Laurence 等采用卷积神经网络方法进行人脸识别,由于卷积神经网络中集成了相邻像素之间的相关性知识,从而在一定程度上获得了对图像平移、旋转和局部变形的不变性,因此得到非常理想的识别结果。Lin 等提出了基于概率决策的神经网络方法,其主要思想是采用虚拟样本进行强化和反强化学习,从而得到较为理想的概率估计结果,并采用模块化的网络结构学习,这种方法在人脸检测、人脸定位和人脸识别的各个步骤上都得到了较好的应用。

神经网络方法在人脸识别上的应用有一定的优势,因为对人脸识别的许多规律和规则进行显性的描述是相当困难的,而神经网络方法则可以通过学习的过程获得对这些规律和规则的隐性表达,它的适应性更强,一般也比较容易实现。

（5）基于三维的方法

把人脸当做平面图像来看待就是二维识别问题,将人脸用立体图像来表示,就是三维识别问题。三维人脸的研究始于计算机动画和生物医学成像。采用三维识别与传统的方法最大的区别就在于,人脸的信息可以更好地表现和存储,同时由于三维人脸模型具备光照无关性和姿态无关性的特点,能够正确反映脸的基本特性。而且人脸主要的三维拓扑结构不受表情的影响,从而形成相对稳定的人脸特征表述。因此,基于三维人脸模型的识别方法可以很好地解决目前在这一领域存在的研究瓶颈。

三维人脸识别,主要有基于图像特征的方法和基于模型可变参数的方法。基于图像特征的方法实现的过程类似人脸重建的方法:首先匹配人脸整体的尺寸轮廓和三维空间方向;然后,在保持姿态固定的情况下,进行脸部不同特征点的局部匹配。也可以用一个精确的透视模型估计姿态参数,同时利用一个稀疏特征集合去插值和提炼其余的脸部结构。基于模型可变参数的方法使用将通用人脸模型的 3D 变形和基于距离映射的矩阵迭代最小相结合,去恢复头部姿态和 3D 人脸。随着模型形变的关联关系的改变不断更新姿态参数,重复此过程直到最小化尺度达到要求。

基于模型可变参数的方法与基于图像特征的方法的最大区别在于:后者在人脸姿态每变

化一次后,需要重新搜索特征点的坐标,而前者只需调整 3D 变形模型的参数。

如图 4-30 所示,通过融合 2D 和 3D 人脸数据,获得了比使用单一数据信息进行人脸识别更好的识别效果。该方法对光照和表情、姿态的变化均有较好的鲁棒性。

目前国内的三维人脸识别算法还很不成熟,主要面临如下困难:

① 信息来源方面的困难。用于 3D 识别的完整信息难于获取,或者用于 3D 识别的信息往往是不完整的,这造成了识别算法本身不可纠正的错误。

② 海量存储和计算量庞大。由于 3D 识别的数据容量和计算量十分巨大,给存储和运算带来困难,也对计算机的硬件提出了更高要求。

③ 对人的生理认识的不足。对于生物生理学和生物心理学等相关学科的认知水平制约了计算机的算法实现,比如对于肌肉的运动理论和表情的形成等问题,不能提供给计算机足够的专家支持。

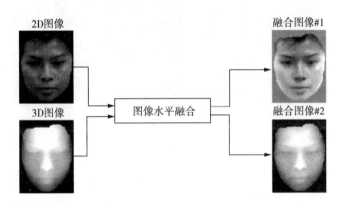

图 4-30　基于三维的人脸识别算法

4.4.3　人脸识别技术的应用

人脸识别技术在建筑安防系统中的实际应用产品,主要有人脸识别模块、用于门禁和考勤的人脸识别仪,以及应用于各种视频监控网络的人脸识别系统等。

1.　人脸识别系统

以德国 Interflex 人脸识别系统为例,介绍三维人脸识别系统的各项功能和技术参数。Interflex 人脸识别系统包括人脸注册单元、人脸识别仪和识别软件。外观如图 4-31 所示,实际应用场景如图 4-32 所示。

（1）技术优势

光照和角度:系统的工作波段接近于红外波段,因此对于光线条件的要求不高。使用者可以不受光线状况、背景颜色、脸部的毛发与肤色的影响,从任意角度都可以呈现出准确的三维脸形资料。

三维图像的特异性:系统获取丰富的脸部测量数据特征点,通过运算形成的三维脸形模板,可以准确地识别出看似完全相同的双胞胎的脸形。

识别速度和准确性:实时视频三维捕捉技术,以及每秒 10~12 个完整捕捉核对的快速识别,实现了极低的拒真率和认假误识率(0.01%)。准确率处于业界领先水平。

注册单元 识别议

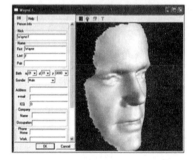

识别软件

图 4-31 德国 Interflex 三维人脸识别系统

室外应用 室内应用

图 4-32 人脸识别仪的实际应用场景

（2）人脸注册单元

三维人脸注册单元用来登记人员的三维脸形模板，采用 Bioscrypt 公司最先进的光学技术、结构光及运算法则，利用特殊的投影机及数码相机，输出一个三维的生物脸形模板及一个二维的彩色照片。注册过程十分简单，使用者与操作人员可以通过显示屏的指引非常方便的完成登记，整个过程只需 4~6 秒钟。可以提供标准的 SDK，让客户自行来定制产品的功能。其技术特点如下：

- 速度：实时三维成像技术在 4~6 秒钟内完成注册
- 安全：在重要区域的地方对人员进行身份认证
- 方便：人员只需在注册机前停留，无需接触
- 精密：使用了 40000 个数据点进行精确匹配
- 适应性：容纳各种面部的场合和昏暗的照明条件
- 操作简单：LCD 显示屏显示面部的位置，利用显示屏可以方便引导人员站位

三维人脸注册单元技术参数如下：

- 注册时间：4~6 秒
- 电源：输入电压 12VDC，输入电流 3A
- 显示屏：4 英寸 LCD 显示屏
- 系统支持平台：Windows 2000/ XP SP2
- 输入接口：标准韦根
- 输出接口：视频输出、读卡器输出接口
- 通讯接口：RS485
- 外形尺寸：119mm x 229mm x 152mm
- 重量：1.7kg
- 使用温度：0℃ ~50℃
- 使用湿度：0%~90%

（3）人脸识别仪

人脸识别仪可以快速方便地进行定位设计，人员可以方便、简单地使用它，可以在 1 秒钟内完成认证。三维人脸识别仪的工作波段接近于红外波段，使用者可以不受光线状况、背景颜色、脸部的毛发与肤色的影响，从任何的角度都可以呈现出准确的三维脸形资料。其技术特点如下：

- 非接触式
- 适应于各种现场使用环境
- 在白天和漆黑的环境下验证性能相同
- 人员在读头前 50~100cm 处完成认证
- 兼容性好，可以与现有各种门禁系统兼容
- 可以提供多种读卡格式，如磁条、韦根、条码及刷卡等
- 先进的制作工艺
- LCD 显示屏显示验证的信息
- 快速的面部定位及扫描
- 小于 1 秒的识别速度
- 多种识别模式，用户自行设定
- 采用脸形、卡及密码，可以实现单一、双重、三重认证模式

三维人脸识别仪的技术参数如下：

- 验证时间：小于一秒
- 识别时间：小于一秒

- 电源：输入电压 24VDC，输入电流 3A
- 显示屏：4 英寸 LCD 显示屏
- 输入接口：标准韦根、磁条、条码及刷卡等
- 输出接口：标准韦根、磁条、条码及刷卡等
- 通讯接口：TCP/IP
- 外形尺寸：132mm × 355mm × 116mm
- 重量：1.1kg
- 使用温度：0℃~50℃
- 使用湿度：0%~90%

2. 应用人脸识别技术的门禁系统

以深圳飞瑞斯科公司的"辨脸通"人脸识别门禁系统为例，介绍应用人脸识别技术的门禁系统的原理和技术特点。

（1）系统概述

"辨脸通"人脸识别门禁系统，专门针对广大企业的门禁应用量身定制。它采用行业领先的人脸识别技术，精确提取人脸特征，作为身份识别的依据，从而提供安全的、便捷的人员通行管理解决方案。"辨脸通"人脸识别具有如下特性：

① 唯一性：每个人都有一张脸，且无法被复制、仿冒，因此安全性更高。

② 自然性好：人脸识别技术同人类（甚至其他生物）进行个体识别时所利用的生物特征相同，其他生物特征如指纹、虹膜不具备这个特征。

③ 简单方便：无需携带卡，识别速度快，操作简单便捷。

④ 非接触性：无需接触设备，不用担心病毒的接触性传染，既卫生，又安全。

（2）系统原理

如图 4-33 所示，该系统由硬件设备（人脸识别终端、门禁控制器、门铃、电锁等）和控制管理软件（人脸识别实时监控、人脸识别门禁考勤管理系统）组成。

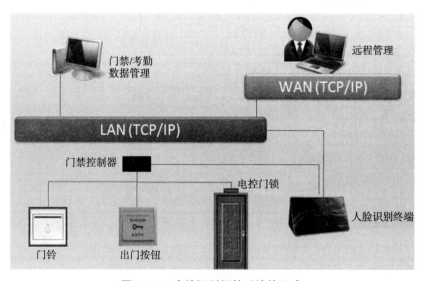

图 4-33　人脸识别门禁系统的组成

人脸识别工作原理：人脸识别是基于人的脸部特征信息进行身份识别的一种生物识别技术。用摄像机或摄像头采集含有人脸的图像或视频流，并自动在图像中检测和跟踪人脸，进而对检测到的人脸进行脸部的一系列相关技术处理，包括人脸图像采集、人脸定位、人脸识别预处理、记忆存储和比对辨识，达到识别不同人身份的目的。人脸识别门禁系统就是把人脸识别和门禁系统结合，并且通过人脸识别作为门禁开启的要素之一。识别流程如图4-34所示。

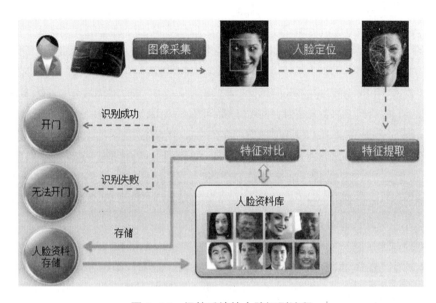

图 4-34　门禁系统的人脸识别流程

（3）系统特色

① 精确度高，安全可靠。最新人脸识别算法，识别精确度高，确保精确识别每一张脸，因而安全性更高。

② 稳定性高，低耗节能。采用高性能、低功耗 DSP 处理器，完全脱机操作，系统经过长期运行检测，工作稳定。同时，设备支持自动休眠模式，环保节能。

③ 操作简单，界面人性化。TFT 液晶显示 / 触摸屏，人性化的 GUI 界面和 WEB 端管理软件。

④ 多种识别方式确保安全。可根据用户需求灵活设置，单人脸识别密码 + 人脸识别，ID/IC 卡 + 人脸识别等多种识别模式。

⑤ 智能自学习功能。自动捕获人脸，具备模板自学习功能，随着发型、肤色、年龄等变化动态更新人脸数据库，从而始终正确识别人脸。

⑥ 实时面像日志记录。实时人脸记录，更直观、更易于人工查询、判别、核对以及方便打印查看。

⑦ 实时远程监控与报警。系统能实时地远程监控所属各个门的人员进出情况，并可根据实际需要进行相应的报警。

⑧ 网络远程管理。可通过 IE 浏览器或客户端软件，方便地进行远程查看、控制管理。

4.5 其他生物识别技术和比较

4.5.1 虹膜识别技术

1936 年，眼科专家 Frank Burch 指出虹膜具有独特的信息，可用于身份识别。1987 年，眼科专家 Aran Safir 和 Leonard Flom 首次提出利用虹膜图像进行自动虹膜识别的概念，到 1991 年，美国洛斯阿拉莫斯国家实验室的 Johnson 实现了一个自动虹膜识别系统。1993 年英国剑桥大学 John Daugman 博士建立了一个高性能的自动虹膜识别原型系统。今天，大部分的自动虹膜识别系统使用 Daugman 的核心算法。虹膜的形成由遗传基因决定，人体基因表达决定了虹膜的形态、生理特性、颜色和总的外观，是最可靠的人体生物终身身份标识。 虹膜识别就是通过这种人体生物特征来识别人的身份。在所有生物特征识别技术中，虹膜识别是当前应用最为精确的一种。虹膜识别技术以其高精确度、非接触式采集等优点得到了迅速发展，被广泛认为是 21 世纪最具有发展前途的生物认证技术之一，未来的安防、国防、电子商务等多种领域的应用，也必然会以虹膜识别技术为重点。这种趋势，现在已经在全球各地的各种应用中逐渐开始显现出来，市场应用前景非常广阔。

1. 什么是虹膜

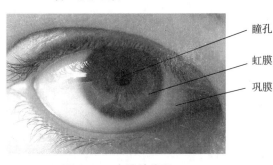

图 4-35 人眼的外观

人眼的外观由巩膜、虹膜、瞳孔三部分构成，如图 4-35 所示。巩膜即眼球外围的白色部分，约占总面积的 30%；眼睛中心为瞳孔部分，约占 5%；虹膜位于巩膜和瞳孔之间，包含了最丰富的纹理信息，占据 65%。从外观上看，由许多腺窝、皱褶、色素斑等构成，是人体中最独特的结构之一。虹膜的形成由遗传基因决定，人体基因表达决定了虹膜的形态、生理、颜色和总的外观。

人在婴儿时期，虹膜就基本上发育到了足够尺寸，进入了相对稳定的时期。除非极少见的反常状况、身体或精神上大的创伤造成虹膜外观上的改变外，虹膜形貌可以保持数十年没有多少变化。另一方面，虹膜是外部可见的，但同时又属于内部组织，位于角膜后面。要改变虹膜外观，需要非常精细的外科手术，而且要冒着视力损伤的危险。虹膜的高度独特性、稳定性及不可更改的特点，是虹膜可用作身份鉴别的物质基础。因此，虹膜作为身份标识具有许多先天优势：

（1）唯一性

由于虹膜图像存在着许多随机分布的细节特征，因而造就了虹膜模式的唯一性。英国剑桥大学 John Daugman 博士提出的虹膜相位特征证实了虹膜图像有 244 个独立的自由度，即平均每平方毫米的信息量是 3.2 比特。实际上，用模式识别方法提取图像特征是有损压缩的过程，可以预测虹膜纹理的信息容量远大于此。 并且虹膜细节特征主要是由胚胎发育环境的随机因素决定的，即使克隆人、双胞胎、同一人左右眼的虹膜图像之间也具有显著差异。虹膜的唯一性为高精度的身份识别奠定了基础。英国国家物理实验室的测试结果表明：虹膜识别是各种生物特征识别方法中错误率最低的。

（2）稳定性

虹膜从婴儿胚胎期的第 3 个月起开始发育，到第 8 个月虹膜的主要纹理结构已经成形。除非经历危及眼睛的外科手术，此后几乎终生不变。由于角膜的保护作用，发育完全的虹膜不易受到外界的伤害。

（3）非接触性

虹膜是一个外部可见的内部器官，不必紧贴采集装置就能获取合格的虹膜图像，识别方式相对于指纹、掌形等需要接触感知的生物特征更加干净卫生，不会污损成像装置，不会影响其他人的识别。

（4）便于信号处理

在眼睛图像中，和虹膜邻近的区域是瞳孔和巩膜，它们和虹膜区域存在着明显的灰度阶变，并且区域边界都接近圆形，所以虹膜区域易于拟合分割和归一化。虹膜结构有利于实现一种具有平移、缩放和旋转不变性的模式表达方式。

（5）防伪性好

虹膜的半径小，在可见光下，中国人的虹膜图像呈现深褐色，看不到纹理信息，具有清晰虹膜纹理的图像获取需要专用的虹膜图像采集装置和用户的配合，所以在一般情况下很难盗取他人的虹膜图像。此外，眼睛具有很多光学和生理特性，可用于活体虹膜检测。

2. 虹膜识别过程

虹膜识别通过对比虹膜图像特征之间的相似性来确定人们的身份，其核心是使用模式识别、图像处理等方法对人眼睛的虹膜特征进行描述和匹配，从而实现自动的个人身份认证。虹膜识别技术的过程，一般来说分为虹膜图像获取、图像预处理、特征提取和特征匹配四个步骤。

（1）虹膜图像获取

虹膜图像获取，是指使用特定的数字摄像器材对人的整个眼部进行拍摄，并将拍摄到的图像通过图像采集卡传输到计算机中存储。虹膜图像的获取是虹膜识别中的第一步，同时也是比较困难的步骤，需要光、机、电技术的综合应用。因为人们眼睛的面积小，如果要满足识别算法的图像分辨率要求就必须提高光学系统的放大倍数，从而导致虹膜成像的景深较小，所以现有的虹膜识别系统需要用户停在合适位置，同时眼睛凝视镜头 (Stop and Stare)。另外，东方人的虹膜颜色较深，用普通的摄像头无法采集到可识别的虹膜图像。不同于脸像、步态等生物特征的图像获取，虹膜图像的获取需要设计合理的光学系统，配置必要的光源和电子控制单元。在直径 11mm 的虹膜上，Daugman 的算法用 3.4 个字节的数据来代表每平方毫米的虹膜信息，这样，一个虹膜约有 266 个量化特征点，而一般的生物识别技术只有 13 个到 60 个特征点。266 个量化特征点的虹膜识别算法在众多虹膜识别技术资料中都有讲述，在算法和人类眼部特征允许的情况下，Daugman 指出，通过他的算法可获得 173 个二进制自由度的独立特征点。在生物识别技术中，这个特征点的数量是相当大的。

（2）图像预处理

图像预处理是指由于拍摄到的眼部图像包括了很多多余的信息，并且在清晰度等方面不能满足要求,需要对其进行包括图像平滑、边缘检测、图像分离等预处理操作。 虹膜图像预处理过程通常包括虹膜定位、虹膜图像归一化、图像增强三个部分。

虹膜定位:一般认为,虹膜的内外边界可以近似地用圆来拟合。内圆表示虹膜与瞳孔的边界,外圆表示虹膜与巩膜的边界,但是这两个圆并不是同心圆。通常,虹膜靠近上下眼皮的部分总会被眼皮所遮挡,因此还必须检测出虹膜与上下眼皮的边界,从而准确地确定虹膜的有效区域。 虹膜与上下眼皮的边界可用二次曲线来表示。 虹膜定位的目的,就是确定这些圆以及二次曲线在图像中的位置。常用的定位方法大致分为两类:边缘检测与 Hough 变换相结合的方法基于边缘搜索的方法。 这两种方法共同的缺点是运算时间长,因此出现了一些基于上述两种策略的改进方法,但是速度并没有数量级的提高。定位仍然是虹膜识别过程中运算时间最长的步骤之一。

虹膜图像归一化:虹膜图像归一化的目的是将虹膜的大小调整到固定的尺寸。到目前为止,虹膜纹理随光照变化的精确数学模型还没有得到。 因此,从事虹膜识别的研究者主要采用映射的方法对虹膜图像进行归一化。 如果能够对虹膜纹理随光照强度变化的过程建立数学模型或者近似模拟这个过程,将会对虹膜识别系统性能的提高有很大帮助。

图像增强:图像增强的目的是为了解决由于人眼图像光照不均匀造成归一化后图像对比度低的问题。为了提高识别率,需要对归一化后的图像进行图像增强。

（3）特征提取

特征提取是指通过一定的算法从分离出的虹膜图像中提取出独有的特征点,并对其进行编码。 主流的虹膜特征提取和识别方法可分为以下几类:

① 基于图像的方法。将虹膜图像看成是二维的数量场,像素灰度值构成联合分布,图像矩阵之间 的相关性就度量了相似度。

② 基于相位的方法。这种方法认为图像中的重要细节,如点、线、边缘等"事件"的位置信息,大多包含在相位中,所以在特征提取时舍弃反映光照强度和对比度的幅值信息。

③ 基于奇异点的方法。虹膜图像中的奇异点分两种,即过零点、极值点。

④ 基于多通道纹理滤波统计特征的方法。虹膜图像可以看成是二维纹理,在频域中的不同尺度和方向上会有区分性强的统计特征可供识别,这也是纹理分析中常用的方法。

⑤ 基于频域分解系数的方法。图像可以看成是由很多不同频率和方向的基组成,通过分析图像在每个基投影值的大小分布可以深入认识图像中具有规律性的信息。

⑥ 基于虹膜信号形状特征的方法。虹膜信号形状特征包括两方面的信息, 一是虹膜曲面凹凸起伏的二维形状信息, 二是沿着虹膜圆周的一维形状信息。

⑦ 基于方向特征的方法。方向(Direction)或者朝向(Orientation)是一个相对值,对光照、对比度变化的鲁棒性较强, 而且可以描述局部灰度特征,是一种比较适合虹膜图像特征表达的形式。

⑧ 基于子空间的方法。子空间的方法需要在较大规模的训练数据集上根据定义的最优准则找到若干个最优基,然后将原始图像在最优基上的投影系数作为降维的图像特征。

（4）特征匹配

特征匹配是指根据当前采集的虹膜图像进行特征提取得到的特征编码与数据库中事先存储的虹膜图像特征编码进行比对、验证,从而达到识别的目的。

3. 虹膜识别技术的应用

虹膜识别技术的典型应用就是虹膜识别仪,以及虹膜识别系统。下面以德国 Interflex 的虹膜识别仪为例介绍其技术特点。其外型如图 4-36 所示。

（1）产品特点

- 可满足最高级别的安防出入口控制要求
- 可作为独立系统应用,也可以集成于综合的出入口控制系统或考勤系统中
- 可以辨识被授权人或验证授权凭证、密码与用户之间的一致性

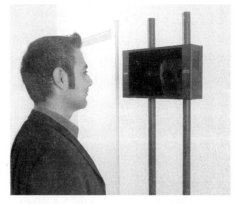

图 4-36 德国 Interflex 的虹膜识别仪

- 兼容 RFID 卡系统
- 操作简便,跟用户体型关系不大
- 记录所有被授权人及被拒绝人的登记信息
- 记录所有系统的修改
- 使用虹膜用发光二极管近红外照明,没有辐射
- 采用非接触式装置获取虹膜图像,甚至在佩戴隐形眼镜、眼镜以及非反射型太阳镜下也可正常工作
- 虹膜数据始终保持不变
- 接受度高,用户不会对卫生或健康问题产生顾虑
- 增强型识别性能
- 可设置拒绝分
- 识别迅速

（2）系统集成功能

Interflex 虹膜识别仪可以和其他管理软件组成一个系统。将管理软件安装在一台电脑上或者运行于 Interflex IF-6000 门禁系统服务器或客户端上,并在各个出入控制点安装一台或多台虹膜识别仪。管理软件最多可控制 256 台识别仪。一旦某用户被登记了,用户虹膜数据记录以及身份号码发送并记录到 IF-6000 门禁系统中。由系统判断该用户的身份是否有效。这一管理软件以及识别仪互相通过以太网 TCP/IP 连接在一起。有效的虹膜可以在系统内的 256 台识别仪上通用。因此,无需额外的线缆,Interflex 虹膜识别仪可以很方便地集成于门禁系统中。

4.5.2 静脉识别技术

1. 静脉识别的基本原理

静脉识别的原理是根据血液中的血红素有吸收红外线光的特质,将具有近红外线感应度功能的小型照相机对着手指进行摄影,即可将照着血管的阴影处摄出图像来。将血管图样进行数字处理,制成血管图样影像。如图 4-37 所示,静脉识别系统就是首先通过静脉识别仪取得个人静脉分布图,依据专用比对算法从静脉分布图中提取特征值,通过红外线 CCD 摄像头获取手指、手掌、手背静脉的图像,将静脉的数字图像存贮在计算机系统中,将特征值存储。静

脉比对时,实时采取静脉图,提取特征值,运用先进的滤波、图像二值化、细化手段对数字图像提取特征,同存储在主机中的静脉特征值比对,采用复杂的匹配算法对静脉特征进行匹配,从而对个人进行身份鉴定,确认身份。全过程采用非接触式。

静脉识别分为指静脉识别和掌静脉识别。掌静脉由于保存及对比的静脉图像较多,因为识别速度方面较慢。指静脉识别,由于其容量大、识别速度快、精确度高、活体识别等优势,越来越受到更多重要场合的青睐。下面我们重点论述指静脉识别技术。

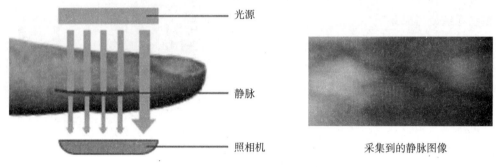

图 4-37　静脉识别原理示意图

2. 静脉识别的特点

手指静脉技术具有多项重要特点,使它在高度安全性和使用便捷性上远胜于其他生物识别技术。主要体现在以下几个方面:

① 高度防伪。静脉隐藏在身体内部,被复制或盗用的机率很小。

② 高度准确。认假率为 0.0001%,拒真率为 0.01%,注册失败率为 0%。

③ 快速识别。原始手指静脉影像被捕获并数字化处理,图像比对由日立专有的手指静脉提取算法完成,整个过程不到 1 秒。

④ 活体识别。用手背静脉进行身份认证时,获取的是手背静脉的图像特征,是手背活体时才存在的特征。在该系统中,非活体的手背是得不到静脉图像特征的,因而无法识别,从而也就无法造假。

⑤ 内部特征。用手背静脉进行身份认证时,获取的是手背内部的静脉图像特征,而不是手背表面的图像特征。因此,不存在任何由于手背表面的损伤、磨损、干燥或太湿等带来的识别障碍。

⑥ 非接触式。用手背静脉进行身份认证,获取手背静脉图像时,手背无需与设备接触,轻轻一放,即可完成识别。这种方式没有手接触设备时的不卫生的问题以及手指表面特征可能被复制所带来的安全问题,且避免了被当做审查对象的心理不适,同时也不会因脏物污染后无法识别。手掌静脉方式由于静脉位于手掌内部,气温等外部因素的影响程度可以忽略不计,几乎适用于所有用户。用户接受度好。除了无需与扫描器表面发生直接接触以外,这种非侵入性的扫描过程既简单又自然,减轻了用户由于担心卫生程度或使用麻烦而可能存在的抗拒心理。

⑦ 安全等级高。因为有了前面的活体识别、内部特征和非接触式三个方面的特征,确保了使用者的手背静脉特征很难被伪造。所以手背静脉识别系统安全等级高,特别适合于安全要求高的场所使用。韩国首尔大学电子工程系有一篇关于手背静脉识别算法的文献,介绍了

传统的静脉识别算法以及如何用昂贵的 DSP 处理器处理浮点运算、提高实时性要求和缩短识别时间。文献中描述的静脉识别算法主要包括三大部分：静脉图像的获取、静脉图像预处理和静脉识别。图像预处理部分主要由高斯低通滤波、高斯高通滤波、阈值处理、双线性滤波以及改进的中值滤波等组成。通过对 5000 个样本进行实验，识别率达到 94.88%。

3. 静脉识别的过程

（1）图像的采集

手指静脉血管是位于皮下的组织，通常情况下只用眼睛是无法观察到的，需要借助外界设备来采集图像。根据人体组织的特点，当入射光线波长在 0.72~1.10um 时，能够较好地穿透骨骼和肌肉，凸现出血管结构，而弱化手指肌肉和骨骼及手指的其他部分，从而得到手指的静脉血管图，以便进行下一步的处理。该波长属于近红外光线。所以，采集设备使用红外 LED 发出红外光照射，配以 CCD 摄像头和图像采集卡来采集图像。在实验过程，我们重点解决的是如何有效地固定手指防止位移偏差，以及如何调节光源亮度以使透射均匀，而 CCD 摄像头的选取也是关键之一。

（2）图像预处理

由于近红外光条件下采集到的手指静脉图像血管与背景的灰度差别很小，存在一定的灰度混叠，手指静脉图像识别的难点主要有两个，一是如何能够正确提取出识别所需的足够多且清晰的血管；二是细化后图像的特征提取与比对算法，重要的是如何提取更有效的特征信息并加快匹配速度，实现高精度识别。

预处理包括静脉图像灰度归一化和图像增强。静脉图像灰度归一化目的是消除采集时因图像灰度差异过大给后续处理带来的影响，本文使用公式 $y = ((x-\min)*255)/(\max-\min)$ 进行图像灰度归一化，其中 x 为原图像灰度值，y 为变换后的灰度值，$\min$ 为原图像中最小灰度值，$\max$ 为原图像中最大灰度值。

图像增强的主要目的是对一幅给定的图像，经过处理后，突出图像中的某些需要的信息，削弱或除去某些不需要的信息，使结果对某种特定应用来说比原图像更合适。它并不意味着能增加原始图像的信息，有时甚至会损失一些信息。但图像增强的结果却能加强对特定信息的识别能力，使图像中我们感兴趣的特征得以加强。本文使用直方图均衡进行图像的对比度增强，并使用高斯滤波进行图像去噪。

（3）图像分割

图像分割的目的是将静脉结构从手背区域中分割出来，该步骤是静脉图像处理的关键。

在这里，我们使用 NiBlack 方法，这是一种简单有效的局部动态阈值算法，这种算法的基本思想是对图像中的每一个点，在它的 $r \times r$ 邻域内，计算邻域里像素点的均值和方差，然后用公式 4-5 进行二值化：

$$T(x, y) = m(x, y) + k \cdot s(x, y) \tag{4-5}$$

其中，对于每一个像素点 (x, y)，$T(x, y)$ 为该点的阈值，$m(x, y)$ 为该点的 $r \times r$ 邻域内像素点的均值，$s(x, y)$ 为该点的 $r \times r$ 邻域内像素点的标准方差，k 为修正系数。如果假设像素点 (i, j) 处的灰度值为 $f(i, j)$，则 $m(x, y)$ 和 $s(x, y)$ 分别由公式 4-6 和公式 4-7 确定。

$$m(x,\ y) = \frac{1}{r^2}\sum_{i=x-r/2}^{x+r/2}\sum_{j=y-r/2}^{y+r/2} f(i,\ j) \tag{4-6}$$

$$s(x, y) = \sqrt{\frac{1}{r^2} \sum_{i=x-r/2}^{x+r/2} \sum_{j=y-r/2}^{y+r/2} f^2(i, j)} \qquad (4-7)$$

（4）图像的后处理

分割后的图像有很多点、块状噪声，必须将这些噪声去掉，使用 3×3 中值滤波处理。此外图像中还有断点、孔洞出现，也必须进行修正处理。考虑到手指静脉断点多出现在水平方向，通过先水平膨胀再进行闭操作的方法进行小距离的断点连接。而孔洞则使用面积消去法进行清除。

（5）图像细化及修正

细化的作用是提取分割后静脉结构的骨架，是特征提取的基础。使用一般的条件细化方法得到的并非单像素的细化图像，需要使用改进的方法进一步去除多余点。细化后的图像中还存在许多离散点、离散线条以及毛刺，使用面积消去法去除离散点和离散线条，另外计算从端点到交叉点的距离，当线条小于阈值时将其当做毛刺去除。

（6）图像比对识别

由于手指静脉图像采集装置的采集时间、光强和个人的手指厚薄不同，所以采集到的图像在灰度图分布上有较大的差异。即使同一个人在不同光线情况下采集到的灰度图也存在一定差别。由于以上原因，加之手指静脉细而密，在图像处理过程中可能会损失特征点或引入伪特征点，单纯使用诸如端点、交叉点等几何特征会降低识别率，因此采用了 Hu 氏不变矩方法进行手指静脉识别。

矩特征主要表征了图像区域的几何特征，又称为几何矩，由于其具有旋转、平移、尺度等特性的不变特征，所以又称其为不变矩。在图像处理中，几何不变矩可以作为一个重要的特征来表示物体，可以据此特征来对图像进行分类等操作。

Hu 氏不变矩由 7 个不变矩组合而成，本文利用其进行静脉比对，分别求出两幅图像的 Hu 氏不变矩，这里用 $f(x, y)$ 来表示像素 (x, y) 处的灰度值，采用距离公式 4-8 进行度量。

$$num = \sum_{i=1}^{7} |Fai[i] - Gai[i]| \qquad (4-8)$$

其中 $Fai[i]$ 表示第一幅细化后图片的 7 个不变矩，$Gai[i]$ 表示第二幅图片的 7 个不变矩。初步确定了阈值为 2，认为 num 小于 2 时，两幅图片为一个手指，即比对成功。反之认为不是一个手指的图片，即比对失败。

4. 静脉识别技术的应用

图 4-38　日立手指静脉门禁机

下面以日立 FVTC720 手指静脉门禁机为例，介绍静脉识别仪的性能特点。其外型如图 4-38 所示。

（1）产品规格

识别方式：1∶1 或 1∶N 两种识别方式

手指静脉注册时间：小于 1 秒（1 根手指）

认假率（FAR）：0.0001%

拒真率（FRR）：0.01%

通信接口：RS485，Wiegand26-64bit，LAN

（2）功能特色

高度防伪：由于静脉隐藏在身体内部，被他人复制或者盗用的几率较小，因而该款产品保密性较高、安全可靠。

外观精美、操作方便：该机亮丽的外型，人性化设计给人一种特殊的亲和力，它不需要人们高度的配合，只需简单地将手指放置几秒钟即可完成识别，使用者的心理抗拒性较低；而且它受生理和环境因素的影响较小，干燥皮肤、油污、灰尘污染、皮肤表面异常等情况都适宜使用。

高度准确：只要手指轻轻一放，便能迅速地进行识别，认假率为 0.0001%（百万分之一），拒真率为 0.01%，注册失败率为 0%，因而具有高度的安全性和稳定性。

快速识别：该机利用原始手指静脉的影像被捕获并数字化处理的方式进行操作，图像比对由专业的手指静脉提取算法完成，整个过程不到 1 秒，因此不会耽误人们太长时间。

4.5.3　常见生物识别技术的比较

在众多生物识别方案中，有指纹识别、掌形识别、人脸识别、虹膜识别、静脉识别等多种识别方式，对于每种识别方式的特点，可以用一些参数来描述，包括普遍性、独特性、稳定性、可采集性、性能、接受程度和防欺骗性等。每种识别方式有它们各自的优势，但也都存在着一定的局限性。

1. 指纹识别技术

（1）优点

指纹是人体独一无二的特征，并且它们的复杂度足以提供用于鉴别的足够特征。

如果我们想要增加可靠性，我们只需登记更多的指纹，鉴别更多的手指，最多可以多达十个，而每一个指纹都是不同的。

扫描指纹的速度很快，使用非常方便。

读取指纹时，用户必须将手指与指纹采集器相互接触，与指纹采集头直接接触是读取人体生物特征最可靠的方法。

指纹采集头可以更加小型化，并且价格会更加的低廉。这也是指纹识别技术能够占领大部分市场的一个主要原因。

实用性强。指纹样本便于获取，易于开发识别系统。

（2）缺点

指纹的广泛性较差：个别人或某些群体的指纹因为指纹特征很少，成像很难，对该技术的应用有一定影响。并不是每个人都有完好的指纹。调查表明约有 0.1% 的人的指纹难以被指纹识别仪辨别。主要原因有手指刀伤、包扎着的手指、手指上的茧、皮肤过分干燥、皮肤过分潮湿、皮肤病变、皮肤老化、手指窄小及被用得太脏的指纹传感器等。某些人或某些群体的指纹特征少，甚至无指纹，所以难以成像。对于一些手上老茧较多的体力劳动者等部分特殊人群的注册和识别困难较大。

对环境的要求高：对手指的湿度、清洁度等都很敏感，脏、油、水都会造成识别不了或影响到识别的结果。指纹识别时方向要求较高，方位要正，不能斜着刷，用指肚而不是指尖，否则识别不上。

安全性差：每一次使用指纹时都会在指纹采集头上留下用户的指纹印痕，而这些指纹痕迹存在着被用来复制指纹的可能性，假指纹的风险也是不言而喻的。

用户接受度较差：过去因为在犯罪记录中使用指纹，使用户在使用上存在一定心理障碍。

质量有待提高：目前市场上的指纹识别设备可谓良莠不齐，一般指纹识别系统在使用人员过多和过频繁时会出现死机不工作或识别速度降低的问题。

如果对指纹识别仪无法识别的人，再采用人脸识别，那么将两种方法结合就可以正确地自动识别每百万人中的任何一个人。事实证明，那些储存指纹图像同时辅助有人脸图像的大型数据库十分实用。

2. 掌形识别技术

（1）优点

适应性广：不存在人群盲点问题，可以保障100%的通过。尤其在大人群、复杂的室外环境，甚至恶劣天气环境下，掌形识别系统比指纹识别系统具有非常明显的优势。

识别速度快：扫描掌形的速度很快，使用非常方便，小于1秒的识别时间可以大大提高大人群通过的速度，使大人群在短时间内通过同一认证点成为可能。

实用性强：掌形样本便于获取，易于开发识别系统。

用户认可度高：掌形识别技术是无干扰技术；便捷的人员登录和使用；可靠度高，用户反映良好；易使用、无危险，因而具有很高的用户接受率。

集成性好：掌形识别系统提供多种接口可与刷卡机、打印机、调制解调器、网络设备等相连接，极易扩充，还可以作为前端设备和各种应用系统集成综合的网络管理系统。

（2）缺点

使用掌形识别仪，与设备的接触面积最大，用户有担心会传播手掌遗留物中的细菌的顾虑。而人脸、虹膜等非接触式识别则没有此类问题。

左右手的习惯性问题。习惯使用左手的人，不习惯于使用右手识别仪。同样，习惯使用右手的人，不习惯于使用左手识别仪。大约有1%的"合法"的人，由于他们的手太小或太大或不能正确放置而被识别仪拒之门外。

由于手指的几何分析映射出手的不同特征是比较简单的，不会产生大量数据集，与其他生物识别方法相比较，手掌几何学不能获得最高程度的准确度。当数据库持续增大的，也就需要在数量上增加手的明显特征来进行人与模板进行辨认和比较，技术工程量巨大。

另外，由于掌形仪体积较大，限制了设备和技术的二次开发应用。

3. 人脸识别技术

（1）优点

自然性：人脸识别是在被测个体自然状态下进行的，有用户友好和不被察觉的特点。

非接触性：相比较其他生物识别技术而言，人脸识别是非接触性的，用户不需要和设备直接接触。

非强制性：被识别的人脸图像信息可以主动获取。

并发性：即实际应用场景下可以进行多个人脸的分拣、判断及识别。

主动性：人脸识别具有主动安防的特征，可以预察、预判，有预警功能。不需要被测个体被动配合，可以用在某些隐蔽的场合，利用已有的人脸数据库资源，可更直观、更方便地核查该人的身份。

此外,人脸识别技术与视频监控技术结合有着非常巨大的应用前景。

（2）缺点

公认面部识别是最不准确的,也是最容易被欺骗的。面部识别技术的改进依赖于提取特征与比对技术的提高,并且采集图像的设备会比其技术昂贵得多。

准确性低。人脸的差异性不是很明显,误识率可能较高;对于双胞胎,人脸识别技术不能区分;人脸的持久性差,例如长胖、变瘦、长出胡须等;人的表情也是丰富多彩的,这也增加了识别的难度;人脸识别受周围环境的影响较大。由于这些困难,人脸识别的准确率不如其他技术。

目前的人脸识别方法主要集中在二维图像方面,由于受到光照、姿势、表情变化的影响,识别的准确度受到很大限制。使用者面部的位置与周围的光环境都可能影响系统的精确性,技术上对于因人体面部的变化,如头发、饰物、变老以及其他的变化,可能需要通过人工智能来进行补偿,机器学习功能必须不断地将以前得到的图像和现在得到的进行比对,以改进核心数据和弥补微小的差别。

4. 虹膜识别技术

（1）优点

使用方便:生物特征的采集较为方便,只需用户位于设备之前,而无需物理的接触。

准确性高:据统计,到目前为止虹膜识别的错误率是各种生物特征识别中最低的。

（2）缺点

虹膜识别技术一个最为重要的缺点,就是它没有进行过任何大规模的测试,当前的虹膜识别系统只是用统计学原理进行小规模试验,而没有进行过现实世界的唯一性认证试验,应用普及程度较低。

对于盲人和眼疾患者无能为力,无法识别;设备体积较大,未来也很难将图像获取设备的尺寸小型化;因要求聚焦而需要昂贵的摄像头,系统成本过高;使用时需要比较好的光源;对黑眼睛识别比较困难;镜头可能会使图像畸变而使得可靠性大为降低;使用者容易存在心理上的排斥感。

5. 静脉识别技术

（1）优点

具有很强的普遍性和唯一性:每个人的手指静脉特征都不同,同一个人的十根手指也不一样。特殊情况下,将十指共十份的数据注册后,即使有几根手指受伤不能使用也没有关系。

高度防伪:静脉隐藏在身体内部,被复制或盗用的机率很小。由于是身体内部的血管特征,很难伪造或是手术改变。

活体识别:用手背静脉进行身份认证时,获取的是手背静脉的图像特征,是手背活体时才存在的特征。在该系统中,非活体的手背是得不到静脉图像特征的,因而无法识别,从而也就无法造假。

非接触式:相比虹膜识别,采集过程十分友好。这种方式没有手接触设备时的不卫生的问题以及手指表面特征可能被复制所带来的安全问题,且避免了被当做审查对象的心理不适,减轻了用户由于担心卫生程度或使用麻烦而可能存在的抗拒心理。

（2）缺点

手背静脉仍可能随着年龄和生理的变化而发生变化,永久性尚未得到证实。虽然可能性较小,但仍然存在无法成功注册登记的可能。

由于采集方式受自身特点的限制,与指纹识别产品相比,产品难以小型化。对采集设备有特殊要求,设计相对复杂,制造成本高。

6. 性能比较

综上所述,指纹识别、掌形识别、人脸识别、虹膜识别和静脉识别作为目前常见的生物识别技术,既有各自的优势,也有各自的缺点。性能比较情况参见表4-4。

表4-4 常见生物识别技术性能比较表

	指纹识别	掌形识别	人脸识别	虹膜识别	静脉识别
安全性	防伪性不好 安全性一般	安全性高	安全性较高	精确度最高 最安全	真正的活体识别 安全性高
可靠性	对手指情况要求高 可靠性一般	可靠性高	准确度不好 可靠性一般	错误率相当小 可靠性高	对外部因素要求低 可靠性最高
便利性	体积小 使用最方便	使用很方便	使用很方便	速度较慢 便利性一般	使用很方便
实用性	实用性高	体积较大 实用性一般	实用性最高	实用性一般	实用性高

第五章　安防系统集成

5.1　视频监控系统

5.1.1　监控摄像机

1. 发展与趋势

随着安防市场网络化、数字化的发展,以及厂家在数字处理技术上的不断进步,网络摄像机的应用局面逐渐被打开,市场需求在快速增长,致使传统的模拟监控系统市场份额稍有下降趋势。尽管数字监控的势头如此凶猛,但当前网络化监控业务在国内整体安防市场所占份额却仍然有限,这与中国监控市场网络监控发展尚不成熟有关,加上模拟监控产品无论在技术上、应用上还是整体监控系统架构上都已经非常成熟,所以近几年虽然网络监控市场在高速增长,但传统的模拟监控产品的市场份额仍相对平稳。

2. 模拟摄像机技术原理

（1）模拟摄像机的相关技术

通常,摄像机是指含镜头的摄像机,如半球摄像机、快球摄像机等都是摄像机和镜头集成的一体化设备。但是,对于普通枪式摄像机,由于可能需要配置不同类型的镜头,因此"摄像机"一般是指不包括镜头的裸摄像机,在实际使用中需要根据应用的具体需求,选择一个合适的镜头与裸摄像机配套。

① 摄像机的工作原理

摄像机的主要部件是电耦合器件(Charge Couple Device, CCD),它能够将光线信号变成电荷信号,并可将电荷储存及转移,也可将储存的电荷取出,使电压发生变化,因此是理想的摄像原件。CCD 的工作原理是：被摄物体反射的光线传播到镜头,经镜头聚焦到 CCD 芯片,然后 CCD 根据光的强弱积聚相应的电荷,各个像素积累的电荷在视频时序的控制下,逐点外移,再经滤波、放大处理后,形成视频信号输出。

② 摄像机的分类

摄像机按照不同分类方法,可以有很多种分类,并且各个分类之间是交叉的。比如按照色彩可以分类为彩色摄像机和黑白摄像机；按照 CCD 的靶面尺寸可以分为 1/3″ 和 1/4″ 等；按照同步方式可以分成内同步、外同步、电源同步；按照照度标准分成一般照度、低照度和星光级照度摄像机等。而在实际应用中,比较直观的、常见的分类方式是按照外形来设计和部署摄像机,摄像机按照外形分类,如图 5-1 所示。

（2）摄像机的主要参数

① CCD 尺寸

CCD 尺寸有 1/4″、1/3″、1/2″ 等几种。在同样的像素条件下, CCD 面积不同,直接决定了

枪式摄像机　　　　　　半球摄像机　　　　　　云台摄像机　　　　一体化球型摄像机

图 5-1　模拟摄像机形状

感光点大小的不同。感光点（像素）的功能是负责光电转换，其体积越大，能够容纳电荷的极限值也就越高，对光线的敏感性也就越强，描述的图像层次也就越丰富。

CCD 尺寸的长宽比目前依然沿袭 20 世纪 50 年代电视规格标准刚制订时 4∶3 的标准（少有 3∶2 或其他比例的，特殊的专业设备才享有特殊规格比的感光元件）。主要是这方面设计的变更不仅会影响成本，也会影响后续相机与镜头的设计。

常用的 CCD 尺寸并不是"单位"而是"比例"。要了解 CCD 大小，首先必须先认识在工程师眼中"1 英吋"的定义是什么？业界通用的规范就是：1 英寸 CCD 大小 = 长 12.8mm × 宽 9.6mm = 对角线为 16mm 的对应面积。通过中学数学中的"勾股定理"，可得出该三角的三边比例为 4∶3∶5；也就是说，无需给你完整的面积参数，只要给你该三角形最长一边长度，你就可以通过简单的定理换算回来。有了固定单位的 CCD 尺寸就不难了解余下 CCD 大小比例定义了，例如：1/2″ CCD 大小的对角线就是 1″ 的一半为 8mm，面积约为 1/4″ 的就是 1″ 的 1/4，对角线长度即为 4mm。

常用 CCD 芯片尺寸：

1 英寸——靶面尺寸为宽 12.8mm × 宽 9.6mm，对角线 16mm。

2/3 英寸——靶面尺寸为宽 8.8mm × 宽 6.6mm，对角线 11mm。

1/2 英寸——靶面尺寸为宽 6.4mm × 宽 4.8mm，对角线 8mm。

1/3 英寸——靶面尺寸为宽 4.8mm × 宽 3.6mm，对角线 6mm。

1/4 英寸——靶面尺寸为宽 3.2mm × 宽 2.4mm，对角线 4mm。

② 清晰度

清晰度指影像上各细部影纹及其边界的清晰程度。清晰度，一般是从录像机角度出发，通过看重放图像的清晰程度来比较图像质量，所以常用清晰度一词。单位是"电视行 (TV Line)"，也称线。

摄像机清晰度的指标是水平分辨率，意思是从水平方向上看，相当于将每行扫描线竖立起来，然后乘上 4/3（宽高比），构成水平方向的总线，称水平分解力。它会随 CCD 像素数的多少、视频带宽而变化，像素愈多，带宽愈宽，分解力就愈高。PAL 制电视机 625 行是标称垂直分解力，除去逆程的 50 行外，实际的有效垂直分解力为 575 线，水平分解力最高可达 575×4/3=766 线。限制线数的主要因素还有带宽。经验数据表明，可用 80 线 / 兆赫来计算能再现的电视行(线数)。如 6MHz 带宽可通过水平分解力为 480 线的图像质量。

③ 分辨率

分辨率指在视频摄录、传输和显示过程中所使用的图像质量指标，或显示设备自身具有的表现图像细致程度的固有屏幕结构，换句话说是指单幅图像信号的扫描格式或显示设备的像素规格。分辨率的单位是"像素点数 Pixels"，而不是"电视线 TV Line"，分辨率代表着水平行和垂直列的像素数,用"水平像素 × 垂直像素"来表达,如 1280×1024 代表水平行有 1280 个像素而垂直列上有 1024 个像素。这样整个画面大约有 130 万个像素,分辨率越高,就可以呈现更多信息,图像质量越好。在传统的 CCTV 系统中,受制于技术本身的限制,最大分辨率为 720×480(NTSC 制式) 及 720×576(PAL),那么相当于总共像素数量约 40 万像素,就是常说的 D1 分辨率水平。

④ 最低照度

照度是反映光照强度的一种单位,其物理意义是照射到单位面积上的光通量。照度的单位是每平方米的流明 (Lm) 数,也叫做勒克斯 (Lux,法定符号为 Lx),$1Lx=1Lm/m^2$。最低照度是测量摄像机感光度的一种方法,也就是说,标称摄像机能在多黑的条件还可以看到可用的影像。简单地说,在暗房内,摄像机对着被测物,然后把灯光慢慢调暗,直到监视器上快要看清楚被测物为止,这时测量光线的照度,就是该摄像机最低照度。通常用最低环境照度指标来表明摄像机灵敏度,黑白摄像机的灵敏度一般是在 0.01Lx ~ 0.5 Lx 之间,彩色摄像机多在 0.1Lx 以上。考察最低照度指标还需要看这个指标是在什么条件下测得的。如摄像机标称最低照度指标为 0.25Lx/F1.4/501RE/AGC ON,这表明 0.25Lx 的低照度是用 F1.4 通光量镜头、视频信号测量电平在 50IRE(350mv)、AGC 为 ON 的条件下测出来的。

一般情况下的环境照度参考值如下:夏日阳光下为 100000Lx,晴间多云为 10000Lx,阴雨天为 1000Lx,全月晴空为 0.1Lx。

⑤ 信噪比

所谓"信噪比",指的是信号电压对于噪声电压的比值,通常用符号 S/N 来表示。信噪比是摄像机的一个重要的性能指标。当摄像机摄取较亮场景时,监视器显示的画而通常比较明快,观察者不易看出画面中的干扰噪点;而当摄像机摄取较暗的场景时,监视器显示的画面就比较昏暗,观察者此时很容易看到画面中雪花状的干扰噪点。干扰噪点的强弱(也即干扰噪点对画面的影响程度)与摄像机信噪比指标的好坏有直接关系,即摄像机的信噪比越高,干扰噪点对画面的影响就越小。

⑥ 自动增益控制

自动增益控制,即 AGC(Automatic Gain Control)。所有摄像机都有一个将来自 CCD 的信号放大到"可以使用水准"的视频放大器,其放大量即增益,等效于有较高的灵敏度,可使其在微光下更加灵敏,然而在亮光照的环境中放大器将过载,使视频信号畸变。为此,需利用摄像机的自动增益控制电路去探测视频信号的电平,适时地开关 AGC,从而使摄像机能够在较大的光照范围内工作,产生动态范围,即在低照度时自动增加摄像机的灵敏度,从而提高图像信号的强度,来获得清晰的图像。

⑦ 背景光补偿

背景光补偿,即 BLC(Backlight Compensation),也称作逆光补偿或逆光补正,它可以有效地补偿摄像机在逆光环境下拍摄时画面主体黑暗的缺陷。通常,摄像机的 AGC 工作点是通过对整个视场的内容作平均来确定的,但如果视场中包含一个很亮的背景区域和一个很暗的前景目标,则此时确定的 AGC 工作点有可能对于前景目标是不够合适的。

⑧ 宽动态范围

宽动态范围,即 WDR(Wide Dynamic Range)。当在强光源照射下的高亮度区域及阴影、逆光等相对亮度较低的区域在一幅图像中同时存在时,摄像机输出的图像会出现明亮区域因曝光过度成为白色,而黑暗区域因曝光不足成为黑色,严重影响图像质量。摄像机在同一场景中对最亮区域及较暗区域的表现是存在局限的,这种局限就是通常所讲的"动态范围"。一般的"动态范围"是指摄像机对拍摄场景中景物光照反射的适应能力,具体指亮度(反差)及色温(反差)的变化范围。

宽动态摄像机的动态范围比传统只具有 3:1 动态范围的摄像机超出了几十倍。

宽动态和非宽动态摄像机成像效果对比如图 5-2 所示。

图 5-2　宽动态和非宽动态摄像机成像效果对比

5.1.2　网络摄像机技术原理

1. IPC 产品介绍

（1）IPC 的定义

网络摄像机,也叫 IP 摄像机,即 IP Camera,简称 IPC。近几年得益于网络带宽、芯片技术、算法技术、存储技术的进步,而得到大力发展。

IPC 的特点主要体现在"IP"上,即支持网络协议的摄像机,IPC 可以看成是"模拟摄像机 + 视频编码器"的结合体,从图像质量指标讲,又可实现高于"模拟摄像机 + 视频编码器"能达到的效果。IPC 是新一代网络视频监控系统中的核心硬件设备,通常采用嵌入式架构,集成了视频音频采集、信号处理、编码压缩、智能分析、缓冲存储及网络传输等多种功能,再结合录像系统及管理平台,就可以构建成大规模、分布式的智能网络视频监控系统。

从实现的功能来讲,IPC 相当于"模拟摄像机 + 视频编码器 (DVS)"构成的联合体,但从设备构成角度讲,IPC 与"模拟摄像机 +DVS"的联合体是有本质区别的,IPC 从视频采集、编码压缩到网络传输,所有环节都可以实现全数字化,而"模拟摄像机 +DVS"联合体需要经过多次模 / 数转换过程,即 IPC 才是真正的纯数字化设备,这是二者的本质区别,也因此导致"模拟摄像机 +DVS"的联合体的图像技术指标无法与 IPC 相比。IPC 本身可以看作是镜头、摄像机、视频采集卡、计算机、操作系统、软件、网卡等多元素的集合体。

IPC 是真正的即插即用设备,可以部署在局域网,也可以部署在互联网环境中,允许用户通过浏览器在网络任何位置对摄像机的视频进行显示及控制,这种相对独立的工作模式使得 IPC 既适合大规模视频监控系统应用,也可以独立分散地应用在如商店、学校、家庭等需要远程视频监控的环境中。IP 监控架构如图 5-3 所示。

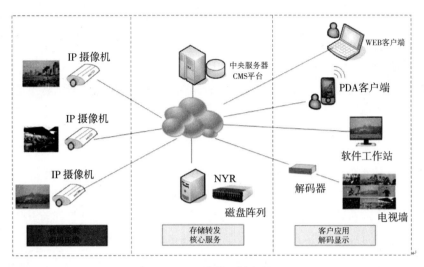

图 5-3　IP 监控系统架构图

（2）IPC 的主要功能

视频编码：采集并编码压缩视频信号。

音频功能：采集并编码压缩音频信号。

网络功能：编码压缩的视音频信号通过网络进行传输。

云台、镜头控制功能：通过网络控制云台、镜头的各种动作。

缓存功能：可以把压缩的视音频数据临时存储在本地的存储介质中。

报警输入输出：能接收、处理报警输入/输出信号，即具备报警联动功能。

移动检测报警：检测场景内的移动并产生报警。

视频分析：自动对视频场景进行分析，比对预设原则并触发报警。

视觉参数调节：饱和度、对比度、色度、亮度等视觉参数的调整。

编码参数调节：帧率、分辨率、码流等编码参数可以调整。

系统集成：可以与视频管理平台集成，实现大规模系统监控。

（3）IPC 的分类

　　与模拟摄像机一样，IPC 的分类方法有多种，可以按照外形、清晰度、室内及室外应用进行分类。

　　通常的分类方法是按照固定摄像机、PTZ 摄像机、半球摄像机、一体球摄像机等直观外形特征进行分类。网络摄像机形状如图 5-4 所示。

枪式 IPC　　　　半球 IPC　　　　云台 IPC　　　　一体化球型 IPC

图 5-4　网络摄像机形状

① 固定半球 IPC

此类摄像机一般采用固定焦距或手动变焦镜头，内置于半球护罩内，外观漂亮便于安装，通常需要天花板支撑安装。缺点是镜头基本固定,由于空间有限难于更换其他焦距的镜头,摄像机视场 FOV(Field Of View) 固定,难于调整。

② 固定枪式 IPC

此类摄像机具有固定或手动可变焦距镜头,一般用于监视固定场所,配合安装支架,实现中焦、远景或广角场景的监视功能,配合相应的防护罩可以应用于室外环境,摄像机视场可以手动进行调整。

③ PTZ 及一体球 IPC

此类摄像机为可变焦距、可变角度摄像机,通过远程操作实现焦距及角度的控制,因此拥有大范围如室内大堂、室外广场、停车场等场景的监视功能。与模拟 PTZ 摄像机的区别在于此类 IPC 不需要单独布置控制线缆,便可以实现对 PTZ 的控制,因为下行的 PTZ 控制信号通过网络进行传输。与传统模拟 PTZ 及一体球型摄像机类似,此类 IPC 通常具有预置位、隐私遮挡、自动跟踪等多种功能,属于高端应用类摄像机。

④ 百万像素摄像机

百万像素摄像机是一种特殊的 IPC。顾名思义,百万像素摄像机指成像像素达到 100 万的 IPC,这是模拟摄像机最高可达到的分辨率的 2 倍以上,从而可以显示场景中更细微的内容,以便增强目标识别能力,也可以覆盖更大范围的场景以节省摄像机安装数量。百万像素摄像机通常配置百万像素图像传感器,其高像素级为网络带宽和存储带来更高的要求。

2. IPC 的组成及工作原理

从外在情况看,IPC 在一块电路板上集成了视频采集、图像处理、视音频编码压缩、网络传输、控制、报警等各种功能模块,实现视频的编码压缩与上传。从内在情况看,IPC 的软件部分主要包括嵌入式操作系统、外围设备驱动、网络协议栈、编码压缩算法程序等。

（1）IPC 的硬件构成

IPC 的硬件构成一般包括镜头、图像传感器、声音传感器、信号处理器、模 / 数转换器、编码芯片、主控芯片、网络及控制接口等部分组成。光线通过镜头进入传感器,然后转换成数字信号,由内置的信号处理器进行预处理,处理后的数字信号由编码压缩芯片进行编码压缩,最后通过网络接口发送到网络上进行传输。

从图中可以看出,在独立芯片 +CPU(主控芯片系统) 的架构中,编码压缩工作与系统主控工作分别在两个独立芯片上完成。而在 SOC 的架构中,系统的 SOC 除了要做视频的编码压缩工作外,还需要处理系统数据及网络传输。网络摄像机工作流程如图 5-5 所示。

① 镜头

镜头作为 IPC 的前端部件,有固定光圈、自动光圈、自动变焦、自动变倍等多种。

② 图像传感器

目前图像传感器有两种,一种是在模拟监控设备中所广泛使用的 CCD(电荷耦合) 元件;另外一种是后来发展起来的 CMOS(互补金属氧化物导体) 器件。CCD 和 CMOS 在制造上的主要区别在于,CCD 是集成在硅晶半导体的材料上,而 CMOS 是集成在被称做 "金属氧化物" 的半导体材料上。从制造工艺上区分,CCD 较为复杂,全球只有少数几个厂商掌握这种技术。目前,CCD 在灵敏度及信噪处理等方面表现优于 CMOS,而 CMOS 则具有低成本、低功耗,以及高整合度的特点。随着 CCD 与 CMOS 传感器技术的不断发展,它们之间的差异正

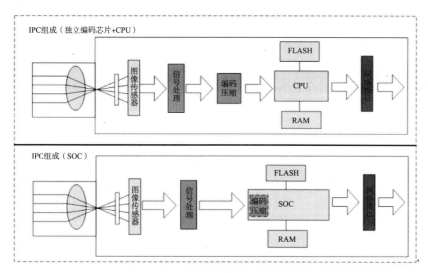

图 5-5 网络摄像机工作流程

在逐渐减小,新一代的 CCD 传感器一直在功耗上做改进,而 CMOS 传感器则在改善信噪处理及灵敏度等方面的不足。

③ 模/数转换器

模/数转换器的作用是将图像和声音等模拟信号转换成数字信号提供给编码芯片进行编码压缩。基于 CMOS 的图像传感器一般内置 A/D 模块,可以直接输出数字信号,因此无需额外的模/数转换器,即可以将光信号直接转换成符合 ITU656 标准的数字视频信号。而基于 CCD 模式的图像传感器模块需独立的 A/D 转换装置。

④ 编码压缩部分

编码压缩部分的作用是对经模/数转换后的数字信号,按一定的标准如 MPEG-4 或 H.264 进行编码压缩。编码压缩的目的是减少视频信息的冗余,利用更低的码流实现视频的网络传输及存储。目前,图像编码压缩方式有两种架构:一种是硬件编码压缩,即把编码压缩算法固化在芯片上;另一种是软件编码压缩,即软件运行在 DSP(或其他处理器)上进行图像的编码压缩。同样,声音的压缩亦可采用硬件编码压缩和软件压缩。编码压缩部分由编码芯片及相关的 RAM 构成,编码芯片需要 RAM 来存储编码压缩的原始数据及中间处理数据,通常需要空间比较大,如通常需要 16MB 或 32MB 的 SDRAM。

⑤ 主控部分

主控部分是整个 IPC 的核心控制单元,负责整个系统的调度工作,主控部分可以直接向编码压缩芯片发送命令,读取经过编码压缩的音视频数据,并发送给网络模块进行传输。如果是硬件编码压缩,主控制器一般是一个独立部件。如果是软件编码压缩,主控制器可能就是运行编码压缩算法的 DSP,即主控与编码功能合二为一,当然也可以采用单独的芯片。主控部分主要包括主控芯片(CPU)、程序存储器 Flash 及缓存 SDRAM、Flash 中固化 OS 内核、文件系统、应用软件和系统配置文件。SDRAM 是系统内存,SDRAM 用来存储系统及应用程序,由于系统及程序经过专门优化和裁剪,通常文件不大,一般可以采用 4M 的 SDRAM 作为系统内存。

⑥ 网络模块

网络模块提供 IPC 的网络功能,接收主控芯片的控制命令,将编码压缩后的视频发送到网络上去,或从网络接收控制命令,转发给控制模块,实现 PTZ 控制。从主控芯片传送过来的数据,通过网络模块转换成以太网物理层能够接收的数据,通过标准 RJ-45 网络接口传输到网络上去。通常 IPC 采用 RTP、RTCP、UDP、HTTP、TCP/IP 等网络协议,允许用户远程对 IPC 进行访问、参数修改、实时视频浏览及控制 PTZ 动作。

⑦ 控制模块

IPC 通常配置外围接口,如用于报警信号输入输出的 I/O 接口。控制模块的主要功能是把主控芯片传送过来的并行信号转换为串行信号,实现对外设的控制。I/O 模块用来实现信号的输入输出转换,即通常说的报警联动功能。

(2)IPC 的软件构成

IPC 的软件构成一般包括操作系统、应用软件、编码算法、底层驱动等部分,IPC 的稳定性非常重要,通常采用嵌入式 Linux 操作系统,其具有低成本、开放源码、高安全性及移植性好等优点,是目前 IPC 的主流 OS。在视频编码算法上,MPEG-4 是目前的主流,但是 H.264 是未来的方向,H.264 相对于 MPEG-4 算法能够节约一半左右的码流,但是其算法复杂度也大大提高,因此需要更强的芯片处理能力支持。通常,出于可靠性及灵活性考虑,IPC 的软件采用分层的架构。其自下而上分为 4 层,分别是设备驱动层、操作系统层、媒体层(多媒体库和网络协议栈)及应用层。

① 设备驱动程序

通常,IPC 外设驱动程序包括 IEEE802.3 、MAC 控制器、通用 I/O、I2S、AC97、SD/MMC 卡、LCD 显示控制器、视频捕获设备、硬盘控制器以及高速 USB 控制器等驱动程序。

② Linux 操作系统

通常,Linux 操作系统被应用作为 IPC 的软件核心,主要负责程序的管理与调度、内存的管理及对外设的驱动和管理等。

Linux 操作系统具有源代码完全免费开放、内核可裁减、软件易于移植及驱动丰富等优点。Linux 系统作为 IPC 的 OS 时,需要解决的问题主要包括硬件支持、提供二次开发的环境,以及裁减内核等。裁减内核的目的是在满足操作系统基本功能和用户需要的前提下,使内核尽可能小,以适应芯片级运行环境。

③ 编码程序

在多媒体处理方面,IPC 一般支持 MJPEG、MPEG-4、H.264、MP3、WMA、AAC、G.711、G.723、G.729 等音视频格式。ffMpeg 是一个开源免费的项目,它提供了录制、转换以及流化音视频的完整解决方案,它包含了非常先进的音视频编解码库。

④ 传输协议

通常,IPC 在网络协议方面,支持 TCP/IP、UDP、SMTP(邮件传输协议)、HTTP、FTP(文件传输协议)、Telnet、DHCP、NTP、DNS、DDNS(动态域名解析)、PPPOE 和 UPnP 等。音视频数据的传输则采取实时传输协议(RTP)和实时传输控制协议(RTCP)配合使用,以实现实时音视频码流的实时传输控制,并且提供 QoS 服务提升传输质量。在网络管理方面,还有一些高级网络管理协议有所应用,如 ICMP、SNMP、IGMP、ARP 等协议。

⑤ 应用软件

IPC 的应用软件位于整个软件层次的最高层,包括系统初始化、磁盘管理、文件系统管理、网络服务、邮件服务、报警服务与管理、用户连接、Web 服务等各种应用功能。

（3）IPC 的工作原理

① IPC 启动过程

IPC 启动时,主控模块将 Linux 内核转入系统内存 SDRAM 中,系统从 SDRAM 启动。系统启动后,主控模块通过串行接口／主机接口等控制编码模块、网络模块及串行接口,实现视频的编码压缩、网络传输及辅助控制。IPC 加电启动后,软件启动的过程包括装载启动代码、设备驱动程序、网络协议处理等。

② IPC 工作流程

图像信号经过镜头输入及声音信号经过麦克风输入后,由图像传感器及声音传感器转化为电信号,模／数转换器将模拟信号转换为数字信号,再经过编码器件按一定的编码标准进行编码压缩。在控制器的控制下,由网络服务模块按一定的网络协议发送到网络,控制器还可以接收报警信号及向外发送报警信号,且按要求发出控制信号。

3. IPC 的核心技术

谈及 IPC 的核心技术,还是需要从其软硬件构成谈起。在硬件上,IPC 主要是由光学器件、感光成像器件、IC 芯片、电路板等构成;从软件上看,主要是包括视频编码压缩算法、视频分析算法及应用软件程序。不同的公司采用不同的成像器件、芯片,开发不同的压缩算法,最终生产的 IPC 设备在性能表现上会有很大的差别。

（1）光学成像技术

光学成像系统无论是在模拟摄像机还是在 IPC 系统中都是一个重要的环节,视频图像的质量与光学成像系统密切相关。通常光学成像技术包括镜头技术及感光器件技术。一直以来,镜头技术以德国及日本的技术比较领先。感光器件目前有 CCD 及 CMOS 两种, CCD 感光器件目前占绝对的市场份额。

CCD 的主要优点是高解析、低噪音、高敏感、可大批量稳定生产等,日本公司的 CCD 技术占全球主导地位。

（2）视频编码算法

视频编码算法不仅仅是 DVS、DVR 的核心技术,对于 IPC 一样是核心技术。无论何种编码方式,其关键是"在有限的码流下实现高质量的图像,并具有良好的网络适应性"。视频编码算法从早期的 MJPEG、MPEG-4,发展到目前的 H.264。H.264 因为具有良好的图形质量、编码效率及网络适应能力,是目前及未来一段时间编码算法的主流。

早期的 IPC 主要采用 MJPEG 算法。MJPEG 编码方式比较简单,对芯片的处理能力要求不高。采用帧内压缩方式,帧之间没有关系;图像质量好,适合用于影像编辑。但是由于不采用帧间预测技术,使得码流过高从而网络负荷较重,存储空间需求也比较大。由于 MJPEG 编码方式下对每帧图像独立压缩编码,因此,在部分地区可用作法律证据。

MPEG-4 编码方式在 IPC 应用中比较多,可以实现较低码流下良好的图像质量,但是其编解码复杂性相对 MJPEG 而言较高,对芯片的处理能力要求较高。另外,网络延迟、图像抖动等问题仍需要加强改善。

H.264 是目前最高效的编码技术,同等图像质量下 H.264 编码产生的码流是 MPEG-4 的一半左右,并且内建针对流媒体和无线网络的优化工具,相比 MPEG-4 其编码复杂度更高,编解码时间更长,需要编码芯片具有很强的运算处理能力,总体成本较高。

（3）编码压缩芯片

在 IPC 设备中,核心的任务是视频的编码压缩,而视频的编码压缩工作具体实施角色就是编码芯片,编码芯片具有高效的运算处理能力。目前视频编码算法的发展趋势是效率越来越高,同时算法越来越复杂,这对编码芯片的处理能力提出了更高的要求。

早期的 IPC 编码压缩工作由 ASIC 芯片或 DSP 芯片实现,目前有 SOC 单片系统占主导的趋势。得益于近几年网络视频监控市场的不断扩大,芯片厂商开始重视视频监控行业应用,从而不断地、有针对性地开发出高性能、低价格、专用于安防视频应用的多媒体芯片,使得芯片处理能力不断增强,进而可以运行复杂的视频编码算法（如 H.264 ）。

（4）视频内容分析技术

视频内容分析技术 (Video Content Analysis, VCA) 可以使系统对视频内容进行自动分析提取,将大量无用的视频信息进行过滤,而对于可疑的视频内容,可以自动触发事件从而改变分辨率、帧率,并发送报警视频给相应的客户端,这样大大节省了网络资源及存储资源。早期的视频分析技术多数基于后端服务器方式,该方式对后端服务器资源的占用比较高,不便于进行大规模、分布式的部署。目前,许多 IPC 厂商已经直接把视频分析功能置入 IPC 内,利用 IPC 的芯片运行视频分析算法,从而实现分布式的智能化监控。部署在 IPC 的视频分析功能,将极大地减少大型系统中的存储成本和网络带宽的费用开销,同时也改变了传统的安全人员"死盯监视墙"的状态。

目前主要的视频分析功能模块包括:入侵探测、人数统计、车辆逆行、丢包探测、人脸识别等。对于智能 IPC,不同的厂商有不同的理解,有的 IPC 中集成了基本的移动探测功能,具有初级的智能功能;有的 IPC 集成了诸如人脸识别、入侵探测、丢包探测等高级功能,属于真正的智能型 IPC。

具有视频分析功能的 IPC 可以自动侦测并触发事件,可以自行决定是否改变帧率及分辨率等编码参数,并按照约定发送报警信息及视频给监控中心。 IPC 集成视频分析技术的功能可以利用编码芯片多余的处理能力来运行视频分析算法,也可以增加额外的芯片来独立运行视频分析算法。

从目前来看,高效视频编码需要大量的运算资源,而复杂的视频分析算法也需要大量的资源,因此,增加额外的处理芯片是个不错的选择。

5.1.3 高清摄像机技术原理

1. 数字时代的高清技术

（1）高清电视（HDTV）标准

近年来, CRT 电视机加速向液晶电视 (LCD) 和等离子电视 (PDP) 转变, HDTV(High Definition Television) 在民用领域取得了巨大的成功。在视频监控系统数字化、网络化的进程中, HDTV 的应用逐渐扩展到了视频监控领域, HDTV 的概念不断得到重视,而实际项目中也开始采用 HDTV。

SMPTE(美国电影电视工程师协会)定义的两个最重要的 HDTV 标准如下:

SMPTE 296M(HDTV 720P) 定义的分辨率为 1280×720 像素, 16:9 格式的高保真色彩, 25/30 Hz 顺序扫描频率,即每秒 25～30 帧。根据具体国家而定,还支持 50/60Hz 扫描频率(每秒 50~60 帧)。

SMPTE 274M(HDTV 1080P/I) 定义的分辨率为 1920×1080 像素, 16:9 格式的高保真色彩,使用 25/30Hz 和 50/60Hz 的交错或顺序扫描频率。

也就是说,美国高清标准 HDTV 有三种显示格式,分别是 720P(1280×720,逐行)、1080i(1920×1080,隔行)、1080P(1920×1080,逐行)。符合 SMPTE 标准的摄像机表示符合 HDTV 质量,并应提供 HDTV 的所有分辨率、色彩保真度和帧速率优点。HDTV 基于正方形像素,类似于计算机屏幕,因此来自网络视频产品的 HDTV 视频既可以在 HDTV 屏幕上显示,也可以在标准计算机监视器上显示。

使用顺序扫描 HDTV 视频。当视频将由计算机处理或在计算机屏幕上显示时,不需要去交织 (De-Interlace) 技术。

(2)高清 IP 摄像机

高清 IP 摄像机,即 HDIPC(High Definition IP Camera),也就是完全符合 HDTV 标准的 IPC。很显然,高清视频意味着更大的数据量,无论对于编码芯片、编码算法、网络传输及存储系统都带来巨大的考验,而得益于这些相关领域技术的不断突破,高清 IP 监控已经得以实现,并快速地发展和应用。

根据 SMPTE 标准,高清 IP 监控系统需达到如下要求:

① 分辨率要求。即需要达到 1280×720 / 逐行或 1920×1080 / 隔行 / 逐行。

② 帧率能够达到全帧速,即全帧速 25/30fps。

③ 具有更好的图像色彩保真度。

④ 16:9 格式。

因此,高清摄像机不等于"百万像素摄像机"。既然支持 1280×720P 扫描、1920×1080i 扫描、1920×1080P 扫描 3 种显示模式的电视可以称为"高清"电视,那么高清摄像机不一定要达到百万像素 (1280×720P=90 万像素)。但是,百万像素摄像机已经达标"高清"摄像机的分辨率标准了,但这还不够。对于高清摄像机,另外一个关键指标是帧率,高清视频应该是实时视频,也就是说,需要达到全帧率 (25 帧 / 30 帧)。高清摄像机还有一个指标要求是"应该具有高图像色彩保真度、长宽比为 16:9 的格式的成像效果"。因此,百万像素摄像机只有在满足了以上所有条件的前提下,才能称为是高清摄像机。

可以看出,百万像素摄像机与高清摄像机的本质区别并不是十分明显,百万像素是实实在在的一个客观条件,仅仅考虑像素,对图像还原性、帧率、长宽比没有约束。而"高清"实质是主观约束,在像素标准、帧率、长宽比、色彩还原等方面均有要求。但是,在视频监控领域,两者的技术、应用等方面区别并不是很大,因此,本书以下章节如果没有特殊说明,将高清摄像机与百万像素摄像机"混为一谈"。

2. 高清摄像机的优势

下面讨论的高清摄像机均指"高清网络摄像机"。一般百万像素和高清网络摄像机较传统模拟摄像机、普通网络摄像机具有很多优势:高清晰度、百万像素级的传感器可以获得更多的视频信息；逐行扫描的 CCD ／ CMOS 技术可以让画面更清晰、自然流畅；方便集成视频内容分析功能；数字 PTZ 功能，没有机械移动部件，更耐用；更大的视觉覆盖范围，一个百万像素高清摄像机可以代替数个普通摄像机实现大范围场景覆盖，从而节省线缆、安装、维护费用。

（1）覆盖范围

高清摄像机的一大优势就是场景覆盖范围更广，可以替代原有的多个固定点摄像机或全方位模拟摄像机。

对于密集型监控场所，如机场的安检边检通道、车站、地铁、商场出入口、停车场、银行柜员等，原来可能需要安装多个密集分布的普通摄像机来全面覆盖，现在可以部署很少的高清摄像机。高清摄像机总体效果如图 5-6 所示。

图 5-6　高清摄像机总体效果

（2）图像细节特征

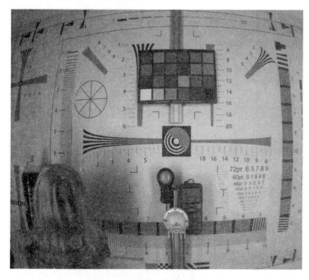

图 5-7　高清摄像机细节体现

细节决定成败。高清摄像机采用先进的感光器件，使图像细节更加清晰，尤其对于移动物体来说，逐行扫描方式可以给我们提供更好的图像质量，有效解决了隔行扫描带来的梳状模糊现象。可靠的图像质量 + 足够的细节 = 可靠快速的调查和分析。高清摄像机使得海量的视频存储数据变得有价值而不再是垃圾录像，这对于车牌、人脸识别等应用更具有重要意义。相反，如果图像质量差，缺少细节，无疑给之后的调查分析工作带来巨大的困惑。高清摄像机对细部特征的体现效果如图 5-7 所示。

（3）数字云台功能

高清摄像机具有数字云台的功能,即视频监控"画中画"功能,可以在一个显示屏幕上同时显示全景和局部图像,非常方便操作者。

数字云台实质是拍摄一个高分辨率的大画面,然后使用数字变焦视频窗口在大的图像中捕获,并放大图像中的某个部分,这样就同时可以显示全景和局部。当监控人员通过数字变焦功能将镜头接近到某一所选区域时,还可以继续拍摄整个场景,从而不会错过整个监控范围内的任何情况。

普通的 PTZ 摄像机,只能同时显示一个画面,要么拉近,要么拉远。高清摄像机的"画中画"功能、拉近与拉远的画面是"与"而不足"或"的关系。

模拟 PTZ 摄像机只能记录放大或缩小的图像,即全景图像与局部图像在同一时刻只能取一个,如当镜头拉近到游船时,监控人员可能就看不到湖和不同区域其他游客的情况;而如果镜头拉远,可以监控到整个湖面,但是,又无法识别某个游船上的细节情况。但是高清摄像机的画中画功能则可"鱼和熊掌"兼得。

（4）视频校正与处理

高清摄像机是一个复杂的系统设备,由于其覆盖范围大,因此可能导致边缘图像存在一定的视频失真,需要进行"校正、分割等后处理过程"来矫正。由于数据流巨大,为了节省带宽资源,可以进行"图像裁剪",实现对感兴趣区域的传输;可以利用软件进行图像画面的分割以方便观察或传送,或反过来,对多个画面进行后期组合。

（5）360° 全景摄像机

对于室内大堂、会议室等封闭空间,传统的监控方式下,通常需要安装模拟摄像机若干个,进行 4 个角度的对射,实现无盲区覆盖,但是带来的问题是多个摄像机无法具有"全局效果"。

360° 高清摄像机由于采用鱼眼镜头技术,配合高分辨率传感器器件,利用芯片处理器进行"失真校正",从而实现单摄像机的全局场景监视。

目前,360° 高清摄像机的显示方式包括自然场景、四分割画面显示、双 180° 画面、多种画面的虚拟 PTZ 显示功能等,相对于传统的全景监控模式,是全新的设计理念,有很大的技术突破。

3. 高清摄像机的关键技术

高清摄像机与普通网络摄像机类似,集光学成像、编码压缩、视频缓存、网络传输等多种功能于一体,并且比普通的网络摄像机具有更高的技术要求,需要采用更专业的高清配套镜头及成像器件,以实现高质量成像;更高效的编码算法实现低带宽占用;更高性能的编码芯片实现复杂算法的运行;更好的网络接口实现海量数据传输。

（1）高清配套镜头

镜头是摄像机的眼睛,高清摄像机的镜头更加重要。高清摄像机的镜头在光学设计与机械设计上比普通摄像机的镜头更加复杂。通常采用多层复合镀膜技术,以抑制逆光条件下的鬼影和闪光,减少眩光,改善色彩还原性,使得色彩更加鲜明,从而提高清晰度;采用非球面和超低色散镜片,减低像差,提高画质;通过光学设计技术,在保证中心区域图像清晰鲜明的前提下,边缘也不会虚焦变形;还需要提升摄像机的整体感光度,应该能够在一定照度下,帮助摄像机采集到鲜明的彩色图像。

（2）图像传感器

CCD 和 CMOS 在制造上的主要区别是:CCD 集成在硅晶半导体材料上,而 CMOS 集成在被称做"金属氧化物"的半导体材料上。CCD 技术在普通摄像机上有广泛的应用,而在百万高清摄像机应用上,CMOS 后来居上,通过自身技术的不断提升,逐渐赶上 CCD 的应用。CMOS 传感器的主要问题在于灵敏度及信噪处理两个环节,但是 CMOS 与 CCD 的差距正在逐步缩小,另外一方面,CMOS 的成本比 CCD 更有优势。目前的情况是,CCD 和 CMOS 传感器在百万高清摄像机产品中均得以应用。

（3）图像灵敏度问题

相对于传统的模拟摄像机,高清摄像机的像素点数多了几个数量级,导致每个像素点的面积变得非常小,从而每个像素能够捕获的光就变得很少,所以百万高清摄像机在灵敏度、宽动态、抗干扰方面比模拟摄像机难于处理。如在高清摄像机中应用较多的 CMOS 传感器,其感光度比 CCD 传感器更差,原因是 COMS 的每个像素都需要一个 A/D 转换电缆及 ADC 放大器,这使得每个像素感光面积因此而减少,而使用与像素等量的 ADC(放大兼类比数字信号转换器),也会造成较高的噪音干扰。

（4）编码压缩算法

编码压缩方法和效率对百万像素高清摄像机尤为重要,对于海量的数据信息,如果压缩方法不同,效果差别会很大,而直接影响着网络带宽及存储空间占用。目前,在高清摄像机中应用比较多的是具有极高复杂性及压缩效率的 H.264 编码算法,其复杂程度是 MPEG-4 的 2 倍左右,同时其同等质量的图像码流也仅仅是前者的一半左右,当然,复杂的算法实现的另外一个代价就是对视频编码压缩芯片的处理能力要求更高。

（5）高清信号传输

高清视频信号的特点是大码流,这给网络传输带来了很大的压力,目前一般高清视频信号(以 200 万像素参考)占用带宽在 3 ~ 8Mbps 左右,是 4CIF 标清实时视频信号的 5 倍左右,对于多点位、大跨度的大型系统项目来讲,带宽的因素是一个比较大的成本障碍。从另外一个角度来讲,在目前任何项目中,无论从单机成本还是对带宽的要求上,高清摄像机都是"奢侈品"。通常,可以有选择地部署一些高清摄像机,这是目前平衡高清监控成本的一个有效方法。在关键场合,如大门口、交通卡口、机场安检边检等区域,可以有选择地部署百万像素高清摄像机,其他场合安装标清摄像机,从而节省成本,优化配置。

（6）视频管理平台支持

这里的管理平台,可以理解为中央管理平台、网络媒体服务器、网络录像机 (NVR) 及客户端软件、解码器等。高清信号对视频管理平台的影响,主要就是相对于标清信号而言,给平台的处理能力带来了更大的压力,或者从另外的角度说,同样的管理平台(媒体服务器、NVR 服务器或客户端软件、解码器)支持高清摄像机的数量将远远少于标清摄像机接入数量,而在其他方面,没有什么区别。

媒体服务器或 NVR 因高清信号增大码流而支持的通道数量减少。

客户端工作站需要更强的处理能力实现高清视频的解码。

解码器需要更强的运算芯片实现高清解码过程。

存储设备因为高清信号而录像天数减少,或者说高清信号需要更大的空间存储。

（7）高清信号显示

高清信号显示有两种方式,一种是用户客户端平台显示,视频显示的载体是电脑的显示器;另一种是通过解码器输出到电视墙的大屏幕进行显示。多年以来,电视监控系统显示设备的主流是 CRT 监视器,受制于技术原因,CRT 监视器如果要显示高清图像必须做非常大的屏幕,这是技术瓶颈。20 世纪 90 年代后出现的液晶显示器及等离子技术,将高清显示问题轻易实现,目前的液晶及等离子显示设备,以 1920×1080 分辨率为主流。

4. 高清监控的障碍

对于一个网络高清视频监控系统来说,不单单是安装高清摄像机的问题,而是与多个环节密切相关。首先,高清设备可供选择的种类不多;其次,高清监控对网络带宽的需求过高;第三,高清监控对存储的海量需求导致高存储成本;第四,对解码显示设备的要求比较高。因此,高清的普及应用需要监控前端、传输、存储、显示、管理等众多环节的配套提高。

（1）高带宽占用

早期的百万像素摄像机,主要压缩方式为 M-JPEG,编码方式简单但效率不高,如 200 万像素的实时视频,码流可能达 20Mbps 左右,这对于网络而言是无法接受的。目前主流百万像素高清摄像机多数用的是 H.264 Baseline Profile 这个方式,对于 200 万像素的实时视频,码流可能做到 3～5Mbps 码流区间,这对目前网络资源而言还是可以接受的。另外,如果使用 Main Profile、Extended Profile 或者其他效率更高的视频压缩算法,可以进一步提高压缩效率,降低码流大小。需要注意的是,越高效的视频编码算法,其对编码压缩芯片的处理能力要求越高,因此芯片的成本负担越重。

（2）海量存储问题

存储空间与码流成正比,而高清视频监控需要大量的码流来支持其高分辨率,因而,会遇到大量的存储空间需求。通常,人们往往看到的是"一台高清摄像机需要的存储空间是如此大",而忽略了一个事实,即一台高清摄像机实质等价于多台普通摄像机(1 台 200 万像素高清摄像机可以覆盖的场景范围相当于 5 台普通标清 4CIF 摄像机能覆盖的范围)。因为高清摄像机能提供优秀的图像质量,使得视频的存储变得更有价值。

另外,如果能够做到减帧存储、按时间表存储、报警触发存储等方式相结合的存储应用,那么视频存储空间的需求会更低。

（3）高成本问题

成本是任何建设项目必须考虑的因素,新技术可以给客户带来更好的回报,但是成本很重要。目前高清摄像机给人的感觉是价格非常高。百万高清摄像机对比普通摄像机,就实际效益来讲,成本并不高。在一个项目中,百万高清摄像机只需因地制宜地选择,不是所有监控点位都需要百万高清摄像机,"鸟枪"是否"换炮"完全取决于实际现场情况。

5. 高清摄像机的应用

（1）需求分析

高清摄像机为用户带来了全新的视觉体验,目前情况下,并不是整个视频监控系统所有的摄像机都有必要选用高清摄像机。

实际上,在一个项目中,最可能的情况是各种类型模拟摄像机、IP 摄像机、高清摄像机混合一起搭建一个完整的、性价比高的系统。因此,最佳的 IP 视频监控解决方案,应该是一个可支持各种模拟摄像机和 IP 摄像机的混合系统。这样的混合系统让用户有效地控制建设成本的同时,又可以获得当前先进技术所带来的美好体验。通常,视频监控系统中主要包括以下的目标监控需求。

① 一般监控

一般监控是指对场景进行大概的了解。如广场的总体人流情况,但没有对人流中人脸识别的需求;公路的车流情况,但没有对车牌进行识别的需求。在这样的情况下,一般监控通常是对场景进行总体的、概括性的了解。

② 目标的识别

目标识别的监控需求,是在一般监控的基础上,对画面清晰度(像素数)有更高的要求,要求通过监控画面,能够对画面中的人物进行精确的识别,如张三或李四,或清晰显示车牌。

③ 高度清晰细部特征监控

高度清晰细部特征识别主要用在一些特殊应用场所,比如赌场、ATM 机、银行柜员、商场收银等场所,要求在目标识别基础上,得到目标更多的细部特征供参考。

本案例中假设对两个宽 40 米的停车场部署高清摄像机进行 "目标识别" 级别监控。

(2)像素数量计算

如上面所述,监控系统中经常有不同的监控需求,首先需要确定具体监控类型,之后就是确定需要何种覆盖范围,覆盖范围是指摄像机能 "看见" 的区域面积,最后根据监控类型确定该监控目标需要的总像素数量。

对于 40 米宽的停车场,要做到目标识别监控,那么 40 米 ×200 像素 / 米 =8000 像素,这就能够做到目标准确识别,如汽车牌照和人脸识别这样的细节所需要的像素数。

(3)摄像机选型

下一步就是确定使用哪种分辨率的摄像机。通过前面计算出来所需的像素数(8000 像素)除以实际应用中摄像机所能提供的水平(栏)像素数目。如 640×480 分辨率的摄像机,640 是水平位像素,480 是垂直位像素。

(4)系统架构说明

经过上面的计算,项目中总共两个停车场,系统总共需要 14 台百万高清摄像机(1280×1024),假如用一台 NVR 做存储转发,存储时间是 15 天,百万像素的码流平均值按照 3Mpbs 计算。高清摄像机实现视频采集、编码传输,NVR 进行视频存储与转发。

(5)视频传输与存储

单路高清视频数据存储 15 天需要的容量 =3Mbps(平均值)×60×60×24×15(天)÷8(bit 变 Byte)÷1024(M 变 G)÷1024(G 变 T)=0.5T。则总共 14 台高清摄像机存储容量为 7TB。该 NVR 的总流量 =14×3Mpbs=42Mbps=6MBps。考虑到视频实时存储的同时,有视频回放的需求,因此,磁盘阵列的吞吐能力要求在 10MBps 以上。

5.1.4 镜头原理

没有晶状体,人的眼睛看不到东西,而没有镜头,摄像机将会无法成像并输出图像。摄像机的镜头是视频监视系统的关键器件,它的质量(指标)优劣直接影响摄像机的整机性能指标。

1. 镜头的主要分类

镜头的关键指标就是镜头的焦距,通常根据镜头焦距的不同,进行不同的分类。镜头的焦距决定了该镜头拍摄的被摄体在 CCD 上所形成影像的大小,焦距越短,拍摄范围就越大,也就是广角镜头;焦距越长,镜头的视角越小,拍摄到景物的范围也就越小。人们通常把短焦距、视场角大于 50°(如 f=30mm 左右) 的镜头,称为广角镜头;把更短焦距 (如 f=28mm) 的镜头叫做超广角镜头;而把很长焦距 (如 f>80mm) 的镜头称为望远 (或远摄) 镜头;介于短焦与长焦之间的镜头就叫做标准镜头。

广角镜头:视角在 50° 以上,一般用于电梯轿箱内、大厅等小视距大视角场所。

标准镜头:视角在 30° 左右,一般用于走廊、通道及小区周界等场所。

长焦镜头:视角在 20° 以内,焦距的范围从几十毫米至几百毫米。

变焦镜头:焦距范围可变,可从广角变到长焦,用于景深大、视角范围广的区域。

针孔镜头:用于隐蔽监控场合,如电梯轿厢内。

不同焦距镜头对应的视场角如图 5-8 所示。

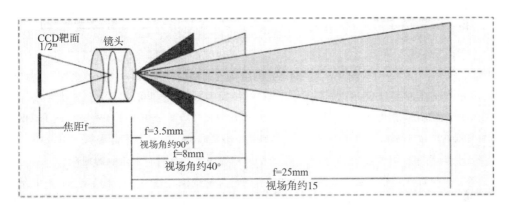

图 5-8　不同焦距镜头对应的视场角

2. 镜头的主要参数

(1) 焦距

在实际应用中,经常需要考虑“摄像机能看清多远的物体”或“摄像机能看清多宽的场景”等问题,这实际上由所选用的镜头的焦距来决定,因为用不同焦距的镜头对同一位置的某物体摄像时,配长焦距镜头的摄像机所摄取的景物尺寸就大,反之,配短焦距镜头的摄像机所摄取的景物尺寸就小。当然,被摄物体成像的清晰度与所选用的 CCD 摄像机的分辨率及监视器的分辨率有关。

理论上,任何焦距镜头均可拍摄很远的目标,并在 CCD 靶面上成一很小的像,但受 CCD 单元 (像素) 物理尺寸的限制,当成像小到小于 CCD 传感器的一个像素大小时,便不再能形成被摄物体的像。换句话说,即使成像有几个像素大小,也难以辨识为何物。成像场景的大小与成像物的显示尺寸是互相矛盾的,也就是说大场景与大目标物不可两者兼得 (利用 IP 摄像机的数字 PTZ 功能可以实现,在本书后面将介绍)。当既需要监视全景又要看清局部时,一般应考虑配用变焦镜头 (大场景与大目标物两者仍不可同时得到)。

(2) 镜头尺寸

镜头尺寸一般可分为 25.4mm(1in)、16.9mm(2/3in)、12.7mm(1/2in)、8.47mm(1/3in) 和 6.35mm（1/4in) 等几种规格。选用镜头时,应使镜头尺寸与摄像机的靶面尺寸大小相吻合。并注意这样一个原则,即小尺寸靶面的 CCD 可使用大尺寸的镜头,反之则不行,原因是: 如 1/2″CCD 摄像机采用 1/3″ 镜头,则进光量会变小,色彩会变差,甚至图像也会缺损;反之,则进光量会变大,色彩会变好,图像效果肯定会变好。通常,摄像机最好还是选择与其完全相匹配的镜头。

(3) 相对孔径

光圈的相对孔径等于镜头的有效孔径与镜头焦距之比,镜头的相对孔径表征了镜头通光力,相对孔径越大,通过的光越多。所以,选用相对孔径大的镜头,可以降低对景物照明条件的要求。镜头都标出相对孔径的最大值,例如一个镜头标有“Zoom LENS 3.5~70mm 1∶1.8 1/2C”,就说明这是一个 20 倍的变焦镜头,焦距为 3.5~70mm,最大相对孔径是 1∶1.8,成像尺寸是 1/2in,C 型接口。

(4) 镜头接口

C 与 CS 接口的区别在于镜头与摄像机接触面至镜头焦平面 (摄像机 CCD 光电感应器应处的位置) 的距离不同, C 型接口此距离为 17.5mm, CS 型接口此距离为 12.5mm。C 型镜头与 C 型摄像机, CS 型镜头与 CS 型摄像机可以配合使用。C 型镜头与 CS 型摄像机之间增加一个 5mm 的 C/CS 转接环可以配合使用。CS 型镜头与 C 型摄像机无法配合使用。

3. 镜头的焦距计算方法

镜头的焦距、视场大小及镜头到被摄取物体的距离的计算公式如下:

$$f=w*D/W$$
$$f=h*D/H$$

其中:

f——镜头焦距。

w——图像的宽度(被摄物体在 CCD 靶面上的成像宽度)。

W——被摄物体的宽度。

D——被摄物体至镜头的距离。

h——图像高度(被摄物体在 CCD 靶面上的成像高度)。

H——被摄物体的高度。

举例说明: 当使用 1/2in 镜头时, CCD 靶面成像高度 h=4.8mm,宽度 w=6.4mm。假设镜头至景物 (停车场) 距离 D=36000mm,景物 (停车场) 实际高度 H=6000mm。则由计算公式: f=h*D/H=4.8×36000/6000=28mm。而如果需要清晰成像停车场的人,那么,景物(人)实际高度 H=1600mm,则由计算公式:f=h*D/H=4.8×36000/1600=108mm。当然,上述焦距计算均为理论值,而根据工程经验,该数值约为理论值的一半,也就是说,焦距需求分别是 14mm 及 50mm 即可实现对整个停车场或目标“人”的监视应用。

5.1.5　视频传输系统

良好的视频传输是监控系统非常重要的一部分,如果建设了一套好的监控系统,但是没有良好的传输系统,最终在监视器上看到的图像将无法令人满意。根据"木桶法则",最终的图像质量将取决于整个系统中最差的一环,而这最差的一环往往就是传输系统。

在安防监控领域内,视频信号的传输主要有同轴基带传输、网络传输、双绞线基带传输、光缆传输以及无线传输等方式。

1. 电缆传输

（1）同轴电缆传输

电视监控系统中,针对中短距离的中小型系统,几乎都直接采用同轴电缆传输视频图像信号。视频基带是指视频信号本身的频带宽度(0~6MHz)。将视频信号采用调幅或调频的方式调制到高频载波上,然后通过电缆传输,在终端接收后再解调出视频信号,这种方式称为调制传输方式,它可以较好地抑制基带传输方式中常有的各种干扰,并可实现一根电缆传送多路视频信号。

同轴电缆是由两个同轴布置的导体组成,传输的信号完全封闭在外导体内部,从而具有高频损耗低、屏蔽及抗干扰能力强、使用频带宽等显著特点。同轴电缆从外至内结构为铜单线多根铜线绞合的内导体、绝缘介质、软铜线或镀锡丝编织层和聚氯乙烯护套。

同轴电缆的特性阻有 50 欧姆、75 欧姆等。主要型号有:SYV 型,它的绝缘层为实心聚乙烯;SBYFV 型,它的绝缘层为泡沫聚乙烯;SYK 型,其绝缘层为聚乙烯耦芯。电视监控系统中常用的是 SYV 和 SBYFV 型 75 欧姆阻抗的同轴电缆。

泡沫聚乙烯材料比聚乙烯更不易损耗视频信号,还增加了电缆的灵活性,安装方便,但容易吸潮从而改变电气性能。实心聚乙烯因其刚性,比泡沫材料保形性好,能承受以外挤压的压力。

同轴电缆屏蔽层铜网能屏蔽电磁干扰或 EMI 的无用外部信号干扰,编织层中绞合线的多少和含铜量决定了其抗干扰的能力。编织层松散的商业电缆能屏蔽 80% 干扰信号,适合于电气干扰较低的场合,如果使用金属管道效果更好。高干扰的场合要使用高屏蔽或高编织密度的电缆。铝箔屏蔽或包箔材料的电缆不适用于电视监控系统,但可用于发射无线电频率信号。

同轴电缆越细越长,损耗越大;信号频率越高,损耗越大。以 SYV 型电缆为例,国内的同轴电缆有 SYV75-3、SYV75-5、SYV75-7、SYV75-9 等规格。

视频信号在 5.8MHZ 时的衰减如下:SYV75-3 96 编国标视频电缆衰减 30dB/km, SYV75-5 96 编国标视频电缆衰减 19dB/km, SYV75-7 96 编国标视频电缆衰减 13dB/km;如对图像质量要求很高,周围无干扰的情况下, 75-3 电缆只能传输 100 米, 75-5 传输 160 米, 75-7 传输 230 米。实际应用中,存在一些不确定的因素,如选择的摄像机不同、周围环境的干扰等,一般来讲, 75-3 电缆可以传输 150 米, 75-5 可以传输 300 米, 75-7 可以传输 500 米;对于传输更远距离,可以采用视频放大器(视频恢复器)等设备,对信号进行放大和补偿,可以传输 2~3 公里。

（2）双绞线传输

由于同轴电缆自身的特性,当视频信号在同轴电缆内传输时,其受到的衰减与传输距离和信号本身的频率有关。视频信号在同轴电缆内传输时不仅信号整体幅度受到衰减,而且各频率分量衰减量相差很大,特别是色彩部分衰减最大,因此同轴电缆只适合于传输距离 200 米左右的视频。光纤是为了解决远距离的视频信号传输而使用的。由于光纤整体传输系统价格太高,光纤铺设、连接需要专门设备,并且安装调试困难、故障难找以及损坏不易维修等缺陷,对于2000米以内近距离视频传输而言,光纤并不是一个很好的选择。双绞线是目前解决这一应用问题的最佳技术方案,在现在的监控系统中得到了大量使用。

双绞线也称为双扭线,是最古老但又最常用的传输媒体。把两根互相绝缘的铜导线并排放在一起,然后用规则的方法绞合起来(这样做是为了减少相邻的导线的电磁干扰)而构成双绞线,局域网中的双绞线是将四对双绞线封装在绝缘外套中的一种传输介质。双绞线电缆分为非屏蔽双绞线(UTP: Unshielded Twisted Pair)和屏蔽双绞线(STP :Shielded Twisted Pair)两大类。其中非屏蔽双绞线易弯曲、易安装,具有阻燃性,布线灵活,而屏蔽双绞线价格高,安装困难,需连结器,抗干扰性好。

双绞线对信号也存在着较大的衰减,所以传输距离远时,信号的频率不能太高,而高速信号比如以太网则只能限制在100m以内。对于视频信号而言,带宽达到6MHz,如果直接在双绞线内传输,也会衰减很大,所以视频信号在双绞线上要实现远距离传输,必须进行放大和补偿,双绞线视频传输设备就是完成这种功能。加上一对双绞线视频收发设备后,可以将图像传输到1～2公里。

(3)电缆传输的优缺点

① 同轴电缆

对同轴电缆自身特性的分析,当信号在同轴电缆内传输时,其受到的衰减与传输距离和信号本身的频率有关。一般来讲,信号频率越高,衰减越大。视频信号的带宽很大,达到6MHz,并且,图像的色彩部分被调制在频率高端,这样,视频信号在同轴电缆内传输时不仅信号整体幅度受到衰减,而且各频率分量衰减量相差很大,特别是色彩部分衰减最大。所以,同轴电缆只适合于近距离传输图像信号,当传输距离达到200米左右时,图像质量将会明显下降,特别是色彩变得暗淡,有失真感。

在工程实际中,为了延长传输距离,要使用同轴放大器。同轴放大器对视频信号具有一定的放大,并且还能通过均衡调整对不同频率成分分别进行不同大小的补偿,以使接收端输出的视频信号失真尽量小。但是,同轴放大器并不能无限制级联,一般在一个点到点系统中同轴放大器最多只能级联2～3个,否则无法保证视频传输质量,并且调整起来也很困难。因此,在监控系统中使用同轴电缆时,为了保证有较好的图像质量,一般将传输距离范围限制在四五百米左右。

另外,同轴电缆在监控系统中传输图像信号还存在着一些缺点:

同轴电缆本身受气候变化影响大,图像质量受到一定影响;

同轴电缆较粗,在密集监控应用时布线不太方便;

同轴电缆一般只能传视频信号,如果系统中需要同时传输控制数据、音频等信号时,则需要另外布线;

同轴电缆抗干扰能力有限,无法应用于强干扰环境;

同轴放大器还存在着调整困难的缺点。

② 双绞线

双绞线和双绞线视频传输设备价格都很便宜,因此在距离增加时,其造价与同轴电缆相比下降了许多。所以,监控系统中用双绞线进行传输具有明显的优势:

一是,布线方便、线缆利用率高。一对普通电话线就可以用来传送视频信号。另外,楼宇大厦内广泛铺设的5类非屏蔽双绞线中任取一对就可以传送一路视频信号,无须另外布线,即使是重新布线,5类缆也比同轴缆容易。此外,一根5类缆内有4对双绞线,如果使用一对线传送视频信号,另外的几对线还可以用来传输音频信号、控制信号、供电电源或其他信号,提高了线缆利用率,同时避免了各种信号单独布线带来的麻烦,减少了工程造价。

二是,抗干扰能力强。双绞线能有效抑制共模干扰,即使在强干扰环境下,双绞线也能传送极好的图像信号。而且,使用一根缆内的几对双绞线分别传送不同的信号,相互之间不会发生干扰。

三是,可靠性高、使用方便。利用双绞线传输视频信号,在前端要接入专用发射机,在控制中心要接入专用接收机。这种双绞线传输设备价格便宜,使用起来也很简单,无需专业知识,也无太多的操作,一次安装,长期稳定工作。

四是,价格便宜,取材方便。由于使用的是目前广泛使用的普通5类非屏蔽电缆或普通电话线,购买容易,而且价格也很便宜,给工程应用带来极大方便。

其缺点是只能解决1Km以内监控图像传输,而且一根双绞线只能传输一路图像,不适合应用在大中型监控中;双绞线质地脆弱抗老化能力差,不适于野外传输;双绞线传输高频分量衰减较大,图像颜色会受到很大损失。

（4）电缆传输新技术

拥有我国自有知识产权的抗干扰同轴电缆"e电缆",实际是一种"双绝缘双屏蔽同轴电缆"。其"芯线——第一绝缘层——第一屏蔽层"仍然组成标准的SYWV75-5电缆,视频信号传输回路的"地",仍然是第一屏蔽层;外面的第二屏蔽层才是真正的干扰屏蔽层,由于在一、二屏蔽层之间有一个第二绝缘层,这就把第二屏蔽层上的干扰感应电动势,有效排除在视频信号的传输回路之外了。这就是"e电缆"的结构特点和抗干扰原理。

工程应用和实验测试表明,在视频波段,"e电缆"抗交流电源、交流电机、变频电机和电火花等低频强电磁干扰能力十分强大,是高编电缆无法比拟的。"e电缆"实际是给同轴电缆设计了一个"随行柔性的屏蔽室"。因此,工程中大都可以免去穿金属管、走金属线槽的麻烦。在普通监控工程中,也可以放宽动力电缆、控制电缆与视频电缆不能近距离并行的要求;对建筑物中超强动力电缆,适当拉开一定距离也可以达到抗干扰目的。

"e电缆"的开发和成功应用,是同轴抗干扰技术发展的一次技术进步和技术升级,其应用前景是:

① 有效提高了同轴电缆的视频传输质量,实现远距离、无干扰视频传输;

② 有效扩大了同轴电缆的视频传输范围,配合加权视频放大,传输距离2～3km,恢复原图像;

③ 化简了监控工程的设计和施工难度,降低了抗干扰工程成本。也给无法采用金属管或金属线槽抗干扰措施的电梯监控工程提供了有效的抗干扰技术保障——电梯专用抗干扰同轴电缆。

2. 光纤传输

（1）光纤传输原理

用光缆代替同轴电缆进行视频信号的传输,给电视监控系统增加了高质量、远距离传输的有利条件。其传输特性和多功能是同轴电缆线所无法比拟的。先进的传输手段、稳定的性能、高的可靠性和多功能的信息交换网络还可为以后的信息高速公路奠定良好的基础。

光纤和光端机应用在监控领域里主要是为了解决两个问题：一是传输距离，二是环境干扰。双绞线和同轴电缆只能解决短距离、小范围内的监控图像传输问题，如果需要传输数公里甚至上百公里距离的图像信号则需要采用光纤传输方式。另外，对一些超强干扰场所，为了不受环境干扰影响，也要采用光纤传输方式。因为光纤具有传输带宽宽、容量大、不受电磁干扰、受外界环境影响小等诸多优点，一根光纤就可以传送监控系统中需要的所有信号，传输距离可以达到上百公里。光端机为监控系统提供了灵活的传输和组网方式，信号质量好、稳定性高。不过，使用光纤和光端机需要一定的专业知识和专用设备，这给工程施工和用户使用带来了一定的困难。另外，对于短距离、小规模的监控系统来说，使用光纤传输也显得不够经济。

在光纤传输系统中，实际上光只是载波。由电磁波谱可知，光的频率比无线电信号的频率要高几个数量级（约 1000 倍以上）。而我们知道，载波频率越高，可以调制到电缆上的信号带宽也就越宽。由于光纤的带宽实在是太宽了，许多光发射机和光接收机都能够把许多路电视图像信号连同控制信号、双向音频信号一起调制到同一根光纤上去。

通过光纤传输信息。在发信端，信息被处理成便于传输的电信号，并通过控制光源，使发出的光信号具有所要传输的信号的特点，实现信号的电—光转换；发信端发出的光信号通过光纤传输到远方的收信端，经光检测器转换成电信号，实现信号的光—电转换，电信号再经过处理恢复为原发信端相同的信息。光电信号转换流程如图 5-9 所示。

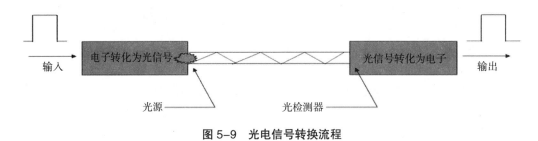

图 5-9　光电信号转换流程

（2）光纤传输的优缺点

① 传输距离长，现在单模光纤每公里衰减可做到 0.2dB ~ 0.4dB 以下，是同轴电缆每公里损耗的 1%。

② 传输容量大，通过一根光纤可传输几十路以上的信号。如果采用多芯光缆，则容量成倍增长；这样，用几根光纤就完全可以满足相当长时间内对传输容量的要求。

③ 传输质量高，由于光纤传输不像同轴电缆那样需要相当多的中继放大器，因而没有噪声和非线性失真叠加。加上光纤系统的抗干扰性能强，基本上不受外界温度变化的影响，从而保证了传输信号的质量。

④ 抗干扰性能好，光纤传输不受电磁干扰，适合应用于有强电磁干扰和电磁辐射的环境中。

缺点是造价较高，施工的技术难度较大。

（3）光纤传输新技术

随着高清视频监控系统的发展，其具备的高带宽的传输特性对传统传输介质是很大的挑

战。光纤是被非常看好的网络传输介质,高清视频光模块技术发展也很快,目前它具有以下几个发展趋势:

第一,由多芯光纤传输向单芯传输发展。就是为了避免在传输数据不多的情况下造成资源浪费,减少光纤的芯数,如此大大提高了光纤资源利用率。

第二,同时支持多模和单模。原来光纤只能支持其中一种,不能同时支持,现在发展到可以兼容。

第三,网管功能的重要性也就越明显,灵活、可便于操作的网管功能越来越成为用户关注的焦点。

第四,向小型化、集成化、模块化发展。现在的光端机越来越小巧,减少了中间传输连接,不仅节约了资源,还方便安装,稳定性也得到了提高。集成化也是发展方向,有些高清光端机的厂家已经把光模块介入到矩阵当中去了,特别是对一些高端视频厂商或者视频源厂商。

3. 无线传输

无线视频传输就是指不用布线(线缆)而利用无线电波来传输视频、声音、数据等信号的监控系统。

(1)无线传输技术介绍

目前无线监控系统采用的无线传输方式主要有微波系统、无线移动网络、宽带无线等。

①微波系统

可分为模拟微波及数字微波两种方式。

模拟微波:此种方式传输就是将视频信号直接调制在微波的通道上,通过天线发射出去,监控中心通过天线接收微波信号,再通过微波接收机解调出原来的视频信号。在20世纪90年代,此种方式较多使用,目前几乎很少使用。

数字微波:数字微波即是先将视频信号编码压缩,通过数字微波信道调制,再利用天线发射出去;接收端则相反,由天线接收信号,随后微波解扩及视频解压缩,最后还原为模拟的视频信号传输出去,此种方式也是目前国内市场较多使用的。

②WiFi

IEEE802.11标准定义物理层和媒体访问控制(MAC)规范,其物理层定义数据传输的信号特征和调制,工作在2.4000~2.4835GHz频段。IEEE802.11是IEEE最初制定的一个无线局域网标准,主要用于难于布线的环境或移动环境中的计算机的无线接入,由于传输速率最高只能达到2Mbps,所以,业务主要被用于数据的存取。

此系列主要包括IEEE802.11a/b/g/n无线局域网标准,其中目前使用较多的是IEEE802.11b标准,即WiFi。WiFi产品在带宽、抗干扰、加密等方面都具备比较好的优势,而且具有强大的网管功能,为各种应用下的大规模组网提供了有力的手段,真正适合高带宽视频传输,是目前应用最为广泛的无线传输技术。而802.11n目前是最高的无线带宽标准,单个802.11n基站可以实现无线带宽300Mbps,有效带宽超过200Mbps传输,可实现200路D1/1Mbps图像的传输,优于市面上最常见的百兆光纤传输。

③2G/3G

2G的传输方式主要包括CDMA、GSM两种模式。此两种模式成本较低,具备较大的覆盖面,且传输速度较快,其中CDMA理论值传输速率为153.6Kbps,在实际使用中基本可达到

60~80Kbps。而采用移动 (TD-SCDMA)、电信 (CDMA2000EVDO)、联通 (WCDMA) 运营商的 3G 技术接入方式,自 2009 年起,经各运营商大力推广,已有不少监控厂家针对此方面研发相关的产品。3G 突出的优点是其高速的下载能力,理想值可达到 3Kbps~1G 的传输速率,但目前因其仍处于推广阶段,因此在传输速率这方面还有待进一步考证。

（2）视频无线传输的优缺点

模拟微波:没有压缩损耗,几乎不会产生延时,可以保证视频质量,但其只适合点对点单路传输,不适合规模部署。此外,因没有调制校准过程,抗干扰性差,在无线信号环境复杂的情况下几乎不可以使用。而模拟微波的频率越低,则波长越长,绕射能力越强,但极易干扰其他通讯。

数字微波:数字微波的伸缩性大,通信容量最少可用十几个频道,且建构相对较易,通信效率较高,运用灵活。缺点是传输距离有限,其要传到几十公里的距离则需要 10 多瓦的发射功率,而且它的系统容量小,在有限区域内多个终端之间会存在相互干扰,导致视频质量迅速下降甚至无法使用。

WiFi:信号半径可达 100 米左右,在办公室,甚至整栋大楼中也可使用;传输速度非常快,可以达到 11Mbps,符合个人和社会信息化的需求;厂商进入该领域的门槛比较低,厂商只要在机场、车站、咖啡店、图书馆等人员较密集的地方设置"热点",并通过高速线路将因特网接入上述场所,用户只要将支持无线 LAN 的笔记本电脑或 PDA 拿到该区域内,即可高速接入因特网。但 WiFi 属于标准协议,这就决定了其安全性不是很好,若较为敏感的图像就不能使用,以防被别人窃取;此外其传输距离较短,灵活性较差,因此不具备广域视频监控的能力。

2G/3G:2G 无线监控传输方式主传输速度慢,在实际使用中基本只达到 60~80Kbps。达不到视频图像最低要求 512Kbps 流畅传输的要求,另外一个最大的缺点是运营商收取的流量费太高,每月、每年,都会产生大笔的费用。3G 视频监控目前因其仍处于推广阶段,传输速率还需要进一步考证。同时目前还存在无线带宽容量有限、接入用户有限、时延长等缺陷,在多用户共享的情况下,难以保证无线视频监控的速率和时延要求。主要缺点还是运营商收取的流量费太高,一般客户无法接受。

（3）无线视频传输的发展现状

视频监控接入方式由有线转入无线是一种必然趋势。随着无线技术的日益发展,无线传输技术应用越来越被各行各业所接受。无线监控作为一个特殊使用方式也逐渐被广大用户看好。其安装方便、灵活性强、性价比高等特性使得更多行业的监控系统采用无线监控方式,建立被监控点和监控中心之间的连接。无线监控技术已经在现代化小区、交通、运输、水利、航运、治安、消防等领域得到了广泛的应用。

无线监控由于种种因素,特别是带宽的制约,只能实现局域的监控,设备与无线直接对接,监控区域成功从局域迈入了城域。并且,相对于定点监控,对实现公交车、出租车等移动监控时,其助推力非常明显。之前,无线监控主要依靠移动、联通等小带宽网络来实现,这样容易造成延时、误码等。"无线城市"依托 WiFi 作为无线传输方式的多模块网状网格无线网络系统,相对于移动和联通,网络带宽有了大幅度的改善,稳定性也更高。另外,如何实现对布线难或者无法布线的区域实施监控一直是传统监控的一大难题,城市实现全城的网络覆盖后,上述区域不再是监控盲区。

尽管有些城市实现了网络的全城覆盖,但这种网络主要用于通信,与无线监控所需要的网络有所不同,用于定点监控价格过于昂贵,带宽也受到限制。同时,现在还处于试行阶段,网络的稳定性还有待验证。而且是否采用无线监控系统,很大程度上取决于项目复杂的地理环境、布线的成本、实施项目的实际需求,主要应用于不方便布线或没有障碍物的场合中,但其仍然存在不稳定、不可靠、带宽低、无线网络覆盖有限等缺点,因此在一定程度上,其仍只是有线监控的补充角色,还有待在技术上进一步提升。

5.1.6 视频矩阵系统

最早期的闭路电视监控系统中没有矩阵切换设备,摄像机与录像机或监视器进行一对一的连接。当摄像机数量越来越多且没有必要同时对所有视频进行录像和监视时,"一对一"的模式造成监视器及录像机数量激增,这从实际和成本等角度来看均不合适。矩阵切换器的产生完美地解决了这个问题,矩阵切换设备后来居上,成为闭路电视监控系统的核心。通过矩阵及控制设备,可以实现选择任意台摄像机的图像在任一指定的监视器上输出显示,同时通过键盘,可以对前端摄像机、镜头及辅助设备进行远程控制操作。矩阵一般采用模块化设计,多个矩阵可以级联。

作为视频矩阵,最重要的一个功能就是实现对输入视频图像的切换输出。准确概括就是将从任意一个输入通道输入的视频图像切换到任意一个视频输出通道。一般来讲,一个 M×N 矩阵,表示它可以同时支持 M 路图像输入和 N 路图像输出。这里需要强调的是必须要做到任意,即任意的一个输入切换到任意的一个输出。

另外,一个矩阵系统通常还应该包括以下基本功能:字符信号叠加,解码器可以控制云台、可变镜头和摄像机,报警器接口,可选的音频同步切换矩阵,控制键盘等。对国内用户来说,字符叠加应为全中文,以方便不懂英文的操作人员使用,矩阵系统还需要支持级联,来实现更高的容量。为了适应不同用户对矩阵系统容量的要求,矩阵系统应该支持模块化和即插即用(PnP),通过增加或减少视频输入、输出卡来实现不同容量的组合。

矩阵系统的发展方向是多功能、大容量、可联网,以及可进行远程切换。一般而言,矩阵系统的容量达到 64×16 即为大容量矩阵。如果需要更大容量的矩阵系统,也可以通过多台矩阵系统级联来实现。矩阵容量越大,所需技术水平越高,设计实现难度也越大。

按实现视频切换的不同方式,视频矩阵分为模拟视频矩阵和数字视频矩阵。模拟视频的视频切换在模拟视频层完成,信号切换主要是采用单片机或更高档的芯片来控制模拟开关实现。数字视频的视频切换在数字视频层完成,这个过程可以是同步的,也可以是异步的。数字矩阵的核心是对数字视频的处理,需要在视频输入端增加 AD 转换,将模拟信号变为数字信号;在视频输出端增加 DA 转换,将数字信号再转换为模拟信号输出。视频切换的核心部分由模拟矩阵的模拟开关,变成了对数字视频的处理和传输。

1. 矩阵工作原理

视频矩阵的切换功能可将多路输入信号中任意路或多路分别输出给一路或多路显示设备,一般用于规模较大的监控系统中。

我们把列(摄像机)作为矩阵切换器的输入,那么矩阵中列的数量就代表摄像机的数量或系统输入通道数量;把行(监视器)作为矩阵切换器的输出,那么矩阵中行的数量就是监视器的数量。因此矩阵中每一个行列节点代表系统的一个输入、输出状态。如节点 CM74 代表 7# 摄像机图像在 4# 监视器上显示,依次类推。因此所有通道的图像都可以在任何一个监视器上显示;同理,所有监视器都能显示任何一个通道的图像,而相互不影响。这就是矩阵切换器的巨大优势。矩阵切换系统可大可小,小型系统可以是 4×1,大型系统可以达到 1024×256 或更大。

2. 矩阵主要功能

矩阵的主要功能是进行视频信号的切换操作及控制,其本身是个复杂的计算机系统,还具有强大的附加功能,如视频信号丢失检测、分组、报警联动、字符叠加等。具体功能如下:

① 视频矩阵为视频切换设备,矩阵系统中任一输入图像可以切换至任一输出。

② 可以通过键盘或人机界面,实现对所有前端带云台摄像机的各种控制功能。

③ 视频矩阵采用组合式结构,可进行积木式搭接,随时扩充输入输出通道容量。

④ 支持矩阵间的联网,可通过建立双向视频干线实现矩阵间的互联。形成一套完整的分布式矩阵系统。

⑤ 可以对摄像机设置逻辑编号,并能按照摄像机的逻辑号选择调用摄像机图像。

⑥ 具有多种复合控制功能,包括分组切换、宏控制、巡视等。

⑦ 具有宏编程功能,对宏可设定按预定的时间序列和按照报警事件手动或自动执行。

⑧ 可以控制辅助设备以增强系统功能。辅助设备包括报警输入／输出单元、干接点输出控制单元、通信口扩展单元、通信转换单元。

⑨ 控制单元具有不间断热切换功能。原控制单元损坏时,备份控制单元能在线切换。

⑩ 可以接收其他系统(如门禁、周界报警、消防报警系统等)和设备(如图形用户界面、可编程逻辑控制器等)发来的事件信息来实现触发报警、摄像机调用、联动相应的操作,如使摄像机移动到预设位、控制辅助设备、执行宏操作等。

⑪ 具有字符叠加功能,叠加项目至少包括年、月、日、时、分、秒、摄像机编号、摄像机标识、监视器编号,叠加的内容和叠加的位置可以编程选择。

注意:视频矩阵系统是闭路电视监控系统的核心。通常,视频矩阵为基于微处理器的全矩阵视频切换控制系统,所有管理和控制功能由菜单编程设置,也可以采用 Microsoft Windows 操作系统的人机界面。另外,矩阵系统必须采用模块化结构设计,系统的扩展仅仅增加相应的机箱和模块即可实现平滑升级。

5.1.7 图像显示系统

目前,大屏幕拼接系统已经在各个行业得到广泛应用,从最早的广电,到城市应急指挥、公安 110、交警指挥中心、电力监控、金融、水利、铁路等行业监控以及社区、公共场所、工厂生产监控等等。

本文拟在行业应用、市场容量、技术应用以及发展趋势分析等四个方面对大屏幕拼接系统的现状及发展进行简单分析。

1. 行业应用分析

大屏拼接系统具有任意大小拼接、可以灵活显示和控制的特点,能够适合不同行业和领域的应用。比如,在人防信息化指挥系统中,大屏幕液晶拼接墙充分施展其超高分辨率、大信息量显示的特点；再如，在电子地图上，标注城市重点区域、重点目标以及城市人口分布状况，对应空情预警网等防空调度机制、各专业救灾队的地域分布和状态等数据信息。而如何将人民防空系统中的组织指挥、通讯、预警和警报，能够高速、快捷、正确地接收并高清晰地显示，大屏幕显示系统提供了专用于作战指挥的综合控制系统的完美解决方案。

笔者从政府、电力、交通等行业的大屏应用，简单阐述拼接屏系统的行业应用需求；拼接屏显示效果如图 5-10 所示。

图 5-10　拼接屏显示效果图

（1）政府行业

应急联动系统作为政府应对紧急情况的特殊处理机制，是政府协调指挥各部门向公众提供社会紧急救助服务的联合行动。常规建制办法是建立应急指挥中心，集中地汇集各种事发地的数据、图像、网络、话音等信息，借助大屏幕拼接显示系统形成一个立体网络的、实时可视化的接收、处理联动指挥平台。

为正确协调、指挥与决策发挥重要作用，并尽可能将重特大事件的损失降低到最低限度。城市应急联动指挥系统，通过 110/119/120 等统一报警接入，迅速查找、定位事发现场，准确、直观地将现场信息传回指挥中心的大屏幕拼接系统，同时在 GIS 电子地图信息系统和 GPS 定位系统上，集中调出事发地段现场及周边水、电、气、交通、通信等实时监控信号，借助应急联动系统协同通知各政府主管单位、公安、消防、医疗、电力、通信、卫生、三防等相关部门，组织实施应急措施。大屏显示系统能够将基础应对措施、救灾及预防资讯等信息进行及时发布；配合应急联动警务 GPS 系统，将救援措施的执行情况等应急捕捉资讯进行及时高清晰显示。除此之外，系统还可整合应急物资的使用情况、资料库、会商需求、决策支持等。

大量综合信息，为指挥者提供直观、明确的沟通汇总平台，使之能迅速准确地确定指挥目标。

（2）电力行业

近年来，随着各地电网规模的迅猛发展，越来越多的电网调度自动化系统及电力营销管理系统被应用到电力调度管理工作中，包括电网能量管理系统（EMS）、配电管理系统（DMS）等，以满足电力系统智能化数据采集、处理、监视与控制的需要，实现电网管理自动化，优化电网运行，提高供电可靠性。

在电力行业，电力调度通信中心完成对电网调度自动化系统、电力营销系统的监控和调度，负责电网调度、运行方式、继电保护、调度自动化、通信等专业工作，并指挥所辖各区电网的电力调度、输电线路管理、电网安全自动装置管理、发电机组调度，监督控制电能质量管理，担负电力调送、电力输送控制等重要功能。

这样一个功能全面、相关系统繁杂的系统，借助大屏幕集成各子系统的关键信息显示，适应运维网络监控多任务系统，可以创建功能强大的信息交互管理平台，实现调度自动化系统数据的图形、信息清晰显示。例如可接入并实时显示计算机 RGB、网络工作站、SCADA 等信息，以及电网管理信息、闭路电视、变电站及调度大楼视频图像信息在内的多种系统信息，所有信息可以根据需要被设置、规划在大屏上任意显示。同时，具有多种冗余备份的信号处理方案为大屏幕的可靠稳定工作提供了坚实保障，从而让应急指挥调度人员能够随时、准确、全面地掌握电力系统的实际运行状态，预测和分析电力系统的运行趋势，对电力系统运行中发生的各种问题做出正确的判断和处理。

（3）交通行业

轨道交通行业涉及铁路、地铁、轻轨、电气化铁路、高速磁悬浮铁路等领域。在这些领域有一个共同点，即都要涉及调度、信息集中显示等需求，控制中心作为轨道交通运行管理和维护的部门，需要时刻地监控整个线路的运行状况。为了保障轨道交通线路持续高效的运作，并能满足及时处理各种突发事件，以及迅速根据相关信息做出决定等需要，大屏幕显示系统就成为一个很好的信息显示平台。

例如一个综合轨道交通体系的各子系统(轨道沿线监控系统、列车自动行车监控系统、电力监控系统、地铁设施监控系统等)信息的大屏幕显示系统，可提供兼容运营、自动控制系统的平台，大信息量的图像窗口可全面掌握交通状况。可以更好地帮助相关部门进行调度、维护、管理，以及应急指挥等，大大提升交通运输管理水平，打造一个数字化路网自动控制系统的平台，更能适应大城市轨道交通的发展需要。

2. 技术分析

大屏幕拼接墙领域主要有三大技术，即 DLP（数字光处理）技术、液晶（LCD/DID）技术和 PDP（等离子）技术。这三种技术最大的底层差异是显示技术原理截然不同，但是对于一般的客户，其最大的差异则体现在接缝控制水平的不同上：DLP 背投最小能控制在 0.1 毫米，最大的产品也不超过 1 毫米；MPDP 多数产品接缝为 3 毫米，高端技术能实现 1 毫米的接缝；液晶技术现有产品则最小能控制到 5.3 毫米。

（1）DLP 大屏幕显示系统

DLP 大屏幕显示系统以 DLP 投影机为主，并配以图像处理器组成高亮度、高分辨率、色彩逼真的电视墙，能显示各种计算机(工作站)、网络信号以及各种视频信号，画面能任意漫游、开窗、放大缩小和叠加。

DLP 拼接系统由多个背投显示单元拼接而成，其最主要的特点是屏体大尺寸，目前在市场上的主流尺寸为 50 英寸、60 英寸、67 英寸。随着用户对大屏幕尺寸需求的提高，80 英寸、84 英寸，甚至更大尺寸的屏体也在逐渐使用。DLP 拼接墙的分辨率由数个显示单元的分辨率叠加起来，可以获得超高的分辨。如单体为 1024×768 的 6×4 拼接墙，拼接后的整墙分辨率高达 1024×6，768×4。除了尺寸大之外，DLP 拼接墙的另外一大特点就是拼缝小，虽然各显示单元之间会有屏幕拼缝,但目前单元箱体之间的物理拼缝已经控制在 0.5mm 之内。

但是,DLP 背投拼接系统仍存在一些致命弱点,由于采用多个显示单元拼接,达到一定拼接数目就会出现色彩与亮度不均匀的情况,其内部发光的灯泡在连续工作 6000～8000 小时之后,会出现亮度降低的情况,在项目后期就需要更换灯泡,因此维护成本是比较大的。此外,DLP 拼接单元厚度较大,还要在背部留下足够的空间,这对于一些空间比较小的环境也是一个问题。

从 2010 年开始,新型 LED 光源的 DLP 投影拼接单元已被行业厂家全面推向市场,尽管 LED 光源的产品相比目前的 UHP 产品在价格上有相当大的差别,但相比 UHP 灯泡,LED 光源绚丽的色彩、约 6 万小时的寿命、无灯泡更换之虞,将大大减少用户的运行费用。因此,LED 光源 DLP 拼接产品是性价比较高的产品。在国内市场,2010 年 LED 光源 DLP 拼接产品大概占整个背投拼接的 15%,2011 年达到 30%,增长比例很高,前景很好。

（2）液晶大屏幕显示系统

液晶（LCD/DID）拼接是继 DLP 拼接、PDP 拼接之后,近几年兴起的一项新的拼接技术,液晶拼接墙具有低功耗、重量轻、寿命长（一般可正常工作 5 万小时）、画面亮度均匀等优点,但其最大的缺点就是不能做到无缝拼接,对画面要求非常精细的行业客户而言,会略显不足。三星公司推出的拼接专用屏——DID 液晶屏,目前已把最小拼缝做到 5.3mm。

目前,液晶拼接墙最常见的液晶尺寸有 19 英寸、20 英寸、40 英寸及 46 英寸,它可以根据客户需求任意拼接,采用背光源发光,寿命长达 5 万小时。其次,液晶的点距小,物理分辨率可以轻易地达到高清标准;液晶屏功耗小,发热量低,40 英寸以上的液晶屏,其功耗也不过 150w,且运行稳定、维护成本低。

但是,受到目前主流液晶屏尺寸的限制,在大规模的综合指挥中心显示系统建设中,如果做到和 DLP 同等规模的显示墙,屏体的数量会远远多于 DLP 单屏的数量,而且受其拼缝的影响,在画面显示方面会略显瑕疵。随着三星、夏普、LG 等主流厂商的大力推动,各种新产品不断推出,面板尺寸越来越大（55 英寸和 60 英寸）,液晶拼接缝不断缩小（目前最小达 5.3mm,未来将会有小于 3mm 拼接缝的产品上市）,液晶拼接墙将迎来广阔的发展空间,相信随着大尺寸液晶屏的逐步应用,产品价格会逐步下降,势必进一步挑战 DLP 拼接墙的市场主流地位。

另外,目前的液晶屏屏体均为 16：9 的画质,对于大量早期建设的视频监控而言,前端摄像机的图像采集画质均为 4：3,这样必然要对原始画质进行拉伸,才能在液晶显示墙上显示,因此势必会影响图像的显示画质。因此,对于显示以早期建设的视频监控为主的显示墙而言,液晶拼接屏会有先天缺陷。此外,液晶屏的响应时间、"太阳"效应等问题,也是影响其发展的主要因素。

（3）PDP 大屏幕显示系统

从显示原理来看,由于 PDP 屏幕中发光的等离子管在平面中均匀分布,这样显示图像的中心和边缘完全一致,不会出现扭曲现象,实现了真正意义上的纯平面。由于其显示过程中没有电子束运动,不需要借助于电磁场,因此外界的电磁场不会对其产生干扰,具有较好的环境适应性,相信这也是美国军方长期将其用于军用设备的重要原因。

由于 PDP 发光不需要背景光源,因此没有液晶屏的视角和亮度均匀性问题,而且实现了较高的亮度和对比度。而三基色共用一个等离子管的设计也使其避免了聚焦和汇聚问题,可以非常清晰地显示图像。与液晶屏相比,PDP 的屏幕越大,图像的景深和保证度越高。除了亮度、对比度和可视角度优势外,PDP 技术也避免了液晶技术中的响应时间问题,而这些正是动态视频显示中至关重要的因素。因此,从目前的技术水平看,PDP 显示技术在动态视频显示领域的优势更加明显,更适合作为电视机或家庭影院显示终端使用,特别是大画面的显示更适合即将开播的 HDTV。

等离子屏的机身超薄,占地面积小,适合在任何面积的场所安装,比 DLP 要节省的多。但是,等离子屏产品像素点缝隙大,可靠性相对于其他产品较低,耗电也比较高,寿命有先天不足,使用 5000 ~ 10000 小时后屏幕亮度会衰减一半,其最致命的弱点就是在长时间显示计算机图像或动态图像时会产生"烧屏"现象(等离子在长期处于图像静止状态时屏幕内部等离子体发生变化导致不能正常工作,直观表现为在屏幕的特定位置会留有图像的残影,且无论更换任何片源都无法去除)。几种拼接屏技术指标对比,如表 5-1 所示。

表 5-1　几种拼接屏指标对比

	LCD/DID	DLP	PDP
亮度	500~2000cd/m²	500~1000cd/m²	640~1000cd/m²
对比度	1000:1~3000:1	300:1~2000:1	3000:1 甚至达到 10000:1
亮度和对比度是显示设备的两个重要指标。跟普通液晶相比,等离子的亮度和对比度略高,是因为其测算方法不一样。如果使用美标 ANSI 测算,用同一幅画面上的黑白色作比较,等离子参数与液晶参数相同,但跟 DID 液晶相比,等离子的指标要低很多。			
色彩饱和度	一般是 72%,而 DID 屏是 92%	≤70%(灯泡);≥120%(LED 光源)	93% 左右
色彩表现能力,等离子和液晶不相上下。			
分辨率	1366×768(40 英寸)	1024×768(50 英寸),支持 1600×1200	852×480(42 英寸)
分辨率决定画面的清晰程度,液晶显示器的分辨率相对较高,画面更细腻,可显示更多内容。			
功耗	200w(40 英寸)	300~500w(50 英寸);LED 光源可达 200w(50 英寸)	500w(42 英寸)
液晶的发光效率高,功耗相对较低。			
灼伤	不会灼伤	基本不会灼伤	静态画面灼伤严重
灼伤现象表现为当静止图像停留在一个位置较长时间以后,会在屏幕上留下阴影。液晶与投影的显示原理决定了屏幕不会灼伤,但是等离子灼伤现象比较严重,这完全是由等离子气体发光原理造成的。			
拼缝	较大	很小	较小
液晶的背光部分在屏幕侧面导致液晶拼接有一定缝隙			
寿命	50000 小时(背光)	5000~7000 小时(灯泡);LED 光源 60000 小时(光源),或者更高	5000~10000 小时(屏幕)静止高亮度画面仅有 5000 小时
液晶和背投的寿命都只与发光部分相关,使用到期后更换背光灯管或者更换灯泡即可。但是等离子的寿命与屏幕有关,使用到期后只能报废,无法维修。			

因此,从总的应用趋势来看,应用于军队指挥中心、电信监控中心、应急指挥中心、交通指

挥系统、公安指挥系统、城市应急联动指挥系统、电力/水利调度、广电等场合。由于需要显示较精细的文字图像信息，对图像显示的整体性、完整性要求高，用户往往倾向于DLP无缝拼接技术。而对于中小型监控中心、视频会议、商业信息显示等场合，用户基本会采用以色彩亮度俱佳、安装方便、成本较低的液晶拼接屏。而对于MPDP拼接屏，则在会议室、展示厅、购物中心、车站、机场等众多场所方面有一定的产品技术优势。

3. 发展趋势分析

在DLP方面，大尺寸、拼缝小、数字化显示、亮度衰减慢、像素点缝隙小、图像细腻、适合长时间显示计算机和静态图像等优点，都是DLP拼接在行业一直经久不衰的重要保证。为此，在未来的DLP技术发展上，LED光源的拼接单元由于颜色鲜艳、没有色轮、光源寿命6万小时、高达10年的使用寿命等优点，将逐步取代UHP灯泡的拼接产品；而新的高亮度的UHP灯泡（寿命达6000小时的180w灯泡）、高分辨率的光机，将应用于大尺寸的单元产品，以进一步扩大与平板显示器在规格上的优势；内置多画面拼接处理卡的拼接单元，可在不需要外部图像处理器的情况下实现简单的多窗口显示，将在小型拼接屏项目上更具竞争优势；而在日益发展的处理器技术方面，无论是集中式处理器，还是网络分布式处理器，都将为DLP大屏幕系统提供强大的处理能力。

5.1.8　视频存储系统

1. 技术简介

视频监控系统从技术架构上来说，主要包含视频的采集、传输、交换、显示、存储和应用六大组成部分。其中，视频存储技术是一种将前端摄像机动态采集的连续图像帧按照一定的时间序列保存在持久化存储介质上的专项技术。

在视频监控的实战应用过程中，依赖实时监控来发现所有的正在发生的各种突发事件和案件线索是非常不现实的，而只有将视频片断保存下来，才能够在事后利用更多的人力和时间进行充分的发现、发掘和查证。从某种角度来说，视频图像的存储及查询回放比视频的实时监视具有更加重大的应用价值和实战意义。

如何高效地存储和回查视频录像，是关系到视频监控系统性能品质和技术竞争力的关键所在。能够良好实现图像实时播放和PTZ远程控制的厂商很多，但能够真正实现高效、智能化、人性化的录像存储及回放的厂商却寥寥无几。目前各大视频监控系统提供商都在努力提升和优化视频存储技术，推出了丰富的、面向不同行业、不同存储位置、不同存储介质以及不同存储文件系统的解决方案和技术产品，不同的客户和不同的应用场景，需要因地制宜的选用不同的视频存储解决方案，万能的、最优的视频存储解决方案在目前是不存在的。

2. 发展历程

随着网络通信技术、多媒体处理技术的成熟和迅速发展，以及网络设施的逐步完善，视频监控呈现出了网络化、高清化、数字化、标准化、普遍化的趋势，这些趋势变化同时也促进了视频存储技术的演变。视频监控经历了模拟、数字、网络三个阶段，存储在视频监控领域的应用同样也经历了这三个阶段。模拟时代存储设备，如图5-11所示。

（1）模拟监控时期的视频存储技术

在20世纪80年代，随着音频、视频模拟记录技术的发展和有线电视的推广，模拟视频监

图 5-11　模拟时代存储设备

控技术应用在一些关键场所和领域,当时图像的采集、传输和显示都基于模拟设备,图像的存储也通过模拟设备磁带录像机(VCR,Video Cassette Recoder)予以实现。信息通过模拟信号存储在录像带中,一方面自动化程度低,人工干预的因素多;同时存储的时间受到很大限制,而且图像检索只能靠原始手段快进或快退操作实现,同时无法实现远程调用;另外,在保存时间、系统维护等方面也都有着明显的缺陷,目前已基本淘汰。

(2)数字监控时期的视频存储技术

数字时代存储设备,如图5-12。

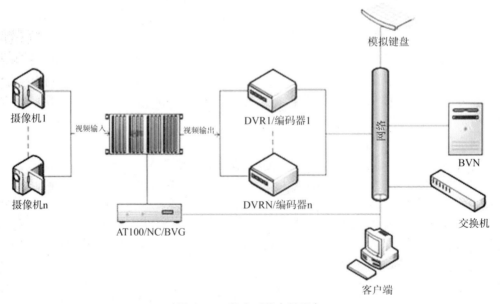

图 5-12　数字时代存储设备

在20世纪90年代中期,多媒体技术在计算机领域迅速普及,并推动了各种多媒体处理技术的成熟,促进了数字信号处理器(DSP,Digital Signal Proccessor)的发展,各类视频编解码技术获得了广泛应用,经过处理后的图像也可以以数字码流的方式进行传输,图像的存储也开始进入数字化时期。这个时期的视频监控系统主要使用数字硬盘录像机(DVR,Digital Video

Recorder）实现数字化存储,模拟视频信号通过 DVR 的编码压缩（主要为 MPEG2/MPEG4 编解码技术）,以数字化的音视频形式保存在 DVR 的本地硬盘中,其存储分辨率主要为 CIF、DCIF 和 D1,即我们常说的标清概念。

与模拟监控相比,DVR 在保存时间、图像检索、系统维护以及远程调用方面都有了根本性的变化。但由于存储容量受限于设备本身,视频数据的存储分散,不便于集中管理和共享,而且 DVR 的主要处理能力分配给了多通道的编码压缩和图像存储,向上提供的数字视频传输能力有限,无法充分满足突发事件时期多用户并发访问要求。

（3）网络监控时期的视频存储技术

网络时代存储设备,如图 5-13 所示。

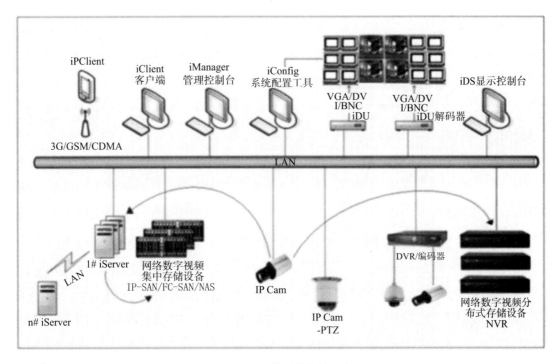

图 5-13 网络时代存储设备

随着网络通讯技术的快速发展和网络存储技术的日趋成熟和完善,基于 IP 技术的网络正在渗透到各个领域。以 IP 摄像机和视频编码器为前端,中心业务平台进行集中管理控制,通过网络存储设备提供大容量、高性能的后端存储的网络视频监控系统开始得到广泛应用。

当中心业务平台呈现为"分而治之"的管理状态时,相应的解决方案和技术产品即为网络视频录像机（NVR, Network Video Recoder）。NVR 和 DVR 相类似,是一种多业务一体化机,除了能完成数字视频存储外,还能并提供视频实时转发、远程控制、录像存储和回放点播在内的各项业务功能,但需要事先绑定若干路视频前端,优点是单设备集成度高,部署简单。NVR 通过网络接入前端的数字视频流,不需要像 DVR 一样需要完成模拟信号向数字信号的转换,编码技术主要为 H.264 和 M-JPEG,分辨率主要有 D1、720i、720p、1080i、1080p,确立了高清时代的存储标准。

当中心业务平台呈现为"流媒体服务器集群 + 网络存储集群"的运行模式时,相应的解决方案和技术产品就是数字视频管理平台（VMS, digital Video Management System）。该平台并没有统一的建设标准,其主体思想是划分业务、集中处理,视频实时转发、视频存储点播、视频远程控制和网络存储设备进行分离,甚至视频的存储业务和点播业务也进行分离。该方案系统的灵活性、扩展性和容灾能力都得到了最大化,但部署也最为复杂。VMS 的网络存储设备主要为磁盘阵列,网络存储与视频业务相分离,用户在存储部署上更加灵活、可靠性更高、扩容也更加便捷。当然,存储产品的选择也很多,包括 DAS、NAS、IPSAN 或 FCSAN,甚至是专门定制嵌入了视频业务的应用存储类磁盘阵列。

当然,前一时期的 DVR 因为其编码处理能力和数字化视频存储能力,也天然的接续到了网络视频监控时代,处理能力更强,存储空间更大,编码技术也过渡到了 H.264 时代,分辨率也拥有了最高 700 线的高清解析度。目前 IP 摄像机还无法完全替代模拟摄像机,DVR 因其对模拟设备的先天亲和度,还具有非常旺盛的生命力,甚至有的 NVR 产品也兼容 DVR 的功能,形成所谓的混合网络硬盘录像机。

3. 技术对比

（1）视频存储技术比对

视频监控的存储技术与视频技术的发展、网络的演变是密切相关的,不同时期出现、流行了不同的数字化存储技术。数字视频服务器设备,如图 5-14 所示。

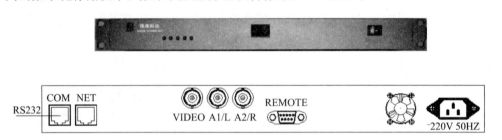

图 5-14　数字视频服务器设备

① 数字视频服务器 – DVS

DVS（Digital Video Server）,即网络视频服务器,也就是我们常说的视频编码器。早期的视频编码器仅仅实现单路或多路模拟音视频的数字编码压缩,并通过 IP 网络将码流发送给后端的流媒体服务器或解码终端进行处理。随着客户需求和存储技术的发展,现在的 DVS 可以接少量硬盘,以防止视频丢失,毕竟 IP 网络的服务质量不总是理想的。DVS 本地的存储空间一般仅保证视频 24 小时内不丢失,当网络环境恢复正常后再接续上传,录像的长期保存还是要交给后端的大容量存储单元完成。

② 数字硬盘录像机 – DVR

数字硬盘录像机设备,如图 5-15 所示。

从全球安防监控产业来看,DVR 是中国安防监控产业为数不多的亮点之一。初期的 DVR 只是数字化的存储设备而已,主要作为模拟视频监控系统中的附属设备完成模拟视频的数字编码和录像存储,与矩阵控制系统配合使用,或独立应用在小型系统中。后期的 DVR 产品在网络化、存储容量、软件管理等方面不断增强,已经可以联网构成完整的视频监控系统,并且到了网络视频监控时代还具备非常旺盛的生命力。目前,DVR 产品的存在形态主要有两

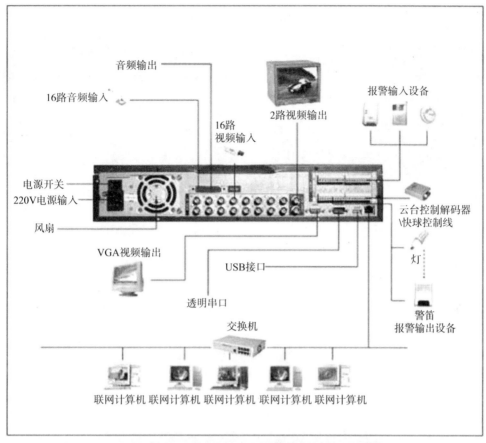

音频输出

16路音频输入

2路视频输出

报警输入设备

16路
视频输入

电源开关

220V电源输入

风扇

云台控制解码器
\快球控制线

灯

VGA视频输出

USB接口

透明串口

警笛
报警输出设备

交换机

联网计算机　联网计算机　联网计算机　联网计算机　联网计算机

图5-15　数字硬盘录像机设备

种,一是与视频矩阵配合应用,主要实现录像功能;二是在一些项目中,脱离模拟矩阵的架构,建立完全以 DVR 支撑的数字化视频系统,以网络为支撑,实现视频监控应用的虚拟矩阵、视频预览、回放、存储、PTZ 控制、软件管理等各种功能。

③ 车载硬盘录像机 – MVR

MVR 是 DVR 数字硬盘录像机的车载实现形式,常用于公交、长途客运、运输、金融押运等汽车行业的车载监控系统。由于车内恶劣的工作环境,MVR 需提供相应的防水、防尘、防震、高低温适应和防浪涌等特殊处理,且存储介质不能采用一般的服务器硬盘,而是选用可靠性更高的 SD 闪存卡或 SSD 固态硬盘。

车载硬盘录像设备,如图 5–16 所示。

④ 网络硬盘录像机 – NVR

网络硬盘录像设备,如图 5–17 所示。

图 5-16 车载硬盘录像设备

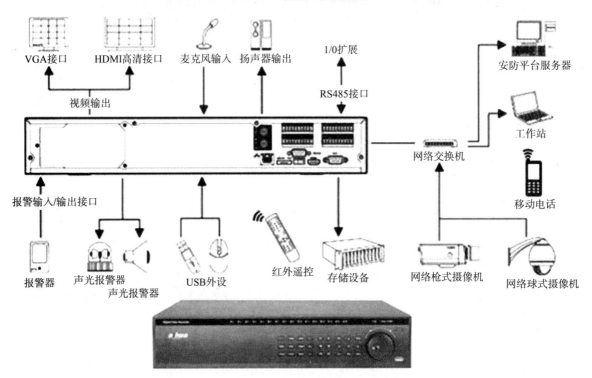

图 5-17 网络硬盘录像设备

NVR 网络硬盘录像机应用在全数字化的网络中,视频监控图像信息的数字化、编码、压缩通过前端的 IP 摄像头或视频编码器完成,NVR 就是将前端提供的实时视频流存储在本设备内置的硬盘中,并实现分类管理、快速回放和重播等特性,同时还能提供前端接入管理和实时视频转分发等功能。NVR 与 DVR 不同,一根 IP 网线即可工作,无需对接模拟设备,不受物理位置制约,可以在网络任意位置部署。NVR 通常应用于分布式的数字视频监控项目中,并多安装在环境良好的机房机柜内。

⑤ 网络存储磁盘阵列 – RAID

磁盘阵列录像设备,如图 5–18 所示。

由于 DVR 和 NVR 都采用本地硬盘存储视频,其设备内置的硬盘插槽和硬盘容量就制约

图 5-18　磁盘阵列录像设备

了它们的存储容量扩展。VMS 数字视频管理平台将存储业务和存储介质相分离,流媒体服务器可以把需要存储的视频数据通过网络写入到大容量的网络存储设备中,那么视频存储的容量就转换为了网络存储的容量问题。

目前网络存储设备主要为各式各样的磁盘阵列(RAID,或 Disk Arrays),其容量从原理上讲是可以无限制扩容的,甚至可以利用云存储技术来整合各种类型的网络存储设备,提供更加庞大和透明的无限制存储解决方案。

常见的网络存储磁盘阵列有 DAS、NAS、IP-SAN、FC-SAN 等,存储通讯协议有 SCSI、FTP、NFS、CIFS、FC、ISCSI 等。网络存储设备引入到数字视频监控中,除了获得极大的扩容能力,并可通过 RAID 冗余、磁盘热备、控制器热备和阵列热备等技术获得更高的数据吞吐能力和高可靠性。另外,由于 SCSI 和 iSCSI 协议下支持裸设备管理,还有的厂商根据视频顺序化存储的特性,开发出了自己的流媒体存储文件系统,能够做到快速的帧定位、帧跳转和帧标记,极大提高了视频读写和定位检索的效率。

关于磁盘阵列网络存储技术优劣比较,将在下一章节予以分析描述。

(2)网络存储技术比对

DAS(Direct Attached Storage,直接外挂存储)是最早出现的服务器存储空间扩容方案。这种存储方案的服务器结构如同 PC 机架构,外部数据存储设备(如磁盘阵列、光盘机、磁带机等)都直接挂接在服务器的内部总线上。外接数据存储设备除了独立供电外,可看做整个服务器本地磁盘的一部分。DAS 这种直连方式,能够解决单台服务器的存储空间扩展、高性能传输需求。随着大容量硬盘的推出,单台外置存储系统容量还会上升。此外,DAS 还可以构成基于磁盘阵列的双机高可用系统,满足数据存储对高可用的要求。从趋势上看, DAS 仍然会作为一种存储模式,继续得到应用。

DAS 存储架构,如图 5-19 所示。

NAS(Network Attached Storage,网络附加存储)方式则全面改进了以前低效的 DAS 存储方式,它是独立于 PC 服务器、单独为网络数据存储而开发的一种网络文件服务器。NAS 服务器集中连接了所有的网络数据存储设备(如各种磁盘阵列、磁带、光盘机等),存储容量可以

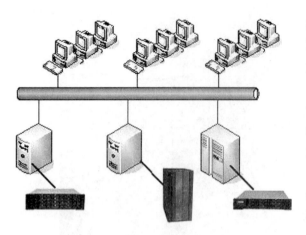

图 5-19　DAS 存储架构示意图

换机连接起来，形成一个光纤通道的网络，然后这个网络再与企业现有局域网进行连接。在这种方案中，起着核心作用的当然就是光纤交换机了，它的支撑技术就是 Fibre Channel（FC，光纤通道）协议，因此传统 SAN 又叫 FC-SAN。在 SAN 中，数据以集中的方式进行存储，加强了数据的可管理性，同时适应于多操作系统下的数据共享同一存储池，降低了总拥有成本。

　　SAN 存储架构，如图 5-21 所示。

　　FC 光交换和相关专有设备、管理体

较好的扩展，同时由于这种网络存储方式是 NAS 服务器独立承担的，所以，对原来的 PC 服务器性能基本上没什么影响，以确保整个网络性能不受影响。它提供了一个简单、高性价比、高可用性、高扩展性和低总拥有成本(TCO) 的网络存储解决方案。NAS 存储架构如图，5-20 所示。

　　SAN（Storage Area Network，存储域网络）与 NAS 则是完全不同，它不是把所有的存储设备集中安装在一个专门的 NAS 服务器中，而是将这些存储设备单独通过光纤交

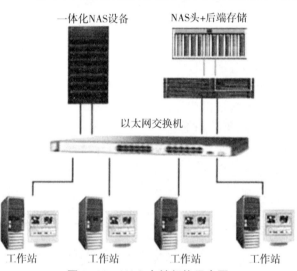

图 5-20　NAS 存储架构示意图

系，FC-SAN 的高成本和存储优势一样突显。为了降低 FC-SAN 存储的投入成本，新的趋势是将 SCSI 协议移植到 IP 网络上，因此产生了 ISCSI 和 IP-SAN 的产品概念。运用 IP 网络交换机来替代 FC SCSI 光交换机，极大地减轻了 SAN 存储策略的实现成本，成为近几年来国内外各家存储厂商热衷推崇的新产品方向，也是目前数字视频领域常用的高性价比视频存储设备。

　　IP-SAN 存储架构，如图 5-22 所示。

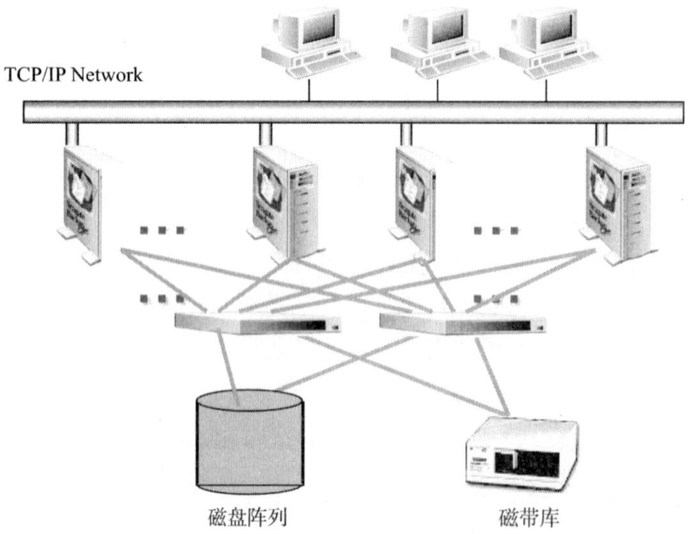

图 5-21　SAN 存储架构示意图

图 5-22　IP-SAN 存储架构示意图

表 5-2　DAS、NAS、FC-SAN、IP-SAN 产品的具体构成要素和优缺点比较分析

	DAS	FC SAN	NAS	IP SAN
与主机连接的技术	SCSI /FC	光纤通道（FC）	千兆 / 万兆以太网	千兆 / 万兆以太网
文件系统	由所连接的主机决定	由所连接的主机决定	由 NAS 设备决定	由所连接的主机决定
集中化共享的项目	存储设备	存储设备	存储设备和需共享的文件分区	存储设备
兼容性	低，不能支持异构平台	低，需考虑 HBA/FC Switch /Software 的整合兼容性	中，主要是 TCP/IP 和 IP 网络的一些协议，也需考虑对应用的支持	高，主要是 TCP/IP 和 IP 网络的一些协议，但无需考虑其他设备和软件的兼容性
传输速度	160MBps	1Gb,2Gb,4Gb	1Gb,10Gb	1Gb,10Gb
资料集中备份	不行	可以	可以	可以
实时性档案共享	无法提供	无法提供	可以提供	无法提供
移除服务器对 DISK I/O 的负载	无法提供	无法提供	可以提供	无法提供
可管理性	低	低	中	高，智能化管理
安全性	低	高	中	高
扩展能力	可扩展至几十 TB，不过在扩展时需要停机	可扩展至几十 TB	可扩展至几十 TB	可扩展至几十 TB
总体部署成本	价格中等	价格昂贵，要求前端服务器高配置，附属设备成本高，总体部署成本高	价格低廉，对前端服务器没有性能要求，总体部署成本低	价格适中，附属设备成本不高，总体部署成本适中
在线扩展能力	不能	不能	能	能

4. 未来发展趋势

随着数字化安防技术的普及,存储设备从监控系统的边缘化位置,逐渐走向了中心,在监控系统的比重也随着集中化的提升而得以大幅提高。但是,安防市场的非标准化特点决定了存储在监控领域的多样化特性,DVR、NVR、VMS(NAS/SAN)在各个应用领域依然发挥着卓越的视频存储成效,不存在哪一类产品已经或者将要一统天下之说。要看清视频存储的发展形势,我们可以从以下几方面的需求进行剖析。

(1)海量存储的要求

视频监控的影像数据,每帧图像的分辨率从最开始的标清到目前的高清,再到未来的超高清,存放时间从7天到15天,到关键数据的半年甚至1年,摄像机规模从原来的一个城市的几千路到上万路,甚至到未来的十几万路,数据存储容量的需求呈爆炸性增长,几十TB、几百TB,甚至PB级别的存储需求比比皆是。一方面我们需要考虑寻找更大容量的磁盘和磁盘阵列柜,以及合理的视频存储在线扩容手段,以满足日益增长的需要;另一方面也需要考虑如何压缩无效的视频片断,仅保存有效信息以节省空间,如视频抽帧压缩技术,基于视频智能分析的事件视频片断保存技术等。

(2)存取性能的要求

视频监控主要是视频码流的写入,表征性能的是存储能支持多少路码流(标清通常是384Kbps～2Mbps,高清通常是4Mbps～10Mbps)。在多路并发写的情况下,对带宽、数据能力、缓存等都有较大影响,对存储的压力很大,这时候存储需要有专门针对视频性能的优化处理。另外,如何在尽可能短的时间内从海量数据中按时间定位到用户需要的视频帧并进行重播回放,如何根据用户的目标特征条件快速地从海量数据中筛选出用户所需的视频片断集,也是视频存储技术优化的重要方向。

(3)价格敏感性要求

安防监控行业的海量存储,由于总容量大,造成总的价格成本上升,反而言之,对单位容量成本(每TB价格)的要求很高。存储设备的采购成本加上维护成本的总拥有成本,往往成为设备供应商能否拿下重要项目的关键因素。视频存储并非需要像业务数据存储那样,一个字节都不能读写错误,因此也有的厂商试图推出专用于视频监控的专业硬盘,针对视频存储的业务特点进行技术和成本上的优化。

(4)集中管理的要求

安防监控应用中,由于需要大量存储设备,存储设备中的海量数据必须被有效地管理起来(如建立统一索引),存储设备的运行状态也必须要能够提供统一的集中维护界面,以便向最终用户提供方便、可靠、透明、快捷的存储和点播回放支持。云存储可以看做是海量视频存储集中管理的一个典型案例和技术发展方向。

(5)数字网络化要求

TCP/IP网络是安防监控技术向网络化方向发展的网络基础,基于TCP/IP网络的存储技术将在安防监控技术网络化进程中发挥不可替代的作用。对于节点不是太多的中小型应用系统,NVR是未来的主要发展方向;对于大型的网络监控系统,视频管理平台加上网络存储(NAS/SAN)仍旧是大型监控系统的不二选择。需要补充的是,在模拟摄像机被数字摄像机完全替代之前,DVR这一类产品还会继续生存下去,依然是传统模拟监控在视频存储上的最佳选择。

5.1.9 视频智能分析

1. 概述

近年来,随着安防技术的蓬勃发展,以及人们对于环境安全、人身安全日益迫切的保障要求,在城市治安、交通管制、机场、轨交、核电和商业楼宇等各个行业领域的视频监控系统也进入了前所未有的大规模应用阶段。摄像头数量的快速增多,在给安保人员带来更多影像信息支持的同时,也为安保人员的工作带来了极大地挑战。一个标准的视频监控系统经常有成千上百路,甚至上万路(如"平安城市"类监控项目)的实时视频和不少于15天的数字录像数据,有限的安保人力根本无法及时响应所有视频图像中的异常警情,并且在事发后需要追查嫌疑目标时,海量的录像数据也无法被有效、高效地检索,只能消耗大量工作时间和临时加派人手等手段来进行人工辨识、分析和查找,安保人员极度劳累不说,还极易贻误战机。统计表明,操作人员盯着屏幕电视墙超过10分钟后,将漏掉90%的视频信息。在伦敦地铁案中,安保人员花了70个工时才在大量磁带中找到需要的信息。

为解决上述问题,视频智能分析技术应运而生。视频智能分析技术(IV, Intelligent Video)源自计算机视觉技术(CV, Computer Vision),而计算机视觉技术又是人工智能(AI, Artificial Intelligent)研究的分支之一。视频智能分析运用数字视频处理技术和图像目标的剥离和行为分析技术,实现了机器对图像内容的理解、识别和分析,从而能自行帮助安保人员及时发现各种异常情况。一方面将安防操作人员从繁杂而枯燥的"盯屏幕"任务解脱出来,另一方面还能帮助安防操作人员在海量的视频数据中快速搜索到目标图像。

依托视频智能分析技术,用户可以在不同摄像机的场景中预设不同的报警规则,一旦目标在场景中出现了违反预定义规则的行为,系统会自动发出报警,监控工作站自动弹出报警信息并发出警示音,用户可以通过点击报警信息,实现报警的场景重组并采取相关措施。

依托视频智能分析技术,在事发后录像查询时,机器系统可根据目标(人、车、物品等)的视觉特征条件(大小、颜色、车型/车牌等)自动筛选搜索,快速找到用户所需的视频片断。这种方式不需要工作人员用肉眼人工浏览整个时间段的视频,从而可以有效提高检索效率,减轻工作人员的压力,为快速抓捕犯罪分子争取时间。

由此可见,结合视频智能分析技术的视频监控系统,可以使图像具有自主报警及按内容检索的能力,真正从"被动式"视频监控走向"主动式"视频监控。"千里眼"变成了"智慧眼",极大地节省了安保的人力、物力资源,提高了安保警情的处置效率和事后抓捕成功率。视频智能分析技术已成为当前视频监控系统不可或缺的重要组成部分,也是视频监控未来技术发展的热点所在。

2. 发展历程

和许多技术一样,视频技术也是仿生学引导的结果。视频成像技术模仿人类眼睛的功能,把眼睛"拉"到实际难以到达的时空,而视频智能分析技术则是为"眼睛"配置了一个会观察、会思考的"大脑"。视频智能分析技术是数字化、网络化视频监控领域最前沿的应用模式之一,它的诞生离不开视频监控本身从模拟到数字、从电子交换到IP网络传输的技术演变历程。

(1)第一代模拟视频监控——不具备视频智能

第一代视频监视系统指的是以VCR(Video Cassette Recorders)为代表的传统CCTV监控系统,系统主要由模拟摄像机、专用电缆、视频切换矩阵、模拟监视器、模拟录像设备和盒式录像带等构成。这个时候的摄像头仅仅起到"眼睛"的作用,因为影像未能数字化,计算机系统无法为其配置相应的"大脑",所有的图像监控和内容分析都是由人工来完成的。

（2）第二代数字视频监控——简单的视频智能

在20世纪90年代中期,以DVR（Digital Video Recorder）为代表的第二代视频监视系统出现在视频监视市场上。DVR用户可以将模拟的视频信号进行数字化,并存储在电脑硬盘而不是盒式录像带上。DVR的数字化处理能力使得为"眼睛"配"大脑"成为了可能,但这个时期的视频智能分析因DSP或CPU的处理能力不足,且视频分析算法还不够成熟,此时的"大脑"也仅有"婴儿阶段"的人工智能,仅能对摄像机遮挡和目标移动等简单视频突变进行感知,以提醒操作人员进行简单的应对处理。

（3）第三代网路视频监控——丰富的视频智能

第三代系统指的就是目前正在蓬勃发展的网络化视频监视系统,又称为IP视频监控系统,它最早出现于2001年。第三代视频监控系统是完全数字化的系统,它基于标准的TCP/IP协议,能够通过局域网/无线网/互联网传输,可以通过网络中的任何一台电脑来观看、录制和管理数字化的视频信息。视频数字化、网络化使得视频信息的共享、共用和视频分析的处理手段极大丰富;同时,这一时期也进入了视频监控系统发展的快车道,越来越大的系统规模也呼唤智能化、主动式视频监控技术的出现,越来越多的研究机构和安防厂商开始进入视频分析技术领域,加快视频智能化的发展进程。经过近10年的技术研究和发展,目前的视频分析智能的功能越来越丰富,应用成熟度越来越高,能够辨识简单的人、车目标特征,能够判断简单的人或人群行为,甚至有的技术已经实现了人脸三维识别,开始应用于门禁控制领域。

下面是基于网络视频系统的视频智能分析体系架构,如图5-23所示。

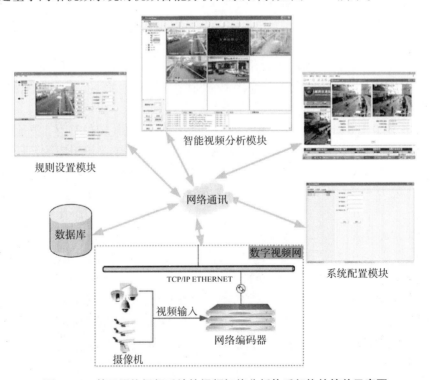

图5-23　基于网络视频系统的视频智能分析体系架构的简单示意图

3. 典型应用

虽然视频智能分析已经成为视频监控新技术应用的热点,但受限于视频图像本身的成像效果(如分辨率、清晰度、色彩还原度、目标像素大小等)以及视频场景的各种环境干扰因素(各种光影变化、水波变化、天气变化、风吹树叶、人群密度过高等)的影响,其分析速度和精度还是有所欠缺的。能做的分析功能很多,但能做到完美的、受环境制约小的功能,却十分有限。

下面列出了目前最典型的四大类视频智能应用,并对其技术成熟度给予了相应的评价(五星制,星级越高成熟度越高,实用性越强),供读者参考。

(1)摄像机保护

这是首要任务,如果摄像机得不到保护,其他的一切都成为空谈。因此对摄像机被遮挡、被移动、模糊等情况能及时报警并通知维护人员。

场景变化(Scene Change)——技术成熟度★★★

自动辨识由于信号干扰、设备故障、环境因素或者人为破坏因素而引起的摄像机画面发生的明显变化,如黑屏、蓝屏、位移、遮挡、亮度、清晰度等。场景变化如图 5-24 所示。

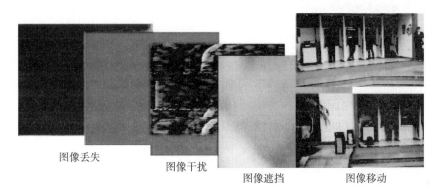

图像丢失 图像干扰 图像遮挡 图像移动

图 5-24 场景变化示意图

(2)入侵检测和运动目标跟踪

对非正常进入监视区域的可疑目标及时检测,能够识别单个或多个目标的运动情况(如运动方向、运动速度等),更进一步,还可在检测到可疑目标后,发送控制指令,使摄像机自动跟踪目标,避免在视野内丢失监控目标。

① 单绊线入侵检测(Tripwire)——技术成熟度★★★★★

检测单方向或双方向穿越一条首尾相连直线或折线段的运动物体,如人或交通工具。单绊线入侵检测如图 5-25 所示。

②来信多绊线(Multi-line tripwire)——技术成熟度★★★★★

在视频中绘制 2 条以上首尾相连直线或折线段,运动目标在用户设定的时间周期内穿过了这 2 条(多条)警戒线时,则报警。还可设置入侵的方向、时间和入侵的距离。

图 5-25 单绊线入侵检测示意图

多绊线入侵检测,如图 5-26 所示。

③ 进入/退出区域检测(Entered/Exited)——技术成熟度★★★★★

在视频中绘制封闭的区域,若人或车进入或退出该区域,则报警。还可设定入侵的方向、时间。进入/退出区域检测,如图 5-27 所示。

图 5-26　多绊线入侵检测示意图　　　　图 5-27　进入/退出区域检测示意图

④ 自动跟踪(Autotracking)——技术成熟度★★

在摄像机监视的场景范围内,当移动目标出现后,用户可以手动锁定或自动触发选取某个运动目标,有智能系统来驱使摄像机云台和镜头进行自主、自动跟踪,确保跟踪目标持续以合适的大小出现在摄像机监视范围内。自动跟踪如图 5-28 所示。

(3)滞留物和搬移物报警

当场景中(如候机室、会议室等)某一物体(如包裹、手提箱等)在敏感区域停留的时间过长,或原场景中存在的物体(如手提电脑、贵重仪表)被无故搬移时,系统就发出报警信号,同时自动在前面的视频画面中查找放置滞留物或搬走原有物品的可疑人物。

① 遗留物检测(Left behind)——技术成熟度★★★

遗留物检测是目标在指定的管制区域内被放置或遗弃,并且目标在大于所设置时间间隔内保持固定状态,则报警。遗留物检测如图 5-29 所示。

图 5-28　自动跟踪示意图　　　　图 5-29　遗留物检测示意图

② 物体搬移检测（Taken away）——技术成熟度★★★

物体搬移检测是当物体在监控区域中的某一位置被带走一定时间后，并且在设置的时间内没有将物体放回原处所触发的报警。物体搬移检测如图5-30所示。

图5-30 物体搬移检测示意图

③ 物体出现检测（Appeared）——技术成熟度★★★★

物体出现检测是指目标突然出现在监控区域中，但先前没有出现在监视画面中。物体出现检测如图5-31所示。

④ 物体消失检测（Disappeared）——技术成熟度★★★★

物体消失检测是指目标从监控区域内完全消失，一旦完全消失则马上触发报警。消失时间可设置。物体消失检测如图5-32所示。

图5-31 物体出现检测示意图

图5-32 物体消失检测示意图

（4）群体行为分析

包含对人群、车流等目标的正常行为和异常行为分析。能够对场景中群体的正常行为进行分析，如统计穿越出入口或指定区域的人或车的数量、高速公路交通流量，识别人群的整体运动特征，包括速度、方向等。也能够对场景中群体的异常行为进行分析和判断，如判断是否有行人及车辆在禁区内发生长时间徘徊、停留、逆行等行为，检测公共场所是否有人员的集聚、奔跑、斗殴等异常行为。

图 5-33　徘徊检测示意图

① 徘徊检测（Loitering）——技术成熟度★★★★

运动物体进入监控区域内逗留的时间超过用户设定的时间之后，则触发报警，显示轨迹和时间。徘徊检测如图 5-33 所示。

② 逆向检测（Converse）——技术成熟度★★★★

对选定区域内的运动目标进行检测，如果目标的运动方向符合逆向定义的方向，触发报警。逆向检测如图 5-34 所示。

③ 人流量 (People Counting) ——技术成熟度★★★★

由单个摄像机作为视频源，对单个视频源进行检测分析，按设置的单个人体大小、长宽比进行判断和识别，判定其是否是单个人体，从而精确检测出视频中的人数信息及进出方向。人流量检测如图 5-35 所示。

图 5-34　逆向检测示意图

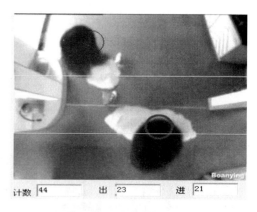

图 5-35　人流量示意图

④人群密度（Flow Control）——技术成熟度★★

将视频中的人群密度分为稀松、正常、较拥挤和拥挤 4 级，可分别触发报警，防止过度拥挤。人群密度检测如图 5-36 所示。

⑤ 人群突变 (Abnormal Crowd) ——技术成熟度★

对选定区域内的人群进行检测，如果人群的运动方向发生突变，如突然大量出现或突然大量消失,或发现人员的集聚、奔跑、斗殴等异常行为,则报警。

当然,智能视频监控能够做到的事不只如此,存在的技术难点也会被逐步攻克。今后它可以帮我们做更多的事,但前提是我们要有足够的智能分析算法和机器处理能力来设计并实现这样的智能视频监控系统。

图5-36　人群密度示意图

（5）典型架构

视频智能分析根据应用场景、应用需求和投资力度不同,往往会采用不同系统架构予以对应。视频智能分析不存在最优的架构,只有最合适的架构。目前视频分析架构的区分可以从三个维度来进行判断,分别表述如下:

① 模拟视频分析 VS 数字视频分析

目前的视频监控技术领域还是模拟系统与数字系统并存,在某些行业应用中甚至还是以模拟系统为主。因此,当前的视频智能分析技术面向模拟系统和数字系统也有不同的解决方案。

模拟视频信号接入分析,如图5-37所示。

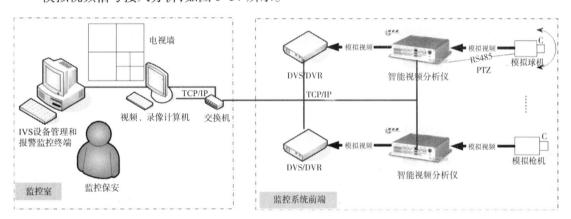

图5-37　模拟视频信号接入分析

如图5-37所示,视频分析模块直接接入模拟视频信号,通过视频捕捉卡进行模数转换,将模拟图像采样转换为数字图像后予以分析,得出的视频分析结果通过 IP 网络回传给中心使用。

这样做的优点在于能够很好地兼容模拟前端,安装简单便捷;缺点在于分析质量受到视频捕捉卡的质量限制,视频捕捉卡的卡槽也非常容易产生故障,并且多了一个模拟信号的输入环节,需要增配相应的视频分配器或矩阵输出。如果为了节省资源采用了如上图所示的模拟视频环出手段,其模拟信号又会产生一定的信号变形和衰减。

数字视频信号接入分析,如图5-38所示。

如图5-38所示,当视频信号数字化和网络化后, IP 摄像机就能直接通过 IP 网络将视频信号传送到监控中心技防的视频分析主机上,由处理能力更加强大的 PC 服务器加载相应的视频分析软件进行处理。

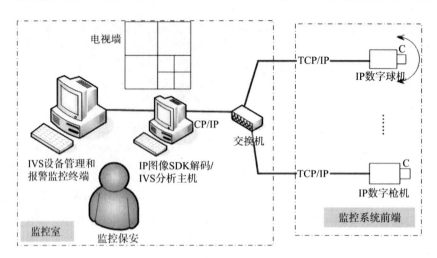

图 5-38 数字视频信号接入分析

这样做的优点是布线方便,数字化的视频信号保证了在传输过程中不会有质量损失,视频分析资源可轻易地通过 IP 网络实现多个摄像机之间的重复利用。缺点是该解决方案如需接入模拟系统,就必须为模拟前端添加专业的网络编码器资源,增加了系统造价。

② PC 视频分析 VS 嵌入式视频分析

随着摄像机数字处理能力的提高,网络摄像机已经具备一定的应用软件嵌入能力。因此,有些安防厂商开始推出智能摄像机的系列产品,将视频采集、编码和智能分析一体化加载在一个前端盒中,这种做法和常规的采用 PC 服务器进行后端视频分析的做法完全不同。

基于 PC 服务器的视频分析服务器分析,如图 5-39 所示。

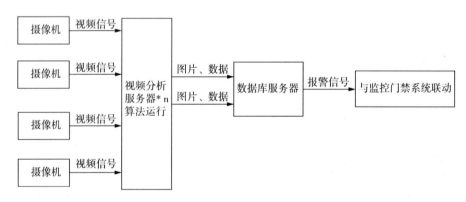

图 5-39 基于 PC 服务器的视频分析服务器分析

如上图所示,摄像机将视频信号传输到安装有视频分析服务的 PC 服务器上,由分析服务器进行分析处理,将特征和报警信号提取出来,一方面入库存储,一方面推送到应用端进行警情处理或设备联动。

这样做的优点在于建设投入小、见效快,无需更换现有的前端资源,一台视频分析服务器可以对应多台前端摄像机;并且"服务器 + 软件"的体系架构使系统软件的升级更新和调试修改都比较容易;服务器级别的处理能力也提高了复杂视频分析的处理效率和精确度。缺点在于视频分析基于服务器架构和 Windows 等操作系统,运行稳定性不高且容易收到网络攻击,并且视频从前端传输至后端,所需的模拟传输资源或 IP 网络带宽也较大。

基于嵌入式系统的视频分析终端盒,如图 5-40 所示。

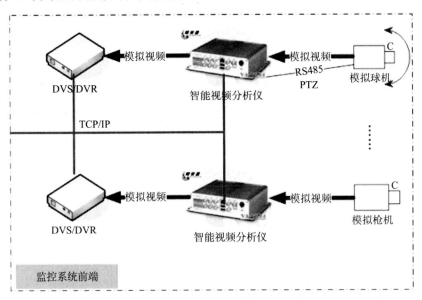

图 5-40　基于嵌入式系统的视频分析终端盒

这里复用了前面模拟接入的系统示意图。从图中可以看出,视频分析仪是一个尺寸较小的分析终端盒,其内部是基于 DSP 的嵌入式视频分析模块。

由于是嵌入式架构,优点是体积小、易安装,能耗和散热小,系统运行更加稳定,更能适应恶劣的安装环境。不足之处也很明显,因为是利用的前端摄像机的嵌入资源,处理能力有限,能实现的分析功能也不会太丰富,并且当分析算法需要精调和升级时,刷固件非常烦琐。

直接嵌入视频分析功能的数字摄像机,如图 5-41 所示。

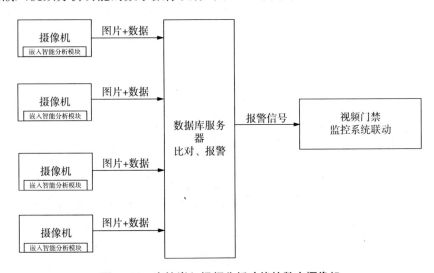

图 5-41　直接嵌入视频分析功能的数字摄像机

如图 5-41 所示,视频分析功能直接嵌入到前端摄像机的处理模块上,本地化视频分析与捕捉,仅将提取出来的报警信息和特征信息向后端数据库服务器和应用服务器传输,仅后端用户有调取需要时,再向后端传输相应的视频信号。

这样处理的好处是,摄像机直接集成了视频分析功能,安装灵活方便,能够快速部署实施,也节省了中心机房的占地和用电,因为仅回传特征数据,也节省了宝贵的网络带宽。缺点是复用摄像机 DSP 资源的嵌入式分析处理,其处理能力比前面的嵌入式分析盒还要小,且分析资源的独占性也意味着无法进一步共享和复用。

③ 固定通道分析 VS 动态通道分析

视频智能分析,既可以面向摄像机做一对一"盯防",也可以根据需要在不同的摄像机之间进行"轮查",前者分析通道是完全固定的,而后者分析通道是动态变化的。从原理上来讲,动态通道的复用性肯定要比固定通道的独占性更灵活、更经济,但从实际运用过程来说,动态的分配视频分析资源,也有它的不足和缺陷。

基于固定通道的视频分析系统架构,如图 5-42 所示。

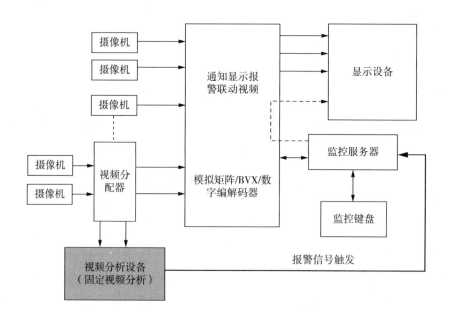

图 5-42　基于固定通道的视频分析系统架构

如图 5-42 所示,前端摄像机通过视频分配器将模拟视频信号传递给前置的视频分析设备,视频分析得出的特征数据和报警信号通过 IP 网络传输给后端的数据库服务器和应用服务器,当视频报警产生时,自动切换相关图像到现实设备上。当然,这是固化通道的一种方式,前面所讲的嵌入式视频分析也是固化通道的一种类型。

这样做的优点是视频分析的对象和场景固定不变,分析参数容易精确固定,运行稳定,不受监控系统架构的影响,由于场景的一致性,视频分析的自学习能力得到充分的施展,分析效果佳,有助于提高分析捕获率和识别率。缺点是视频分析模块和前端视频一对一,不能灵活改变分析对象,系统造价高,且当某一固定分析通道故障时,无法切换其他的分析资源予以替换。尤其是当前端是可以 PTZ 的可控摄像机时,即便固定了通道也无法固定场景,其固化的优势也有不同程度的削弱。

基于动态通道的视频分析系统架构,如图 5-43 所示。

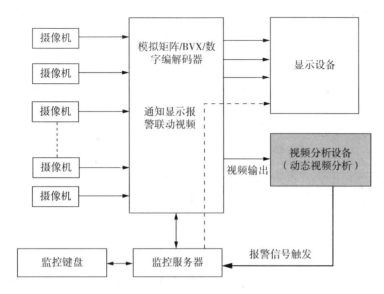

图 5-43 基于动态通道的视频分析系统架构

如图 5-43 所示,模拟摄像机将视频传入模拟矩阵后,经切换有选择的输入视频分析设备,视频分析得出的特征数据和报警数据传入数据库服务器和应用服务器,当视频报警需要切换时再将视频切换至相应的显示设备。这里仅仅是动态通道在模拟视频系统上的解决方案,数字视频系统由于是 IP 网络交换,更容易实现视频分析的动态通道分配。

动态通道分析的优点是分析对象灵活选择变换,可大大节省系统造价和视频分析设备。缺点是图像受监控系统的其他设备影响,每次切换都要重新配置相应的标定参数,分析算法难以持久学习监控场景,影响分析效果。就算使用预置位进行切换通道后的场景固定,也会因为云台和镜头的机械误差,导致场景产生些微差异,无法做到分析参数的精准确定。

综上所述,视频智能分析系统可以从"模拟 / 数字"、"嵌入 /PC"以及"固定 / 动态"三个方面来进行构建,各有优缺点,而各大视频智能分析的设备厂商也往往同时推出不同架构的解决方案,以满足不同的应用需求。常见的配置方案有:

- 模拟接入 + 嵌入式分析盒 + 固定通道
- 模拟接入 + 嵌入式分析盒 + 动态通道
- 模拟接入 + PC 分析服务器 + 动态通道
- 数字接入 + 嵌入式前端 + 固定通道
- 数字接入 + PC 分析服务器 + 固定通道
- 数字接入 + PC 分析服务器 + 动态通道

5.2 入侵报警系统

5.2.1 报警系统基本概念

1.报警系统的构成

当不法分子入侵防范区域,或区域发生煤气泄露、烟雾火灾时,能够及时将这些信号告知主人、家人、邻居或接警值勤人员,并能起到阻吓、防范的技术系统统称报警系统。

报警系统由探测器(含紧急报警装置,如紧急按钮、脚挑、脚踏等)、信道和报警控制器(报警主机)三部分组成。

① 探测器

俗称探头,它的作用是将入侵探测信号变成能在信道中传输的电信号。常用的探测器有被动红外探测器、主动红外探测器、磁开关探测器、振动探测器、玻璃破碎探测器、煤气泄露探测器和烟雾火灾探测器等。

② 信道

即传输信号的媒介。其作用是将由探测器发出的携有报警信息的电信号及时、准确地传至报警控制器。信道分有线信道和无线信道。有线信道有双绞线、电话线、同轴电缆、光缆等。无线信道即在自由空间传播的无线电波。

③ 报警控制器

俗称报警主机。能接收由信道传送的携有报警信息的电信号,经信号处理后,发出声光报警,并显示出报警部位的装置叫报警控制器。

探测器、信道、报警控制器构成了最简单的报警系统。根据需要,报警控制器可以和各报警中心连接,这就组成一个更大的报警系统,即报警网。

2.入侵探测器的种类

① 按用途或使用的场所来分

可分为户内型入侵探测器、户外型入侵探测器、周界入侵探测器、重点物体防盗探测器等。

② 按探测器的探测原理或应用的传感器来分

可分为雷达式微波探测器、微波墙式探测器、主动式红外探测器、被动式红外探测器、开关式探测器、超声波探测器、声控探测器、振动探测器、玻璃破碎探测器、电场感应式探测器、电容变化探测器、视频探测器、微波—被动红外双技术探测器、超声波—被动红外双技术探测器等。

③ 按探测器的警戒范围来分

可分为点控制型探测器、线控制型探测器、面控制型探测器及空间控制型探测器。

④ 按探测器的工作方式来分

可分为主动式探测器与被动式探测器。

⑤ 按探测器输出的开关信号来分

可分为常开型探测器、常闭型探测器以及常开/常闭型探测器。如图 5-44 所示。

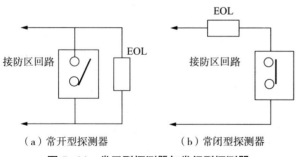

（a）常开型探测器　　（b）常闭型探测器

图 5-44　常开型探测器与常闭型探测器

当需要将几个探测器同时接在一个防区时,可采用以下的方式连接。如图 5–45 所示。只要其中有一个探测器发出短路或开路报警信号,报警控制器就可发出声光报警信号。

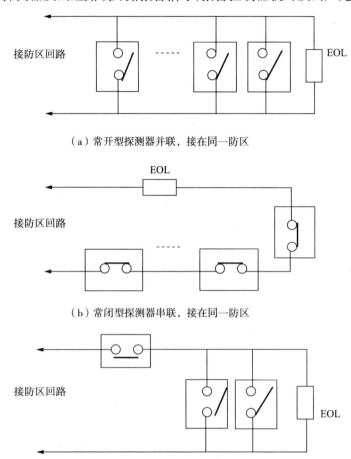

（a）常开型探测器并联,接在同一防区

（b）常闭型探测器串联,接在同一防区

（c）常开型探测器与常闭型探测器接在同一防区

图 5–45　几个探测器同时接在一个防区的情况

5.2.2　入侵探测器的主要技术性能指标

入侵探测器是用来探测入侵者的移动或其他动作的电子及机械部件所组成的装置。

在选购、安装、使用入侵探测器时,必须对各种类型探测器的技术性能指标有所了解,否则会给使用者带来很大的盲目性,甚至达不到有效的安全防范目的。

1. 入侵探测器的功能原理

每一种入侵探测器都具有在保安区域内探测出人员存在的一定手段,装置中执行这种任务的部件称为探测器或传感器。

理想的入侵探测器仅仅响应人员的存在,而不响应诸如狗、猫及老鼠等动物的活动,也不响应室内环境的变化,如温度、湿度的变化及风、雨声音和振动等。要做到这一点不很容易,大多数装置不但响应了人的存在,而且会对一些无关因素的影响也产生响应。对报警器的选择和安装也要考虑使它对无关因素不作响应,同时信号的重复性要好。

设计报警装置时,首先要掌握和分析各种入侵行动的特点。入侵者在进入室内时首先要排除障碍,即他必须打开门窗,或在墙上、地板或顶棚上开洞。因此可以安装一些开关报警器,使入侵者刚开始行动时就触发开关。另一个应考虑的特点是光和红外线不能透过人体,因此可以利用安装光电装置的方法来探测入侵活动。

还有一个十分重要的特点是人体正常体温能发射红外线,利用红外线传感器就可探测出人体辐射的热量。此外,入侵者在行窃时不可避免地要发出声响,使用声控传感器便可探测室内发出的异常声响。利用超声波和微波入侵探测器是根据人体的移动会干扰超声波或电磁场的原理而工作的。

各种探测器有各自不同的工作原理,它们各有优缺点。要使探测器在任何场合都能有效地发挥作用,就应该进行精心选择、精心安装,安装时应尽可能考虑到对探测器的保护措施。

由于家庭、商店、团体和企业等部门各自的情况不同,使用的入侵探测器也不尽相同。为了获得最佳保安效果,通常需要根据用户的实际情况对报警系统进行合理搭配,这样才能使探测器更好地发挥作用。

没有入侵行为时发出的报警叫做误报。误报可能是元件故障或某些外界影响造成。它所产生的恶劣后果是不堪设想的,最轻的后果是因为增加了许多不必要的麻烦而使人感到厌烦,从而大大降低报警器的可信度。可以设想,如果商店和库房管理人员经常由于误报而被从床上叫起,他们就不会愿意使用这种报警装置。最坏的后果是它使警察或保安人员毫无必要地火速赶到现场,这样他们本身的安全和周围人们的安全都会受到危害。因此,误报是报警器的致命弱点。

2. 探测器的性能指标

探测器的可靠性主要有三个指标:漏报率、探测率和误报率。从探测器的具体技术指标分析,可有以下几个指标。

① 探测范围

通常有以下几种表示方法:探测距离,探测视场角,探测面积(或体积)。

例如,某一被动红外探测器的探测范围为一立体扇形空间区域。表示成:探测距离 ≥ 15m;水平视场角 120°;垂直视场角 43°;某一微波探测器的探测面积 ≥ 100m²;某一主动红外探测器的探测距离为 150m。

② 报警传送方式,最大传输距离

传送方式是指有线或无线传送方式。最大传输距离是指在探测器发挥正常警戒功能的条件下,从探测器到报警控制器之间的最大有线或无线的传输距离。

③ 探测灵敏度

是指能使探测器发出报警信号的最低门限信号或最小输入探测信号。该指标反映了探测器对入侵目标产生报警的反应能力。

④ 功耗

探测器在工作时间的功率消耗,分为静态(非报警状态)功耗和动态(报警状态)功耗。

⑤ 工作电压

探测器工作时的电源电压(交流或直流)。一般用伏特(V)来表示。

⑥ 工作电流

⑦ 环境温度

室内应用：–10～55℃,相对湿度≤95%；

室外应用：–20～75℃,相对湿度≤95%。

5.2.3　移动报警探测器

移动报警探测器是入侵探测的最常见手段,主要应用于室内安全防范。常见的有被动红外探测器和双鉴探测器。

1. 被动红外探测器

（1）被动红外探测技术原理

在自然界,任何高于绝对温度(–273°)的物体都将产生红外光谱,不同温度的物体,其释放的红外能量的波长是不一样的,因此红外波长与温度的高低是相关的。

在被动红外探测器中有两个关键性的元件,一个是热释电红外传感器(PIR),它能将波长为8~12um之间的红外信号变化转变为电信号,并能对自然界中的白光信号产生抑制作用。因此在被动红外探测器的警戒区内,当无人体移动时,热释电红外感应器感应到的只是背景温度,当人体进入警戒区,通过菲涅尔透镜,热释电红外感应器感应到的是人体温度与背景温度的差异信号,因此,红外探测器的红外探测基本概念就是感应移动物体与背景物体的温度的差异。另外一个器件就是菲涅尔透镜,菲涅尔透镜有两种形式,即折射式和反射式。菲涅尔透镜作用有两个：一是聚焦作用,即将热释的红外信号折射(反射)在PIR上；第二个作用是将警戒区内分为若干个明区和暗区,使进入警戒区的移动物体能以温度变化的形式在PIR上产生变化热释红外信号,这样PIR就能产生变化的电信号。

被动红外探测器一般安装在室内,人的体温为37°,会自然向外发射红外线,被动探测器不间断地检测室内红外线的变动情况,当发现有人移动时会产生报警。

（2）被动红外探测技术特点

单红外探测器的特点如下：

优点：简单、便宜、耗电量低、无辐射。

缺点：容易遮蔽,受温度影响大。

探测灵敏度控制在"不报"和"常报"之间,非常难以把握,通常不得不降低灵敏度,但如此一来,被动红外探测技术的优势无法得到充分发挥。

2. 双鉴探测器

20世纪80年代初,原美国C&K公司对移动探测器进行了改进,即在单红外探测器上结合微波探测技术,形成划时代意义的"双鉴移动探测器"（或者称双技术探测器）。

双鉴移动探测技术的含义是利用两种完全不同的物理方法,在同一空间内,对同一事件进行鉴证。只有两种技术都认同,鉴证事件才被确认。结果灵敏度大大提高,误报几率大大下降。到20世纪90年代后期,双鉴移动探测技术被业内竞相采用,成为行业标准。

（1）微波探测技术原理

微波是指频率在300MHz～300GHz范围内极高频电磁波,其波长范围从1m到1mm。微波遇到目标会出现反射。采用多普勒效应的原理,将微波发射天线与接收天线装在一起。当微波以一种频率发送时,发射出去的微波如果遇到的是固定物体,反射回来的微波频率不变,探测器不会发出报警信号。当发射出去的微波遇到的是移动物体时,反射回来的微波频率与发射出去的微波频率不一样,发出的频率和接收的频率会出现频率差,此时微波探测器将发出报警信号。

多普勒效应原理简介:多普勒理论是以时间为基础的,当无线电波在行进过程中碰到物体时,该电波会被反射,反射波的频率会随碰到物体的移动状态而改变。如果无线电波碰到物体的位置是固定的,那么反射波的频率和发射波的频率应该相等。如果物体朝着发射的方向移动,则反射回来的波会被压缩,即反射波的频率会增加;反之,当物体朝着远离发射的方向移动时,反射回来的波的频率会随之减小,这就是多普勒效应。这种现象在日常生活中会经常遇到,比如一辆鸣笛的警车从你身边高速通过时,你听到的声音的频率是变化的;当警车高速接近你的时候,(与静止声源相比)声音传输的时间缩短,频率升高。当警车远离你的时候,声音的传输时间拉长,频率降低。

（2）双鉴探测技术原理

单技术的微波探测器对物体的振动(如门、窗的抖动等)往往会发生误报警,而被动红外探测器对防范区域内任何快速的温度变化,或温度较高的热对流等也会发生误报警。

为了减少探测器误报问题,人们提出互补型双技术方法,即把两种不同探测原理的探测器结合起来,组成双技术的组合型探测器,又称为双鉴探测器。

目前双鉴探测器主要是微波加被动红外探测器,微波—被动红外双技术探测器实际上是将这两种探测技术的探测器封装在一个壳体内,并将两个探测器的输出信号共同送到"与门"电路,只有当两种探测技术的传感器都探测到移动的人体时,才触发报警。双鉴探测器把微波和被动红外两种探测技术结合在一起,它们同时对人体的移动和体温进行探测并相互鉴证之后才发出报警,由于两种探测器的误报基本上互相抑制了,而两者同时发生误报的概率又极小,所以误报率大大下降。

（3）双鉴探测技术特点

被动红外探测的是人体温度变化,微波探测的是实质性的移动变化。双鉴探测技术从根本上改善了单技术探测器的误报和不报的矛盾。直到现在,被动红外加微波探测双鉴技术是目前最稳定、最常用的探测技术。双鉴探测器微波和红外技术的配合问题影响其使用效果。双鉴探测器好坏的关键因素在于微波控制技术问题,而微波控制技术问题关键是天线。

5.2.4 周界防范系统技术

目前,市场上周界防范产品种类多样,各有其所长与瓶颈,它们有自己的技术特点和使用区域,也有一定的局限性。主流的周界防范技术有:红外对射、激光对射、振动光纤、振动电缆、泄露电缆、脉冲电子围栏、张力围栏、智能视频、激光雷达、微波雷达等。

1. 红外对射

（1）红外对射简介

红外对射全名叫"光束遮断式感应器",其基本的构造包括瞄准孔、光束强度指示灯、球面镜片、LED指示灯等。红外探测技术分为主动对射红外探测(即红外对射)和被动式红外探测,主动红外技术一般用在室外周界报警系统,有多种距离规格;被动红外多使用在室内报警系统中。

这种探测技术是在防区的一端由一个红外发光二极管通过透镜发出的肉眼不可见的光束,接收器在防区的另一端接收。任何物体穿过光束将红外线隔断,都会被探测器察觉。当小动物或鸟类穿过被保护区域时,由于其体积小,仅能遮挡一条红外射线,所以一般应用多光束元件,以使小动物和鸟类的体积小于被保护区域,不发生报警,从而降低误报。如果要达到垂直高度的探测覆盖,可以将几个元件堆叠置于加热罩中。

当前市场上的主动红外探测器按光束数量来分,有单光束、双光束、三光束、四光束四种类型;按频率来分,有固定频率(单频率)、可选频率(有限不同频率)和可调频率(相对无限不同频率)三种类型。四光束主动红外对射探测器如图 5-46 所示。

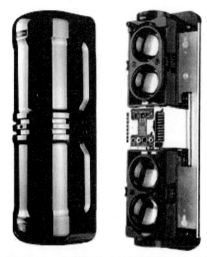

图 5-46 主动红外对射探测器(四光束)

(2)技术原理

红外线属于一种电磁射线,其特性等同于无线电或 X 射线。人眼可见的光波是 380nm~780nm,发射波长为 780nm~1mm 的长射线称为红外线。尽管肉眼看不到这种光线,但利用红外线发送和接收装置却可以发送和接收红外线信号,进行红外线探测。主动红外探测器采用近红外电磁波束作为防范介质,其典型值有 0.85um、0.88um、0.94um 等。

主动红外探测器由红外发射器、红外接收器和报警控制器组成。分别置于收、发端的光学系统,一般采用的是光学透镜,起到将红外光束聚焦成较细的平行光束的作用,以使红外光的能量能够集中传送。其基本组成图如图 5-47 所示。

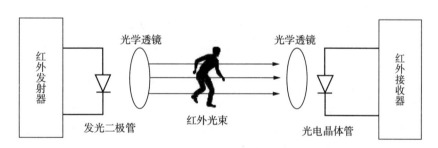

图 5-47 主动红外对射探测器基本组成

红外对射的工作原理是利用红外线经 LED 红外光发射二极体,再经光学镜面做聚焦处理使光线传至很远距离,由受光器接受。红外线是一种不可见光,而且会扩散,投射出去会形成圆锥体光束。当光线被完全遮断或按给定百分比遮断时,接收端输出电信号的强度会因此产生变化,经放大处理后,启动报警控制器发出报警信号。主动红外探测器有单束或多束红外光束,用以加强灵敏度及防干扰能力。

(3)系统实现

每个周界点装置一个报警地址模块,采用利用总线进行区域联防,节省系统的投资成本。当有警情发生时,报警信号便通过报警模块将报警信息传输至报警主机,除了在 LCD 显示屏上显示具体地点以外,通过接警中心软件更可准确地显示警情发生的地址、告警类型等,并且通过声光提示职守人员迅速确认警情,及时赶赴现场。红外对射周界报警系统架构,如图5-48所示。

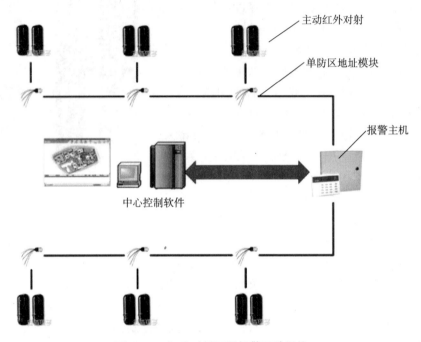

主动红外对射
单防区地址模块
报警主机
中心控制软件

图 5-48　红外对射周界报警系统架构

（4）特点分析

红外光不间歇每秒发 1000 光束,是脉动式红外光束,因此这些对射无法传输很远距离。

红外对射探测器要选择合适的响应时间:太短容易引起不必要的干扰,如小鸟飞过,小动物穿过等;太长会发生漏报。通常以 10m/s 的速度来确定最短遮光时间。若人的宽度为 20 厘米,则最短遮断时间为 20 毫秒。大于 20 毫秒报警,小于 20 毫秒不报警。

红外对射探测器通常安装在围墙或护栏的上方,无论是一条还是多条红外对射线,其探测的高度往往都在 1 米之内,如果围墙为 3 米高,则其探测的范围在于墙头(3 米)向上至 4米的区域范围,这是建立在有人员想翻越围墙侵入院内时必须要爬越围墙,必然要通过 3～4米高度范围这一假定基础之上的。这对于 90% 以上的情况下来说确实如此,但如果入侵人员采用其他设备或方式(如人体弹跳器)能越过高于 4 米的高度,则红外对射探测器便已无法探测到该入侵人员的入侵。更为极端的例子,假设入侵人员从直升机上采用绳梯方式进入院内,则根本无需翻越围墙,此时再用周界入侵探测来代替区域入侵探测便是不可行的了。

由于采用无相干性的红外光源作为防范介质,发散角大,光束不集中;抗御雾、雨、尘、气流的能力相对弱,只有增加其发射强度弥补。国家标准 GB10408.4—2000 第 4.1.7 款规定探测距离:"室外用主动红外入侵探测器的最大射束距离应是制造厂规定的探测距离的 6 倍以上。"以求其发射强度可以保障实际应用的需要。

随着红外对射探测器使用时间的增长,产品的材料、电路系统、电子元器件出现老化,功能衰减时,误报较为严重。

主动红外接收器中的光电传感器通常采用光电二极管、光电三极管、硅光电池、硅雪崩二极管等,按 GB10408.4—2000《入侵探测器 第 4 部分: 主动红外对射入侵探测器》规定:"探测器在制造厂商规定的探测距离工作时,辐射信号被完全或按给定百分比遮光的持续时间大于 40m/s 时,探测器应产生报警状态。"为什么要给出一个范围呢? 原因是不同的使用部位可以设定(调节)不同的最短遮光时间,这有益于减少系统的误报警。

光束数量主要解决误报问题。光束数量越多,越难被异物(树叶、小动物等)同时遮断,就可有效排除因遮挡而产生的误报。当然光束数量增多,成本会相应增加。

主动红外探测器的波束发散角大,发射余量大,每个发射器发出的波束在传播过程中形成一个包围住接收器的"雨滴状"立体区域。这个立体区域波束的形态不是固定的,会随着阳光、雾、雨、尘、气流等环境因素的变化而产生变化,当噪声因素(阳光或同波长人工光源)越强、衰减因素(雾、雨、尘的浓度 / 密度)越大时,其区域会越小;当动力因素(气流变化)越大时,其不对称形变越大;当上述单一或多种因素综合造成的形变使得接收器脱离立体区域的波束时,就会产生误报警。

红外探测器在日常工作中,由于长期工作在室外,因此不可避免地受到大气中粉尘、微生物以及雪、霜、雾的作用,久而久之,在探测器的外壁上往往会堆积一层粉尘样的硬壳,在比较潮湿的地方还会长出一层厚厚的藓苔,有时候小鸟也会把排泄物拉到探测器上,这些东西会阻碍红外射线的发射和接受,造成误报警。通常在一个月左右需要清洗每一个探测器的外壳并擦干。

多光束主动红外探测器的发射器发出多个"雨滴状"立体区域波束,在离发射点不远,各波束就开始重合;到达接收器时,多个波束在接收器投影的光斑相互重合,如果每个波束间不存在信号特征,接收器就无法区分;波束在传播过程中形成"雨滴状"分布,会在"雨滴状"区域内各种物体上投影形成光斑,产生随机的反射 / 折射,使得一对发射器 / 接收器之间可能形成不止一条防范路径,从而存在漏报警的可能。

(5)应用领域

适用区域:主要适用于围墙、楼体等建筑物的周界防护。

适用场所:学校、工厂、小区、别墅、仓库等。

(6)主要厂商

市面上用的最多的是艾礼富(ALEPH)、博世(BOSCH)红外对射。

2. 激光对射

(1)激光对射简介

针对红外对射、红外栅栏存在的抗干扰性差、误报率高、能耗高等缺陷,使用纳米级半导体激光替代红外光作为探测光源,充分利用激光能量集中、穿透力强、抗干扰性好的优势,研制成功的全新一代光感应探测器,具有低能耗、高可靠性和高安全性特点,是一种全天候和各种环境通用的周界探测产品,具有全面替代红外对射产品的技术优势。特别适用野外大型油、气管道、电力、通信线缆输送线路、站场和大型机场、场馆、工业园区、居民小区等野外超大周边界防范,同时适用普通家居和别墅防范。

(2)技术原理

激光探测器与主动红外式探测器有些相似,也是由发射器与接收器两部分构成。发射器发射激光束照射在接收器上，当有入侵目标出现在警戒线时，激光束被遮挡，接收机接收状态发生变化，从而产生报警信号。

与红外对射相似，但与红外对射效果比较有一些区别，如表5-3所述。

表5-3　激光对射与红外对射的比较

	红外对射	激光对射
光源类型	红外线光束遮挡型报警器	激光光束遮挡型报警器
设备结构	结构复杂，红外光束需要通过几何光学设备聚焦调焦，稳定性差	结构简单，激光扩散角度小，无需几何光学设备聚焦调焦，稳定性好
光线穿透能力	光线穿透能力较弱，受雨雾天气的影响，容易引起误报	光线穿透能力强，即使雨雾天气，光束也能正常达到接受端，不会引起误报。
抗干扰性	易受自然光和人造光源的干扰，易引起误报。	由于激光单色性好，不会因受到干扰而引起误报。
功耗	能耗高，每对红外对射工作电流100mA左右，不便于长时间在布防状态下使用	能耗低，每对激光对射工作电流10mA左右，可以24小时全时段布防使用
安装便利性	由于功耗高，每付红外对射需要单独走线，成本高，维护复杂	由于功耗低，所有激光对射只需串联安装，成本低，维护简单
适应性	环境适应能力差，管理面积小	环境适应能力强，管理面积大

（3）系统实现

激光对射如图5-49所示。

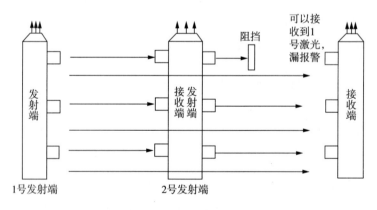

图5-49　激光对射示意图

（4）特点分析

①应用优势

· 误报率低

激光对射探测系统与同类主动探测系统相比，对恶劣气候环境的适应能力有明显的优势。激光束发射功率密度大，发散角度小，光束集中，方向性好（红外线探测器发射光斑面积大，在百米处光斑直径达3m以上，而激光在百米处光斑直径小于0.2m），在使用同等功率器件的条件下,目标接收处激光束的功率密度是红外发光二极管光束功率密度的数百至几千倍。因而,在同样的气候条件下,激光对射系统的传输衰减比其他同类探测器要小得多,并且具有较强的穿透雨雾能力,探测距离可达数百米至几千米,能够极大地减少因气候环境的影响所产生的误报警。

- 性能稳定

整体采用钢、铁等金属材质。系统机械结构精密,激光系统及光学部件按精密仪器加工,内部结构稳定。系统安装牢固可靠,激光入侵探测器固定在钢管及焊成一体的法兰盘座上,固定于水泥基础上。除了设有防风沙和雨水的防护罩外,还加有固定防护罩金属底座,能够最大限度地减少应力作用所带来的影响,有效隔断大风对系统结构稳定性的影响。

- 防范效果好

激光对射系统不存在直线连续布设和小角度布设时相邻激光对射装置间互相干扰的问题(在长距离应用中,可采用激光中继器进行接续),因而可以根据需要在重要地段实施连续/交叉布防。激光系统可实施多道独立光束平面分布,因而可组成十分严密的警戒平面。激光探测器与无源反射器配合可实施无规律交叉布设,可组成隐蔽性更强的空间立体防范系统(也可采用短距离的激光对射代替反射镜)。

- 抗干扰能力强

激光对射系统自身抗电磁干扰能力强,且对激光束传播通路以外的区域及设备无任何电磁干扰。由于激光的发散角小,光束集中,当用多组激光探测器在直线方向接续传输或做小转折角传输时,均不会像红外线探测器那样产生相互串扰,因而也就不会出现红外线探测器在上述情况下出现的漏报警。激光对射系统对周围环境无任何光散射、污染,能够避免可能对行人眼睛造成的损害。

- 调试检修方便

激光对射系统采用配套的激光定位仪进行调试,室内调试精度为毫米级,室外调试精度为厘米级,可以在任何时间、环境下准确、快捷地指导调试。激光报警系统在调整检修时光斑位置清晰、确定,因此发射器工作是否正常,传播途中是否有物体遮挡,在何处遮挡,转折和接收处光束偏离中心的方向和位置,都有定位仪准确指示。与只能在接收目标处显示是否对正中心的红外线探测器相比,激光报警系统显然要方便得多。

② 应用不足

- 阳光的干扰

当与防范波束波长相同的(自然或人工)光线照射到接收端时,便会对激光对射探测装置造成干扰。阳光中包含了激光入侵探测器和主动红外入侵探测器所使用的光谱成分,当阳光直射到这些探测器的接收器时,会造成干扰而引发误报警。

- 飞鸟等引起的误报

机场周界所处的位置一般为城市郊区,为大量飞鸟等禽类动物的栖息地。由于阻挡任何一束激光,都会引发激光对射系统报警,所以由禽类动物的飞行造成遮挡对激光对射系统的稳定性有很大影响。

- 相邻激光对射装置之间的干扰

在距离较长的机场周界上连续安装几对激光对射装置时会出现相互干扰的情况,由于发射端发出的激光束可以传得很远,且随着距离的变远,光束所占的面积也呈线性增加。因此,有可能出现本对激光对射被阻挡,但可以接收到邻对激光对射发射端所发出的激光,因而造成漏报的情况。

(5)应用领域

主要针对野外、户外等区域,如厂矿企业、大型油田油库、码头、图书馆、银行、电力、博物馆、展览馆、学校、养殖场、机场警戒、监狱设防、军事禁区、弹药军械库、边防国境线戒备等。

(6)主要厂商

- 深圳市大奥时代激光技术有限公司
- 北京方圆公司
- 滕州市飞天激光自动化技术有限公司

3. 振动光纤

(1)振动光纤简介

光纤不仅可用于信号传输,还可以用于安防应用中的传感器。光纤传感器可以分为两大类:一类是功能型传感器;另一类是非功能型(传光型)传感器。功能型传感器是利用光纤本身的特性把光纤作为敏感元件,将"传"和"感"合为一体的传感器,又称为全光纤传感器或传感型光纤传感器,多采用多模光纤;非功能型传感器是利用其他敏感元件来测量外界被测量的变化,也称作混合型或传光型光纤传感器,常采用单模光纤。通常所说的振动光纤(震动光缆)属于功能型光纤传感器。

由于分布式光纤传感器技术(DOFS)可对被测量的测量场的连续空间进行实时测量,因此应用于周界安防系统的光纤传感器多采用分布式光纤传感器作为传感器件,通过对直接触及分布式光纤传感器或通过承载物,如覆土、铁丝网、围栏等,传递给光纤的各种扰动,进行持续和实时监控,采集扰动数据,经过后端分析处理和智能识别,判断出不同的外部干扰类型。

其中,分布式光纤传感器分为两类:第一类为准分布式光纤传感器,也即是由 N 个放置在空间预知位置上的分立的光学传感器共享一个或 n 个(n<N)信息传输通道所组成的分布式网络系统。优点在于可以同时或分时测量预知位置上被测量的空间分布情况,也可同时探测到某一或某些空间点上不同被测量的分布信息;缺点在于只能测量预知离散空间位置上的传感信息,并且在大多数情况下其结构比较复杂,成本非常高。第二类是全分布式光纤传感器,也即是利用一根传感光纤作为传输的敏感元件,光纤传感器上的任意一部分既是敏感元件,又是其他敏感单元信息的传输通道,所以可获得被测量沿此时间变化和光纤空间的分布信息。光纤传感器截面,如图 5-50 所示。

(2)技术原理

光纤传感器的基本工作原理是将来自光源的光经入射光纤送入调制器,使待测参数与进入调制器的光相互作用后,导致光的光学性质(如光的强度、波长、频率、相位、偏正态等)发生变化,称为被调制的信号光,再经出射光纤送入光探测器、解调器而获得被测参数。光纤传感器结构如图 5-51 所示:

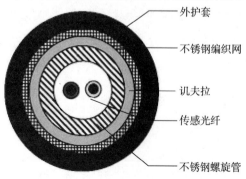

图 5-50 光纤传感器截面示意图

外护套
不锈钢编织网
讯夫拉
传感光纤
不锈钢螺旋管

图 5-51 光纤传感器结构原理图

应用于周界安防系统的光纤传感器,一般均采用光纤振动传感器,通过在外界物理因素(运动、振动和压力)的作用下,改变光纤中光的传输相位,从而对外界参数进行检测。

（3）系统实现

光纤周界报警系统使用的传感器是光纤,这种光纤传感器对运动、振动和压力极其敏感,而且不会受到各种形式的电磁信号的干扰。报警处理单元向传感光纤发送激光,光信号在传感光纤中传输,最后回到探测器。传感光纤安装在围栏上或埋入地下,入侵者试图攀爬或剪断围栏时会引起围栏的振动,这种振动会改变传感光纤中传输光的模式,产生相位等光学性质改变;入侵者踩在埋地光纤上所产生的压力也会改变传输光的模式,通过报警处理单元的数字信号处理器对该变化信号的分析,发出报警信号。报警处理单元通过其继电器触点状态的变化,来传递报警信号给外接报警设备,也可以与报警监视系统联动。

光纤周界报警系统由报警主机、报警处理器、引导光缆(通信光纤)、传感光缆以及其他联动和辅助设备组成,如图 5-52 所示。其中,报警主机位于监控室内,引导光缆、传感光缆和外部连接组件安装于室外。报警主机负责光信号的产生、接收,信号的分析和处理;由于在实际应用中,控制室距离监测区域通常有一段距离,用引导光缆实现光信号的传输,同时实现不敏感扰动;传感光缆通过挂网或埋地等方式布设在监控周界附近,敏感外界环境的应力变化,经过信号处理后报警。光纤周界报警系统如图 5-52 所示。

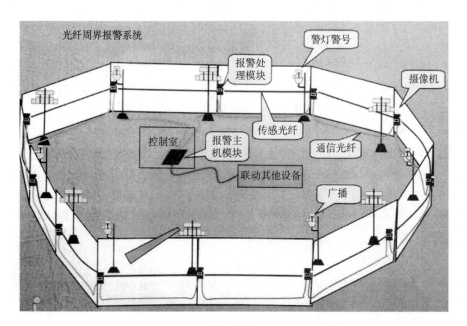

图 5-52 光纤周界报警系统组成示意图

传感光纤：围栏用的传感光纤分为单芯和双芯，为了保证传感光纤的长期使用，传感光纤需要装在保护套管里。单芯光纤适合应用在围栏比较高的情况，在围栏上平行铺设上下两道传感光纤，以提高探测率降低误报警。双芯作为一条光缆绑在围栏上，适合较低的围栏。埋地传感光纤只有单芯的，并不需要套管。

非传感光纤：非传感光纤对压力和振动不敏感，它将传感光纤和报警处理模块连接起来，非传感光纤一般最长可达 20 公里。非传感光纤的使用可以使报警处理器安装更灵活，可以使报警处理器放置在任何地方，可以将周界上用的所有报警处理器集中放置在控制室内，这样使整个系统在室外的都是光纤，可解决雷电的干扰破坏；同时可以集中供电，使供电更方便简单；也易于管理，报警处理器不会被破坏。

报警处理器：报警处理器是光纤周界报警系统核心设备，用于接收传感光纤探测到的信息，并进行处理分析，产生相应的事件信号或者报警信号。探测到的信号是否触发"事件"或"报警"，取决于用户对报警处理器设置的参数。在报警处理器内部有激光器，激光器向传感光纤发射光信号，光信号在传感光纤中传输最后回到报警处理器内的接收器。当传感光纤受到的振动或压力时，在其中传播的光信号会产生相位改变，报警处理器的接收器会探测到该信号且进行处理，必要时产生事件信号。报警处理器应能排除大部分由环境因素引起的误报。

报警处理单元是一个用户设置系统，有的厂家的报警处理器的可调参数可多达 35 个，有的厂家产品仅有 2 个可调参数。可以通过对这些参数的设置来屏蔽掉没有威胁事件所引起的误报，比如风或动物，而对真正入侵信号的探测进行最优化。报警处理器在频率域对信号进行处理，处理器内部有一套稳定的程序称为自适应算法，由于采用这样的自适应算法，使得系统可以补偿环境影响，消除由于环境造成的误报。处理器内部有风处理软件，使报警处理器可以消除风对系统的影响。

有的报警处理器配有频谱分析软件，这套软件具有对误报源和入侵行为所产出的信号频谱分析功能，用以调整相关参数设置，从而消除误报。

信号通讯系统：系统有两种组网方式：一种是光纤通讯网络，这种组网可以实现全光网络系统，从而可以保证整个系统不会受到雷电的破坏，不会受雷达信号、无线电信号、高压静电信号等电磁的干扰，可以在强电磁场环境下正常工作。另一种组网方式是 TCP/IP 网络。具有 IP/XML 功能的报警处理器带有 RJ—45 接口，它可以直接将报警处理器接入现有的 IP 网络，通过网络可以直接向报警处理器发送指令，同时接收实时反馈数据。

（4）特点分析

与传统的电传感器相比，光纤传感器在传感网络应用中具有非常明显的技术优势：

体积小，重量轻、具有非常好的可靠性和稳定性；无源系统、能源依赖性低，可大大节省供电设备与线路的成本，适合长距离使用；抗电磁干扰、抗腐蚀，完全不受雷电影响，能在恶劣的化学环境、野外环境及强电磁干扰等场所下工作；无辐射、无易燃易爆材料、防水、环保等。

（5）应用领域

① 长距离边界的警戒系统

重要国境线、保税区隔离带、海关港口等长距离大范围防止侵入或越境的场所警戒，特别是崇山峻岭、沙漠荒野、人工巡逻查检十分不易场所敷设光纤警戒线。

② 重要设施的周界安全防卫

军事要地、国防设施：如部队、机场、军港、导弹/箭发射基地、雷达、通讯站点。

国民经济重要设施：电力站、变电所、文博馆、金融库房、体育场馆。

易燃易爆以及强电磁干扰场所的防卫：油库、气站、油气储存罐区、炸药库等。

重要防全防护场所：监狱、学校、水库、工业厂矿、重要住宅区等。

（6）主要厂商

澳大利亚未来光纤科技有限公司 (FFT) 的 FFT Secure Fence system 系列的光纤传感定位系统。

以色列 Magal 安全系统有限公司的 IntelliFiber 振动传感光缆探测系统。

Fiber SenSys 公司的光纤围栏周界探测系统。

Fiber Instrument Sales（FIS）公司的 Fiber Fence xx 系列光纤围栏。

4. 振动电缆

（1）振动电缆简介

振动电缆是一种连续分布的、无源的、被动式的传感器。它能够响应各种不同结构和用途的围栏在翻越或碰撞时产生的振动，并将这种机械振动转换成电信号。

目前使用较多的振动电缆主要有两种类型。一种是驻极体振动（震动）电缆，又称为张力敏感电缆或麦克风式电缆；一种是电磁感应式振动（震动）电缆。振动电缆安装如图 5-53 所示：

两款振动电缆的代表产品分别为 Magal 的 Intelli-FLEX 驻极体振动电缆、西南微波的 MicroPoint 电磁感应式振动电缆。

图 5-53　振动电缆安装示意图

（2）技术原理

① 驻极体震动电缆

驻极体震动电缆是一种经过特殊充电处理后带有永久预置电荷的介电材料，利用驻极体材料可以制作驻极体话筒。其基本结构和普通的同轴很相似，只不过是一种经过特殊加工的同轴电缆。在制作时对填充在其内、外导体之间的电介质进行静电偏压，使之带有永久性的预置静电荷。

当驻极体电缆受到机械震动或因受压而变形时，在电缆的内外导体就会产生一个变化的电压信号，此电压信号的大小和频率与受到的机械震动力成正比。与外电路相连就可以检测出这一变化的信号电压，并检测到较宽频域范围内的信号。由于驻极体电缆传感器的工作原理与驻极体麦克风相类似，故又称为麦克风电缆。

使用时通常将驻极体电缆用塑料带固定在栅栏或钢丝上，其一端与报警控制电路相连，另一端与负载电阻相连。当有人翻越栅栏、铁丝网或切割栅栏、铁丝网时，电缆因受到震动而产生模拟电压信号即可触发报警。

② 电磁感应式电缆

在电磁感应式电缆的聚乙烯护套内,其上、下两部分空间有两块近于半弧形充有永久磁性的韧性磁性材料。它们被中间两根固定绝缘导线支撑着分离开来。两边的空隙正好是两个磁性材料建立起来的永久磁场,空隙中的活动导线是裸体导体,当此电缆受到外力的作用而产生震动时,导线就会在空隙中切割磁力线,由电磁感应产生电信号。此信号由处理器(又称接口盒)进行选频、放大后将 300 ~ 3000Hz 的音频信号通过传输电缆送到控制器。当此信号超过一定的阈值时,便立刻触发报警电路报警,并通过音频系统监听电缆受到震动时的声响。

控制器可以制成多个区域,多区域分段控制可以使目标范围缩小,报警时便于查找。例如一个四方形的院子一般不用一根电缆把它围起来,因为有人爬墙时无法判断入侵者在哪个部位。可采用多段传感电缆来敷设,分多个控制区域来控制。

电磁感应式震动电缆安装简便,可安装在原有的防护栅栏、围墙、房顶等处,无需挖地槽。因电缆易弯曲,布线方便灵活,特别适合在复杂的周界布防。震动电缆传感器是无源的长线分布式,很适合在易燃、易爆等不宜接入电源的地点安装。震动电缆传感器对气候、气温环境的适应性能强,可在室外各种恶劣的自然环境、气温环境和高低温的环境下正常地进行全天候防范。

(3)系统实现

以下以驻极体振动电缆为例加以说明。

它应用在围栏上保护周界的安全。静电传感电缆将围栏上的微小振动转化成电信号传给数字信号处理器,通过分析该信号,处理器能够区分是有人剪断围栏还是攀爬围栏或是抬起围栏。

系统安装非常简便,可以用抗紫外线扎带直接固定在围栏上,也可以安装在线管里,还可以采用铠装的电缆。不需要将电缆在围栏里外穿插,只需固定在保护区内侧,在防区末端用终端器终止,在另一端与普通同轴电缆连接后再接到处理器。

处理器放在一个 IP66 的机箱里,放在防区里面,每个处理器需要 12~15VDC 的独立电源或 18 ~ 56VDC 网络电源供电。报警信息可以是干触点输出,也可以通过网络采用通讯方式传输。振动电缆系统如图 5-54 所示。

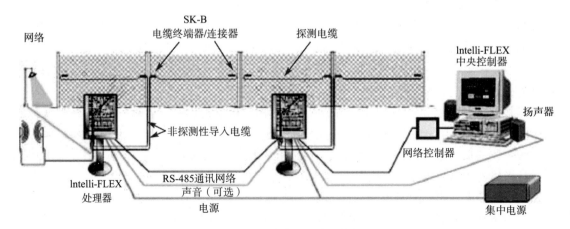

图 5-54 振动电缆系统示意图

（4）特点分析

振动电缆灵敏度可根据围网的实际机械特性建立一条随位置变化的曲线,使报警值与实际现场环境高度吻合,最大限度避免误报和漏报;振动电缆具有自动探测识别功能,发生一个振动事件时,能以振动点为中心对左右单位连续监测,识别是只有一点振动,还是持续多点振动,从而排除风、雨、雷电和车辆通行等分布式干扰信号造成的环境震动干扰;可通过设定时间窗口、震动次数、振动强度定义报警事件,从而排除小动物造成的误报;一根电缆完成探测、数据通讯、系统供电,降低了安装成本。

（5）应用领域

振动电缆周界报警系统具有传感器为电缆状无源分布式、布线简便、对室外各种恶劣的自然环境具有很强的适应能力等特点。其无源的特点和线缆的形状特别适宜在地形复杂、易燃易爆物品仓库、不规则周界区域和不宜电源进入等场所使用;也可嵌入墙体作为监狱围墙、银行金库、弹药库和其他重要部位的防凿使用。

适用于银行金库、重点区域、易燃易爆场所等。

（6）主要厂商

• Magal 的 Intelli-FLEX 振动电缆
• 西南微波的 MicroPoint 振动电缆

5. 泄漏电缆

（1）泄漏电缆简介

泄漏电缆即泄漏同轴电缆、泄漏电缆、漏泄电缆。

泄漏电缆是一种具有特殊结构的同轴电缆,与普通的同轴电缆不同的是,泄漏电缆在其外导体上沿长度方向周期性地开有一定形状的槽孔,所以又称为开槽电缆。电缆内部传输的一部分高频电磁能可以由这些槽孔以电磁波的形式向外部辐射,同时又可以通过槽孔接收外部的电磁波,加上同轴电缆原有的传输性能,可以说,泄露同轴电缆兼有传输线和收、发天线的功能。

泄漏电缆的结构与普通同轴电缆的主要区别在电缆的外导体上。泄漏电缆的外导体并不封闭,而是人为的开一些槽缝。泄漏电缆的结构一般分为4层:内导体、绝缘介质、外导体和护套。下图是漏泄电缆的基本结构图。其中心是铜导线,外面包围着绝缘材料(如聚乙烯),绝缘材料外面用两条金属散层以螺旋方式交叉缠绕并留有孔隙。电缆最外面为聚乙烯保护层。当电缆传输电磁能量时,屏蔽层的空隙处便将部分电磁能量向外辐射。为了使电缆在一定长度范围内能够均匀地向空间泄漏能量,电缆空隙的尺寸大小是沿电缆变化的。泄漏电缆基本结构如图5-55所示。

按泄漏机理的不同,泄漏电缆可以分为两类:耦合型和辐射型。耦合型泄漏电缆的外导体上开的槽孔间距远小于工作波长。电磁场通过小孔衍射,激发电缆外导体外部电磁场,因而外导体的外表有电流,于是存在电磁辐射。电磁

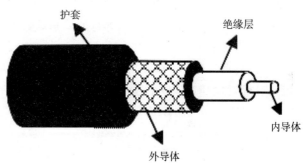

图5-55 泄漏电缆基本结构图

能量以同心圆的方式扩散在电缆周围。外导体轧纹、纹上铣孔的电缆是典型的耦合型泄漏电缆。辐射型泄漏电缆的外导体上开的槽孔的间距与波长（或半波长）相当，其槽孔结构使得在槽孔处信号产生同相叠加。唯有非常精确的槽孔结构和对于特定的窄频段才会产生同相叠加。外导体上开着周期性变化的槽孔是典型的辐射型泄漏电缆。

应用于周界报警装置的泄漏同轴电缆为耦合型，耦合型的小孔间距远远小于工作的波长，因此，在这种模式下电磁场通过小孔衍射激发电磁场。因为趋肤效应感应的谐振电荷只沿屏蔽导体传播。

（2）技术原理

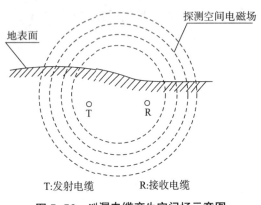

图5-56　泄漏电缆产生空间场示意图

把平行安装的两根泄漏电缆分别连接到高强信号发生器和接收器上就组成了泄漏电缆入侵探测器。当发生器产生的脉冲电磁能量沿发射电缆传输并通过泄漏孔向空间辐射时，在电缆周围形成椭圆形的空间电磁场，同时与发射电缆平行的接收电缆通过泄漏孔接收空间电磁能量并沿电缆送入接收器，泄漏电缆可埋入地下，如图所示。当入侵者进入探测区时，使空间电磁场的分布状态发生变化，因而接收电缆收到的电磁能量发生变化，这个变化量就是入侵信号，经过分析处理后可使报警器动作。泄漏电缆产生空间场如图5-56所示。

在这类报警器中，将电缆收到的信号数字化，在无探测目标时，可得到一个方形曲线存储在存储器中，当有人侵入时，又增加多个部分由入侵者反射到接收电缆的反射波，从而产生干扰的曲线。通过与原存储曲线比较后即可探测到入侵者的闯入行为。另外可以对接收泄露电缆接收到的返回脉冲信号进行检测，通过对发射与接收脉冲信号的持续时间、周期和振幅进行严格的对比，就可以探测到电磁场内的细微变化，甚至能准确指出入侵者的位置。

（3）系统实现

发射机产生高频能量馈入发送用的感应电缆中，并在电缆中传输。当能量沿电缆传送时，部分能量通过感应电缆在被警戒空间范围内建立高频电场，其中一部分能量被安装在附近的接收用的感应电缆接收，形成收发能量直接耦合。当入侵者进入两根电缆形成的感应区内时，平衡的高频电场受到扰动，引起接收信号的变化，这个变化的信号经放大数字滤波后，经过入侵定位复核，入侵特征信号提取等智能算法的处理，以滤除干扰信号，判断是否有效的触发信号来决定是否报警。

系统探测法则为：探测时，泄漏电缆发出和接收一对编码为RF的无形电磁信号。当目标进入探测区域时，接收器接收探测区域内改变的信号，然后发送给处理器，处理器定位分析改变信号的振幅，与标准值进行比较。如果探测到的信号超出标准值，则发出警报并精确定位。系统探测法则如图5-57所示。

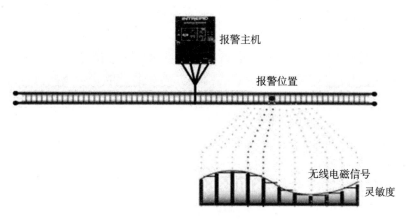

图 5-57　系统探测法则示意图

该系统主要由探测器、感应电缆、感应探测器和报警主机等部分组成。其中感应电缆包括非探测部分(即馈线)和探测部分(泄露电缆)。泄漏电缆系统组成如图 5-58 所示。

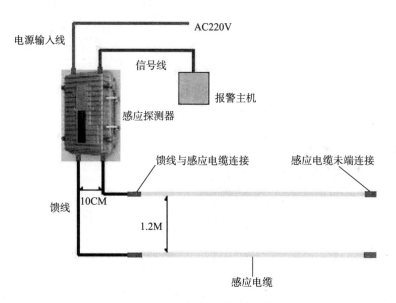

图 5-58　泄漏电缆系统组成示意图

(4)特点分析

可全天候工作,探测电缆埋入地表安装隐蔽,可按周界形状轮廓敷设。对防范区内的绿化植物不需去除。

可用在野外地形较为复杂的地方(如高低不平的山区及周界转角等),以达到有效安全防范的目的。

抗强光、大风、小动物等各种恶劣环境。

对光照、弧焊、火花干扰具有免疫力

可在高湿度环境下使用,不受气候的影响。

易于安装、维护和保养。

系统具有安全性、可靠性、隐蔽性。

（5）应用领域

泄漏电缆主要适用于银行、金库、高级住宅、监狱、仓库、博物馆、电站（包括核电站）、军事机关及设施、基地、油田、文物保护和其他需要室外周边防护的报警场所，也可作为室内各种防护报警使用。系统中涉及的核心装置是一种电缆地表浅埋式入侵探测器，不仅适用地表安装，也适用在墙体平行安装方式，完全适用在野外地形较为复杂的地方（如高低不平的山区及周界转角等），通过对活动金属物体或人以及动物探测报警，达到有效安全防范的目的。

（6）主要厂商

- 北京欣秦林科技发展有限公司
- 上海申达自动防范系统工程有限公司
- 北京安创明圣科技有限公司

6. 脉冲电子围栏

（1）脉冲电子围栏简介

电子围栏作为周界报警装置在居民住宅小区等技防工程中大量使用。由于电子围栏不

图 5-59　脉冲电子围栏示意图

易受环境（如树木、小动物、震动等）和气候（如雨、雾、风、雪等）影响，所以误报率低，而且电子围栏又是一种实体防护设施，对入侵者具有阻挡作用，防范效果显著。但是，在目前大量使用的电子围栏中，有相当数量的电子围栏是带高压脉冲的，很多人对其高压所带来的负面影响，特别是它对人体的伤害提出了异议。

高压脉冲电子围栏就是在非出入通道的周边区域设置脉冲电子围栏探测器，形成一道电子围墙进行防范和管理。

脉冲电子围栏如图 5-59 所示。

（2）技术原理

高压脉冲电子围栏就是在非出入通道的周边区域设置脉冲电子围栏探测器，形成一道电子围墙，进行防范和管理。

当有人试探接触脉冲电子围栏时，就会被脉冲电子围栏上的高压脉冲击退，若有人破坏或强行入侵时，探测器探测到电子围栏被破坏和有人非法翻越时造成的电子围栏线短路、接地或断路时，探测器发出报警信号，并通过报警线路传输至管理中心。脉冲电子围栏系统，如图 5-60 所示。

（3）系统实现

电子围栏主机输出端产生高压脉冲并传输到前端围栏上，形成回路的前端围栏将脉冲回传到主机的接收端。如果有人穿越（短路）或者剪断（断路）前端围栏，或者破坏主机，主机会产生报警信号并把报警信号同时传给现场的报警器和监控中心。脉冲电子围栏防区如图 5-61 所示。

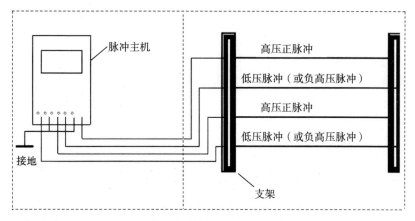

图 5-60 脉冲电子围栏系统示意图

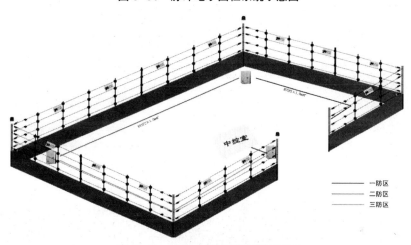

图 5-61 脉冲电子围栏防区示意图

（4）特点分析

① 应用优势

实现前端围栏上的每根线都有电击和强大的威慑作用,有效阻退入侵者,防护周界区域,对翻越行为提供及时的报警。

高低压自由切换功能,可以在白天用低压模式,既能起到阻挡报警的作用,同时又能降低打击力度,晚上用高压模式,加大打击力度。

现场报警阻退入侵者,并引起厂内职工注意防范。

② 应用不足

早期的高压脉冲式电子围栏用于畜牧场,是为防止牲畜或野生动物逾越的电障碍物,后期用于军事设施、机场、电站、矿区等重点场所的防护。由于高压脉冲式电子围栏具有极低的误报率,而且对入侵者还有一种高压电击的威慑感,使图谋不轨者不敢轻举妄动。所以,凡安装了高压脉冲式电子围栏周界报警系统的,发生翻越围墙入室盗窃、抢劫案件几乎为零。但是由于电子围栏的前端是有多根金属导线组成的屏障,外观不够雅观,再加上导线上带有高压,在人们传统观念下,电子围栏的外观总给人有一种似乎是看守所或监狱的电网感觉,特别是在一些生活或工作环境较优雅、温馨地方,似乎与环境不够协调。

（5）应用领域

- 军事基地
- 机场
- 监狱、看守所
- 工厂
- 别墅及住宅小区
- 变电站、电厂
- 畜牧场
- 矿区

（6）主要厂商

- 上海广拓信息技术有限公司
- 上海跃天电子科技有限公司
- 北京世纪天彩科技有限公司

7. 张力围栏

（1）张力围栏简介

张力围栏又称张力电子围栏,张力式电子围栏是一种防止人体逾越的障碍物和感知攀爬、拉压、剪断障碍物企图入侵的机电装置的集合体,是一种新型周界防入侵报警设施。由张力探测器和总线通信模块、张力模块和防区控制器以及钢丝绳、控制杆、受力杆、支撑杆、弹簧、万向支架、万向轴承支架、紧固螺母等组成。张力式电子围栏由于采用全新的探测方式和特殊的信号处理方法,确保环境的变化不会引起张力报警阈值(张力报警门限值)的变化,彻底改变了以往周界安防探测器环境适应性差、易误报的缺点。因此,张力式电子围栏可以在风霜、雨雪、浓雾、沙尘、高温、低温等严酷环境下始终忠于职守,全天候稳定、可靠的工作。张力式电子围栏加上传输线、报警信号传输控制设备、电源控制器、报警管理中心设备即可构成一种新型周界防入侵报警系统——张力式电子围栏周界防入侵报警系统。张力围栏如图 5-62 所示。

图 5-62　张力围栏示意图

（2）技术原理

张力式电子围栏由机电部件、电子部件和机械部件 3 部分组成。机电部件有张力探测器、张力模块。张力探测器是根据电子围栏的张力特征,对于攀爬、拉压、剪断电子围栏企图入侵作出响应产生报警信号的装置。张力模块是根据电子围栏的张力特征,感知由于攀爬、拉压、剪断电子围栏企图入侵所引起的电子围栏的状态变化,并把该状态变化转换成电信号的部件。张力模块和防区控制器配套使用,可产生报警信号。

（3）系统实现

电子部件有通信模块、防区控制器以及直流电源(电源控制器)。通信模块是为探测器的报警信号提供远程传输总线接口和防区地址的装置。防区控制器是采集和处理来自一个和多个张力模块的输出信号,以确定是否产生报警信号并提供报警信号远程传输总线接口和防区地址的装置。

机械部件包括钢丝绳和安装、固定、支撑以及收紧钢丝绳的装置,如控制杆、受力杆、支撑杆、万向支架、万向轴承支架、弹簧、紧固螺母等。

在控制杆、受力杆之间有规则地安装和固定多条钢丝绳,每条钢丝绳与控制杆相连接的一端连接一个张力探测器或张力模块,与受力杆相连接的一端连接一个弹簧,即可构成张力式电子围栏。可以是2道钢丝绳、3道钢丝绳、4道钢丝绳的张力式电子围栏,也可以是更多道钢丝绳的张力式电子围栏。支撑杆与控制杆间、支撑杆与受力杆间、支撑杆与支撑杆间的间距不大于4m,钢丝绳间的间距不大于200mm,一个防区的最大防范距离不大于50m。

张力围栏系统可以直接安装在地面上,也可以安装在墙体或围网的顶部。张力围栏安装如图5-63所示。

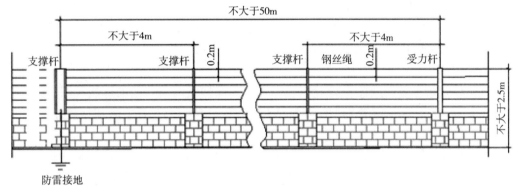

图 5-63　张力围栏安装示意图

（4）特点分析

① 应用优势

• 控制杆和钢丝绳等机械部件不带电,对入侵者没有人体伤害,符合现行技防要求
• 张力式电子围栏既是有形的防入侵障碍物,也是周界防入侵报警产品
• 钢丝绳的静态拉力可调,每根钢丝绳的拉力可以不完全一致,安装方便
• 防止产生误报的等级可调,有效地防止飞鸟、小动物、树叶、小树枝等干扰引起误报
• 环境适应性强,性能稳定可靠
• 控制杆具有防拆报警功能,拆开控制杆盖板即发出报警信号
• 断电时输出断电报警信号
• 能够自动跟踪张力随环境温度和时间的变化,可保持张力报警阈值的稳定可靠
• 可适应各种复杂地形环境,不留防范死角

② 应用不足

• 当侵入者破坏墙体入侵或从高空入侵时,张力围栏无法判断入侵情况,会发生漏警。

（5）应用领域

张力围栏既可适用于普通住宅小区、别墅住宅区的周界安全防范,也可适用于企事业单位、工厂、仓库、变电站、水厂、电厂、学校、看守所、监狱以及机场、军事基地、政府机构、重点文物保护单位等场所。凡需要具有周界安全防范和周界防入侵报警的所有场所均可使用张力围栏。尤其适用于既有周界安全防范需求,又希望周界安全防范设施与周围环境、景观、绿化和谐协调的场合。

（6）主要厂商

- 以色列 Magal 安全系统有限公司的 YAEL 张力围栏入侵探测系统
- 北京嘉盛达科技发展有限公司

8. 智能视频

（1）智能视频简介

智能视频监控技术主要是基于数字化、网络化视频监控的技术,和通常所说的的网络化视频监控又有所不同,主要是对更高端的视频监控的应用。智能的视频监控系统可以识别不一样的东西,能够发现在监控画面里出现的异常情况,并且可以用又快又好的方法发出警报或者是提供一些有用的信息,这样就可以非常有效地帮助安全工作人员进行危机处理,尽可能地将误报以及漏报的现象降低到最少。

这种探测技术可以很好地在预防和处理恐怖主义袭击以及突发的事件中发挥其作用。不仅如此,智能的视频监控系统还能够在交通管理、停车场等其他非安全的相关场景中运用。

（2）技术原理

智能视频分析主要涉及图像处理以及图像识别和搜索两大方面的算法。图像处理方面采用的基本原理包括高斯混合模型(空域)、傅里叶变换(频域)、时域差分和重组等,图像识别和搜索方面基本原理包括神经元和神经网络模型、模糊技术、拓扑建模、背景增强和弱化等。

智能视频分析技术首先将主体(可以是人或物)从监视画面中解析出来,借助在数据库中建立或自学获得的人或物的各种姿态或状态模型,分析、比对视频监控图像中的各种活动或物体的状态,并针对每路摄像机设置各自的活动或状态报告规则。若在监视画面中出现与规则相符的情景,系统即报警并发出声、光提示,并且在主监视屏上弹出相应的监控画面并录下报警图像备查。

夜间图像的处理也是该技术能否成功应用的关键,现有多种图像增强技术。最简单的方法是增加照度,如补光或者闪光等(需增加少量相关照明设备),以增加被拍摄目标的清晰度。另外,改用高分辨率的摄像机也是简单有效的手段之一。比较高级的手段和技术是采用背景弱化/主体强化技术,其原理是:因为每秒拍摄25帧图像,将每一帧中最清晰的部分提取出来,同时弱化背景,然后将所有最清晰部分重新组合成一幅图像。利用此技术可以大大提高对比度和夜间拍摄物体的清晰度。

（3）系统实现

网络智能视频服务器直接接收前端模拟视频信号进行视频分析,发现报警后把报警信号通过互联网传输至接收报警的远程主机,同时传输至其他相关设备进行报警联动。

视频分析系统组网结构,如图5-64所示。

针对重要场所出入口、四周围墙以及楼宇外立面等敏感区域进行实时监控,并设定相应警戒规则,当有人/车出入警戒区、人翻越围墙、人爬楼面等异常行为出现时,系统会实时发出告警、跟踪目标并自动录像。将传统的视频监控由人眼识别案件、事后录像追查转变为自动实时智能发现、警情自动联动,及时制止案件发生。

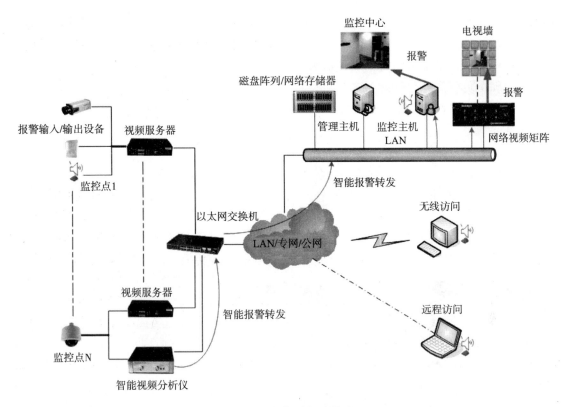

图 5-64 视频分析系统图

（4）特点分析

① 应用优势

主动响应现场的侵犯行为，报警发出时间为毫秒级。

当发现可疑目标或事件时，自动预警、报警、锁定和跟踪目标。这使保安人员对所发生的安防事件事先有充分的准备时间，事件发生时能迅速出击，锁定并始终掌握目标的踪迹，及时准确地处理安防事件。

高效的数据检索和分析功能，能够快速在视频录像记录中查询到调查对象的图像信息，大大提高了工作效率。

减轻安防管理人员的工作强度，缓解工作压力，提高工作效率。

适应各种恶劣天气、光线条件。

② 应用不足

目前智能视频分析系统的效能和用户所期望的水平相比，还有提高的空间。一个成功的产品必须首先满足用户的需求，然后再降低成本。智能视频分析技术的目标客户主要还是集中在高端或者特殊行业。所以首要关注的特性是处理能力和检测效果。通用处理器由于更强的处理能力和硬件配置，为更先进复杂的算法提供了更大的应用空间。在产品更新维护上，通用处理器也更方便。

（5）应用领域

电信（基站、机房等）、机场、港口、海关、博物馆、地铁站、核电站、高速公路、政府办公大楼、

253

城市供水工程、军事要地、重要的场所。

（6）主要厂商

• ioimage（已被美国 DVteL 公司收购）

• 深圳市贝尔信科技有限公司

• 北京博睿视科技有限责任公司

9. 微波雷达

（1）微波雷达简介

雷达（radar）原是"无线电探测与定位"的英文缩写。雷达的基本任务是探测感兴趣的目标，测定有关目标的距离、方向、速度等状态参数。雷达主要由天线、发射机、接收机（包括信号处理机）和显示器等部分组成。

雷达发射机产生足够的电磁能量，经过收发转换开关传送给天线。天线将这些电磁能量辐射至大气中，集中在某一个很窄的方向上形成波束，向前传播。电磁波遇到波束内的目标后，将沿着各个方向产生反射，其中的一部分电磁能量反射回雷达的方向，被雷达天线获取。天线获取的能量经过收发转换开关送到接收机，形成雷达的回波信号。由于在传播过程中电磁波会随着传播距离而衰减，雷达回波信号非常微弱，几乎被噪声所淹没。接收机放大微弱的回波信号，经过信号处理机处理，提取出包含在回波中的信息，送到显示器，显示出目标的距离、方向、速度等。微波雷达如图 5-65 所示。

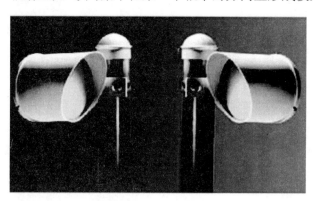

图 5-65　微波雷达图

（2）技术原理

微波（雷达）所依据的原理是"多普勒效应"。微波是波长很短的无线电波，微波的方向性很好，速度等于光速。微波遇到目标后反射回来，被接收混频后即产生和速度对应的差频信号，该信号频率范围（$10 \sim 100000Hz$）和被测物移动速度有关。回波差频信号随目标远近幅度在 $1 \sim 100MV$ 之间变化。被测移动目标经过波长 1/2 的距离时接收混频差频信号输出一周波。例如波长 3cm，被测目标移动 1.5cm 输出一正弦波信号，其精度是线性的，用此法可在测速的同时测车长。混频、差频信号经放大整形送处理器进行脉宽检测，并跟据脉宽进行多次比较，运算转换成千米／小时。利用被测移动目标接近、远离，多普勒效应可测出移动目标运行方向，相对距离（因速度和混频差频频率有关，信号强度和被测移动目标远近有关），回波信号幅度随目标反射距离不同而变化。

微波雷达系统工作原理：发射器在发射器和接收器之间形成一个无形的微波能量场。发射器的介质谐振振荡器（DRO）频率源在很大的温度范围内都具有极高的可靠性。设备上有几个现场可选的频率，相互临近的设备可选定不同的频率，这些经过调制的 10GHZ 信号在多个设备之间不会发生干扰。

接收器具有宽泛的动态接受范围和极强的抗干扰信号处理能力。接收器能够对信号振幅的变化进行分析,通过这些变化判断入侵者的体型大小及运动速度。接收器上带有潜质放大器,确保即使在信号损失很大的情况下也有足够的信号传回处理器。

（3）系统实现

一个完整的微波系统包括一个发射器、一个接收器和相应的安装硬件。发射器和接收器相对安装,形成一个近似圆柱形的探测区。本系统可以单独使用,沿周界形成一个完整的入侵探测带,也可以作为其他周界传感系统的间隙补充方案。

不同的设备有不同的安装距离,探测范围大致 3~457m 不等,在选择确定设备后根据适当的距离安装设备。

（4）特点分析

① 应用优势

• 立柱安装,简单方便

• 使用内置对准辅助装置,便于校准

• 可靠的探测方式,适用于无法安装围栏或地埋式探测器的场所

• 坚固的金属机箱,防止破坏

• 通过改变偏振选项可将设备堆叠,增加探测区的高度

• 保护涂层印刷电路板（PCB）,使其在所有的户外环境都能长时间可靠运行

• 借助内置的耳机插孔可以方便地进行故障诊断

② 应用不足

• 探测区域有杂物影响会引起误警,需不定期对探测区域做清理,工作量大

• 间距过长的探测系统在恶劣的天气情况下微波会出现衰减,影响系统探测精度

（5）应用领域

• 监狱 / 劳教机构

• 军事设施

• 重要商业、工业设施

• 公共设施

• 石化厂

• 机场

（6）主要厂商

• 以色列 MAGALS 安全系统有限公司

• 美国西南微波公司

5.2.5　其他探测器技术

1. 超声波入侵探测器

超声波入侵探测器与微波入侵探测器原理一样,也是应用多普勒原理,通过对移动人体反射的超声波产生响应,从而引起报警。超声波入侵探测器利用超声波的波束探测入侵行为,与微波入侵探测器一样是最有效的保安设施之一。超声波报警器必须对保安区域内微小运动非常敏感,同时又不会受气流的影响。

超声波报警装置的有效性取决于能量在保安区域内的多次反射。像墙壁、桌子和文件柜

这样的硬表面对声波具有很好的反射作用,而地毯、窗帘和布等软质材料则是声波的不良反射体。因此,具有坚硬墙壁这样反射表面的小区域,比装有壁毯和许多窗帘的办公室所需的传感器少。充满软质材料的区域最好使用其他保安方法。

另外,如果房间里通风很好,或是房间的某个部位在加温,使空气流动较大,就会使相对安装的超声波报警器发生误报。因为在空气流动较大的情况下,如果发射信号顺风时,发出的超声波到达接收机的速度就会较静止时快,这样一来,驻波波形就会被破坏,从而触发报警器。

2. 机电探测器

最简单的入侵探测器,由围绕保护区域的闭合电路组成,一旦入侵者进入该区域,即会破坏电路而触发报警。机电探测器包括:

① 金属箔探测器

最常用的机电探测器是将金属箔或金属带装在门窗上形成探测电路的组成部分,由于入侵行为而损坏金属箔时就会触发报警。

② 门(窗)磁开关

由磁铁及干簧管两部分组成,磁铁安装在固定不动的门框或窗框上,干簧管安装在活动的门扇或窗页上。当门窗关闭的时候,它们是通路的;如果门窗打开,形成断路,则报警。代替产品有幕帘式红外探头。 通常安装在门、窗、柜台或保险柜。优点在于不限制室内人员的活动,适合夜间或只有老人、小孩的场合。

③ 倾斜与振动开关

顾名思义,所谓倾斜开关或振动开关就是能敏感倾斜或振动而进行开、关的器件。机电探测器最基本的优点是它的工作原理简单,电路元件很少,因此可靠性相对较高。只要安装与维护得当,再加装备份的隐蔽开关,报警器可具有较好的保安性能,它可作为较高级报警系统的极好后备系统;另外,由于机电探测器可以看得见并易于识别,所以对大多数"业余"窃贼和破坏分子有一定的威慑作用,对于惯犯也有一定的迷惑作用。比如,当入侵者发现机电报警器后,便会信心十足地先设法损坏报警器,然后放心地开始作案,这时他就可能触发更高级的报警系统。

但是机电探测器不可能保护所有可能进入保护区的通道,即使所有的门窗都装上这种探测器,入侵者仍可穿过墙壁、顶棚或地板而侵入室内。机电探测器的另一缺点是它的安装问题,如果缺乏想象力和安装经验,就不易取得好的效果。它的敏感元件十分暴露,容易被案犯处理而失效。

3. 光电探测器

光电探测器利用光线具有直线传播的特点,因此它适合于探测出入口或较开阔而没有物体阻挡光束的区域。如果区域较大,可以使用镜子来反射光。光电探测器的主要缺点是,它不适用于短而又弯曲的通道。若用于短而不直的通道,则需使用多面镜子,而每面镜子的安装位置不准或被沾染污物都会造成误报。另外,入侵者还可能利用镜子反射光束,使光束不被阻断的方法潜入保安区内而不被探测出来。

4. 光探测器

光探测器是一种不用光源驱动的光探测器。这种装置可自动测出保安区内的光线强度,并能对突然的变化作出反应。

5. 红外体温探测器

红外体温探测器是光探测器的另一种形式,它可由入侵者身体发出的热能触发。这种探测器不会响应室温上升或下降的变化。但是当温度约等于人体温度的目标(如入侵者)从敏感区域进入非敏感区域时,报警器就能检测出辐射的差别,并触发报警。红外体温探测器的灵敏度很高,而且不容易被破坏。但如果入侵者的体温与室内环境的温度一致,那么报警器就会失效,实际上这是很难实现的。

6. 接近探测器

接近探测器是一种当入侵者接近它(但还未碰到它)时就能触发报警的探测装置。在室外应用接近探测器时很容易发生误报,必须在应用时采取特殊的措施。最常见的影响是温度和湿度的变化,下雨时,影响就更大了,要采用高级的绝缘材料来支承敏感导线,以便将雨水的影响减小到最低限度。

接近探测器更适用于室内,如对写字台、文件柜等一些特殊物件提供保护。通常被保护的物件是金属的,实际上可以构成保护电路的一部分。敏感导线接到柜子的框架上,作为敏感电路中电容器的一个极板。接近探测器非常适合于对特定物件的保护。它的最突出优点是可以很方便地将被保护物体当做电路的一部分,因而当有人试图破坏系统时,就会立即触发报警。

接近探测系统的主要优点是多用性和通用性,它几乎可用来保护任何物体,而且不会被几米以外的干扰所激发。一旦有接近珠宝箱、文件柜行窃时,便会触发报警,但在附近的正常业务工作可以照常进行。

接近探测系统的主要缺点是太灵敏,如果为了适应某一种应用而把灵敏度调得太高时,容易造成频繁的误报。与其他系统不同,它不可能将电源插头一插就能使系统正常工作,而必须进行一定的调整,使误报的概率降低到最低限度。

7. 音响入侵探测器

除了可用于门户的入口控制以外,还可用来监控入侵者出现的区域,但这时警卫人员必须一直监听着是否有入侵行动所发出的声音。另一方面,入侵者一般又都是尽可能不出声的,尤其是一个警卫要监控几个不同的区域时困难就更大了。增加一个触发电路便可克服上述缺点。

音响入侵探测器材有许多局限性。在正常条件下,当背景噪声在很宽的范围内变化时,这种探测器很容易造成误报。对于门窗上挂有较厚的帘子、地面铺有厚地毯的场合也不适用。此外,有的部门机械设备昼夜自动地接通、断开会不停地产生声音,这时也不宜使用上述探测器。音响入侵探侧器的突出优点是,它可用来鉴别引起报警的原因。

8. 振动入侵探测器

振动探测器与音响入侵探测器实质上是相同的。振动系统的传感器是一个振动探测器,这种探测器必须要有机械位移才能产生信号;振动探测器材最适合于如文件柜、保险箱等贵重、机要特殊物件的保护,也适宜于与其他系统结合使用,防止盗贼破墙而入。振动探测器的有效性与应用的正确与否有很大关系。它常常用来对某些一般情况下有人员在活动的保护区内的特殊物件提供保护。

9. 温度报警器

火灾报警装置。当火灾发生时,由于室内温度升高,当温度升高到一定度数时,触发报警。

10. 烟雾探测器

火灾报警装置,发生火灾,产生烟雾,当烟雾达到一定浓度时,则触发报警。

11. 燃气泄漏探测器

煤气泄漏报警装置。该装置随时探测室内空气中煤气等燃气含量,如果超过一定的浓度,则触发报警。

12. 玻璃破碎探测器

可以探测到玻璃破碎时的声音(频率在 10~15kHz 之间)。次声探测器可以探测到凿墙、锯钢筋时的声音(频率在 1000~3500kHz 之间)。通常安装在室内墙上或天花板上。

5.2.6 报警控制主机

报警控制主机是处理报警信号的装置,是安防系统的重要组成部分。如果说探测器是人的眼睛,那么报警控制器就是人的头脑。应具有防破坏、防剪线功能,为其所连接的探测器提供电源,并有备用电源供停电时仍可连续工作 24 小时以上。具有手动或远程计算机复位功能。必须安装在探测器能够保护的安全区域内。

控制键盘:可控制整个安防系统的信息输入装置。可开机、关机;可进行布防、撤防及其他功能的设定。必须安装在探测器能够保护的安全区域内。

目前最主流报警主机系统有 Honeywell、BOSCH、C&K 等厂家生产的产品。下面以 C&K 为例介绍报警主机的常见功能及大致使用方法。

C&K 的报警控制主机目前是以具有通信功能的 2300 系列为主,同时也为单机使用的客户提供 3~6 防区的控制器,如 ML2、ML3 型。还有 5832 主机,不但在通信方面具有兼容性,而且在组网、密码、防区、指令等功能上更加完善,更适合于大型系统使用。

C&K 的控制主机是经过多年的实际使用,逐步完善的。如 2300 系列主机就是在 C&K2.1 主机现场使用 5 年后推出的系列产品。无论在功能用途方面,还是性能 / 价格上都具有更强的优势。目前此类主机已在国内获得广泛使用。

C&K 控制主机具有的基本功能可分为 8 类。现以 2300 系列中具有代表性的 SYSTEM238C 主机为例,分别说明。

1. 组网功能

238 是一个现场控制指挥中心,相当于前线指挥部。监视控制着 8 个防区, 3 个警区。如果用户需要扩大防范区域或要将现场警情上报到公安局或保安值班室等治安部门,就可以利用 238 的组网功能。借用市内电话网通信,传递报告,接受遥控指挥。

238 主机可与两个中心站通讯,为了防止电话线路"占线"情况导致通信失败,可以设置双报告、后备报告、分类报告三种形式。另外,可由指令设置拨号次数,反复拨叫中心站电话直至拨通。也可以由指令设置拨号前延时,若在延时结束前撤防,警情也就不上报中心站。报警系统联网,如图 5-66 所示。

238 系统组网建站均要由当地治安主管部门负责实施管理。建站的主要设备包括 1 台工控机(或原装品牌计算机,多媒体配置)、打印机、专用调制解调器等。软件采用 C&K "监察者

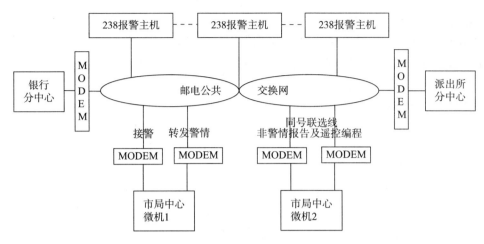

图 5-66 报警系统联网示意图

Ⅱ"(3.0 版本),操作系统为 WINDOWS95 以上版本。中心站要配接 2 条市内电话线路,网内每个 238 系统均要接入电话线。

2. 密码操作功能

238 设有 4 种密码,具有不同的控制权限,可分配给不同级别的管理人员使用。238 设有一个安装员码,8 个用户码。

安装员码:为最高一级操作码,也称编程码,是由 5 位数组成的数码。可用于编写 238 全部指令,确定 238 的具体功能和参数。

主码:为 1# 用户码,既可控制其他用户码的使用,也可更改其他用户码。用户码是由 4 位数组成的数码。主码对系统的控制权限由"安装员码"决定,主码不能更改其他用户码对系统的控制权限。

用户码:238 系统可配用 8 个用户码。1# 用户码作为"主码",2#~8# 用户码可分配给一般管理人员使用,用户码对系统的控制权限与主码相同。

访客码:为 8# 用户码(兼)。访客码可为外单位来本地访问时使用。访客码可由主码更改。其使用期限为 1~15 天,由"安装员码"决定。到期后,自行失效。如再作为 8# 用户码使用,需要重新由"安装员码"编写有关指令。访客码对系统的控制权限与用户码相同。

3. 指令功能

238 系统之所以能够对复杂多变的局面应付自如,均应归功于它的指令系统。238 可设置的指令有 56 条,控制着 70 余种功能和参数。用户可根据现场的情况,部分或全部调用这些指令,使防范区域达到所要求的保护级别。如此之多的指令可能会使人感到迷惑不解,但是对付复杂社会中的复杂"人物",是非复杂不可的。只要潜心进入编程,逐步了解各指令的含义,你会豁然贯通,运用自如。

4. 防区功能

238 系统设置了 8 个防区,每个防区回路可根据防范空间配接若干个探头。回路终端采用了防破坏功能电路,对于任何试图剪断或短路电缆线的破坏行为均可立即报警,并同时将报警的防区上报到中心站。此外用户还可根据不同的时间对不同的防区设置不同的功能。可选用的功能有:

单撤防。在系统布防后可单独对一个或几个防区分别撤防。

群撤防。在系统布防后可对某几个防区同时撤防。

延时区。防区允许在设定的时间内通行,即作为出入口。每次出入超过设定时间会触发报警。

即时区。防区禁止进入或通行。否则,立即触发报警。

内防区。必须通过外部延时防区才可进入,如直接进入会立即触发报警。

选择防区功能的原则是既要保证正常出入,又要杜绝"可乘之机"。而这就需要用户的周密策划和指令的灵活运用。

5. 防劫持功能

这是238为对付劫匪而设置的功能。当值班人员在匪徒胁迫下在键盘上输入自己的用户码对系统撤防或布防时,可将用户码的最后一位数加上1或减去1,如用户码为4587,改为4586或4588,238主机会判定该用户码的持有者已被劫持,立即将劫持报告发到中心站,并注明是第几号用户码送出的报告,此时系统会仍旧执行用户的命令,不露声色,直待警察到来。

6. 声光功能

238主机可配接警铃、普通警号、防拆警号报警。警声有断续、持续、变调三种可选。也可选择无声报警,由键盘发光管指示。

当防区作为出入口时,键盘上的蜂鸣器还可作为门铃使用,此时出入防区不发出报警,仅是门铃响2秒钟。

当防区作为延时区,有人进入或退出时,蜂鸣器还可发出提示声,也称预警声。表示要此人注意是否超出规定时间,到时提示音消失,则触发超时报警。

用户在熟悉并使用了以上各钟声响之后,值班时会有一种轻松感,因为使用者仅通过声响就可以判断哪个防区有人出入,哪个防区有人超时,哪个防区起火,哪个防区进贼。

7. 自检功能

作为安全防范系统,其工作的可靠性是第一位的,否则其他功能无从谈起,用户的安全也无法保证。为此238主机不但在软硬件的设计生产中采用了多种可靠性设计方法,而且还在软件中设置了自检程序。可以定期检查主机的工作情况,如备用电池、保险管、交流电源、通讯、防区回路等,出现故障会立即报告中心站。此外,当238主机运行程序中断或卡死时,会自动复位,从而消除了外界电磁干扰对主机的影响,克服一般报警控制器经常遇到"死机"这一致命弱点。

8. 人机对话功能

238主机还可配置液晶显示屏键盘,显示屏分为上下两行,每行可显示8个字符。这使238系统具有了人机对话的功能。编写指令时,它可以逐条显示指令单元地址和操作者所写入的内容;日常操作时,可以显示输入的命令,命令有效它会告诉你已经执行了,命令无效它会提醒你键入错误;系统值守时,它会显示各防区的工作状态;报警时它会通知你是哪个防区出现警情;系统现故障它会警告你,并显示故障原因。此外操作者还可以在键盘上存入单位名称、各防区的位置和名称等信息,以便查阅。

以上这些基本功能看似复杂,其实极易操作。C&K为了使初装的用户尽快熟悉掌握系统性能,在产品出厂时将软件程序的有关指令均编写了预定值,当系统安装完成后即可开机投入运行,此时主机只适用于本地操作,无通讯功能。用户在掌握了编程方法并且熟悉了各防区的功能后,就可以根据需要重新编写指令,部分或全部调用这些系统的功能。

5.2.7　误报问题

1.防盗报警器的误报原理

目前报警系统出现误报、漏报主要有以下几个方面原因。无线探测器抗干扰能力表现为同频干扰容易造成误报、漏报。红外探测器对入侵行为判断力不够准确造成误报、漏报。红外探测器易受温度、光线等环境因素影响而产生误报。无线探测器供电系统缺电,低电时没有有效地进行信息传递使得探测器的探测距离变短或是不工作而产生漏报、误报。由于主机和探测器都是用无线编码方式设置编码有重复造成主机和探测器重码导致误报等。

2.防盗报警器的误报原因及解决方法

（1）系统设计不当引起的误报警

设备选择是系统设计的关键,而报警器材种类繁多,又各有自己的特点、适用范围和局限性,选用不当就会引起误报警。例如,靠近震源（飞机场、铁路旁）选用震动探测器就很容易引起系统的误报警;在蝙蝠经常出没的地方选用超声波探测器亦使系统误报警,这是因为蝙蝠会发出超声波的缘故;电铃声、金属撞击声等高频声均可引起单技术玻璃破碎探测器的误报警。因此,要减少由于器材选择不当引起的误报警,系统设计人员要十分熟悉各种报警器材的原理、特点、适用范围和局限性。同时,还必须掌握现场环境情况、气候情况、电磁场强度以及照度变化等,以便因地制宜地选择报警器材。

除设备器材选择之外,系统设计不当还表现在设备器材安装位置、安装角度、防护措施以及系统布线等方面。例如,将被动红外入侵探测器对着空调、换气扇安装时,将会引起系统的误报警;室外用主动红外探测器如果不作适当的遮阳防护（有遮阳罩的最好也作防护）,势必会引起系统的误报警;报警线路与动力线、照明线等强电线路间距小于1.5m时,而未加防电磁干扰措施,系统亦将产生误报警。

（2）施工不当引起的误报警

这部分问题主要表现在以下方面:

没有严格按设计要求施工;设备安装不牢固或倾角不合适;焊点有虚焊、毛刺现象,或是屏蔽措施不得当;设备的灵敏度调整不佳;施工用检测设备不符合计量要求。

解决上述问题的办法是加强施工过程的监督与管理,尽快实行安防工程监理制,这十分有利于提高工程质量,减少由于施工环节造成的误报警。

（3）用户使用不当引起的误报警

由于用户使用不当常常会引起报警系统的误报警。例如,未插好装有门磁开关的窗户,夜间被风吹开;工作人员误入警戒区;不小心触发了紧急报警装置;系统值机人员误操作;未注意工作程序的改变等都是导致系统误报警的原因。对用户使用不当进行分析,弄清错误所在,提高使用者的水平,可以大大降低报警系统的误报警次数。

（4）环境噪扰引起的误报警

由于环境噪扰引起的误报警是指报警系统在正常工作状态下产生的,从原理上讲是不可避免的,而事实又是不需要的,属于误报警。例如,热气流引起被动红外入侵探测器的误报警;高频声响引起单技术玻璃破碎探测器的误报警;超声源引起超声波探测器的误报警等。减少此类误报警较为有效的措施就是采用双鉴探测器(两种不同原理的探测器同时探测到"目标",报警器才发出报警信号)。现行的产品有微波—被动红外双鉴器、声控—振动玻璃破碎双鉴器、超声波—被动红外双鉴器等。但是有些环境噪扰双鉴探测器却无能为力,例如,老鼠在防范区出没,宠物在居室内走动等。为此,科技人员又将微处理技术引进报警系统,使其具备一定的鉴别和思考能力,能在一定程度上判断是有人入侵还是环境噪扰引起的报警。

因此要降低误报警,从人防方面着手是必不可少的。其中建立报警信息确认机制可减少出警的次数。报警中心收到报警信息后,应先对报警主机下发确认信号,表示中心已接收,而报警主机在没有收到确认信号时,应重发。在技术方面,目前可运用多种手段对报警信号进行确认,如安装多个探测器(普遍使用的是双红外+红外加微波),当多个探测头同时探测到入侵信号时才向主机发送报警信号,从而降低误报率。一个报警中心效益的高低与误报有密切关系。经常误报必然劳民伤财,使报警中心警惕性放松。分析原因主要是安装使用不当造成的。一只性能优良的探测器,如果安装在不适当的位置或指向视区内存在环境干噪,仍会产生各种误报或漏报现象,甚至表现出探测器的故障状态,以至于被误解为质量问题。因此出现误报后首先要冷静分析,根据说明书中的要求和探测器对环境的要求,采用逐项排除的方法寻找原因。

总之,探测器的使用保养要格外注意,这就像保护系统的眼睛。那种能抵抗各种恶劣环境、可以任意使用,安装后就万事大吉的探测器,目前还只是神话。

5.3 楼宇对讲系统

5.3.1 楼宇对讲系统概述

1. 楼宇对讲系统的概念

楼宇对讲是在楼宇建筑中起通话作用的一种设备,也称可视门铃,英文名称为 Video Door Phone。

通俗地说,楼宇对讲就是指家里的门铃系统。我们常说楼宇对讲、可视门铃、可视对讲、对讲门铃等几个词语,都是同一个意思,即指一套访客对讲管理系统,一套包含软件、硬件及售后服务的人性化管理访客操作系统。

现在的可视对讲技术已经非常成熟,它不仅能替代传统的门铃,实现传统门铃所有的功能,同时可以清淅显示来访者的影像,让住户能够辨识来访者的身份。这种以"形声并茂"的沟通方式,完全消除了住户的心理障碍,增加了住户的安全感。不仅如此,现在的可视对讲器材还能与各种报警器材连接,形成一套安全防盗系统,对住户的住宅实行全方位监控,一旦遇到紧急突发事件,便会自动报警,从而为住户建立起完善的安全保障系统。

除了能实现以上的功能外,如果小区中铺设好了可视对讲系统的统一布线,还可轻松实现三表(电表、水表、煤气表)的远程抄送功能。众所周知,以前的水表、电表、煤气表的记录都是以人工抄送的方式进行管理,对一个物业管理公司来说,不仅费时、费力、费资,更有可能会造成物业管理公司与住户之间的摩擦,引起各种纠纷。这种人工抄送的弊端显而易见。如果小区中能实现三表抄送,不仅住户感觉更方便、更安全,对物业管理公司来说,住户的三表记录能进行集中、高效的管理,更简化了繁琐的工作,从而节省了人力。

其实,越来越多的小区都采用了可视对讲系统。可以这样说,可视对讲系统是小区步入智能化的一个重要标志。

2. 楼宇对讲的发展历史

楼宇对讲技术的发展经历了四个阶段。

小区智能化建设在我国虽然起步较晚,但发展日新月异。随着 Internet 互联网的普及,很多小区都已实现了宽带接入,信息高速公路已铺设到小区并进入家庭。智能小区系统采用 TCP/IP 技术的条件已经具备。智能小区系统的运行基础,正由小区现场总线向 Internet 转变,由分散式管理到集中管理 转变。从以下对楼宇对讲系统发展阶段的阐述可以看出,数字对讲是楼宇对讲的必然趋势。

（1）第一代楼宇对讲——单一对讲（4 n 型）

最早的楼宇对讲产品功能单一,只有单元对讲功能,自 20 世纪 80 年代末期,国内已开始有（4 n 型）单户可视对讲和单元型对讲产品面世。系统中仅采用的发码、解码电路或 RS-485 进行小区域单个建筑物内的通讯,无法实现整个小区内大面积组网。这种分散控制的系统,互不兼容,各自为政,不利于小区的统一管理,系统功能相对较为单一。当时,市场容量较小,对讲产品在广东地区有个别 厂家生产,用户集中在广东。可视对讲产品主要有韩国、台湾品牌,以一对一为主,在上海、广东有销售。国内市场年需求量不足十万户。

1993—1997 年是国内市场第一个发展期,广东地区出现了数家专业生产厂家,如深圳白兰、宝石等,这些厂家产品开始规模生产,技术也不断进步,单元楼宇型对讲及可视对讲用户呈现持续增长势头,集中在房地产市场启动较早的广东、上海等经济发达城市。

（2）第二代楼宇对讲——单一可视对讲（总线型）

随着国内人们的需求逐步提升,原来没有联网和不可视的对讲机已经不能满足,于是进入联网阶段。20 世纪 90 年代初的产品以台湾品牌占据较多,如肯瑞奇等。20 世纪 90 年代中后期,尤其是 1998 年以后,组网成为智能化建筑最基本的要求。因此,小区的控制网络技术 ,广泛地采用单片机技术的现场总线技术。如 CAN、BACNET、LONWORKS 和国内一些利用 RS-485 技术实现的总线等等。采用这些技术可以把小区内各种分散的系统互联组网、统一管理、协调运行,从而构成一个相对较大的区域系统。现场总线技术在小区中的应用,使对讲系统向前迈出了一大步。

楼宇对讲产品进入第二个高速发展期,大型社区联网及综合性智能楼宇对讲设备开始涌现。2000 年以后各省会城市楼宇对讲产品的需求量发展迅速,相应生产厂家也快速增加,形成了珠三角与长三角区两个主要厂家集群地:珠三角以广东、福建两地为主,主要厂家有广东"安居宝"、深圳"视得安"、福建"冠林"、厦门"真振威"等;长三角以上海、江苏两地为主,主要厂家有上海"弗曼科斯"、杭州"MOX"、江苏"恒博楼宇"等。

从需求市场来看,该产品已进入需求量平台区。经过大量的应用,传统总线可视对讲系统也表现出一定的局限性:

抗干扰能力差。常出现声音或图像受干扰,不清晰现象。

传输距离受限。远距离时需增加视频放大器,小区较大时联网困难,且成本较高。

采用总线制技术,占线情况特别多,因为同一条音视频总线上只允许两户通话,不能实现户户通话。

功能单一,大部分产品仅限于通话、开锁等功能,设备使用率极低。

由于技术上的局限性,产品升级或扩充功能困难。

行业缺乏标准,系统集成困难,不同厂家之间的产品不能互联,同时可视对讲系统也很难和其他弱电子系统互联。

不能共用小区综合布线,工程安装量大,服务成本高,也不能很好地融入小区综合网。

2000年,推出了网络可视对讲系统,控制数字信号使用网线传输,音视频使用同轴电缆传输的楼宇对讲系统,因此布线时需要两套线。此系统打破了传统的总线结构,为楼宇对讲系统过渡到数字阶段,提供了可行性见证。

(3)第三代楼宇对讲——多功能可视对讲(局域网型)

2001年到2003年,随着Internet的应用普及和计算机技术的迅猛发展,人们的工作、生活发生了巨大变化,数字化、智能化小区的概念已经被越来越多的人所接受,楼宇对讲产品进入第三个高速发展期,多功能对讲设备开始涌现,基于ARM或DSP技术的局域网技术开发产品逐渐推出,数字对讲技术有了突破性的发展。用网络传输数据,模糊了距离的概念,可无限扩展。突破传统观念,可提供网络增值服务(如还可提供可视电话、广告等功能,且费用低廉)。将安防系统集成到设备中,提高设备实用性。

主要优点为:

适合复杂、大规模及超大规模小区组网需求。

数字室内机实现了数字、语音、图像通过一根网线传输,从而不需要再布数据总线、音频线和视频线。只要将数字室内机话接入室内信息点即可。

可以实现多路同时互通,而不会存在占线的现象。

对于行业的中高档市场冲击很大,并能跨行业发展。

接口标准化,规范标准化。

组建网络费用较低,便于升级及扩展。

利用现有网路,免去工程施工。

便于维护及产品升级。

事实上,传统产品的生产厂家也注意到了市场的这些需求,通过努力满足其中部分需求,但随着用户需求的不断提高,传统厂商已经感到力不从心,纷纷终止了原有产品线的开发,转而寻求数字化解决之道。根据市场调查,目前推出数字化产品的有国内少数厂家相继推出具有多功能使用局域网技术的系列产品。并且在市场上得到良好的反应。验证并确定了网络技术在可视对讲上以及在小区智能化发展上的积极作用和必然趋势。

(4)第四代楼宇对讲——自由自在的可视对讲(英特网型)

截止到2005年,广域网数字可视对讲系统的楼盘已经在全国范围内悄然出现,并且其系统稳定性、可运营性都十分稳定可靠。数字可视对讲时代真正来临了!

2004年至2005年,市场上出现了数字可视对讲系统产品。广域网可视对讲系统是在internet广域网的基础上构成的,数字室内机作为小区网络中的终端设备起到两个作用:一是利用数字室内机实现小区多方互通的可视对讲;二是通过小区以太网或互联网同网上任何地方的可视 IP 电话或 PC 之间实现通话。

随着整个产业步入良性循环,一个全新的宽带数字产业链正逐步清晰,基于宽带的音频、视频传输和数据传输的数字产品是利用宽带基础延伸的新产品,它既包括宽带网运营商和宽带用户驻地网接入商,未来以视频互动为特征的宽带网内容提供商、宽带电视等下游产业也正在浮出。

总之可视对讲产品发展主要方向是数字化,数字化是可视对讲系统发展的必由之路。

3. 智能楼宇对讲系统的功能

可视对讲系统对于家居门户管理的最大特点是安全、便捷。在室内通过(可视)对讲器对来访者进行识别,既可免除烦扰,又可简化开门程序,是房屋的理想设施。

智能楼宇对讲系统是集微电子技术、计算机技术、通讯技术、多媒体技术为一体的智能化楼宇对讲系统。可实现住户与楼门的(可视)对讲、室内多路报警联网控制、户与户之间的双向对讲以及联网门禁等功能。根据目前对讲系统的市场功能需求,分为别墅型(可视)对讲系统、直按式(可视)对讲系统、数据型(可视)对讲系统、户户通(可视)对讲系统以及智能联网型(可视)对讲系统等不同的产品系列,能充分满足市场的需要。

(1)功能和特点

来访者通过小区单元门口主机拨叫被访者的室内分机。

住户可通过室内分机看到来访者的影像。

门口机配有红外线发光二极管,保证即使在夜间影像也一样清晰。

门口机能自动逆光补偿,保证来访者即使身处明亮背景摄下的图像也一样清晰。

分机免挂机功能,分机没挂好不影响呼叫。

振铃音由单片机产生,悦耳动听。

实时短路自动保护,电锁自动保护,蓄电池欠压保护。

守候时主机进入低功耗状态。

停电后可延迟供电 48 小时。

遥控开锁可靠。

采用可靠的一户一码制,密码开锁。

来访者可以通过门口主机同管理中心通话。

户户对讲,小区内的住户可以通过中 心及门口主机, 以实户与户之间的通话(户户对讲型)。

门口机可与管理机通话,各门口机可以呼叫管理机并通话,管理机可遥控开锁。

紧急广播。在紧急情况下,小区管理中心可以通过中心管理机向小区内各个住户紧急报警通话。

在各个次出入口设置副管理机,以实现小区完整的内部通信系统。

(2)主要功能介绍

① 对讲可视功能

来访客人可在单元门口主机上拨号呼叫住户分机,住户室内分机振铃,屏幕上同时显示来访者的图像。住户提起话机即可与来访者通话,以此来辨别来访者的身份。

② 自动关门功能

住户与来访客人通话后，住户允许来访者进入时，可按分机上的开锁键给单元门遥控开锁，来访者进入大门后，防盗门在闭门器的拉动下自动关门。

③ 自动防盗功能

单元门口的防盗门平时处于关闭状态，非本单元人员无法进入单元楼道内，从而有效防止一些闲杂人员进入单元楼道，更有效地防止小偷进入楼道内。

④ 密码开锁功能

住户回家时，可用钥匙开锁，也可在门口主机输入开锁密码开锁，能实现一户一码制，并且住户可随时更改开锁密码。

⑤ 紧急救护功能

如果住户有人生病需紧急求护，可按分机上的紧急按钮向管理中心报警求助，紧急按钮也可安装在老人床边或卧室内，方便紧急情况时报警求助，管理中心接到求救信息后，可立即与医疗救护单位联系，及时救护病人。

⑥ 住户与管理中心双向通话功能

住户在需要物业中心帮助时，如设备维修等情况可以按求助按钮向管理中心求助；管理中心有情况需通知住户，如催交水电费、物业维修费或发布通告时，也可拨号呼叫住户，从而实现住户与中心的双向对讲功能。

⑦ 可扩展的功能

多路报警：每户室内分机可接门磁、红外探头、烟感探头、煤气探测器、玻璃破碎探测器等多种探头共可接 5 个防区，可分不同防区进行布防、撤防以及自动抄住户三表。通过户内报警分机可自行设置设防延时时间，撤防延时时间，布防、撤防方法简便，且具有很 高保密性，住户操作方便。

住户布防后，当有人非法闯入时，门磁场就会自动报警到管理中心机；当煤气泄露达到一定浓度时，煤气探测器也会自动报警到管理中心，管理中心机可显示报警住户的单元号、房间号，并可区分出不同的报警类型，以便及时有效地采取相应的处警措施。

4. 楼宇对讲的工作原理及基本结构

楼宇对讲系统是一种用于高层住宅、公寓大厦内外以及户间信息传递、防盗门控制和在紧急情况下住户向楼宇值班室报警的设备。它以功能齐全、性能可靠、其容量大、造型美观、安装使用方便而深受广大用户欢迎，并且也在安全生活小区中得到了广泛的应用。

（1）楼宇对讲系统工作原理

来访者可通过楼下单元门前的主机方便地呼叫住户并与其对话，住户在户内控制单元门的启闭，小区的主机可以随时接收住户报警信号并传给值班主机，通知小区保卫人员，系统不仅增强了高层住宅安全保卫工作，而且大大方便了住户，减少了许多不必要的上下楼麻烦。

（2）可视对讲系统的工作方式

楼门平时总处于闭锁状态，避免非本楼人员在未经允许的情况下进入楼内，本楼内的住户可以用钥匙自由地出入大楼。当有客人来访时，客人需在楼门外的对讲主机键盘上按出欲访住户的房间号，呼叫欲访住户的对讲分机。被访住户的主人通过对讲设备与来访者进行双向通话或可视通话，通过来访者的声音或图像确认来访者的身份。确认可以允许来访者进入后,住户的主人利用对讲分机上的开锁按键,将控制大楼入口门上的电控门锁打开,来访客人方可进入楼内。来访客人进入楼后,楼门自动闭锁。

　　住宅小区物业管理的安全保卫部门通过小区安全对讲管理主机,可以对小区内各住宅楼安全对讲系统的工作情况进行监视。如有住宅楼入口门被非法打开、安全对讲主机或线路出现故障,小区安全对讲管理主机会发出报警信号,显示出报警的内容及地点。小区物业管理部门与住户或住户与住户之间可以用该系统相互进行通话。如物业部门通知住户交各种费用、住户通知物业管理部门对住宅设施进行维修、住户在紧急情况下向小区的管理人员或邻里报警求救等。

　　(3)楼宇对讲系统的基本结构

　　系统主要由主机、分机、UPS 电源、电控锁和闭门器等组成。根据类型可分为直按式、数码式、数码式户户通、直按式可视对讲、数码式可视对讲、数码式户户通可视对讲等。

5.3.2　楼宇对讲系统的组成

1. 楼宇对讲的单元主机

对讲单元主机类型,如图 5-67 所示。

图 5-67　对讲单元主机类型

　　(1)楼宇对讲的单元主机功能:

　　是单元楼入口的访客管理操作平台,为进入单元楼的一道程序。

　　访客通过单元主机呼叫欲访问的用户,从而实现双向对讲、身份确认等工作程序。

　　访客通过单元主机呼叫管理中心机的保安人员,从而实现双向对讲、身份确认等工作程序。

　　用户通过单元主机呼叫管理中心机的保安人员,从而实现双向对讲、身份确认等多种服务程序。

　　用户通过单元主机操作该用户家中的各类探测报警器。

　　用户通过单元主机,用密码为自己打开单元主机的电控锁。

　　系统通过单元主机,向用户与各访客发布管理信息。

　　系统显示相应的字符,提示用户的操作,实现人性化的人机界面。

　　(2)楼宇对讲的单元主机显示、安装

　　单元主机是访客系统中不可缺少的一部分,是守护单元楼的一道安全保护程序;从这套访客系统的诞生及将来,都不会被替换与取代。

　　① 单元主机的显示

　　一般分为数码管显示与液晶显示。

- 数码管显示为普通的功能操作使用,主要显示输入的房号、密码等数字字符
- 液晶显示为智能型单元主机显示,主要显示输入的房号、密码、提示操作的信息、管理信息等智能化的信息资源
- 不管分哪种显示,一般的键盘分两种,直按式(操作简单,明了,但容量小);数码式(操作灵活,容量大)

② 单元主机的安装
- 埋墙式安装

这类单元的主机自带预埋安装盒,可以埋墙或埋柱安装,也可以装在门上,多数为先固定预埋盒,再安装其他部分,维护方便。

- 普通安装

这类的单元主机不带预埋盒,适应于安装在单元门上,不适应于安装在墙体或柱上,维护、拆卸相对困难。

2. 楼宇对讲的室内分机

对讲单元分机类型,如图 5-68 所示。

图 5-68　对讲单元分机类型

楼宇对讲室内分机有多种功能:

用户通过室内分机接听房门机、单元主机、围墙机与管理机的呼叫,并双向对讲等完成服务程序。

用户通过室内分机为围墙机、单元主机、房门机遥控开锁。

用户通过室内分机监视房门机、单元门主机前的图像。

用户通过室内分机呼叫小区中的任意联网用户,并与之双向对讲通话。

用户通过室内分机呼叫管理中心机的保安人员,并与之对向对讲通话。

室内分机为联动报警探测器撤、布防,完成报警探测器的工作安排,并将实时警情传递到管理中心动机。

室内分机拥有存储功能,能够接收、显示,并存储各警种的使用情况与小区的管理信息,供用户随时查询。

3. 楼宇对讲的保护器

楼宇对讲的保护器是楼宇对讲系统的保护装置,诞生于第二代楼宇对讲时代的末期。最原始的第二代楼宇对讲系统参考蓝本是第一代的 N+3、N+4 系统,所以最开始没有设计保护装置,造成稳定性能不足。最后多数厂家开始设计并投产了保护装置,即现在的保护器。严格来说,保护器是系统中可以省略的配件设备,它的主要功能是隔离保护,均分信号。但为了楼宇对讲系统更稳定,维护更方便,请不要省略保护器。

现在的保护器功能有：

规范楼层接线、隔离保护系统。

均匀分配各类信号、消除因传输、干扰等带来的信号不稳定与不匹配、视频信号放大（第三代的楼宇对讲保护器才有此功能）；这里虽然能提升信号的抗干扰性能，但不能杜绝干扰，布线请远离强电等干扰源。

智能故障信息转发，当使用线材、设备等产品有故障时，保护器会将收集的故障信息转发管理中心机，并作相应的字符提示。此类保护器属于智能型保护器，现在多流行用单片机，采用程序控制，并且要整个联网系统设计了线路自动巡视功能的支持。

楼宇对讲的保护器一般为塑料盒或铁盒，用螺钉固定于弱电管井中。一般的保护器含第二代末期的保护器多只有隔离保护系统电源、规范楼层接线的功能，不用编地址码等工作。

第三代智能楼宇对讲系统多采用智能型的保护器，多数系统自带线路自动巡视功能，所以要编地址码。从布线、美观、检修等角度考虑，保护器一般为一层一个或多个为宜，不宜多层共同使用。

4. 楼宇对讲系统中的解码器

楼宇对讲的解码器是楼宇对讲系统中的带解码功能保护装置，诞生于第二代楼宇对讲时代。最原始的第二代楼宇对讲系统参考蓝本是第一代的 N+3、N+4 系统，所于最开始没有设计保护装置，造成稳定性能不足。多数室内分机都是自行解码，造成分机成本相对较贵。后来多数厂家进行改进，将室内分机的解码功能集中在一处，形成了解码器。多数最初的解码器被改进，形成了带有一定保护功能的解码器。严格来说，解码器是系统中不可省略的配件设备，它的主要功能是解码分配、隔离保护、均分信号。

现在的解码器功能有：

规范楼层接线、隔离保护系统。

均匀分配各类信号、消除因传输和干扰等带来的信号不稳定与不匹配、视频信号放大（第三代的楼宇对讲解码器才有此功能）。这里虽然能提升信号的抗干扰性能，但不能杜绝干扰，布线需远离强电等干扰源。

智能故障信息转发，当使用线材、设备等产品有故障时，解码器会将收集的故障信息转发管理中心机，并作相应的字符提示。

楼宇对讲的解码器一般为塑料盒或铁盒，用螺钉固定于弱电管井中。一般的解码器多只有隔离保护系统电源、规范楼层接线与解码分配的功能，需要编地址码。

第三代智能楼宇对讲系统多采用智能型的解码器，多数系统自带线路自动巡视功能，要编地址码。从布线、美观、检修等角度教虑：解码器一般为一层一个或多个为宜，不宜多层共同使用。

5. 楼宇对讲系统中的联网转换器

部分厂家叫做楼宇对讲路由器、楼宇对讲集线器等等。但它确实是联网系统中的不可缺少的配件设备，说它是楼宇对讲系统中的路由器一点也不为过。

（1）转换器的功能

隔离联网系统与单元楼系统，规范整个联网系统的布线、接线，隔离保护了联网系统与单元楼系统；让两个系统互不干扰，又相互统一。

调节联网系统与单元楼系统的信号不匹配。

转发各类的故障信息给管理中心机。

（2）联网转换器

多是安装在单元楼的单元主机旁边，分两种方式接线。

主要厂家是让单元主机的系统线、单元主机电源线、楼内单元系统线、联网总线都接入联网转换器，再由联网转换器统一管理、分配。

部分厂家是将单元系统线接到单元主机上面，单元主机电源线也直接接到单元主机上面，再将单元主机联网信号线接到联网转换器，最后将联网总线接入联网转换器。

联网转换器的安装跟保护器、解码器的方法类似。

6. 楼宇对讲的电源

因此电源的好坏直接关系着楼宇对讲的稳定性。现在市面上主要有两种楼宇对讲电源，一是机箱式的电源，通常为 18VDC 或 12VDC 的产品，这个电压要根据各厂家系统的设计来考虑，这种电源一般用在单元主机、围墙机、管理中心机或室内分机，单元主机、围墙机、管理中心机一般为各使用一台电源，而普通的室内分机可以 8 台共用一个这类的机箱电源；另一类是大功率的开关电源，一般为 18VDC 或 12VDC，电流的强度根据各个厂家不同，一般为 4.5A 至 5A 不等，多数电源不带电池。安装方法是壁挂式，只需在墙上钉两个或一个螺钉，再将电源箱挂上去即可。

7. 管理员机

图 5-69　管理员机

管理员机如图 5-69 所示。

楼宇对讲系统的管理员机也设置在小区管理中心。管理员机的基本功能为：接收小区内住户呼叫信号并进行通话，可以呼叫小区内任意住户并进行通话，接收各单元主机的呼叫信号并进行通话及开锁（可视管理员机可显示各单元主机视频信号）以及监视监听各单元主机的情况。

5.3.3　楼宇对讲的选型

楼宇对讲报警系统设计，要充分考虑到不同的使用对象和使用环境，在技术设计上要吸收专业报警器的许多重要功能，才能保证报警系统大量的使用，绝对不能只是功能上的摆设、售房上的卖点。主要注意以下几个方面：

1. 系统容量

我国住宅小区的规模小则几百户，大则上千户，且以楼寓为主，这在人口密度相对很小的西方国家是难以想象的。因此，国外在对讲系统容量上远不及我国。

2. 环境要求

我们国家目前开发的小区都是毛坯房，绝大多数家庭在购买后都要进行重新装修，每一户的装修都会对系统造成一定的破坏，而小区全部入住的周期可能长达几年。鉴于这种情况，国内有实力的公司在设计系统时都把抗破坏性和抗干扰性放在首位。

3. 系统的兼容性

由于居住者的要求不同，同一单元的住户可能有的要求装可视，有的要求装非可视，有的要求现在不需联网,但今后要联网等等,这些都对系统兼容性提出了很高的要求。

4. 可靠的通讯保障

楼宇对讲报警模块接收到报警信号必须可靠的上报管理中心,不能出现误报,尤其是漏报状况,确保报警成功。

报警信息确认:是不是楼宇对讲的报警部分接收到报警信号,并上发管理中心就可以呢?必须建立中心报警信息确认机制,管理中心接收到报警信息后,应对报警主机下发确认信号,表示中心已接收,而楼宇可视对讲报警主机在没有收到确认信号时,应重发。

报警信息校验:报警信息与楼宇对讲通讯信息共用数据线路与管理中心联网,复杂的线路问题、通讯冲突(报警与楼宇对讲信息)都有可能 导致报警信息出错,必须对通讯信息采用校验(例如 CRC、校验等),管理中心对信息进行校验,错误重发。

通讯侦听:报警信息采用主动发送模式,发送之前对通讯线路进行侦听,避免出现数据追尾现象,确保一次通讯成功。

5. 丰富的通讯协议

好的报警主机必须拥有丰富科学的通讯协议,一个只能报警才通讯的主机离实用要求还有很大的距离。比如,目前国际流行的 Ademco4+2、AdemcoContactId 报警通讯协议就制定得比较完善、科学。但是在民用场合,很多通讯内容可以省去,但以下几条具有特别的意义。

主机撤/布防功能:住户对楼宇对讲报警器撤/布防时,报警器应该将状态上报给管理中心记录,有特别的意义。住户使用报警器可能会产生纠纷,例如,当他没有对系统布防而外出,导致财物损失时,可能会诬告报警系统失灵,要求索赔,这时管理中心可以查询该用户撤/布防记录进行确认,这种案例在现实中出现过多起;管理中心还可以及时对重要用户主机状态进行监控,甚至还可以由管理中心替住户主动撤/布防。

自检功能:报警系统属于"不怕一万,就怕万一"的产品,在正常使用中看不出在工作,但是在出现警情时候,要确保报警成功。住户很难知道报警器是否正常,报警器设计应有自我检查功能,并将自检结果定时上报给管理中心,接受管理中心监控 ,出现故障立即维护。

中心主动撤/布防功能:当住户外出忘记布防怎么办?管理中心在授权的情况下,可以发送指令替住户主机进行布防,避免出现不必要的损失,减少住户的麻烦。

6. 与报警主机融合设计

报警主机与室内楼宇对讲主机进行一体化设计,保证了用户操作使用更加方便,集成度高,工程施工也简单。以下几个事项在设计中值得重视。

模块化设计:进行模块化设计不仅可以给生产厂家带来方便,也非常适合实际的需要。作为基本构件,楼宇可视对讲在居民家中都安装,一般来说是一次到位,而报警模块根据用户要求再具体安装。模块化设计可以灵活地适用这种模式,减少智能化投入,工程商也愿意接受。

统一布线:楼宇对讲与报警系统统一布线,并一并接入到住户室内楼宇对讲主机的接线盘中。从非可视—可视—报警到无须再布线,便于系统升级。

一线通设计:楼宇对讲和报警系统可以共用同一个数据线(两芯 485 总线),减少布线量,便于中心系统集成。但要圆满解决大量楼宇对讲信息与报警信息在一条线路上共同通讯带来冲突的问题,必须统一制定合理的通讯协议。

人性化操作设计：报警系统的日常操作(撤／布防、紧急报警等)要面向各个层次用户。例如,尽量采用按键式操作,要有明确的指示灯和喇叭提示,在可以的情况下使用遥控器,将日常操作集中在遥控器上,而报警主机对使用者来说是完全透明的。

7. 楼宇对讲系统选型时还应注意具备以下性能

（1）安全性

可视对讲产品属于安防产品,其基本功能仍然是满足家庭和社区对安全的需要。因此,用户希望可视对讲系统在提供可视通话和远程开锁的同时,提供进一步的安全功能。如主人不在时可远程监视家里老人和小孩的活动情况,住户家里发生火警、煤气泄露或有窃贼进入住户家里时,能即刻通知管理处或住户本人(比如以短信方式)。

（2）稳定性

可视对讲产品属于要求 24 小时运行的安全系统,因此用户要求产品有卓越的稳定性,只有稳定才能保证安全。

（3）实用性

只有实用的产品才有旺盛的生命力。市场现有产品实用性不高,有的家庭装的可视门铃一两周可能都只会用一次,原因在于功能太简单,不实用。如果让住户自主选择是否购买,相信很多消费者会选择"不"。要使可视对讲产品能够受到家庭的欢迎,实用性是关键。

如果能通过可视门铃浏览自己的照片集、查阅常用的电话、收取每月的费用支出信息等,其设备利用率和被关注程度将会大大提高,也只有提高了设备利用率,该产品市场才能真正繁荣。

（4）标准化和开放性

目前可视对讲产品基本上没有标准可言,不同厂家的产品不能互相兼容,可视对讲子系统也基本不能和其他弱电子系统互联,原因就在于没有标准。没有标准就缺乏开放性,系统就无法互联,就无法长期保证产品的保修和服务,产业也不能健康发展。因此,市场非常期待标准化和开放的产品出现。

5.3.4　几种常规对讲系统结构图

1. 高层或小高层

高层对讲系统系统结构,如图 5-70 所示。

2. 小高层与别墅混合结构

混合型小区对讲系统结构如图 5-71 所示。

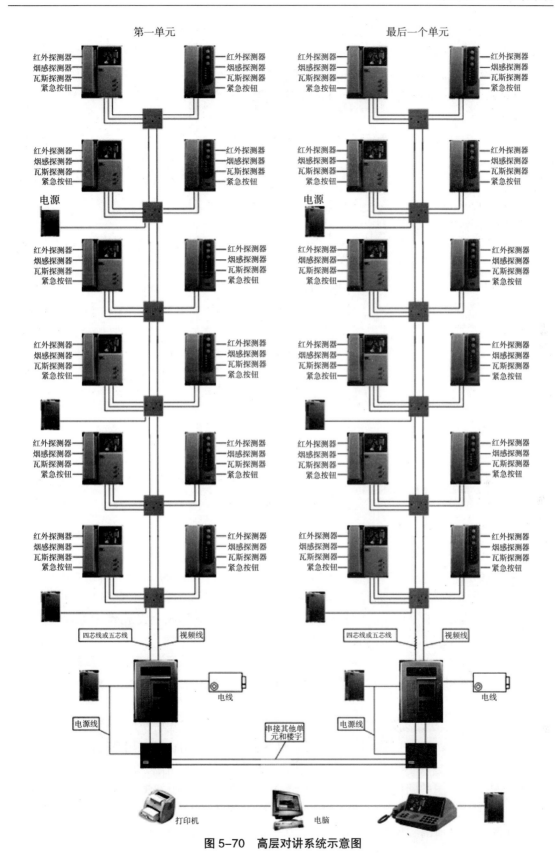

图 5-70　高层对讲系统示意图

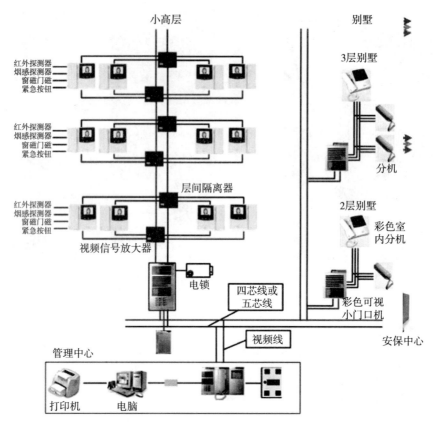

图 5-71　混合型小区对讲系统示意图

5.4　安防系统集成技术

5.4.1　系统集成技术简介

安防系统集成就是建立一个统一的综合应用,即将截然不同的,基于各种不同平台,用不同方案建立的应用软件和系统有机地集成到一个无缝的、并列的、易于访问的单一系统中,并使它们像一个整体一样,进行业务处理和信息共享。安防系统集成由数据库、业务逻辑以及用户界面三个层次组成。它是一个面向用户的应用技术。

安防系统集成技术的产生源自"信息孤岛"的命题,是为了解除数据孤岛、系统孤岛、业务孤岛和管控孤岛带来的资源浪费、逻辑冲突和难以一致化管理调度的困难,自然而然产生的一系列系统互联和应用整合的信息集成技术。

在计算机应用的初级阶段,人们容易从文字处理、报表打印开始使用计算机,进而围绕一项项业务工作,开发或引进一个个应用系统。这些分散开发或引进的应用系统,一般不会统一考虑数据标准或信息共享问题,追求"实用快上"的目标而导致"信息孤岛"的不断产生。"信息孤岛"是一个普遍的问题,全球每年用于解决"信息孤岛"问题的集成项目有近 3000 亿美元之巨,且逐年上升。不仅各个企事业单位内部存在着大小不一的"信息孤岛",企事业单位之间也存在"信息孤岛",比如国内的政府机关,在很多地方有多少个委、办、局就有多少个信息系统,每个信息系统都由自己的信息中心管理,有自己的数据库、自己选择的操作系统、自己开发的应用软件和用户界面,完全是独立的体系,为了打通委办局信息壁垒,提高跨部门服务质量和突发事件的跨部门协调指挥力度,各大城市正在建设自己的城市应急联动中心,通过各种集成手段来消除政府部门的"信息孤岛"问题。信息孤岛,如图5-72所示。

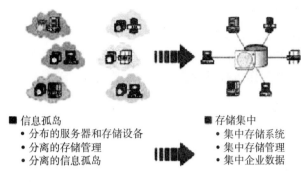

- 信息孤岛
  - 分布的服务器和存储设备
  - 分离的存储管理
  - 分离的信息孤岛
- 存储集中
  - 集中存储系统
  - 集中存储管理
  - 集中企业数据

图 5-72　信息孤岛示意图

"信息孤岛"的产生带有一定的必然性,这并不可怕,可怕的是总停留在初级阶段而不发展,不去解决现有的"信息孤岛"问题,还让新的"信息孤岛"继续出现和堆积。实践证明,"信息孤岛"不予以有效解决,将会大大阻碍企事业单位的信息化建设进程,不仅使得业主在现有系统的使用过程中存在协同困难,而且在进行新一轮信息化建设投入时,也难于决断新老系统的更替和衔接问题。

同时,"信息孤岛"又是一个长期存在的现象,每一次信息系统新建或改扩建都有可能产生新的"信息孤岛",因此安防系统集成工作也需要持续跟进,不仅需要对近期问题予以针对性的解决,还要考虑到系统可持续发展的需要,这就要求我们的安防系统集成技术要足够灵活、开放和可扩展,具备强大的可持续接入整合能力,在满足目前信息一体化应用需求的同时也为将来实施新的系统接入奠定了良好的基础。

5.4.2　系统集成的发展历程和趋势

1. 系统集成的发展历程

20世纪60年代至70年代期间,信息化应用大多是用来替代重复性劳动的一些简单设计。当时并没有考虑到信息数据的集成,唯一的目标就是用计算机代替一些孤立的、体力性质的工作环节。

20世纪80年代,信息系统规模开始扩大,业务和数据日趋复杂,人们开始意识到安防系统集成的价值和必要性,很多技术人员试图在系统整体概念的指导下对已经存在的应用进行重新设计,以便将它们集成在一起。此时,点到点(Point-to-Point)的集成技术开始出现,在各个应用系统之间通过各自不同的接口进行点到点的简单连接,实现信息和数据的共享。点到点的安防系统集成也被称为第一代安防系统集成技术。

20世纪80年代末和90年代初,随着系统规模的进一步扩大,应用系统不断增加,简单的点到点连接已经很难满足不断增长的安防系统集成要求,企业迫切需要新的集成方法:可以少写代码,无须巨额花费,就可以将各种旧的应用系统和新的系统集成起来。第二代安防系统集成技术的出现在一定程度上解决了这些问题,它采用CORBA/DCOM、MOM(消息中间件)等技术,实现了对系统信息的集成,促进了信息系统的进一步发展。

20世纪90年代中后期,信息业务的迅速发展对安防系统集成解决方案提出了更高的要求,局限于信息集成的第二代安防系统集成技术很难实现业务流程的自动处理、管理和监控,基于业务流程管理/集成(BPM/BPI)的第三代安防系统集成技术成为更加合适的集成选择方案。第三代安防系统集成技术通过实现对业务流程的全面分析管理,可以实现端到端的业务流程,顺畅企业内外的数据流、信息流和业务流。流程管理主要包括两个方面,即业务流程管理和工作流程管理。业务流程管理是用来管理跨业务、跨部门,甚至跨企业边界的业务流程;工作流程是用来管理人员执行任务的流程。流程管理的另一个方面,是对流程的实时分析与监测。平台软件体系架构,如图 5-73 所示。

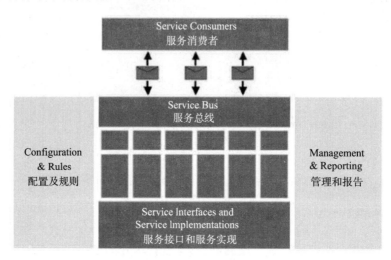

图 5-73 平台软件体系架构示意图

进入 21 世纪,软件应用开发从传统的面向对象的体系架构 OOA (Object-Oriented-Architecture)开始向面向服务的体系架构 SOA (Service- Oriented-Architecture) 过渡,这为提升安防系统集成技术的灵活性和扩展性带来了一次新的契机。SOA 是一种粗粒度、松耦合服务架构,服务之间通过简单、精确定义接口进行通讯,不涉及底层编程接口和通讯模型。SOA 可以看做是 B/S 模型、XML/Web Service 技术之后的自然延伸,它将帮助企业系统架构者以更迅速、更可靠、更具重用性架构整个业务系统,能够更加从容地面对业务的急剧变化。如图 5-73 所示,服务消费者(service consumer)可以通过发送消息来调用服务。这些消息由一个服务总线(service bus)转换后发送给适当的服务实现,由于业务规则的多变性和复杂性,还可提供一个业务规则引擎(business rules engine)来驱动一个服务或多个服务来完成请求的业务规则,更好地处理多样化的控制请求,并且可以在不影响其他服务的情况下更改某项服务。.NET 和 J2EE 作为 SOA 应用程序的支撑平台已成为当前应用软件开发的主流选择。把 BPM 与 SOA 结合起来,在实现流程集成同时,以基于服务架构提供流程重组与发布,构成了第四代安防系统集成技术,为企业提供更加灵活的业务流程管理。

目前,安防系统集成技术还在进一步的演变和发展,即根据不同行业集成技术的特点,推出基于行业的预建构集成包,预先解决行业共性问题,从而缩短安防系统集成项目的总体实施周期。

2. 系统集成的发展趋势

在经历了点对点、信息集成、流程整合以及 SOA 服务四个阶段的技术架构和应用模式转变后,安防系统集成技术还在进一步的演变和发展,归结下来,主要有以下三个方面的发展趋势：

① 个性化集成

即根据不同行业集成技术的特点,推出基于行业的预建构集成包,预先解决行业的共性问题,从而缩短安防系统集成项目的总体实施周期。

② 智能化集成

即通过集成获取足量的跨系统关联数据,通过时空分析和数据挖掘,从中发现有价值的关联规律和内在信息,辅助终端用户更好地掌控系统全局,做出最有利于业务运行的整体决策。

③ 广域化集成

即实现集成平台之间的信息互联、互通与跨平台业务推动。随着系统一体化应用的必要性和优越性被越来越多的用户认知,安防系统集成技术迎来新的发展浪潮,越来越多的集成平台正在实施和投入使用,如何使得集成平台本身不成为新的"信息孤岛"? 这就需要我们考虑平台和平台之间的关联和整合问题。跨平台的,符合工业标准的,开放的通讯机制是考虑的首要因素。

5.4.3　安防集成平台的发展方向

针对当前的系统集成状况,一些行业用户、厂家及工程商已经意识到并在努力扭转当前局面,改变目前的"硬件厂家 SDK 决定安防集成平台"的状态,逐渐向"系统建设从安防集成平台向前端硬件传导"的方式,这种方式实质是改变目前的"安防集成平台集成采用 API 接口"方式,是安防集成平台与前端设备硬件通过"标准接口协议"进行深度集成。虽然硬件厂商与安防集成平台厂商长期的地位不对等状态及目前项目实施的特点决定了这不是短期能解决的问题,但是,目前能够看到一些行业已经开始这种方式,如从"全球眼"、"宽世界"等一些企业和行业标准中可以看到这样的趋势。但是,无论何种方式,安防集成平台已经得到越来越多的重视,并且正朝着集成化、开放化、层次化、智能化、专业化的方向发展。

1. 集成化

安防集成平台实质上并非是视频监控专用的名称,在网络监控、消防、楼宇、智能弱电集成等领域都有不同的诠释。如果扩展开来讲,安防集成平台是以是弱电集成平台,那么意味着,在一个安防集成平台上,可以实现楼控、视频监控、门禁、防盗、消防等多个系统的集成,各种信息可以资源共享、彼此交互。对于视频监控系统,安防集成平台需要将网络摄机、编解码器、硬盘录像机、媒体服务、存储、报警等设备集成到一起,协同工作。

2. 开放、标准化

视频监控系统目前的一个问题是互联、互通问题,不同厂商的软硬件,甚至同一厂商不同版本的软硬件都可能无法互联、互通,通常需要二次开发,但是,二次开发可能会导致成本增加或部分功能缺失。未来的安防集成平台,应该是集大成者,对于不同厂商的硬件或同一厂商不同时期的硬件,能够做到深度集成,集成应该简单、易行并且不会造成功能的缺失。

为实现不同厂商软硬件互联、互通,目前的主要方式是通过 API 进行开发,这在目前情况下是可行的方式,但是,从长远可持续发展及生产效率角度出发,视频管理平台与前端硬件设备之间应该以标准通讯协议进行交互,设备的互联、互通不应该再是视频监控平台厂商煞费心机的工作,应该从底层的互联互通工作中解脱出来,在上层做更有意义的工作。

3. 层次化

中央管理平台"层次化"的意义与目前已经非常成熟的 IT 产业类似,即对于底层、基础的设备采用完全"标准化、通用化、规模化"的架构,而对于上层应用,采用"专业化、行业化"的架构,这样,上层应用可以屏蔽底层设备细节,针对不同的行业用户的不同特点,进行有针对、个性化的开发,提供增值能力。

4. 智能化

智能化是伴随计算机技术而发展起来的,分广义的智能化和狭义的智能化。目前,所有基于计算机、网络、数字化的系统都可以称为智能化系统,智能在这里可以理解成计算机技术的应用,代替了部分人类的工作而"智能"。而狭义的智能是"视频内容分析技术",即"人工智能图像分析"等技术在视频监控领域的融合。智能化的意义在于系统自动承担一部分识别、判定功能,在不需要人为干预的情况下及时预警,提高效率。

5. 专业化

不同行业有不同的特点,而安防集成平台软件会集中满足客户不同的应用需求,如平安城市,对系统的级联、权限控制方面要求比较高;而银行业对图像的稳定性、清晰度、长时间录像的要求比较高;铁路行业对多设备的联网能力、系统稳定性等要求高。因此,需要针对不同行业的不同需求开发、定制的软件,而不是采用一套软件来以不变应万变。在专业化方面,国内厂商具有天然的优势,可以很好地跟最终用户面对面地沟通,了解需求及反馈,并能够以最快速度修正软件应用,提供真正的针对不同行业的平台解决方案。未来视频监控平台厂商应该是根据行业用户的需求,专注于高层次的业务应用和增值服务。

5.4.4 系统集成的原理及组成

1. 安防集成平台的任务

良好的人机界面,简化日常操作,提高效率。

集大成者,兼容不同厂家的各种前端底层设备。

将分散的、大量的设备进行集中管理。

实现用户的统一管理与登录服务。

视频媒体的存储与转发服务。

多用户并发访问接口服务。

实现多用户、多部门、多级别的权限管理。

系统设备的运营管理、故障报警、日志管理等服务。

突发事件的应急预案,充分发挥视频监控系统功能。

2. 安防系统集成的结构

视频监控安防系统集成通常是基于 Windows 或 Linux 操作系统,以数据库系统作为基础数据平台,采用编程语言进行程序开发,以网络作为传输介质,以 TCP/IP 作为通讯协议,以计算机作为终端的"信息集成平台"。集成系统通常采用"软件复用技术及模块化"的设计方法,实现系统的各类资源管理。集成系统在架构上属于操作系统与应用软件的中间部分,在操作系统、数据、网络基础之上,在应用软件之下,提供集中的系统资源管理与各类应用服务等。

3. 安防系统集成的组成

安防系统集成系统通常采用模块化的软硬件架构,系统的数据库、核心软件、核心服务、虚拟矩阵支持、文件服务、目录服务、媒体服务、报警服务等可以安装在一台服务器上,也可以部署在分布的多台服务器上,以上各个组件之间通过网络进行连接通讯。有的产品也将客户应用程序、存储管理服务等归入到安防系统集成系统中。

集成系统通常由以下功能模块构成:

- 中央管理服务器
- 虚拟矩阵服务器
- Web 服务器
- 存储服务器
- 视频分发服务器
- 报警服务器
- 视频分析服务器
- 网络管理服务器
- 目录服务器
- 客户端应用软件
- 其他应用服务器

其中,中央管理服务器是必需的,而其他服务器或模块通常根据需要选择配置或已经集成在中央服务器中。中央管理服务器是整个平台的核心,负责系统设备的管理、设备的接入、设备的注册、逻辑连接、设备状态监测、用户的管理、用户的接入、信令的转发、报警联动关系、系统日志的存储等。视频存储及视频转发服务器实现音视频的存储、请求响应、视频转发、视频分发、级联转发等,通常按照网络情况及现场情况进行分布式部署。

通常来讲,安防系统集成系统实质上是一个软硬件构成的系统,包括服务器、数据库、核心软件服务等。安防系统集成系统的基础是核心硬件设备(中央管理服务器),服务器运行操作系统、安装数据库(DB)及网络协议。安防系统集成系统的软件组成是核心软件及各类引擎服务(日志引擎、云台镜头控制引擎、目录服务等),以实现综合管理系统中所有的录像设备,存储设备、前端设备,并为所有访问系统资源的客户应用程序提供统一的登录入口。

通常,中央管理服务器运行后,需要定期对系统中所有的设备成员进行状态轮询,即以广播形式对所有成员点名(Keep Live),然后所有成员需要以单播形式反馈状态信息给中央管理服务器,中央管理服务器得到反馈后刷新核心数据库,并定期更新设备列表(各客户端也可以手动随时刷新),之后各个客户端便可以基于当前可用的设备列表发送请求给中央管理服务器,进而实现实时视频浏览或录像回放等操作。

4. 实现的基本功能

（1）系统资源管理

安防系统集成系统通过中央数据库可以对系统中所有的设备、资源、服务进行统一注册管理,所有信息保存在核心数据库,包括硬盘录像机、网络录像机、编码器、解码器及系统服务(流媒体服务及存储服务等),并支持设备添加、删除、服务间连接、服务的启停、数据的同步、数据的备份与恢复等功能,用户通过系统配置程序实现对资源的编辑、修改、调用、配置,而不需要进入数据库中。系统通常可以支持分布式、多中心的架构,各中心之间有良好的同步机制和备份机制。资源管理的主要任务如下:

对系统中的所有设备进行注册。

对系统中的所有设备进行监视并更新状态。

系统虚拟矩阵支持。

对系统中的所有设备进行"目录树"形式的拓扑结构显示及状态更新。

对系统通道参数如 IP 地址、端口、码流等参数进行设置及保存。

对视频信号参数如亮度、对比度、色调等进行设置及保存。

对设备进行分组、轮询、MAP、PAGE、预案设置及保存。

对设备逻辑关系的设置及保存,对系统中的报警联动关系进行设置并保存。

对系统中的存储资源进行分配并设定存储计划。

（2）用户及权限管理

用户管理是对系统内的所有用户、用户组进行统一注册管理,所有用户信息集中保存在系统数据中心。用户的注册主要包括用户组、用户名称／密码的分配与设置。在系统权限管理层面,用户隶属于组,即用户的最终权限由其自身权限与所属用户组的权限共同决定。

在大型系统中,系统资源、用户非常多,为了便于管理、有效利用资源,必须对用户进行权限管理。通常,用户权限包括用户访问、控制设备的权限及对部分设备的优先级控制权限。用户访问、控制权限通常根据用户职能进行划分,包括相应的操作权限及实体权限;而优先级权限是访问相同设备时对不同用户设定的优先控制权,如云台镜头控制的操作权限。

用户权限可以采用多级管理分别设定的方式,也可以与微软的活动目录 (Active Directory) 相结合,主要设置内容如下：

- 对系统用户进行分组
- 对不同用户组进行权限设定
- 针对具体用户设置权限
- 修改、删除用户权限
- 对云台镜头控制优先级进行设置

（3）云台镜头控制命令转发

云台镜头控制命令的发送可以通过用户应用界面,也可以通过与工作站连接的操作键盘。通常,客户端发送的云台镜头控制命令,经过网络发送到中央服务器的云台镜头控制程序,之后经过中央服务器的相应程序的转发,通过传输网发送到云台镜头控制器,从而实现相应的云台镜头控制功能。

云台镜头控制具体包括的操作如下：

- 摄像机全方位角度控制、镜头放大、缩小控制、镜头调焦等控制
- 预置位控制
- 巡航控制
- 灯光、雨刷、加热器等辅助开关控制
- 摄像机锁定与解锁

（4）系统日志写入

通常,系统的用户操作行为均应该自动写入日志,按照日志类型、时间、操作信息等类别,完整地记录系统事件、操作员行为等,包括：

- 将所有登录用户的登录记录进行自动保存
- 将所有用户的操作行为日志进行自动保存
- 日志的打印、检索、导出等

所有口志自动记录在中央管理服务器,以便将来对操作者的操作行为进行审计(Audit),系统日志可以进行导出、检索及打印。

（5）时钟同步功能

通常,系统中央服务器与外部时钟通过网络或串口进行同步,而内部所有设备需要与中央服务器进行同步,同步后时钟精确到毫秒级,系统同步完成后才能保证系统的录像、回放工作正常。

（6）虚拟矩阵功能

传统模拟矩阵以输入输出模块为接口. 以电子开关切换板卡为核心,完成模拟视频的输入输出切换功能,而虚拟矩阵是以 IP 附为承载,基于 TCP/IP 协议,通过网络视频平台完成视频的调度切换工作。可以将整个 IP 视频专网看作是一个巨大的矩阵交换系统,其基本硬件则是由视频编码设备、视频解码设备、网络管理平台以及网络交换机、路由器等组成。虚拟矩阵不是具体的硬件设备,而是具有特定功能的系统。

通过安防系统集成平台,实现的虚拟矩阵功能比模拟矩阵更灵活、功能更丰富:

- 任意切换控制,实现全局摄像机资源与解码器、显示界面的任意切换
- 摄像机控制功能,实现 PTZ 操作及电子 PTZ 操作
- 视频自动“轮询”功能,轮询通道与时间间隔随意设置
- 系统“预案”功能,实质是一种预先设定的界面、通谨、显示、回放组合
- 电子地图功能,实现地图与摄像机通道的一对应关系,并方便调用
- 摄像机预置位的设置与调用

（7）报警服务功能

报警服务是系统自动监测系统中的所有设备、接口及服务,如干节点、视频分析服务等,一旦发现超过设定的报警值,则产生告警信息并发送给客户端,同时触发相应的联动关系,并将报警情况写入口志。注意报警服务产生的是“事件信息”,后面即将介绍的“网管服务”,产生的是“故障信息”,前者是针对系统中的报警入侵事件,而后者是针对设备的故障状态维护。通常,系统可以根据报警进行联动编程,触发报警输出装置及各种预案:

- 报警后自动弹出电子地图及摄像机画面
- 报警后发出卢光报警
- 报警后自动触发预案
- 报警日志自动写入日志
- 报警联动楼控、消防等第三方系统

（8）存储与转发功能

网络视频监控系统中的视频存储和转发功能,主要体现在存储录像设备、媒体分发设备上。在小型系统中,存储录像设备的存储和转发功能基本上可以满足需求,而在大型系统中,通常利用流媒体服务实现分布式、大跨度、多用户的视频转发功能,以实现对网络带宽的有效利用。另外可以利用存储归档服务器(Archive Server)实现对视频数据的备份存储。

存储与转发功能负责如下方面的任务：
- 所有监控码流的捕获、转发以及分发，即媒体交换服务
- 管理存储设备，进行存储空间分配
- 制定并执行存储计划
- 视频流的自动归档备份 (Archive) 功能
- 历史视频流的索引和回放支持

（9）流媒体技术

流媒体技术是编码压缩、传输、存储、中央管理服务等多个技术的集合体。在大型视频监控项目中，当某个地点出现状况时（如平安城市的交通事故、大型自然灾害等），经常需要多个客户端同时查看某监控点的同一路视频信号，此时的存储录像设备系统一般无法支持超过一定数量的并发访问（主要是 DVR、NVR 本身的处理能力问题，也有网络带宽资源问题）。为解决"系统本身并发流有限及一条通讯网络线路上数据拥堵而严重浪费网络资源"的情况，可以部署流媒体服务器。流媒体服务器支持视音频流的转发，当有多个客户端需要同时访问同一远程画面时，可以通过流媒体服务器进行转发，在转发服务与前端视频通道之间只占用一个通道带宽的网络资源，再由转发服务器将数据分发给多个客户端。流媒体服务器本身具有特殊的线程处理方式，可满足大量并发支持需求。

（10）网管功能

网管模块的功能，在于可以自动监测并收集系统中所有设备及服务的状态信息，比如系统硬件的运行状态、软件的运行状态、服务状态、网络设备及存储设备的状态，通过网管软件完成设备状态的采集，定期刷新给网管模块（或网管服务器），并可以进一步将信息存储在系统日志中，或根据程序设定发送给客户端。通常，在系统设备（如录像设备等）内置网管代理软件实现本地信息采集，然后代理软件与网管服务交互，实现信息的集中采集更新，一旦发现采集的状态信息达到报警值，则产生告警并发送给客户端。

网管功能负责如下方面的任务：
- 将系统中所有设备、服务的故障、告警等状态自动写入日志
- 将系统中所有设备、服务的故障、告警等状态通知客户端

（11）视频分析功能

本书前面的章节中介绍过视频分析技术。视频分析实质是一种算法，甚至可以说与硬件、与系统架构没什么关系。

视频分析技术基于数字化的图像，依靠计算机视觉技术原理来实现，其在安防系统集成系统中的主要角色是"基于服务器模式的视频内容分析及视频索引支持"。

（12）客户应用程序模块

客户应用程序可以安装在网络中任何位置的计算机上，客户程序与中央服务器、数据库及各类服务通过网络实现连接，客户端输入中央服务器 (DB) 的 IP 地址后，经过权限验证，便可以连接到系统数据库及程序，实现各种应用。

客户程序模块的构成主要包括下列部分：
- 设备配置与管理
- 系统运营监控

- 设备状态维护监视
- 用户权限管理
- 报警与事件管理
- 视频分析服务
- 视频存储与转发服务
- 其他功能模块

（13）Web 应用模块

Web 视频监控程序,此功能可以给用户提供方便的应用服务,用户无需安装客户端软件,只需要利用通用的 IE 浏览器就可以完成实时视频监控工作,包括视频的实时浏览、云台镜头的控制等操作,这对于系统日常应用、日后升级、维护等非常有意义。此模块的任务包括:

- 网络上用户通过 IE 直接登录系统,无需安装客户端软件
- Web 方式下支持客户端常见功能,如参数设定、云台镜头控制、视频浏览与回放等
- Web 方式需要登录密码认证、IP 认证等安全保护措施

（14）系统诊断与维护

在大型系统中,摄像机数量可能成百上千,而编码器、解码器、DVR、存储设备、网络设备及附属设备等数最众多,为了及时发现系统设备存在的故障、故障恢复情况,系统需要有"设备维护"功能。当系统设备出现故障后,系统可以自动以信息、短信、邮件等形式发送到相关客户端。

（15）智能回放检索技术

在 VCR 时代,视频录像记录在磁带上,由于是模拟的设备,想精确定位一段视频很难,快进或快退的往复操作过程中,可能遗漏重要视频信息,效率低下。而在数字视频监控系统中,如果要在海量的视频信息中快速地定位并找到"感兴趣"的视频资料却变得非常简单,可以有多种方式实现视频的快速定位及索引。

① 视频快照功能

所谓视频快照功能,就是对录像进行"时间等分切片"处理,然后以快照(Snap Shot)形式进行显示。这样,对于很长一段时间的视频录像,利用快照功能可以迅速地根据快照中场景的变化而定位"感兴趣"的视频信息。"快照"实质是以单帧图片代表一段视频片段场景,这样,很快就可以完成定位和查找,即使是长达数小时的视频录像。

② 书签标记功能

在实时视频浏览或视频录像回放过程中,如果操作人员对某段视频感兴趣,那么可以直接在客户应用程序上,为该段视频添加"书签",这样"书签"成为了该视频的一部分,当日后需要对该视频进行回放时,只需要输入"书签"索引,系统会自动地将该段视频索引找到。

③ 场景重组功能

在系统应用过程中,值班人员发现可疑行为时,一方面需要对可疑的场景继续进行监视,另一方面希望能够回放可疑场景稍前时刻的视频资料做参考,以上工作如果手动完成,几个步骤下来可能已经错过稍纵即逝的时机。

④ 多路并发回放

在一些实际应用中,对于视频录像,可能需要多路同时回放在一台电脑以进行事件的查

证。如对于一些银行、大厦、小区等视频监控,可能需要同时回放多路相关的视频录像,以便快速地发现及锁定目标。因此,要求系统能够支持多路视频同步回放。

（16）应急预案功能

应急预案指面对突发事件如自然灾害／重特大事故／环境公害及人为破坏的应急管理、指挥、救援计划等。从安防监控角度讲,应急预案功能要求"系统能够对一些紧急事件或报警信息进行及时、准确、有计划的处理"。在视频监控系统中,可以预先思考、模拟多个紧急情况,然后针对各个不同的情况,设置一系列要执行的操作。如当某个点报警发生时,可以自动地在多个屏幕调出相关联的实时视频或回放录像,或开始启动通道的录像,调动一些摄像机预置位,打开灯光、触发警铃等。这样,通过一键式预案调用,可大大节省时间,提高效率。

（17）索引功能

"模糊查询"的概念在某些应用场合显得很有意义。首先,对于一些大型系统,如机场、广场、地铁等公共场合,当突发事件发生后,需要能够迅速地对发生事故的地点进行相关多个摄像机的并发回放工作,以快速调查事件。比如,某地铁扶梯口出现事故,那么系统能够快速对该扶梯附近相关的摄像头实施快速同步回放工作,这样,在多画面的视频场景中可以快速侦查事故。模糊查询需要中央平台及存储系统的相关功能支持。

5.4.5　安防集成平台的考核

1. 平台稳定性

平台通常用在大型及超大型系统建设中,系统需要24小时连续运行,因此稳定性非常重要,系统的稳定性和可靠性是平台系统能够应用在大型重要项目的首要条件,可以想象经常死机、不稳定的平台给用户带来的困扰。

系统应该采用业界成熟、主流的技术及组件,以降低不稳定因素,应该可以尽快地自动恢复正常工作。

系统具有良好的预警机制,预警机制可以防患于未然,在系统没有完全宕机的情况下,系统对自身健康状态进行监控,一旦发现有程序、进程、服务有问题,及时发出告警,以防止事态恶化。

系统具有完善的日志记录功能,Log记录机制应该能够保证系统自动、全面、完整地记录一段时间内系统的Log信息。这样,当系统宕机后,软件研发人员可以基于Log信息对故障进行判断,并找到问题的原因。

2. 系统可扩展性

系统建设完成后,可能因为客户业务的调整、项目规模的扩大而需要对平台系统进行部分扩展,因此系统需要具有良好地扩展能力,以不影响前期建设完成和已经投入运营的系统正常工作为前提。通常,平台系统采用模块式设计。单台系统、多台系统、单个模块、多个模块都可以构成系统,只需要根据需求自由选择、灵活组合,并且新增加的设备可直接融入现有系统,并保持一致性。

系统硬件平台、数据库及通讯协议均采用国际通用的标准,接口规范符合国家或行业相关标准,具有良好的扩展、开发、升级支持。

系统所有软硬件、服务、程序等应该采用模块化结构,用户可以根据需要进行灵活选择,便于将来进行调整并节省成本。

③ 系统配置灵活,软件许可、服务、参数等各自独立,用户可根据需要随时调整。

3. 系统兼容性

目前的视频监控系统"百家争鸣,百花齐放"。对于视频编码压缩设备,有很多厂商的设备可以供选择,对于一个项目,可能多个硬件厂商有不同时期的设备。最终用户或集成商当然希望平台软件能够兼容多个厂家的设备及同一厂家的不同版本的硬件产品。平台应当容纳百川、兼容并蓄,而不是限制在一两家供应商或几个版本的产品上。

4. 系统升级

对于数字视频监控系统,其与计算机技术、多媒体技术、网络技术、存储技术、芯片技术等发展密切相关,任何新技术和新产品的出现,可能都会给视频监控行业带来新技术、新产品或新思路。另一方面,视频监控厂商自身对系统的缺点、Bug 需要进行修正加强,因此系统的升级是不可避免的。在系统升级过程中,要求简单、平滑、可靠。

5. 系统安全性

一般在视频监控系统应用的场所,系统的安全性非常重要。系统的安全性涉及到服务器数据库的安全、网络中传输的数据的安全、视频文件的非法侵入及篡改保护、系统用户的登录验证、系统操作管理人员的操作行为日志等。

① 数据库安全

系统所有设备及用户配置信息,如通道名称、IP 地址、码流设置、录像参数、用户权限等均保存在中央服务器数据库中,系统数据库应用具有良好的防入侵机制,以防止非法进入系统进行修改或删除系统数据;同时,系统应该具有数据库写保护机制,这样可以保证同一时间只能有一个用户访问数据库而不至于造成数据库混乱。当某个用户连接数据库并进行参数修改、配置时,若其他用户试图进行修改,系统应该提示"数据写入中,请稍候修改"等提示,以防止多人同时修改相同数据导致系统混乱。

② 数据传输安全

确保基于对网络传输的所有数据进行加密。加密算法必须足够复杂,以防止机密的视频和安全信息如密码等被捕获和解码。

③ 视频加密

系统可以对视频进行自动加密,一旦发现视频遭到篡改,及时报警。

④ 身份验证

系统具有身份验证登录机制,阻止非法人员登录,同时可以对授权用户进行多级的权限设置,让不同的身份有不同的功能。系统应该支持"四眼或六眼"登录方式,即需要多人输入密码方能登录系统。

⑤ 用户操作日志

能够对登录到系统的所有操作人员的登录时间、修改配置、回放操作、导出视频等所有行为有全面、完整的日志记录,以保证日后审查日志时,能发现异常的破坏行为,进行取证。

⑥ 前端设备安全性

系统应该能够对恶意的破坏行为,如摄像机遮挡、喷涂、位置移动、线路剪断等行为进行自动侦测并及时报警。

6. 安防集成平台的维护

平台的升级与维护工作非常重要。平台应该有良好的备份 (Backup) 及恢复 (Restore) 机制,可以在系统工作时自动备份,可以远程备份,也可以自动备份。备份包括系统所有的设备、设定、用户、联动等所有数据,备份具有数据完整性自动检测机制。系统应该具有简单的自动修改机制。

7. 系统管理及维护

通常,系统建设完成移交给最终用户后,仍然可能有一些维护工作需要安保值班人员完成,而安保值班人员与调试工程师不同,他们对设备的理解可能没有专业工程师深刻,因此要求系统本身提供简单可行的维护方式,让值班人员可以胜任。

系统的日常管理及维护主要涉及系统的备份与恢复、系统日志的存储与检索、前端设备的远程管理、前端设备的故障维护等,系统应该具有完善的操作文档、报警提示、操作提示等,以帮助维护人员定位与排除故障,减少工作量。

8. 良好的人机界面

人机界面的主要体现是客户端软件。如前所述,客户端软件按功能可以分成系统搭建、系统配置、系统操作、系统维护、报警管理、事件查看、播放器等不同的软件模块。通常,对于系统调试人员及最终用户,经常应用的模块是不同的。如系统安装调试人员主要使用系统搭建、配置的界面;而最终用户(如安保人员)经常需要系统操作、维护及报警管理界面。

5.4.6 系统集成架构简介

安防系统集成技术从拓扑结构上来说,分为 4 类,即门户集成模式、点对点模式、单系统为核心的集成模式,以及独立运行的系统集成平台模式。其产生的缘由、架构特点和优缺点比对分别介绍如下。

1. 门户型系统安防系统集成

如图 5–74 所示,左侧的 6 个信息子系统各自独立运行,相互之间缺少相应的信息互通和业务交互,存在"信息孤岛"现象,而用户想要在统一的用户界面上灵活访问所有需要访问的信息子系统,避免逐一访问子系统的繁琐,于是采用右侧的门户式安防系统集成技术(Portal Based Integration),通过统一的人机界面和统一的鉴权体系,一次性登录后,即可在统一的人机界面上调取所有的系统资源,为多系统并行操作提供了便利条件。

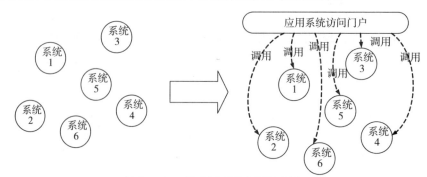

图 5–74 门户型系统应用示意图

基于门户的安防系统集成技术仅仅实现了用户层的资源整合,并没有真正解决信息子系统之间的"信息孤岛"问题,子系统之间依然存在信息无法流动、标准不统一、业务不能串接等问题,系统的整合应用依然需要操作人员人为地进行处理和判断,只不过人机界面统一了操作起来相对便捷而已。基于门户的安防系统集成技术多见于 B/S 架构的信息子系统整合,对于 C/S 架构的系统整合,由于各个子系统的技术实现方式不一样,很难做到无缝集成,更多的是激活新的子系统窗口界面,类似于 Windows 操作系统下的快捷方式,用户的整体应用体验改善不大。

该系统特点是虽可统一访问,但体系系统仍然松散,信息和业务无法有效流动。

2. 点对点型系统安防系统集成

如图 5-75 所示,点对点互联模式(Point-to-Point Integration),顾名思义,就是把各个子系统根据信息共享和业务交互的需求,两两建立,集成接口,实现消息交换和功能互调的集成模式。这是安防系统集成技术产生的最原始"冲动",既然需要关联,那就哪里需要哪里连,直接打破屏障,直接获取效益。

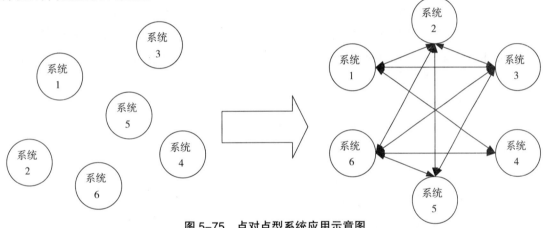

图 5-75　点对点型系统应用示意图

这种集成方式在实施初期非常便捷,每两个子系统集成时只需要根据约定并定制集成接口,交互指定的数据信息,调用相应的业务功能,并在各自或某一方的管理界面上呈现这些交互功能即可。但这种集成模式的缺点也非常明显,两两紧耦合勾连,定制好的系统接口固化下来后就无法再适应新的交互需求,且任何一方系统的升级、改造都可能导致先前的集成失效。更令集成者头疼的是,当集成的信息子系统越来越多,多方系统交互的拓扑结构将会构成复杂"蛛网效应",为运营者带来重复建设、流程僵化、难以升级扩展、安全性薄弱和故障难跟踪等困扰。

该系统特点是"头疼医头,脚痛医脚",缺乏统一规划,难以管理和扩展。

3. 单系统型系统安防系统集成

如图 5-76 所示,集成者在整合多个应用子系统时发现,其中某个子系统是整个信息链和业务网中的核心部分,且大部分集成需求都是围绕该子系统展开的,因此,自然而然地将该子系统当做核心子系统,其他子系统围绕该系统进行系统集成,做强一个系统,把该系统做为统一的操作界面推送到用户面前。

这样的做法非常常见,比如,在公安指挥中心建设工程中,常常以接处警调度系统为核心进行系统集成;在安防系统集成工作中,常常以监控子系统为核心系统进行集成。这样乍看

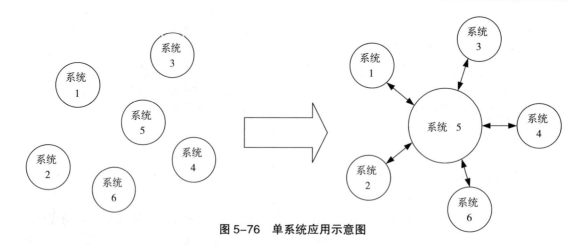

图 5-76　单系统应用示意图

起来是节省了建设的复杂度和投入资金,但其本质还是两两集成,只不过是把"蛛网"结构变换成了"星型"结构,所有的业务流被强制从一个核心子系统进出而已。由于核心子系统本身肩负着重要的业务应用需求,其接入能力和统管能力都是非常有限的,并不具备集成的灵活性和扩展性,而且当外围系统需要直接关联时(和核心系统业务无关),还是会两两连接,进一步增加系统拓扑的复杂性。

该系统特点是集成业务受单一系统局限,权宜之计,难有作为。

4. 平台型系统安防系统集成

如图 5-77 所示,信息应用子系统通过独立运行的集成平台予以集成,构筑松耦合的集成管理架构。每个应用子系统将各自可以开放的系统资源,以及需要获得的外部支持,以请求方式提交给位于中心的集成平台,由集成平台来进行统一调度和管理,每个应用子系统只需与集成平台交互,所有的信息交换和业务联动全部由集成平台完成。集成平台的管理界面,即是全部应用子系统的统一门户。

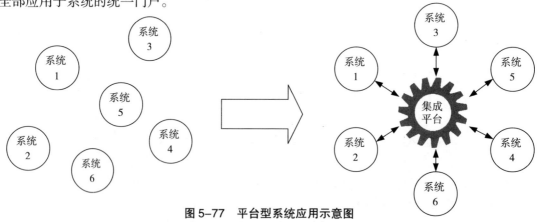

图 5-77　平台型系统应用示意图

这样处理的好处是专业的事情交给专业的平台完成,各子系统可专注自身的独立运行,不受集成业务的直接影响。当集成平台正常运行时,用户可以通过集成平台获得统一的资源调度和管理界面,实现单系统无法实现的共享和交互功能,当集成平台发生异常时,各子系统也能独立健康的运作,将集成带来的风险降到最低。并且单个子系统的升级改造或新建接入,只要更换或新建与平台的一个集成接口即可,一次性连入集成平台的服务总线(消息总线)后,后面与其他子系统之间的集成任务可全权交给集成平台完成,更加便捷、有序。

该系统的特点是真正的松耦合和面向服务架构,大大提升子系统交互的安全性、可控性、灵活性和扩展性,子系统制造商和系统集成商并行不悖,给用户更多选择。

5.4.7　系统集成行业典型应用

目前,由于各行各业以及各地域信息化建设的发展不均衡,上述四种集成模式都还有存在,"信息孤岛"的问题只有在信息子系统建设完成并且极大丰富之后才会突显,因此,在"切肤之痛"没有到来之前,还是有不少用户采用点对点和集中门户的方式进行集成,甚至放弃集成的情况也不少见。

1. 指挥中心安防系统集成

城市公共安全指挥中心,是一个多层次、多类别的业务体系,可根据行政级别、城市区划和业务定向划分为市局一级公安指挥中心、区分局二级公安指挥中心和专业分局指挥中心(如轨道分局、机场分局、港口分局等)。各级公安指挥中心的主要业务包括日常报警受理处置、重大突发事件先期处置、重大保卫活动指挥调度、重大警卫活动指挥调度、服务领导以及社会联动协调等工作内容。

根据新时期的指挥调度警务模式需要,一个完整的公安指挥中心大致需要建设以下 20 类业务子系统:

- 接处警子系统
- 有线通信子系统
- 无线通信子系统
- 数字录音子系统
- 视频监控子系统
- LED 大屏幕显示子系统
- DLP 大屏幕显示子系统
- GIS 警用地理信息子系统
- 指挥中心预案管理子系统
- 综合查询及警情分析子系统
- 其他辅助信息子系统(勤务管理、办公 OA 等)
- 技防报警接入子系统
- GPS 卫星定位子系统
- 移动指挥车子系统
- 网络安全及防病毒子系统
- 主机存储及备份子系统
- 室内扩声及通播子系统
- 首长指挥室子系统
- 综合布线子系统
- UPS 电源子系统

如图 5-78 所示,指挥中心系统多、技术广、应用多样化,为确保以上众多业务子系统的统筹规划、有序建设和一体化运行,指挥中心有迫切的需要建立统一的系统集成平台,真正实现各系统之间的互联互通、信息共享和设备联动,从而保证高科技与警务流程的完美结合。如图 5-79所示,指挥中心集成平台应是一种基于SOA架构的开放式体系平台,以消息交换为驱动,内置业务处理引擎,集信息处理、信息交换、设备联动和运行监控等多项功能于一体,全面应对指挥中心系统集成的业务需求。

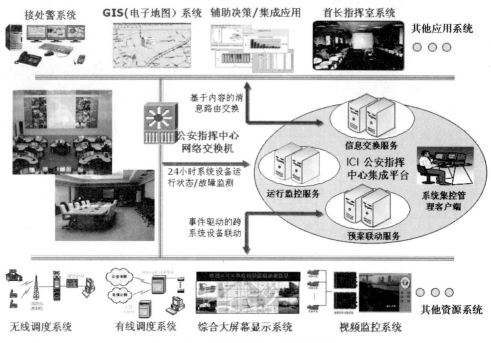

图 5-78　公安指挥中心系统示意图

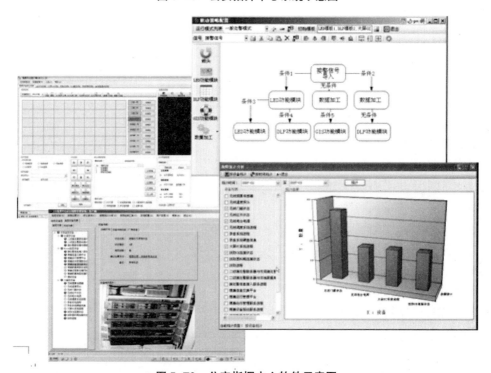

图 5-79　公安指挥中心软件示意图

　　基于指挥中心集成平台,指挥中心可以轻易实现接处警、勤务管理、GIS、GPS 等信息系统之间的数据交换,可以灵活调配接处警、技防报警、GPS 和 LED 大屏幕、CCTV、DLP 大屏幕之间的预案联动。公安指挥中心系统集成平台是集中管理而非集中控制,接入集成平台的各个子系统既能互为联动,又能独立运行,以公安指挥中心集成平台为核心和基础建设指挥中心系统,将确保公安指挥中心"快速、高效、一体化"的业务运作,获取最大的整合效益。

　　为加强指挥中心系统的运行维护管理,指挥中心系统集成平台还提供有运行监控服务,可以在线实时监测所有可监测的运行设备,跟踪其状态变化,对突发故障进行声光报警,全面提高系统的无故障运行时间。

2. 视频信息安防系统集成

　　随着视频监控在治安防控工作中的地位越发突显和重要,各省、市公安部门都加大了视频监控系统的建设力度,尤其是平安城市的大规模建设,使得城市监控规模从成百上千路,急剧扩增到上万路,十几万路图像,为视频信息的综合管理和应用带来极大的困难和挑战。这里既有视频监控多阶段发展导致的技术参差不齐问题,也有多级监控网络跨区域调用带来的视频统一化联网共享问题,综合下来,可以用"快、多、杂、繁、专、大"6 个字予以体现。

　　扩展速度快:监控点位快速扩展,导致管理规模急剧膨胀。相应地,如何快速检索资源、如何有效分配资源、分配权限也变得越来越复杂。

　　设备种类多:视频监控涉及的系统设备非常繁杂,模拟摄像机、数字摄像机、光端机、模拟矩阵、虚拟矩阵、流媒体服务器、监视器、编解码器、DVR、NVR 等等,且品牌繁多,缺乏统一和强制的行业标准。

　　网络结构杂:现有的视频监控系统存在着不同的架构模式,进一步细分还有不同的内部逻辑构成,导致同为视频监控系统,但彼此之间难以直接对接。

　　用户操作繁:不同公司产品有着不同的操作风格,想要获得更多的视频资源,监控用户就必须要熟悉不同厂商的人机界面和操作要点。

　　业务应用专:治安、交警、刑侦、市府等各个城市管理部门对视频共享共用的需求日益高涨,但不同的单位对于视频监控的操作需求又是各自不同的。

　　访问限制大:由于视频图像的传输资源有限,甚至还有涉密网络的物理隔离问题,跨区域、跨网络的图像调用还有着相当大的干线或带宽限制。

　　为了解决上述问题,城市视频监控需要建立一个统一的集成化图像应用模式,也就是相应的视频综合信息安防系统集成平台,通过平台的有效整合,打通视频监控系统"信息孤岛"之间的屏障,加快视频资源的共享共用和统一管理进程。

　　如图 5-80 所示,视频综合信息安防系统集成平台通过传输网络,集中管控城市所有的视频监控局域网络,实现图像资源的共享共用和集中管控,相应地,我们能够获得以下整合效益:

- 支持多区域、复杂网络环境情况下的视频联网与资源共享
- 支持统一门户、统一认证、统一应用的可持续发展应用
- 提供统一的图像信息主库,规范视频资源跨区域调用的设备索引机制
- 该系统可以与 GIS 系统整合,实现基于 GIS 的相关操作
- 提供组件化安防系统集成服务和开放的业务应用功能模块
- 支持多种显示模式的输出,可以支持多显示屏的扩展

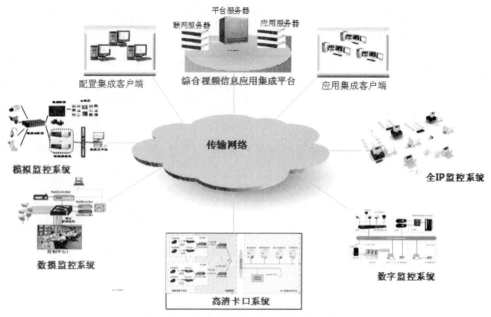

图 5-80　视频信息安防系统集成示意图

· 支持基于网络的多客户端操作,在不受带宽的限制下,可以实时调阅区域内任意监控信号,实现多画面监控

· 提供智能化的视频监控网络管理和运行监控机制

视频集成网络架构界面,如图 5-81 所示。

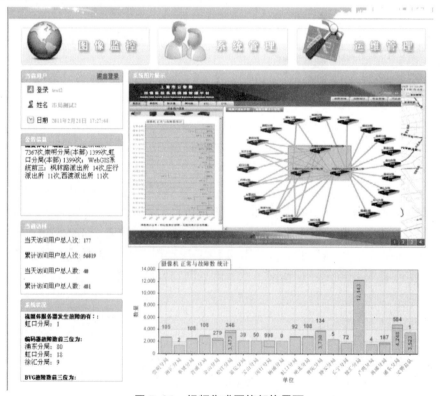

图 5-81　视频集成网络架构界面

综上所述,视频综合信息安防系统集成平台主要提供基于 WebGIS 的视频监控统一操作人机界面、跨系统的图像互通互联、集中监控全局视频监控点的设备运行状态、集中管理全局监控设备的配置数据信息四大功能。通过该系统,可以有效地提高城市视频监控的整体掌控力,进一步稳固并改善区域的治安环境,为重大活动安保、打击违法犯罪、处置突发事件、城市公共管理和社会治安控制等工作中提供有效的技术支持。视频集成监控界面如图 5-82 所示。

图 5-82 视频集成监控界面

3. 综合安防安防系统集成

安防系统建设主要包括视频监控系统、门禁控制系统、周界报警系统、电子巡更系统等安防子系统,如图 5-83 所示。为满足上述安防系统集成的需求,我们建议按系统集成平台的整体架构来统合各个安防业务子系统,从而保证各个安防业务子系统能够在集成平台的统一接入和管理下,实现灵活多样的接入方式,并能够随需而变、随时而变,可根据用户需要,分期分批、井然有序地实现各个安全技防子系统的统一管理和联动控制。

安防系统集成需要解决多个复杂系统、多种控制协议之间的互联性和互操作性,以及用户的二次开发、配置、部署、实施等问题,最为关键的是将双方的通讯接口对接上,并根据安防集中控制和联动控制的需要设计好数据交互的内容以及需要实现的控制管理流程。以集成平台为核心推进安防系统集成建设,每个子系统只需建立和平台之间的一个数据通道即可,由平台来统一交换和调度信息,既可灵活的分批接入子系统,也可不断地根据用户的需求来改变系统之间的联动和管理规则,甚至当子系统升级换代后,仅更换和平台之间的接口即可,不会影响其他子系统和其他集成业务的正常运行。集成平台和子系统之间采用的是一种松耦合的勾连方式,集成平台的建设不会影响各个安防子系统的独立运行。

目前安防集成平台作为安防技术系统金字塔最顶层的建筑构成,越来越受到来自各个安防应用领域的重视和关注,越来越多的安防用户接受这一理念并投入相关建设,这也是综合安防系统建设的未来趋势之一。集成安防集成界面,如图 5-83 所示。

图 5-83　集成安防集成界面示意图

如图 5-83 所示,通过安防集成平台的建设,用户管理层和安保人员将会获得一个统一的安防管理操控界面,以电子地图和后台联动服务为基础,实现各安防子系统的统一控制和管理。平台可以快速响应和处置各类突发事件,并通过系统的智能联动提高处置效率。操作人员不再需要面对各项复杂的安防子系统人机界面,不再需要反复地输入各个子系统的认证密码,一次登录,在统一的界面上即可快速定位到各个安防设备,如快捷门禁管理、快捷监控管理、快捷报警处置、联动规则自定义和疏散应急预案管理等。一个终端(推荐一机两屏)即可全部处理完成,并能在无人监管的情况下自动化完成经用户授权的各项应急联动控制,减轻人员工作负荷的同时,也提高了用户突发事件处置的及时性和准确性。另外,平台还可通过网络连接,实时感知各个安防子系统的运行状况,对故障设备提早发现,及时响应维护。

基于平台技术的安防系统集成,真正实现了安防子系统的一体化管理,为用户的安防统一调度,安防子系统功能最大化打下坚实的基础,也为安防系统和用户其他信息子系统的集成应用提供了一个统一的集成出口。

4. 智能交通安防系统集成

城市智能交通系统(Urban Intelligent Transportation system)是当今城市各项功能主体中一项必需的基础性建设。公安交警指挥中心作为城市智能交通的中心系统之一,它的成功建设与运营,对于保障城市交通安全有序,发掘城市潜在经济和社会效益,提升城市形象和地位,有着难以估量的积极影响和正面意义。以城市智能交通安防系统集成平台为核心的公安交警指挥中心系统建设,将全面实现交通管理从简单静态管理到智能动态管理的转变,完成先进的城市交通智能管控和 122 交通警情快速处置,并推动交通静态及动态信息在最大范围内、最大限度地被出行者、司机、交通管理者、交通研究人员及其他政府机构共享和利用。智能交通安防系统集成界面如图 5-84 所示,智能交通安防系统集成平台架构如图 5-85 所示。

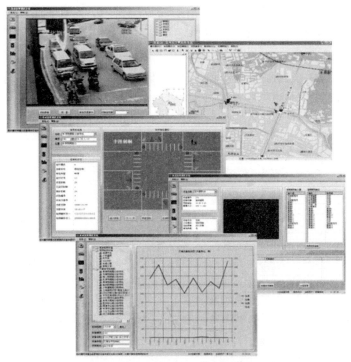

图 5-84 智能交通系统安防集成界面

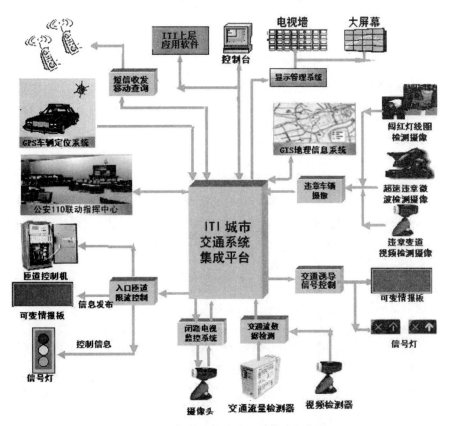

图 5-85 智能交通安防系统集成架构图

城市智能交通安防系统集成平台从技术层面灵活接入并无缝集成信号控制、交通诱导、道路监控、电子警察、交通流检测等各项城市智能交通设备、设施,以 GIS 电子地图为基础,可视化的集中监控、调度和管理各种交通资源,并可在不影响各自业务子系统独立运行的前提下,充分实现交通业务系统的信息交换和互联、互控,实现交警指挥中心的智能化、预案化和一体化运作,全面满足交警指挥中心城市交通智能化管控的业务需求。其优势如图5-86所示。

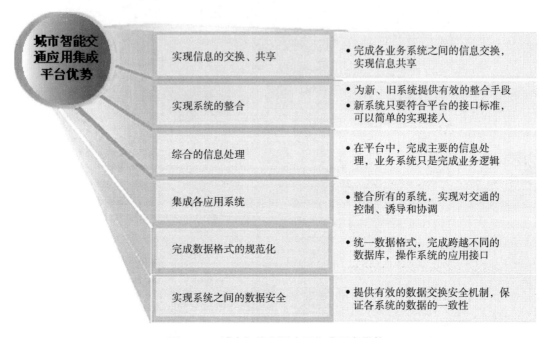

图 5-86　城市智能交通应用集成平台优势

交通安防系统集成平台,从业务层面对外呈现为三个平台的职能定位,即交通应急指挥调度平台、智能交通综合控制平台和智能交通共用信息平台。

（1）交通应急指挥调度平台

针对突发交通事件的接警和出、处警指挥。交通警情的快速发现、实时处理,需要一套完整的事件处理模式和适合的信息应用系统来实现管理,包括实现与"110"指挥系统的对接、接收"110"指挥中心转发的事件处理要求,并向其反馈处理情况。完成交通接处警流程的同时,还要一并完成配套的交通管制、排堵、社会联动请求等工作。另外,针对重大保卫 / 警卫活动的交通管控配合也是交通应急指挥调度的一大任务。

（2）智能交通综合控制平台

整合在建和已有的交通信号控制系统、交通信息采集系统、交通诱导系统、交通视频监控系统等交通管控资源,通过对多种交通管控信息系统进行功能集成化、互联互控,将复杂的系统控制操作进行可视化、一体化,加上交通管控方案的应用与不断优化,使得交通指挥中心可以更方便地了解实时交通信息,更便捷地调动管控资源,进而更快速地、更主动地应对突发事件、计划性事件,从解决交通管理者实际需求的角度为道路交通"安全、畅通"的目标服务。

（3）智能交通共用信息平台

ITI 集成平台不是孤立的、静止的"信息孤岛",它通过对交通信息采集、处理、发布的全流程处理,充分实现内部各系统之间的信息交互和内部系统与外部各关联业务单位之间的信息共享。一方面,通过互联网、可变情报板、交通电台等手段,在最合适的时间为交通出行者提供及时的交通信息,在出行前、出行中最大限度地方便市民;另一方面,从交通管控的角度出发连接公安与非公安的协作单位及部门,为这些单位的交通信息互通、业务互联提供技术平台,使得交通指挥中心、"110"及其他单位可以更方便、实时地沟通协作交通信息。

5.5　安防系统集成应用案例

该集成平台主要由安防集成平台服务器和安防集成平台客户端两大部分构成。

集成平台服务器:安防集成平台服务器负责接入外部安防集成的相关技术子系统,实现各个子系统之间的信息交换和设备联动,并统一监控各个子系统设备的运行状态。安防集成平台服务器必须是灵活、可配置调整、易扩展的一个技术体系架构,而平台服务器管理工具就是负责对平台服务器的各项系统接入参数和内部运行参数进行在线配置,随需应变,随时根据用户实战反馈调整安防联动处理策略。

平台客户端:安防集成平台客户端是安防集成平台面向安防最终用户的统一管控人机界面,在生动、直观的电子地图上,提供安全防范的统一视图,集中监控各个子系统设备的运行状态,并可随时根据需要调用各项设备资源,下达控制指令,实现远程设备配置等,在突发警情发生时,该客户端可产生声光报警(若需要),并会智能化的引导用户确认情况,采取必要的处置行为,而这些快速反应的系统规则可以在线配置调整。

集成联动模式是安防集成平台关联的各个子系统能够独立运行,核心的子系统间业务功能联动由各子系统自行完成。比如,监控系统直接提供其他子系统(门禁系统、报警系统、公共广播系统等)的监控图像调用接口。

5.5.1　安防集成平台需求分析

1. 信息统一发布和管理

安防集成平台是一个开放的集成平台,实现安防各技术系统间联动命令和控制信息的统一发布和管理,平台可以联动的子系统包括闭路电视监控系统、门禁系统、防范报警系统、广播系统等。同时,若有时钟同步系统,可通过 NTP 协议与主时钟系统保持时钟同步,确保安防集成平台的若干业务应用、运行在同一时钟基准之上。

2. 信息交换与联动控制

系统集中平台采用开放式架构和先进的系统集成技术,对所集成的各个子系统进行数据采集、联动处理和综合监视管理,是整个安防的核心和集成平台。系统实现与各子系统集成,完成各系统之间的信息交换及联动控制。

3. 开放式、松耦合接口模式

系统集中平台与各子系统的接口应采用开放的标准协议,实现开放式、松耦合接口模式。各子系统为不同厂商产品,具有较大差异性和封闭性,因此,非跨子系统的业务逻辑在各子系统内实现,只有跨子系统的业务逻辑才在系统集中平台上实现,在各独立的子系统基础上集成,充分发挥子系统现有功能,也发挥集成的优势。

4. 灵活的用户管理和系统设置

系统集中平台提供灵活的用户权限和级别,可对系统功能、参数设置、预案规则进行配置,可根据现场状况随时随地调整系统防御级别。此外,还可对系统数据进行集中管理、检索、查询、统计、分析。

5. 电子地图功能

当有紧急事件发生时,按照预案规则,进行联动处理。根据相应设置及提示,引导操作人员的决定并记录所有工作过程;可通过电子地图显示各类子系统设备的运行状态、报警和故障情况,自动记录各类事件,可在电子地图上直接处理发生的各类事件。

6. 安全可靠的平台设计

安防集成平台关联的各个子系统能够独立运行,核心的子系统间业务功能联动由各子系统自行完成,既符合风险分散的原则,也保证联动的快速完成。比如,监控系统提供软件开发包(SDK),除了提供给安防集成平台客户端开发视频集成应用外,还直接供其他子系统(门禁系统、防范报警系统等)调用监控图像。

7. 设备运行维护

通过系统集中平台提供各类设备的分类、分组管理,并可在地图上标定设备点位,设定设备不同状态的显示图例,定义设备的初始化属性。除了实现设备配置管理,还能进行设备运行状态管理、设备运行维护管理。

5.5.2　安防集成平台结构设计

1. 平台总体设计

安防集成平台服务器负责接入外部安防集成的相关技术子系统,实现各个子系统之间的信息交换和设备联动,并统一监控各个子系统设备的运行状态。

由于安防集成涉及的系统类型较多,联动需求也不尽相同,安防集成平台服务器必须是灵活、可配置调整、易扩展的一个技术体系架构,而平台服务器管理工具就是负责对平台服务器的各项系统接入参数和内部运行参数进行在线配置,随需应变,随时根据用户实战反馈调整安防联动处理策略。

安防集成平台客户端是安防集成平台面向安防最终用户的统一管控人机界面,在生动、直观的电子地图上,提供安全防范的统一视图,集中监控各个子系统设备的运行状态,并可随时根据需要调用各项设备资源、下达控制指令、实现远程设备配置等,并会智能化的引导用户确认警情,采取必要的处置行为,而这些快速反应的系统规则可以在线配置调整。

安防集成平台关联的各个子系统能够独立运行,核心的子系统间业务功能联动由各子系统自行完成。比如,监控系统直接提供其他子系统(门禁系统、防范报警系统等)的监控图像调用接口。

2. 平台层次结构

如图 5–87 所示,从大的层面,安防集成平台分三个层次实现安防系统集成,最底层是安防系统集成的数据资源层,中间是安防系统集成的中间应用层,最上端是系统集成的用户业务层。

数据资源层的各个安防子系统独立运行,自行实现内部业务流程,和中间应用层的安防

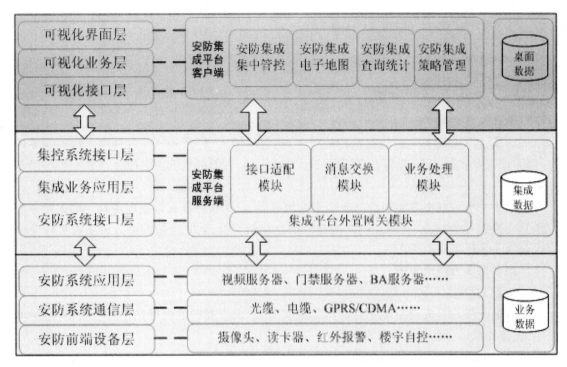

图 5-87　安防系统集成层次结构图

集成平台服务器仅有数据交互而无功能耦合,中间层运行良好与否不会影响该层安防子系统的正常工作。

中间应用层的安防集成平台服务器,通过配套管理工具的初始化和在线配置,可以准确地响应用户的跨系统安防集成需求,实现各安防子系统的消息交换和设备联动,并向上提供安防人机界面所需的设备运行状态通知和设备管理控制的各项功能接口。

用户业务层是安防集成平台的最终用户 GUI,安防集成平台客户端不同于安防集成平台服务端的配套管理工具,它不具备接口参数、运行参数等细节配置功能,但是它具有更强的业务性,可以统一监视、控制和管理所有可视、可控的安防设备,并可快速可视化定义跨系统的信息交换或设备联动规则。

3. 平台集成技术

安防集成平台在集成技术方面主要从以下几个方面考虑:

首先,系统技术的集成。现代安防不但采用了各种常见的声、光、电技术进行安全防范,比如门禁、报警、数字视频监控,还采用了以 IP 网络连接架构,进一步引进了各种先进的技术,并将这些技术进行整合,形成大范围、多方位的安全防范系统。

其次,开放式的概念。安防集成平台提供统一的接口服务层,具备一系列满足商业标准的应用接口,以便产品能够进行互换和互连,使安防集成平台可以随需而变。

最后,平台的概念。安防集成工作需要集成大量的 IT 技术和相关系统、设备,这些技术自身相当难以把握和使用。因此,操作者考虑在一个框架的基础上快速构建并丰富各种应用系统。为此,我们提供可灵活配置功能模块的安防集成应用服务器框架来支撑各种信息集成的处理、交换和发布 / 控制要求。

开放式的安防集成平台实际是一个承载典型的安防技术组件的平台,能够根据用户的需求进行扩展的开发基础或框架,系统开发者可以更专注与满足客户的需求而把这些通用的底层技术交由集成平台去实现,系统集成平台本身遵循开放式的原则,可以被不断完善和发展。

5.5.3 安防集成服务器

1.集成服务器概述

安防集成平台需要一套后台运行的服务器,统一接入、管理和分发各种跨系统的业务信息、触发请求和控制指令,在保证各安防子系统独立运行的同时,实现各子系统协同工作的集中管理。

集成服务器可根据需要划分部署为网关服务器、应用服务器和数据服务器。集成服务器以消息交换模块为核心,实现总线式的高效消息路由交换、实时消息的在线加工处理以及由事件触发的各种联动预案管理。

2.服务器关键技术实现

（1）接口适配

接口适配模块是安防集成平台的内部网关服务,负责简单的内外数据协议转换、过滤和重组,直接加载运行在集成服务器内部。

接口适配模块是安防系统集成的接入层功能组件,负责外部业务系统和集成平台之间的消息交互、数据清洗转换以及必要的分布式业务处理功能,自动将外部系统的异构集成接口转换为统一的接口规范接入内部消息总线(消息交换模块),内部消息总线采用 XML 语言封装消息内容。

接口适配模块向下屏蔽了治安防控技术系统的差异性,某技术系统的接口调整甚至是设备品牌替换仅需更换相应的接入适配即可,不影响、不触动上层架构的可用性和稳定性。

（2）可靠消息交换

安防集成服务器提供的消息交换功能,可使安防集成平台与其他外部子系统进行业务数据、控制指令等信息的可靠传输,从而实现数据互连、联动控制。

安防集成服务器对外部子系统提供标准的 API 接口,无论是本地应用间通讯还是异地应用间通讯,都可调用该服务接口透明实现,消息传递高效、可靠、可管理。标准 API 接口对于子系统和集成服务器提供数据的双向传输,即子系统通过接口进行消息的发送和接受。

（3）业务联动处理

系统互联、互控和在线事务处理是集成服务器最显著的特点,由集成平台的业务处理模块负责完成。为应对不同安防子系统集成的在线事务处理和设备预案联动的需求差异性,业务处理服务基于灵活、可靠、易扩展的理念进行设计。

业务处理模块基于预设的事件——预案关联规则,业务处理引擎接收到即时信息后自动寻址,直接转入相应的业务组件,进行在线数据处理或触发联动预案。根据系统预先设定好的业务流程,业务处理引擎将区分不同的导入信号进行事件——预案的触发驱动,并且循环将该信号所对应的所有联动策略执行完毕。执行过程可根据用户需要加入人工确认环节,提示用户对后续系统操作的结果全面了解,并确认操作是安全可行的。

（4）数据存储管理

采用中央数据库管理系统,对安防系统的集成数据进行集中管理、检索、查询、修改、统计、分析。

中央数据库管理系统具备开放式数据库 ODBC 兼容性,能支持关系数据库管理系统和标准 32 位 ODBC 驱动。ODBC(Open Database Connectivity,开放数据库互连) 是微软公司开放服务结构中有关数据库的一个组成部分,它建立了一组规范,并提供了一组对数据库访问的标准 API 和 SQL 语言的支持,这些 API 利用 SQL 来完成其大部分任务。

中央数据库管理系统以统一的方式处理关系型数据库,类似但不仅限于 Microsoft SQL server 或 Oracle server。安防集成平台系统数据库的管理采用以上两种方式,根据用户的实际需求可选。

5.5.4　安防集成客户端

1. 软件功能构成

系统集成都有各自的价值取向和技术特点,平台客户端软件将借助平台服务器强大的集成整合功能,将各个业务系统放在一个用户界面上予以集中呈现和管控,为用户量身定制强大、稳定、易用、友好的安防集控人机交互功能。

此系统集成闭路电视监控系统、门禁系统、防范报警系统、广播系统,考虑到各个系统之间的差异和共性,安防集成平台客户端软件归纳汇总为监控、报警和地图管理三大部分。另外,为了方便于用户使用和管理,将系统设置以及用户管理模块分开进行。各个模块的概述如下:

（1）监控

在该模块中,提供了电子地图及设备两种定位方式来使用户查看和管理目标设备。对授权用户提供了摄像机实时监控、视频录像的控制功能,在电子地图上显示门禁、防范报警监测点的状态,当发生报警时在地图上动态显示报警区域以及其准确位置。

（2）报警

本模块主要处理报警事件,复位设备以及对报警历史记录的管理。

（3）联动

本模块主要负责定义安防跨系统的设备联动、消息交换的"事件—预案"联动规则。

（4）电子地图

提供用户对电子地图的管理功能,具有分区域电子地图的平移缩放、查询定位和显示控制功能。

（5）系统设置

系统设置包括了诸多系统初始化的工作比如设备管理、设备分组、联动设置、联动管理等。由于该系统以用户组的概念管理,所以也牵涉到权限分配工作。

（6）用户管理

用户管理模块只作用户添加、删除、分组、密码修改等基本功能,逻辑上更加独立,同时避免了系统设置中的复杂性。

2. 监控集成管理

（1）设备选择

系统提供两种方式供用户访问所需要监视并且管理的设备(摄像头、门禁、防范报警点

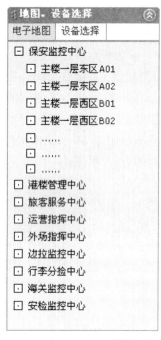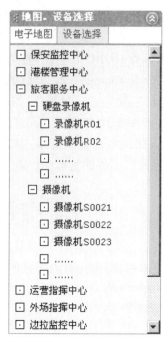

等),分别为电子地图方式和设备(主要是摄像机)方式,均采用标准的树型目录访问方式。

目录访问方式如图 5-88 所示。

(2)视频监控

可以通过图像编号选择方式,以及点击点子地图上的摄像头监控点来进入视频监控的画面。

① 实时监视

在实时监控的过程中,提供了对云台、焦距等的远程控制功能。实时浏览过程中可以指定将图像存储在本地,供录像回放时使用。以下是客户端软件上视频监控的界面设计,如图 5-89 所示。

图 5-88 目录访问

图 5-89 操作界面

视频图像控制功能提供了云台的上下左右转动、焦距调整、镜头旋转、地图切换的功能。树型目录下面提供了设备编号的直接输入,以便于监控人员的快速查找切换。

② 历史回放

闭路电视监控系统已经将所有的图像进行存储,因此在监控集成管理系统中调取视频录像时,只需直接获取指定时间、地点的图像即可调用。回防控制则提供了视频播放时的一系列标准控制按钮(播放、暂停、快进、快退)。

3. 报警集成管理

报警模块的主要功能有报警事件处理、报警复位、历史记录管理、历史记录查询。当有未处理的报警时,报警菜单按钮上会有红色的惊叹号提示,直至处理完所有的报警事务才会消失。报警模块的主界面如图 5-90 所示。

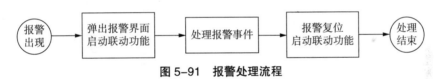

	监 控	报 警	地图管理	系统设置	用户管理				

报警事件列表

报警历史记录

报警设置

报警事件列表

日期时间	区域	设备类别	设备号	报警类别	联动	处理	地图	复位
2003-10-15 12:24:05	主楼二层 东02区	周界报警	F0024	周界	查看	处理	地图	-
2003-10-15 07:26:14	东连接楼二层 西01区	出入口	S0004	无效卡	查看	处理	地图	-
2003-10-15 12:24:52	主楼三层 B区	出入口	S0012	开门时间过长	查看	处理	地图	-
2003-10-15 16:26:14	东连接楼二层 西01区	出入口	S0008	无效卡	查看	-	地图	-
2003-10-15 15:24:52	主楼三层 B1区	周界报警	S0016	开门时间过长	查看	-	地图	复位
2003-10-14 09:12:21	主楼一层 A1区	周界报警	F0213	周界	查看	-	地图	-
2003-10-14 08:42:14	东连接楼一层 西01区	周界报警	F0117	周界	查看	-	地图	-
2003-10-14 10:24:52	主楼三层 B2区	出入口	S0011	无效卡	查看	-	地图	-

图 5-90 报警管理

(1)报警处理流程

整个报警处理流程如图 5-91 所示:

```
报警        弹出报警界面              报警复位        处理
出现    →   启动联动功能  →  处理报警事件  →  启动联动功能  →  结束
```

图 5-91 报警处理流程

流程描述:

当出现报警后,自动弹出报警事件列表的窗口以及第一个报警事件的电子地图,与此同时,后台相关联动功能将被启动(比如摄像头开始捕捉该区域的画面,录像机开始工作等等,根据已设定的联动表进行),系统的主界面将自动显示出现报警地点的视频图像,将显示优先级高的报警的地图或者视频。点击报警事件列表中的报警项目,将会显示该报警设备所在的电子地图。

接到报警后进行相应的处理工作,并且填写相应的处理人、处理结果等项目。此时报警信息仍然在报警列表中。

当确认警报解除后,管理人员需要对相应的报警进行复位操作,复位的同时将记录该条报警的处理情况,同时在后台启动相应的联动功能(比如录像机暂停录像、门禁开启等等,根据联动表的设定进行),复位完毕后,该报警将从弹出得报警列表窗口中删除。

(2)报警处理流程界面设计

① 报警发生

报警信息到达时,系统弹出报警事件提示窗口(按报警的级别高低降序显示,如遇同级别的报警,则按时间排序),同时弹出第一条报警设备的电子地图。报警发生界面如图 5-92 所示。

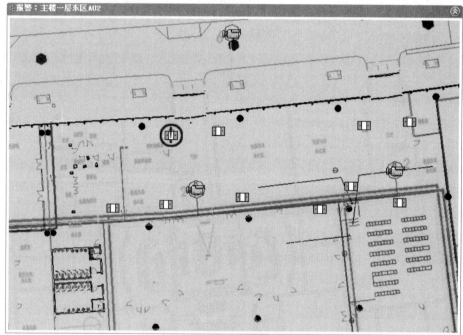

图 5-92　报警发生界面

　　点击报警事件提示窗口中的地图按钮,可以看到相应报警发生地点的电子地图,点击处理按钮则进入报警事件处理的流程。

　　图 5-93 是进入报警模块以后显示的最近 48 小时内的报警事件列表。在这个列表中有 4 种操作,分别是联动查看、处理、地图显示以及复位。联动查看可以显示与该设备相关的联动表。处理就是进入报警处理界面,然后是电子地图的显示以及报警设备的复位处理。在该表

日期时间	区　域	设备类别	设备号	报警类别	联动	处理	地图	复位
2003-10-15 12:24:05	主楼二层 东02区	周界报警	F0024	周界	查看	处理	地图	-
2003-10-15 07:26:14	东连接楼二层 西01区	出入口	S0004	无效卡	查看	处理	地图	-
2003-10-15 12:24:52	主楼三层 B区	出入口	S0012	开门时间过长	查看	处理	地图	-
2003-10-15 16:26:14	东连接楼二层 西01区	出入口	S0008	无效卡	查看	-	地图	-
2003-10-15 15:24:52	主楼三层 B1区	周界报警	S0016	开门时间过长	查看	-	地图	复位
2003-10-14 09:12:21	主楼一层 A1区	周界报警	F0213	周界	查看	-	地图	-
2003-10-14 08:42:14	东连接楼一层 西01区	周界报警	F0117	周界	查看	-	地图	-
2003-10-14 10:24:52	主楼三层 B2区	出入口	S0011	无效卡	查看	-	地图	-

图 5-93　报警事件列表

格中采用了3种底色的状态显示,白色表示尚未进行处理的报警事件,黄色表示已处理但是需要对设备进行复位,灰色表示已经处理并且复位完毕的事件。

②报警处理

选取相应报警信息,"处理"后,界面显示如下图5-94所示。

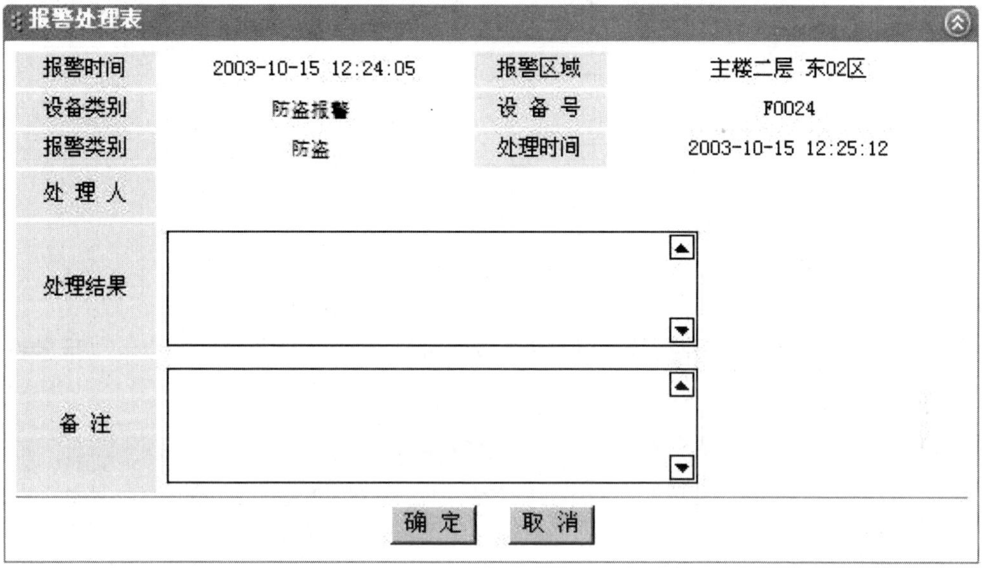

图5-94 报警事件处理框

处理人根据用户登陆的信息自动生成,其他内容填妥并确认后,该条报警处理情况就被记录入库。如果该设备还需要复位处理,就会在先前的报警事件列表中增加一条需要进行复位的记录。

③报警复位

报警复位操作较为简单,当用户进行"复位"的操作时,系统将弹出一个确认对话框,提示用户进行最终的确认,用户决定后就可以完成复位操作。

④报警历史记录

报警历史记录管理的主界面是历史记录列表,如图5-95所示。

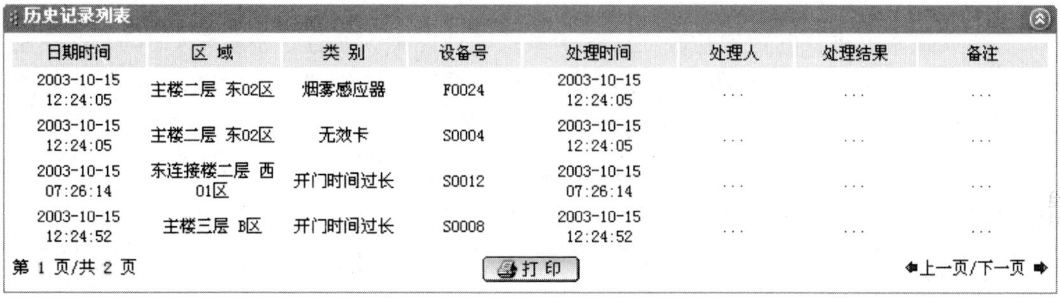

图5-95 报警历史记录

用户可以对报警事件进行查询,查询界面如下图5-96所示。

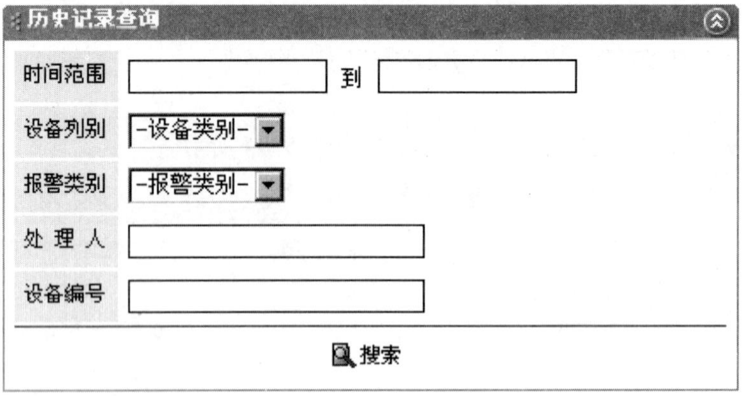

图 5-96　报警查询界面

⑤ 报警设置

报警设置功能是设置各种报警参数,包括报警级别已经相关联的报警声音。报警设置界面如图 5-97 所示。

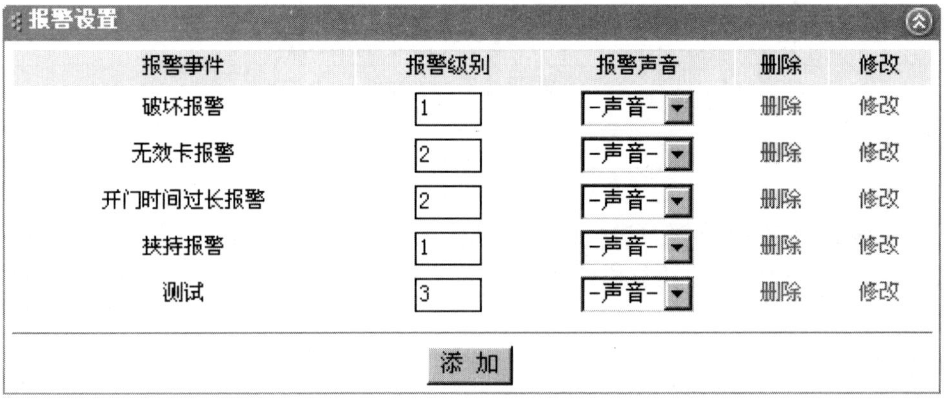

图 5-97　报警设置界面

此功能对授权的用户开放。

4. 联动控制管理

(1)可管理联动功能

安防集成系统平台的主要功能之一是子系统联动控制。通过子系统联动控制,将各独立子系统集成为有机整体,充分发挥出整体优势,提升系统整体的性能或功能,提高技术防范工作的自动化程度和处理效率,从而体现系统集成价值。

在安防集成系统的调度下,视频监控、门禁、广播、防范报警实现跨系统联动:

• 门禁系统与监控系统的联动

• 防范报警系统与门禁系统的联动

• 防范报警系统与监控系统的联动

• 监控系统与广播系统的联动

将各子系统能够完成的联动由各子系统自行完成,既符合风险分散的原则,也保证联动的快速完成。

（2）联动策略管理

安防集成平台从"事件—预案"关联机制入手,为安防各个业务系统之间的互联、互控提供"联动策略"编辑、下载和执行功能。运用可视化的预案编辑界面,辅助用户对于设备联动控制的全面管理,用户可以根据需要制定组合联动策略,根据需要在不同的业务应用场合启用不同的联动预案。

联动策略设置是当设备发生报警或其他异常情况时,需要控制其他相关的设备到指定的状态,以供操作员进行查看和处理。比如,当某个门禁点发生"强行开门"时,为了监控和处理需要,我们需要将该门附近的摄像头转到监视器上,并且相关的录像机进行录像,这样对这个门的这个事件就需要增加两个联动操作。

进入联动设置页面,操作者将会看到已经设置完成的联动列表,报警联动控制界面如图5-98所示。

联动表显示　联动表设置

源设备名称	源设备编号	状态值	联动设备	联动设备编号	联动监控点	监控中心	预置位	联动描述
门禁Door:A-01-01	Door:A-01-01	强行开门	cctv-t1-01-3/行李机房	6018	报警显示器	保安监控中心	-1	
门禁Door:A-01-01	Door:A-01-01	强行开门	cctv-t1-01-3/行李机房	6018	报警录象机	保安监控中心	-1	
门禁Door:A-01-02	Door:A-01-02	强行开门	cctv-t1-01-1/行李机房	6016	报警显示器	保安监控中心	-1	
门禁Door:A-01-02	Door:A-01-02	强行开门	cctv-t1-01-1/行李机房	6016	报警显示器	保安监控中心	-1	
门禁Door:A-01-03	Door:A-01-03	强行开门	cctv-t1-01-5/行李机房	6014	报警显示器	保安监控中心	-1	
门禁Door:A-01-03	Door:A-01-03	强行开门	cctv-t1-01-5/行李机房	6014	报警录象机	保安监控中心	-1	
门禁Door:A-01-04	Door:A-01-04	强行开门	cctv-t1-01-4/行李机房	6013	报警显示器	保安监控中心	-1	
门禁Door:A-1-08	Door:A-1-08	强行开门	A71	1154	报警显示器	保安监控中心	-1	
门禁Door:A-1-08	Door:A-1-08	强行开门	A71	1154	报警录象机	保安监控中心	-1	
门禁Door:A-2-03	Door:A-2-03	强行开门	cctv-t1-2-1/t1-c1	1036	报警显示器	保安监控中心	-1	

第1/2页,转到 1 页　　　　　　　　　　　　　　　　　　下一

图5-98　报警联动控制界面

如果需要对联动设置进行管理,可以点击上面的"联动表设置",界面如下图5-99所示。

联动表显示　**联动表设置**

设备源编号：　　　　　　　　　　　　　　　　　　　　　🔍搜索

源设备	源设备编号	监控点	状态值	修改	删除
门禁Door:A-1-08	Door:A-1-08	Door	强行开门	修改	删除
门禁Lift Door:A-1-12	Lift Door:A-1-12	Door	强行开门	修改	删除
门禁Door:A-2-03	Door:A-2-03	Door	强行开门	修改	删除
门禁Door:A-2-05	Door:A-2-05	Door	强行开门	修改	删除
门禁Lift Door:A-3-25	Lift Door:A-3-25	Door	强行开门	修改	删除
门禁Door:A-01-01	Door:A-01-01	Door	强行开门	修改	删除
门禁Door:A-01-02	Door:A-01-02	Door	强行开门	修改	删除
门禁Door:A-01-03	Door:A-01-03	Door	强行开门	修改	删除
门禁Door:A-01-04	Door:A-01-04	Door	强行开门	修改	删除

第1/1页,转到 1 页

➕添加

图5-99　报警联动控制表设置

在该操作界面里,操作者可以进行搜索、增加、修改、删除联动设置记录的处理。

搜索:在界面里操作者可以看到"设备源编号"旁有一个文本输入框,这样只要输入想要查看的设备源的完整编号,并点击旁边的搜索按钮,即可查到联动设置信息。

增加:点击操作界面下面的"添加"按钮,系统会跳出对话框,见下图 5-100 所示。

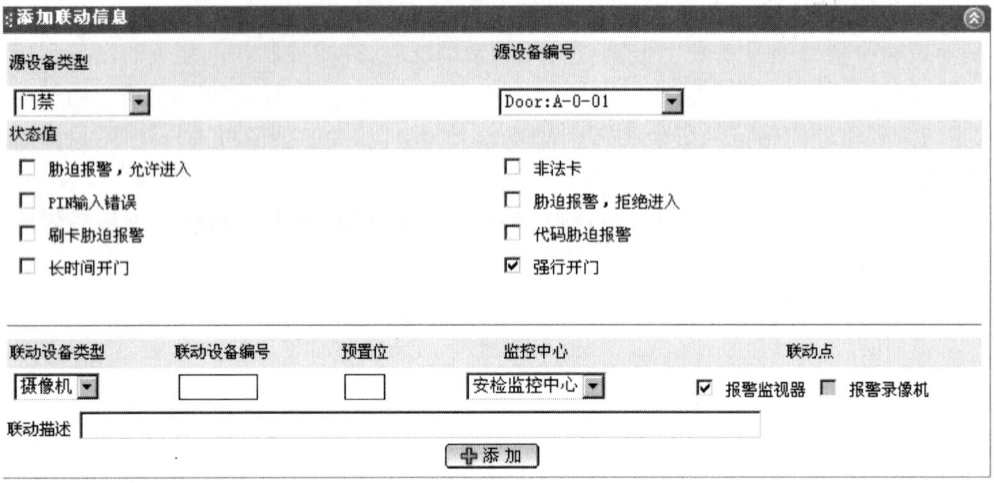

图 5-100　报警联动增加设置

在该对话框中,操作者可以添加新的源设备的联动设置,操作方法是先选定源设备的编号和相关状态值,然后设置联动设备的编号、联动点、控制中心、预置位、联动描述,上面两个设置都设好以后,点击"添加"按钮即可。

如果对应源设备有两个或两个以上的联动设备,只要按步骤依次添加。

修改:在联动表设置的界面中,在要修改的源设备一排记录信息点击"修改"按钮,系统会跳出修改对话框,如图 5-101 所示。

图 5-101　报警联动修改设置

在该对话框中,操作者可以对已有的源设备进行增加、修改、删除对应的联动设备操作,视实际需要进行处理相关操作。

删除:联动表设置界面中,在要删除的源设备一排记录信息右侧点击"删除"按钮即可。

5. 电子地图

（1）基本显示操作

由于需要监视的场所不是连续成片的,需要区分不同的楼宇;同时,楼宇内也不是单一平面,需要区分不同的楼层;而用户在访问一个楼层的地图细节时,又不希望逐幅调阅被切割成块的子地图(操作繁琐、方位感差、边界效应)。所以,本安防集成平台电子地图一方面提供地图索引列表,可根据需要调阅不同区域、不同楼层的电子地图;另一方面,在楼层地图上采用切片 GIS 技术,支持同一幅面下不同比例尺的地图缩放和平移调看,兼顾全局和局部的调看需求。

本地图除了灵活的地图显示操作之外,还可动态加载各类设备信息点和报警信息点,对报警目标和选定目标进行着色或闪烁标志,并可直接在地图上选择设备和报警进行业务操作。

（2）监控报警操作

提供监控、报警、联动的地图导向,通过电子地图显示各类报警系统及安防子系统设备的运行状态、报警和故障情况,自动记录各类事件,可在电子地图上直接处理发生的各类事件,如消除报警、开门等。

通过电子地图和视频图像显示出入控制设备的各出入口情况,并对发生的各种情况进行处理。

6. 系统设置

系统设置提供了各种功能的参数配置。系统设置中包括设备管理、设备分组、联动管理以及权限分配 4 个功能。下面是系统设置模块的主界面,如图 5-102 所示。

图 5-102　系统设置界面

（1）设备管理

设备管理中,修改的是设备的静态信息。

设备管理的主界面,如图 5-103 所示。

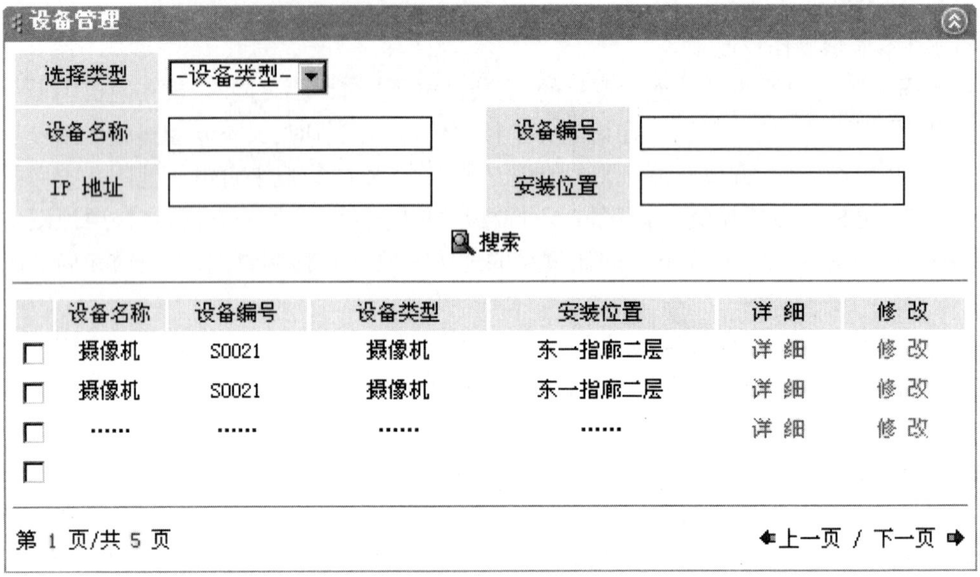

图 5-103　设备管理界面

管理界面的上半部分是一个过滤器,允许用户缩小显示设备的范围,提高管理效率,搜寻的结果将在下面的列表中列出。

用户点击"修改"后,出现设备信息对话框供用户修改相关项目的信息。设计界面如图 5-104 所示。

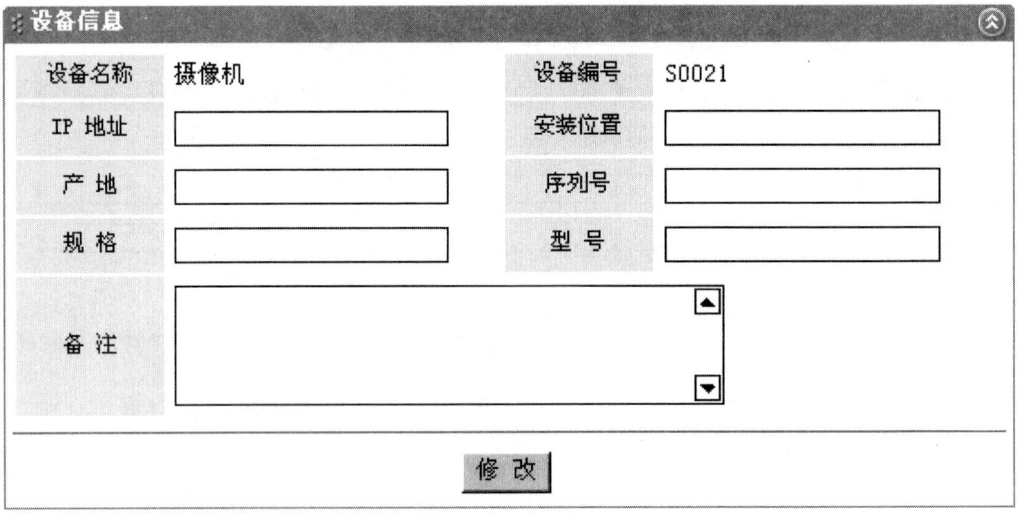

图 5-104　设备信息修改界面

用户按"修改"按钮后保存修改后的记录。

（2）设备分组

这里主要是针对视频进行用户自定义分组操作。其基本功能是允许用户建立自定义的组，然后在这个组中添加设备，并且可以对这些组进行管理。提供添加、删除的操作以及组中添加、删除设备的功能。

组操作的界面如图 5-105 所示。

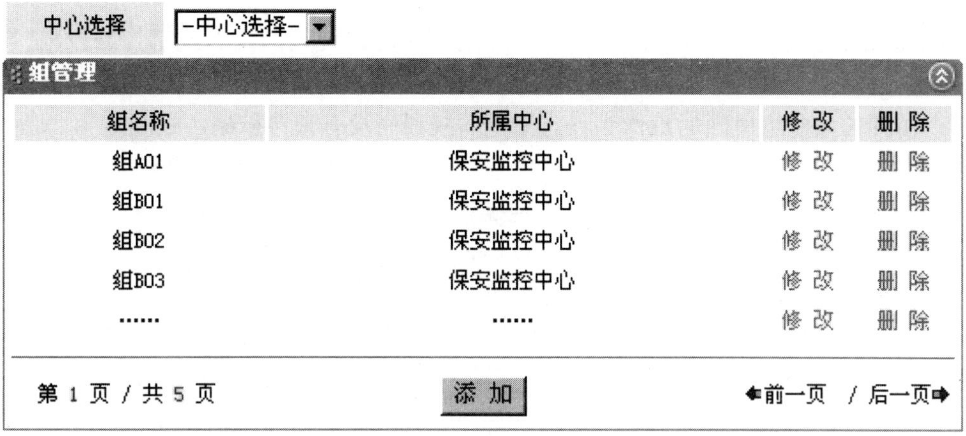

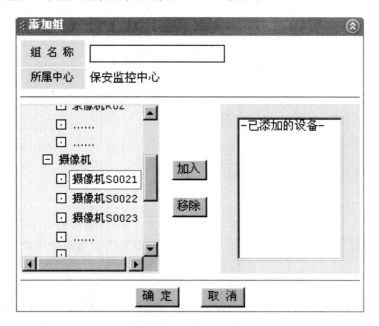

图 5-105 设备分组界面

系统设计规定只能在中心下面建立组，所以用户必须选好监控中心后再对组进行操作。按"添加"按钮增加一个新的组，设计界面如图 5-106 所示。

图 5-106 设备建立组界面

添加组时需要输入组的名称，然后为该组选择设备（从树型目录中选取），按"加入"按钮加入到右边的列表，确定后保存设置。

当用户需要修改组的内容时,将出现类似的设备选择界面供用户修改组中的设备列表。

(3)权限分配

该功能使得拥有权限的用户(比如系统管理员)设置其他用户的使用权限,从而达到不同的用户使用不同功能的目的。在系统权限控制中,系统采取了"用户组"的管理概念(也就是所谓的角色),使得具有相同访问范围的用户被统一管理,从而减少了系统的复杂度,提高运行效率。

视频监控部分的权限设置的管理思想是:用户先确定视频的查看或者控制权限,再决定分组的访问权限。比如用户只选了视频显示,然后再勾选中心里面的各个组,这就意味着该角色对可以访问的这些组里面的摄像头只有浏览的权利而没有云台控制的权利。

7. 用户设置

用户添加:添加用户,设置密码并且设定操作权限。界面如图 5-107 所示。

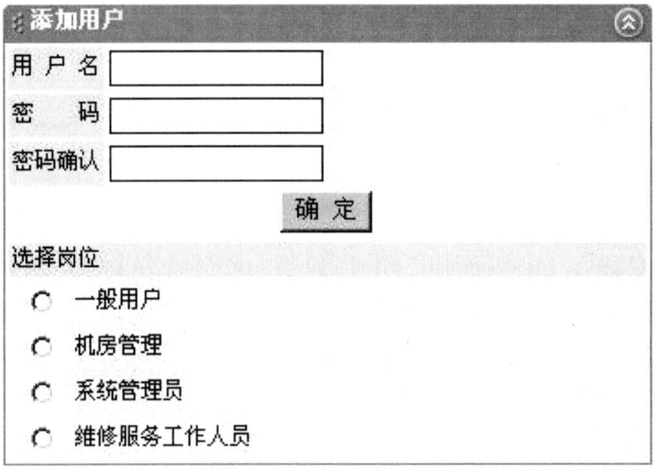

图 5-107　用户添加界面

密码修改:允许用户更改自己的密码。

用户删除:删除用户的功能。

5.5.5　安防集成平台接口说明

1. 与门禁系统接口

安防集成平台通过以太网与门禁系统服务器建立连接,传输协议为 TCP/IP。平台服务器与门禁系统服务器之间传输的数据主要分为两类:一类为门禁系统产生的事件和报警,另一类为安防集成平台向门禁系统请求的数据。

(1)事件和报警数据

事件和报警数据为门禁系统主动上报的数据,利用门禁系统提供的 API 开发接口可实现接口程序的开发。接口程序为一个标准协议通信程序,服务端运行于门禁服务器上,客户端运行于平台服务器上。平台服务器启动并初始化后自动登录门禁服务器并建立连接。门禁系统产生的所有报警和事件信息都通过该连接发送给平台服务器,这些事件和报警可由平台服务器存储,并触发集成系统内部的事件处置和预案联动。当发生报警时,平台客户端通过平台服

务器可以及时获知警情,弹出报警界面,并驱动图标进行闪烁显示。门禁系统接口如图 5–108
所示。

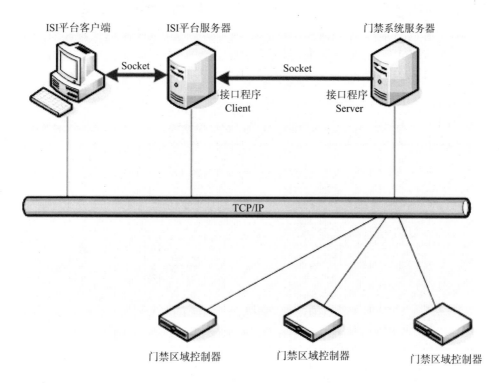

图 5–108　门禁系统接口示意图

门禁事件和报警信息至少包括如下信息:事件 / 报警 ID、设备编号、设备名称、描述、类别、
级别、确认 / 复位标志、起始时间、结束时间、确认时间、复位时间等。

（2）集成系统向门禁系统请求的数据

安防集成平台也可以主动请求门禁系统中的大量配置信息和实时状态信息,这些信息对
于集成系统来说是非常必要的,安防集成平台通过开放的通用数据库接口实现对门禁系统的
访问。门禁系统可开放主要的数据表结构和访问控制方法,在数据层面实现安防集成平台与
门禁系统的无缝集成,能够在集成软件上实现部分门禁系统软件的功能。集成平台向门禁系
统请求数据,如图 5–109 所示。

安防集成平台通过通用数据库接口,直接对门禁系统 IO 状态表进行读写,可实现在集成
平台上对门锁的开关控制和报警复位;通过读取历史事件表,可以在集成软件中实现报表统
计、区域人员统计等功能。

2. 与监控系统接口

通过视频服务器软件所提供的 SDK,安防集成平台可以方便集成视频监控系统,进行统
一的集成化的监控管理。同时,数字视频监控系统也可独立运行。集成平台与监控系统接口,
如图 5–110 所示。

安防集成平台通过以太网与视频系统服务器建立连接,传输协议为 TCP/IP。安防集成平
台与数字视频系统之间传输的数据有两种类型:一类是控制数据,另一类是数字视频流。

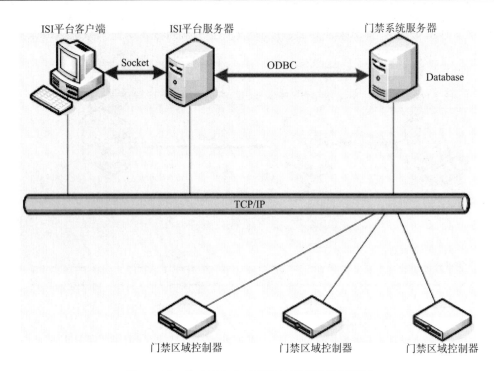

图 5-109　集成平台向门禁系统请求数据示意图

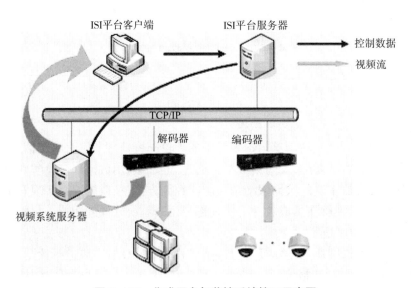

图 5-110　集成平台与监控系统接口示意图

（1）控制数据

安防集成平台服务器启动并初始化后，将自动登录到视频系统应用服务器，并作为视频系统的一个客户端，完成用户登录等操作。安防集成平台客户端需要访问并调用视频资源时，首先需要登录安防集成平台服务器，并经过服务器进行用户认证。集成客户端的所有对数字视频系统的访问请求都通过网络发送给平台服务器,经服务器进行权限和优先级判断和过滤。当用户的权限和优先级满足事先设定的策略时,该请求被转发给视频服务器,通过视频服务器调度相关的视频资源,如将指定摄像机的视频流解码输出到监视器、调用指定的摄像机预置位、实现摄像机的云台和镜头操作,以及调用指定时间和地点的视频录像等。

根据用户的实际应用需要,可实现通过集成系统的操作终端对数字视频监控系统实现全功能的操作、控制,而对数字视频监控系统的系统配置和管理在该系统内部完成。

（2）数字视频流

安防集成平台客户端工作站也可以显示数字视频系统的数字视频信号。数字视频系统提供的 SDK 开发包封装了网络传输、视频解码等所有底层操作,能够直接嵌入到安防工作站的平台客户端软件中,提供与视频系统软件一致的操作界面。如多画面音视频监视、摄像机控制、视频录像控制等。

在安防平台的客户端软件中,操作员可完成对摄像机的全部 PTZ 操作(包括俯仰、旋转、镜头变焦),可以实现多画面显示、录像、画面回放等各类操作。

安防集成平台服务器还可以通过视频监控系统厂商提供的 SDK 获取视频系统本身和图像分析报警功能产生的事件和报警,并与安防集成平台内部的事件——预案触发机制进行关联。当视频系统产生报警时,如黑帧检测报警、过饱和度检测、镜头遮挡检测、模糊报警等,安防平台客户端软件可以弹出相应的报警画面,并以闪烁图标进行显示。

3. 与防范报警系统接口

（1）与防范报警系统数据流

所有报警设备连接在所在报警主机上,平台服务器与报警主机通过安防网络连接,接收实时报警信息。

（2）报警联动

可以在集成平台上实现防范报警联动的要求,设定需要联动的摄像机、门禁以及报警时的行动预案,包括视频切换显示顺序、控制权限的调整、录像动作、门禁控制等。

（3）系统接口配置

本系统与报警主机连接通讯,采用标准、开放的 API 接口之交换数据。

4. 与广播系统的接口

（1）系统数据流

该广播系统建议为数字网络广播系统,广播服务器、广播对讲站、功率放大器均连接在安防网络上,平台服务器与广播服务器通过安防网络连接,广播服务器可随时接收平台信号。

（2）联动

可由平台控制通话开关,或通话时自动切换监控画面。

（3）系统接口配置

广播系统需提供 SDK 开发包。

5.6　中国安防技术标准及规范

5.6.1　全国安全防范报警系统标准化技术委员会（SAC/TC100）现行标准

1. 基础通用标准

（共 3 项，其中国家标准 0 项、公安行业标准 3 项）

序号	标准编号	名称
1	GA/T 405-2002	安全技术防范产品分类与代码
2	GA/T 550-2005	安全技术防范管理信息代码
3	GA/T 551-2005	安全技术防范管理信息基本数据结构
4	GA/T 405-2002	安全技术防范产品分类与代码

2. 入侵／抢劫报警系统

（共 31 项，其中国家标准 21 项、公安行业标准 10 项）

序号	标准编号	名　称
1	GB 15407-1994	遮挡式微波入侵探测器技术要求和试验方法
2	GB/T 15408-1994	报警系统电源装置、测试方法和性能规范
3	GB/T 15211-1994	报警系统环境试验
4	GB/T 16677-1996	报警图像信号有线传输装置
5	GB 10408.1-2000	入侵探测器 第 1 部分：通用要求
6	GB 10408.2-2000	入侵探测器 第 2 部分：室内用超声波多普勒探测器
7	GB 10408.3-2000	入侵探测器 第 3 部分：室内用微波多普勒探测器
8	GB 10408.4-2000	入侵探测器 第 4 部分：主动红外入侵探测器
9	GB 10408.5-2000	入侵探测器 第 5 部分：室内用被动红外探测器
10	GB 10408.9-2001	入侵探测器 第 9 部分：室内用被动式玻璃破碎探测器
11	GB 12663-2001	防盗报警控制器通用技术条件
12	GB 15209-2006	磁开关入侵探测器
13	GB 20816-2006	车辆防盗报警系统乘用车
14	GB/T10408.8-2008	振动入侵探测器
15	GB 10408.6-2009	微波和被动红外复合入侵探测器
16	GB/T 21564.1-2008	报警传输系统串行数据接口的信息格式和协议 第 1 部分：总则
17	GB/T 21564.2-2008	报警传输系统串行数据接口的信息格式和协议 第 2 部分：公用应用层协议
18	GB/T 21564.3-2008	报警传输系统串行数据接口的信息格式和协议 第 3 部分：公用数据链路层协议
19	GB/T 21564.4-2008	报警传输系统串行数据接口的信息格式和协议 第 4 部分：公用传输层协议
20	GB/T 21564.5-2008	报警传输系统串行数据接口的信息格式和协议 第 5 部分：数据接口

21	GB 16796-2009	安全防范报警设备 安全要求和试验方法
22	GA 2-1999	车辆防盗报警系统 小客车
23	GA 366-2001	车辆防盗报警器材安装规范
24	GA/T 368-2001	入侵报警系统技术要求
25	GA/T 440-2003	车辆反劫防盗联网报警系统中车载防盗报警设备与车载无线通信终接设备之间的接口
26	GA/T 553-2005	车辆反劫防盗联网报警系统通用技术要求
27	GA/T600.1-2006	报警传输系统的要求 第1部分：系统的一般要求
28	GA/T600.2-2006	报警传输系统的要求 第2部分：设备的一般要求
29	GA/T600.3-2006	报警传输系统的要求 第3部分：利用专用报警传输通路的报警传输系统
30	GA/T600.4-2006	报警传输系统的要求 第4部分：利用公共电话交换网络的数字通信机系统的要求
31	GA/T600.5-2006	报警传输系统的要求 第5部分：利用公共电话交换网络的话音通信机系统的要求

3. 视频安防监控系统

（共21项，其中国家标准2项、公安行业标准19项）

序号	标准编号	名称
1	GB 15207-1994	视频入侵报警器
2	GB 20815-2006	视频安防监控数字录像设备
3	GA/T 45-1993	警用摄像机与镜头连接
4	GA/T 367-2001	视频安防监控系统技术要求
5	GA/T645-2006	视频安防监控系统 变速球型摄像机
6	GA/T646-2006	视频安防监控系统 矩阵切换设备通用技术要求
7	GA/T647-2006	视频安防监控系统 前端设备控制协议 V1.0
8	GA/T 669.1-2008	城市监控报警联网系统技术标准 第1部分：通用技术要求（代替 GA/T 669-2006）
9	GA/T 669.2-2008	城市监控报警联网系统 技术标准 第2部分：安全技术要求
10	GA/T 669.3-2008	城市监控报警联网系统 技术标准 第3部分：前端信息采集技术要求
11	GA/T 669.4-2008	城市监控报警联网系统 技术标准 第4部分：视音频编、解码技术要求
12	GA/T 669.5-2008	城市监控报警联网系统 技术标准 第5部分：信息传输、交换、控制技术要求
13	GA/T 669.6-2008	城市监控报警联网系统 技术标准 第6部分：视音频显示、存储、播放技术要求
14	GA/T 669.7-2008	城市监控报警联网系统 技术标准 第7部分：管理平台技术要求
15	GA/T 669.9-2008	城市监控报警联网系统 技术标准 第9部分：卡口信息识别、比对、监测系统技术要求
16	GA/T 792.1-2008	城市监控报警联网系统 管理标准 第1部分：图像信息采集、接入、使用管理要求
17	GA 793.1-2008	城市监控报警联网系统 合格评定 第1部分：系统功能性能检验规范
18	GA 793.2-2008	城市监控报警联网系统 合格评定 第2部分：管理平台软件测试规范
19	GA 793.3-2008	城市监控报警联网系统 合格评定 第3部分：系统验收规范
20	GA/T 669.8-2009	城市监控报警联网系统 技术标准 第8部分：传输网络技术要求
21	GA/T 669.10-2009	城市监控报警联网系统 技术标准 第10部分：无线视音频监控系统技术要求

4. 出入口控制系统

（共 8 项，其中国家标准 0 项、公安行业标准 8 项）

序号	标准编号	名　称
1	GA 374-2001	电子防盗锁
2	GA/T 269-2001	黑白可视对讲系统
3	GA/T 394-2002	出入口控制系统技术要求
4	GA/T 72-2005	楼宇对讲系统及电控防盗门通用技术条件
5	GA/T644-2006	电子巡查系统技术要求
6	GA 701-2007	指纹防盗锁通用技术条件
7	GA/T678-2007	联网型可视对讲系统技术要求
8	GA/T 761-2008	停车场（库）安全管理系统技术要求

5. 防爆与安全检查系统

（共 10 项，其中国家标准 6 项、公安行业标准 4 项）

序号	标准编号	名　称
1	GB 12664-2003	便携式 X 射线安全检查设备通用规范
2	GB 12899-2003	手持式金属探测器通用技术规范
3	GB 15210-2003	通过式金属探测门通用技术规范
4	GB 15208.1-2005	微剂量 X 射线安全检查设备　第 1 部分：通用技术要求
5	GB 15208.2-2006	微剂量 X 射线安全检查设备　第 2 部分：测试体
6	GB 12662-2008	爆炸物解体器
7	GA 60-1993	便携式炸药检测箱技术条件
8	GA/T 71-1994	机械钟控定时引爆装置探测器
9	GA/T 142-1996	排爆机器人通用技术条件
10	GA/T 841-2009	基于离子迁移谱技术的痕量毒品／炸药探测仪通用技术要求

6. 安防工程与系统应用

（共 21 项，其中国家标准 7 项、公安行业标准 14 项）

序号	标准编号	名　称
1	GB/T 16571-1996	文物系统博物馆安全防范工程设计规范
2	GB/T 16676-1996	银行营业场所安全防范工程设计规范
3	GB 50348-2004	安全防范工程技术规范
4	GB 50394-2007	入侵报警系统工程设计规范
5	GB 50395-2007	视频安防监控系统工程设计规范
6	GB 50396-2007	出入口控制系统工程设计规范
7	GB/T 21741-2008	住宅小区安全防范系统通用技术要求
8	GA 26-1992	军工产品储存库风险等级和安全防护级别的规定

9	GA 28-1992	货币印制企业风险等级和安全防护级别的规定
10	GA/T 75-1994	安全防范工程程序与要求
11	GA/T 74-2000	安全防范系统通用图形符号
12	GA 308-2001	安全防范系统验收规则
13	GA 27-2002	文物系统博物馆风险等级和安全防护级别的规定
14	GA 38-2004	银行营业场所风险等级和安全防护级别的规定
15	GA/T 70-2004	安全防范工程费用预算编制办法
16	GA 586-2005	广播电影电视系统重点单位重要部位的风险等级和安全防护级别
17	GA/T670-2006	安全防范系统雷电浪涌防护技术要求
18	GA 745-2008	银行自助设备 自助银行安全防范的规定
19	GA 837-2009	民用爆炸物品储存库治安防范要求
20	GA 838-2009	小型民用爆炸物品储存库安全规则
21	GA/T 848-2009	爆破作业单位民用爆炸物品储存库安全评价导则

7. 实体防护系统

（共 14 项，其中国家标准 2 项、公安行业标准 12 项）

序号	标准编号	名 称
1	GB 10409-2001	防盗保险柜
2	GB 17565-2007	防盗安全门通用技术条件
3	GA/T 3-1991	便携式防盗安全箱
4	GA/T 73-1994	机械防盗锁
5	GA/T 143-1996	金库门通用技术条件
6	GA 164-2005(公安部三局)	专用运钞车防护技术要求
7	GA 165-1997	防弹复合玻璃
8	GA 166-2006	防盗保险箱
9	GA501-2004	银行用保管箱通用技术条件
10	GA518-2004	银行营业场所透明防护屏障安装规范
11	GA 576-2005	防尾随联动互锁安全门通用技术条件
12	GA 667-2006	防爆炸复合玻璃
13	GA 746-2008	提款箱
14	GA 844-2009	防砸复合玻璃通用技术要求

5.6.2 建筑智能化行业相关标准

序号	标准编号	名称
1	GB/T15381-94	会议系统电及音频的性能要求
2	GB/T2887-2011	电子计算机场地通用规范
3	GB/T50311-2007	建筑与建筑群综合布线系统工程设计规范

4	GB/T50312-2007	建筑与建筑群综合布线系统工程验收规范
5	GB/T50314-2006	智能建筑设计标准
6	GB12663-2001	防盗报警控制器通用技术条件
7	GB17565-2007	防盗安全门通用技术条件
8	GB4943—2001	信息技术设备的安全
9	GB50045-1995	高层民用建筑设计防火规范
10	GB50054-1995	低压配电设计规范
11	GB50055-2011	通用用电设备配电设计规范
12	GB50057-2010	建筑物防雷设计规范
13	GB50096-2011	住宅设计规范
14	GB50116-2008	火灾自动报警系统设计规范
15	GB50166-2007	火灾自动报警系统施工及验收规范
16	GB50168-2006	电气装置安装工程电缆线路施工及验收规范
17	GB50174-2008	电子信息系统计算机机房设计规范
18	GB50174-2008	电子计算机机房设计规范
19	GB50194-2002	建筑工程施工现场供用电安全规范
20	GB50198-1994	民用闭路监视电视系统工程技术规范
21	GB50200-1994	有线电视系统工程技术规范
22	GB50231-2009	机械设备安装工程施工及验收通用规范
23	GB50252-2010	工业安装工程施工质量验收统一标准
24	GB50254-GB50257-1996	电气装置安装工程施工及验收规范（合订本）
25	GB50300-2001	建筑工程施工质量验收统一标准
26	GB50303-2002	建筑电气工程施工质量验收规范
27	GB50311-2007	综合布线系统工程设计规范
28	GB50339-2003	智能建筑工程质量验收规范
29	GB50348-2004	安全防范工程技术规范
30	GB50356-2005	剧场、电影院和多用途厅堂建筑声学技术规范
31	GB50371-2006	厅堂扩声系统设计规范
32	GB50394-2007	入侵报警系统工程设计规范
33	GB50395-2007	视频安防监控系统工程设计规范
34	GB50396-2007	出入口控制系统工程设计规范
35	GB50462-2008	电子信息系统机房施工及验收规范
36	GB50526-2010	公共广播系统工程技术规范
37	GB50606-2010	智能建筑工程施工规范
38	JGJ16-2008	民用建筑电气设计规范
39	YD/T 926.1-2001	第1部分：总规范

40	YD/T 926.2-2001	第 2 部分：综合布线用电缆、光缆技术要求
41	YD/T 926.3-2001	第 3 部分：综合布线用连接硬件通用技术要求
42	YD5017-1996	卫星通信地球站设备安装工程施工及验收技术规范
43	YD5032-1997	会议电视系统工程设计规范
44	YD5033-1997	会议电视系统工程验收规范
45	YD5038-1997	点对多点微波设备安装工程验收规范
46	YD5045-1997	公用分组交换数据网工程验收规范
47	YD5048-1997	城市住宅区和办公楼电话通信设施验收规范
48	YD5058-1997	通信电源集中监控系统工程验收规范
49	YD5076-1997	程控电话交换设备安装工程设计规范
50	YD5077-1997	程控电话交换设备安装工程验收规范
51	YD5079-1997	通信电源设备安装工程验收规范
52	YD5080-1997	SDH 光缆通信工程网管系统设计暂行规定
53	YDT5032-2005	会议系统工程设计规范
54	ZJQ00-SG-026-2006	智能建筑工程施工质量标准
55	DBJ13-32-2000	建筑智能化系统工程设计标准
56	DBJ13-64-2005	住宅小区智能化系统工程设计标准

参考文献

[1] 郑李明, 徐鹤生. 建筑安全防范系统 [M]. 北京: 高等教育出版社, 2008

[2] 朱道明. 浅议新一代门禁电控锁 [J]. A&S 安防工程商, 2009.9

[3] 陆永宁. 非接触 IC 卡原理与应用 [M]. 北京: 电子工业出版社, 2006

[4] 赵永江. 楼宇的门禁、监控及车库管理系统 [M]. 北京: 中国电力出版社, 2005

[5] Gerard Honey (作者), 余崇义 (审订). 门禁控制系统规划与安装调试 [M]. 北京: 机械工业出版社, 2005

[6] GB50348-2004, 安全防范工程技术规范 [S]

[7] GB50396-2007, 出入口控制系统工程设计规范 [S]

[8] JG/T 290-2010, 建筑疏散用门开门推杠装置 [S]

[9] GA/T394-2002, 出入口控制系统技术要求 [S]

[10] GA 374-2001, 电子防盗锁标准 [S]

[11] GA/T 72-2005, 楼寓对讲系统及电控防盗门通用技术条件 [S]

[12] UL1034-2004, Burglary-Resistant Electric Locking Mechanisms [S]

[13] UL 294-2009, Access control systems units [S]

[14] ANSI/BHMA A156.23-2004, Electromagnetic Locks [S]

[15] ANSI/BHMA A156.31-2001, Electric Strikes and Frame Mounted Actuators [S]

[16] ANSI/BHMA A156.13-2005, Mortise Locks and Latches [S]

[17] 林鹤生. 物识别——永恒的身份证 [EB/OL]. [2012-8-20]. http://www.chinaconsult.com/yujian.html#007

[18] 陆斌. 生物识别技术及其应用 [J]. 通信与广播电视, 2000.4

[19] 数据加密技术 [EB/OL]. [2012-9-16]. http://baike.baidu.com/view/265363.htm

[20] 指纹采集技术及其产品发展趋势 [EB/OL]. [2012-9-16]. http://www.eefocus.com/article/08-03/3632022020339dNOL.html

[21] 生物识别技术 [EB/OL]. [2012-7-12]. http://wenku.baidu.com/view/8c3f31c708a1284ac85043ec.html

[22] 生物识别 [EB/OL]. [2012-9-16]. http://baike.baidu.com/view/721065.html

[23] Biometrics History. Subcommittee on Biometrics of NSTC [EB/OL]. [2012-6-8]. http://www.biometrics.gov

[24] 指纹识别技术 [EB/OL]. [2012-3-2]. http://baike.baidu.com/view/244855.html

[25] 指纹识别技术 [EB/OL]. [2012-1-19]. http://wenku.baidu.com/view/a9a932f4f61fb7360b4c656a.html

[26] 宁振广．人体掌形生物特征识别技术的研究 [D]．哈尔滨：哈尔滨理工大学，2009

[27] 孙汉明．人体掌形识别系统的设计 [D]．哈尔滨：哈尔滨理工大学，2008

[28] 马驰．人脸识别算法研究和实现 [D]．北京：北京交通大学，2007

[29] 李勃．人脸识别技术综述 [课程设计论文]．西安：西安微电子技术研究所，2009

[30] 张胜男．人脸识别中图像预处理的研究 [课程设计论文]．湖北黄石：黄石理工学院，2010

[31] Jiann-Shu Lee, Kai-Yang Huang, Sho-Tsung Kao, Seng-Fong Lin. Face Recognition by Integrating Chin Outline [J]. 2008 Fourth International Conference on Intelligent Information Hiding and Multimedia Signal Processing (IIH-MSP), 2008, 567~571

[32] G.P.Kusuma, Chin-Seng Chua. Image level fusion method for multimodal 2D + 3D face recognition [J]. Image Analysis and Recognition, 5th International Conference, ICIAR 2008, 2008, 984~992

[33] Hochul Shin, Seong-Dae Kim, Hae-Chul Choi. Generalized elastic graph matching for face recognition [J]. Pattern Recognition Letters, 2007, v28, n9, 1077~1082

[34] 虹膜识别技术 [EB/OL]. [2012-3-16]. http://wenku.baidu.com/view/0d75062ce2bd960590c6779f.html

[35] 徐文彬，胡贞，宋正勋，高嵩．手指静脉识别技术研究 [J]．中国科技论文在线，2008.7

[36] 殷德军．现代安全防范技术与工程系统 [M]．北京：电子工业出版社，2008

[37] 黎连业．全防范工程设计与施工技术 [M]．北京：中国电力出版社，2007

[38] 陈龙．智能建筑安全防范系统及应用 [M]．北京：机械工业出版社，2007

[39] 西刹子．安防天下——智能网络视频监控技术详解与实践 [M]．清华大学出版社，2010

[40] 可视楼宇对讲系统基础知识 [EB/OL]. [2012-4-25]. http://wenku.baidu.com/view/8dbe2993daef5ef7ba0d3c48.html

[41] 张宏伟．电视监控与报警系统设计施工新技术及安全防范措施实务全书 [M]．中国香港：中国科技文化出版社，2006

[42] 张亮．现代安全防范技术与应用 [M]．北京：电子工业出版社，2010

[43] 注册电气工程师执业资格考试专业考试相关标准（供配电专业）[M]．北京：中国电力出版社，2008

[44] GB50348-2004，安全防范工程技术规范 [S]

[45] GB/T 50314，智能建筑设计标准 [S]

[46] GA/T 367，视频安防监控系统技术要求 [S]

[47] GA/T 368，入侵报警系统技术要求 [S]

[48] GA/T 678，联网型可视对讲系统技术要求 [S]

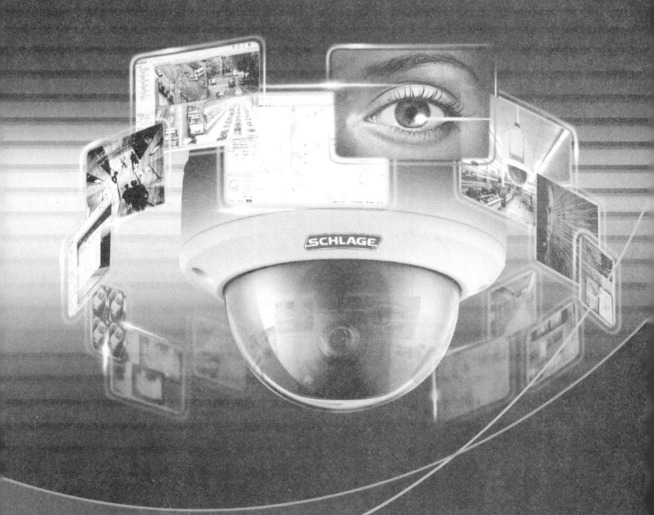

SCHLAGE®

西勒奇视频监控解决方案

未来之"视"

Ingersoll Rand

安心源自真安全
Real Security Sets You Free™

NetPOSA
东方网力

专业NVR产品

NVR超越DVR

广泛兼容各主流厂商的高清数字设备
嵌入式高稳定性的全系列NVR产品
DVR平滑升级的最佳解决方案

Powered By
POSA

智慧显现融合
WISDOM LIGHTS HARMONY

平安城市综合安防
解决方案

2011 唐山平安城市

2009 海口平安城市

2010 石家庄平安城市

08 北京奥运项目

标准·实战·云服务

联网 高清 移动 智能

历经北京、上海、石家庄、海口、成都、重庆等
大型平安城市项目考验
为北京奥运、上海世博、广州亚运、2011亚欧博览会等
特大型活动提供综合安防管理平台支撑

北京 (010) 8232 5566 重庆 (023) 6311 8880 成都 (028) 8519 3595 深圳 (0755) 2665 6766 太原 (0351) 8369007 贵阳 (0851) 688 3268 南京 (025) 5187 7719 昆明 (0871) 310 1855 内蒙古 (0471) 5186210 沈阳 (024) 316557